国家注册审核员考试系列培训教程

国家注册审核员考前辅导丛书

质量/环境/职业健康安全管理体系
国家注册审核员考试
全国统一考试题详解

李在卿　编著

中国质检出版社
中国标准出版社
北　京

图书在版编目（CIP）数据

质量/环境/职业健康安全管理体系国家注册审核员考试全国统一考试题详解/李在卿编著.—北京：中国标准出版社，2012
ISBN 978-7-5066-6871-2

Ⅰ.①质… Ⅱ.①李… Ⅲ.①质量管理体系—国际标准—题解 ②环境管理—国际标准—题解 ③劳动保护—劳动管理—国际标准—题解 Ⅳ.①F273.2-44 ②X32-44

中国版本图书馆CIP数据核字（2012）第148987号

中国质检出版社
中国标准出版社 出版发行
北京市朝阳区和平里西街甲2号(100013)
北京市西城区三里河北街16号(100045)
网址:www.spc.net.cn
总编室:(010)64275323 发行中心:(010)51780235
读者服务部:(010)68523946
中国标准出版社秦皇岛印刷厂印刷
各地新华书店经销
*
开本 787×1092 1/16 印张 19.25 字数 462 千字
2012年9月第一版 2012年9月第一次印刷
*
定价 50.00 元

前言

国家注册审核员考试是根据国家政府相关部门授权进行的一种注册考试制度。这一由中国认证认可协会（CCAA）组织的国家注册审核员全国统一考试已经五年多了，每年都有数千人参加相关考试。目前开展的管理体系注册审核员考试历史最长、人数最多的是质量管理体系、环境管理体系和职业健康安全管理体系三大体系的审核员考试。为了帮助广大考生顺利通过考试，作者对已经解密的2007～2009年的部分试题进行了全面的解答。由于标准变化和大纲的变化，考试题型从2008年起有一定变化。通过做这些题目，作者发现考题原题的重复性较高。学员在全面完成了大纲规定的培训并通过培训考试取得合格证后，只要花一定时间做这些题目，或参加考前培训班，在老师的指导下做这些题目是极有利于通过考试的。

本试题详解经过了多个考前班学员的使用，经过多位培训教师和高级审核员的审查，答案准确。

李在卿

2012年5月

目　　录

第一部分　CCAA质量管理体系国家注册审核员考试题详解

第二部分　CCAA环境管理体系国家注册审核员考试题详解

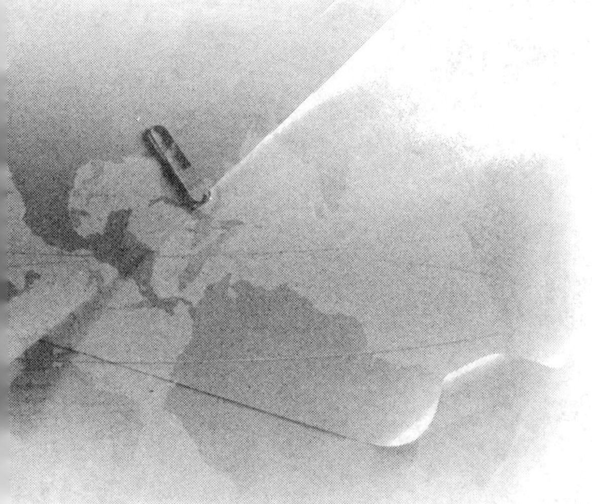

第一部分

CCAA 质量管理体系国家注册审核员考试题详解

一、基础知识部分

2007年6月质量管理体系基础知识考试题及答案

一、单项选择题（从下面各题选项中选出一个恰当的答案填入括号内。每题1分，共15分）

1. 以下哪个标准不是ISO 9000族的核心标准？（ C ）

（A）ISO 9001　　（B）ISO 9004　　（C）ISO 10012　　（D）ISO 19011

2. GB/T 19001—2000标准鼓励组织在建立、实施质量管理体系以及改进其有效性时采用（ A ）方法。

（A）过程　　（B）控制　　（C）统计　　（D）监督

3. 宾馆要求餐饮部中从事烹饪作业的人员持健康证上岗，这是为了满足（ C ）。

（A）顾客明确的要求　　（B）顾客隐含的要求

（C）相关法律法规的要求　　（D）组织特定的附加要求

4. 通过在被关注特性与潜在影响因素之间建立模型来研究其相互之间因果关系的统计技术称之为（ D ）。

（A）实验设计　　（B）假设设计　　（C）测量分析　　（D）回归分析

5. 设计确认的目的是（ A ）。

（A）确保产品能够满足规定的使用要求　（B）确保输出满足输入要求

（C）确保满足法律法规要求　　（D）确认评审结果的有效性

6. 以下属于GB/T 19000—2000标准中八项质量管理原则内容的是（ B ）。

（A）持续改进、与供方互利关系、管理职责、基于事实的决策方法

（B）持续改进、过程方法、全员参与、领导作用

（C）以顾客为关注焦点、管理的系统方法、资源管理、全员参与

（D）以顾客为关注焦点、过程方法、统计技术、领导作用

7. 省、自治区、直辖市标准化行政主管部门制定的工业产品的安全、卫生要求的地方标准，在本行政区内是（ C ）。

（A）推荐性标准　（B）行业标准　（C）强制性标准　（D）企业标准

8. 针对特定产品、合同或项目的质量管理体系的过程和资源作出规定的文件是（ B ）。

（A）质量目标　　（B）质量计划　　（C）质量手册　　（D）程序文件

9. 顾客满意是指（ C ）。

（A）顾客未提出申诉　　（B）未发生顾客退货情况

（C）顾客对满足自身要求的程度的感受　（D）顾客没有抱怨

10. GB/T 19001—2000标准7.5.5中的“搬运”是指（ B ）。

（A）制成品交付给顾客间的运输

（B）从原材料进厂到制成品交付到预定的地点期间各阶段产品的搬运

（C）供方将原材料送至组织的运输

(D) 原料和成品在组织内的运输过程

11. "CCAA"是指下面哪一个机构的英文缩写?(C)

(A) 国际审核员和培训认证协会 (B) 国际认可论坛

(C) 中国认证认可协会 (D) 国际认证联盟

12. 如果组织声称符合 GB/T 19001—2000 标准，以下哪一种情况是对的?(D)

(A) 组织因为没有设计开发部门，删减 7.3 条款

(B) 因为不影响产品性能，组织删减了 8.2.3 条款

(C) 组织因委托供方进行设计开发，删减 7.3 条款

(D) 以上各项都不允许

13. 术语"设计和开发"可包括(D)的设计和开发。

(A) 产品 (B) 过程 (C) 体系 (D) A+B+C

14. 质量计划是对应用(C)的质量管理体系的过程和资源作出规定的文件。

(A) 为实现质量方针和目标 (B) 提高产品质量

(C) 针对特定产品、合同或项目 (D) 为使质量体系能有效运行

15. 过程能力是指(B)。

(A) 过程生产率 (B) 过程加工的质量能力

(C) 过程所达到的技术指标 (D) 过程维持正常工作的时间长短

二、判断题（判断下列各题，正确的写 T，错误的写 F，填入题后括号内。每题 1 分，共 15 分）

16. 组织应针对质量管理体系活动中发现的所有不合格采取纠正措施。(F)

17. 产品要求可以是顾客规定的，也可以是组织通过预测顾客要求规定的，还可以是法规规定的。(T)

18. 质量管理体系业绩的测量包括对顾客满意度的测量。(F)

19. 企业只要没有产品设计活动，在建立质量管理体系过程中就可以删除设计和开发的条款内容。(F)

20. 组织可以根据实际情况指定一名或多名管理者代表。(F)

21. 应确保质量方针在持续的适宜性方面得到评审。(T)

22. 考虑到检验成本和批量大小，进行抽样检验比全检更合理。(F)

23. 质量手册中应包括质量体系的范围。(T)

24. 必须编制每一个生产和服务提供过程的作业指导书。(F)

25. 根 GB/T 19001—2000 标准，最高管理者应对其建立、实施质量管理体系并持续改进其有效性的承诺提供证据。(T)

26. 采购信息中可能包括质量管理体系的要求。(T)

27. 趋势图有时也称为"运行图"或"折线图"，它是通过一段时间内所关心的特性值形成的图，来观察其随着时间变化的表现。(T)

28. 国家公务员可以从事认证、认证咨询和认证培训活动。(F)

29. 在质量管理中，经常要研究两个变量是否存在相关关系，这时可以用散布图进行研究。(T)

30. 对员工不仅要培训，还应评价培训的有效性。(T)

三、多项选择题（从下面各题选项中选出两个或两个以上最恰当的答案，并将相应字母填入题后括号内。多选或少选均不得分。每题2分，共20分）

31. 组织在建立质量管理体系时应（ ABCD ）。
（A）识别质量管理体系所需的过程及其在组织中的应用
（B）确定这些过程的顺序和相互作用
（C）确定为确保这些过程的有效运行和控制所需的准则和方法
（D）监视、测量和分析这些过程

32. 质量目标应（ ACD ）。
（A）可测量 （B）层层分解
（C）与质量方针保持一致 （D）包括与满足产品要求有关的内容

33. 在ISO/TR 10017：2003中，很多统计技术都直接或间接地引用了假设检验，例如（ ABCD ）。
（A）抽样 （B）SPC图 （C）实验设计 （D）测量分析

34. 在ISO/TR 10017：2003中涉及的统计技术有（ ABCD ）。
（A）描述统计 （B）假设检验 （C）测量分析 （D）可靠性分析

35. 下列适用《中华人民共和国产品质量法》的是（ ACD ）。
（A）汽车制造 （B）建设工程 （C）服装加工 （D）食品生产

36. GB/T 19000—2000标准规定了（ AD ）。
（A）质量管理体系术语 （B）选用ISO 9000：2000族标准的途径
（C）质量管理体系要求 （D）质量管理体系基础

37. 直方图是（ AC ）。
（A）描述性统计技术方法
（B）研究成对出现的两组数据之间关系的图示技术
（C）用一系列等宽不等高的长方形不间断地排列在一起的图形，用以描绘所关心的特性值的分布
（D）通过一段时间内所关心的特性值形成的图来观察其随着时间变化的表现

38. 根据《认证及认证培训、咨询人员管理办法》，以下说法错误的是（ BD ）。
（A）从事认证及认证培训、咨询活动的人员应申请执业资格注册，未经注册的，不得从事相关活动
（B）认证及认证培训、咨询活动的人员可以在2个或2个以上的认证机构或认证培训机构或认证咨询机构执业
（C）认证及认证培训、咨询活动的人员与认证及认证培训、咨询机构之间建立聘用关系的，应当依法签订劳务合同
（D）认证人员可以受聘于认证咨询机构从事有关的咨询活动

39. 以下描述正确的是（ AB ）。
（A）质量方针为质量目标的建立提供了框架
（B）质量目标应与质量方针和持续改进的承诺相一致
（C）质量方针不能变更
（D）质量目标不一定包括满足产品要求所需的内容，但应是可测量的

40. 质量策划（　ABCD　）。

（A）是质量管理的一部分　　（B）应制定目标

（C）应规定运行过程　　（D）应确定资源

四、填空题（请在下面空缺处填上适当的内容。每题1分，共10分）

41.《中华人民共和国标准化法》中规定，企业生产的产品没有国家标准和行业标准的，应制定__企业__标准，作为组织生产的依据。

42. GB/T 19001—2000 标准中 6.2.2 条款的标题是__能力__、意识和培训。

43.《中华人民共和国计量法》中规定：用于贸易结算、安全防护、医疗卫生、环境监测方面的列入强制检定目录的工作计量器具，实行__强制检定__。

44. 企业标准应按省、自治区、直辖市人民政府的规定__备案__。

45.《中华人民共和国认证认可条例》第二条规定，认证是指由认证机构证明产品、服务、管理体系符合相关技术规范、相关技术规范的强制性要求或者标准的__合格评定__活动。

46～50 请对以下场景进行分析，并在括号内写出其所适应的 GB/T 19001—2000 标准条款号，必须写出所适用条款的最准确编号，但最多只写出三位章节号。

46. 设计科正在讨论并编制新产品的设计方案。（　7.3.1　）

47. 对于采购的关键零件在合同中写明在供方现场验收。（　7.4.3　）

48. 用于监视和测量的计算机软件，在初次使用前已得到确认。（　7.6　）

49. 停车场的保安人员观察进现场车辆外观状况，并将车辆存在的刮蹭缺陷告知业主。（　7.5.4　）

50. 为确保质量管理体系持续的有效性、适宜性和充分性，组织最高管理者对其进行评审。（　5.6.1　）

五、简答题（每题5分，共20分）

51. 请简述统计过程控制（SPC）图的概念及其用途。

答：概念：将从过程定期收集的样本所获得的数据按顺序点绘制成的图，图上标有过程稳定时描述过程固有变异的控制限。其作用是帮助评价过程的稳定性，通过检查所点绘的数据与控制限的关系来实现。

用途：检测过程变化，以便查明原因，加以改进。通过采用附加准则解释所绘数据的趋势和形态，可改善控制图的使用，以便迅速地展示过程变化，或提高识别微小变化的灵敏度。

52. GB/T 19001—2000 标准哪些条款中体现了“以顾客为关注焦点”的原则，请至少举出2个条款，并简要说明。

答：1）体现在5.2、7.2、8.2.1等条款中。

2）5.2 作为最高管理层的一个过程，最高管理者在组织的经营管理决策中要以增强顾客满意为目的，将顾客的要求转化为组织的要求，并通过组织的产品设计、生产管理和售后服务满足顾客的要求；7.2 中在确定与产品有关的要求时要首先明确顾客的要求，作为设计输入的重要内容；8.2.1 条要求组织对顾客是否满足其要求的感受的相关信息进行监视，并运用监视的结果来改进组织的质量管理。

53. 组织在接收某产品时按 GB/T 2828.1 标准进行抽样检验。产品的检验需要4小时，但检测费用不高。检验部门的管理水平一般，检验人员的能力也不是很强。请问，在这种情况下一般应采取一次抽样、二次抽样还是五次抽样？为什么？

答：二次抽样。

因为组织的检验成本较低，管理及检验水平和生产人员素质一般，生产质量不稳定，所以选择一次抽样风险较大（生产方风险和使用方风险），而五次抽样较复杂。

54. 以下内容选自《CCAA 质量管理体系审核员注册准则》第 2 版（2007 年 6 月 1 日起实施）：

“2.7 监督与年度确认要求

2.7.1　CCAA 采用年度确认的方式，对审核员高级审核员持续保持其能力和个人素质以及遵守行为规范的情况进行监督。

2.7.2　在注册证书有效期内，审核员和高级审核员应每年提交其完成下列活动的证明，表示其持续符合准则的相关要求：

- 每年至少成功地完成 1 次 QMS 审核或完成 15 小时专业发展活动；
- 持续遵守行为规范的要求；
- 已妥善解决任何针对其审核表现的投诉；
- 当 CCAA 有指定的专业发展活动时，已按要求完成。

2.7.3　CCAA 将定期发送信息，提示注册人员提交证明资料、完成年度确认。

2.7.4　审核员和高级审核员应保留完成年度确认的记录，在申请再注册时提交 CCAA。

2.7.5　实习审核员无年度确认要求。CCAA 将通过处理投诉、接受聘用机构和受审核方反馈等方式收集信息，对实习审核员进行监督。

2.7.6　必要时 CCAA 可对各级别审核员采取专项调查、质询或要求提供更多证实信息等方式进行更频繁更深入的监督。”

请根据以上内容回答问题：对于 QMS 实习审核员、审核员及高级审核员，CCAA 分别采取什么监督方式？

答：对于 QMS 实习审核员无年度确认要求；CCAA 将通过处理投诉接受聘用机构和受审核方反馈等方式收集信息，对实习审核员进行监督。

对审核员及高级审核员，CCAA 采用年度确认的方式，对审核员高级审核员持续保持其能力和个人素质以及遵守行为规范的情况进行监督。

六、案例分析及阐述题（每题 5 分，共 20 分）

55. 一位审核员到某企业的仓库审核，记录了以下客观证据：（1）仓库账本编号及进出库内容清楚，存放整齐，但没有版本标识：（2）仓库其中一扇窗户开着，有雨水进入，且靠近窗户的产品配件已生锈；（3）仓库中有一区域，码放一堆产品，库管员说是不合格品，要返修，但无不合格品标识牌。根据以上证据，请说出该审核员审核了 GB/T 19001—2000 标准的哪些条款，并判断是否存在不合格。

答：1）审核员审核了 GB/T 19001—2000 标准中：① 4.2.4；② 7.5.5；③ 7.5.3 和 8.3 条款。

2）从记录的证据看均存在不符合。

56. 某公司在开发新产品时，由于自身不具备设计能力，委托专业的设计院进行设计，然后根据设计图纸进行生产、定型和批量投产。请问该公司是否可以删减 GB/T 19001—2000标准的 7.3 条款？为什么？

答：1）该公司不可以删减 GB/T 19001—2000 标准的 7.3 条款；

2）因为将设计外包不能免除公司的责任，不能因为不具备设计能力就删减 7.3。

57. 某企业产品检验采取抽样的方式，但三个检验员的抽样比例都不相同，该企业也没有对抽样比例的文件作出规定。请判断是否符合 GB/T 19001—2000 标准要求？若不符合请说出不符合哪一条款的要求？为什么？

答：1）不符合 GB/T 19001—2000 标准中 7.1c）条款的要求；

2）因为该企业没有对检验抽样进行策划。

58. 某机械加工厂工人加工的产品经检验有 30% 左右不合格，经查该加工工序没有制定作业指导书，审核员 A 认为应制定该工序的作业指导书。针对以上情况，依据 GB/T 19001—2000 标准的要求，你认为审核员 A 的观点是否正确？为什么？

答：1）不正确；因为该审核员扮演了咨询师的角色，应继续追踪。

2）应按 7.5.1 查该加工工厂是否在受控条件下进行生产的，是否得到产品的特性的信息，使用的设备是否适宜。GB/T 19001—2000 标准 7.5.1 中没有要求必须有作业指导书，而是必要时，获得作业指导书。

2007 年 9 月质量管理体系基础知识考试题及答案

一、单项选择题（每题的备选项中，只有 1 个最符合题意。每题 1 分，共 15 分）

1. GB/T 19001—2000 标准和 GB/T 19004—2000 标准的关系是（ B ）。

（A）GB/T 19001—2000 标准是 GB/T 19004—2000 标准的实施指南

（B）GB/T 19001—2000 标准和 GB/T 19004—2000 标准是一对协调一致的质量管理体系标准，它们相互补充，但也可单独使用

（C）GB/T 19001—2000 标准和 GB/T 19004—2000 标准的目的是一致的

（D）GB/T 19001—2000 标准和 GB/T 19004—2000 标准均可作为审核或认证的依据

2. GB/T 19001—2000 标准中 7.3.5 条款的标题是设计和开发（ C ）。

（A）输入　（B）评审　（C）验证　（D）确认

3. 标准 7.5.3 中的“标识”是指（ A ）。

（A）针对监视和测量要求识别产品状态的标识

（B）识别监视和测量装置校准状态的标识

（C）文件修订状态的标识

（D）设备完好状态的标识

4. 当数据是（产品或过程的）可度量的变量，且处于统计控制状态时，过程的固有变异以过程的“离散程度”表示，并通过以过程分布的（ D ）来测量。

（A）两倍标准差　（B）三倍标准差　（C）两倍标准差　（D）六倍标准差

5. （ A ）检验是根据被检验样本中的不合格产品数，推断整批产品的接收与否。

（A）计件抽样　（B）计点抽样　（C）计数抽样　（D）计量抽样

6. 电视机的以下质量特性中哪一种是赋予的特性？（ C ）

（A）清晰度　（B）音响保真度　（C）价格　（D）色彩

7. 根据《中华人民共和国计量法》，以下（ D ）属于强制检定的范围。

（A）公用计量标准器具

（B）最高计量标准器具

（C）用于贸易结算、安全防护、医疗卫生、环境监测方面的列入强制检定目录的工作计量器具

（D）以上都是

8. 以下（ C ）不包括在《中华人民共和国产品质量法》中所称“产品”的范围内。

（A）加工和制作的产品　（B）销售的产品

（C）建设工程　（D）建筑材料、建筑构配件和设备

9. 根据《中华人民共和国产品质量法》，以下（ B ）是错误的。

（A）国家根据国际通用的质量管理标准，推行企业质量体系认证制度

（B）国家参照国际先进的产品标准和技术要求，强制实行产品质量认证制度

（C）国家对产品质量实行以抽检为主的监督检查制度

（D）产品质量检验机构必须依法按照有关标准，客观、公正地出具检验结果

10. 由国务院颁布的我国有关认证认可的法规是（ A ）。

（A）《认证认可条例》

（B）《认证及认证培训、咨询人员管理办法》

（C）《认证咨询机构管理办法》

（D）《认证培训机构管理办法》

11～15　培训部为五名老师（冯、高、韩、李、贾）制定某一周的授课安排。安排表必须满足以下条件：

- 每天只有一人授课，周六和周日五人均不授课；
- 每位老师在该周授课不得超过两天；
- 每位老师不得连续授课两天；
- 冯老师在该周的授课日不可能比贾老师更晚；
- 如果韩老师在某天授课，则高老师肯定在次日授课。

11. 在授课安排表上，从周一至周五的人员安排顺序不可能出现以下哪种情况？（ C ）

（A）冯，李，冯，贾，李　（B）高，冯，高，冯，贾

（C）冯，贾，韩，高，冯　（D）高，韩，高，冯，贾

12. 如果要求授课老师在周一至周五的五天内至少连续休息两天，以下哪一种人员安排顺序有可能出现？（ A ）

（A）韩，高，韩，高，李　（B）韩，韩，高，冯，李

（C）李，冯，贾，李，李　（D）冯，韩，高，冯，贾

13. 如果冯老师和贾老师在该周均授课，则以下哪一种说法肯定不正确。（ B ）

（A）冯老师在周一和周三授课　（B）贾老师在周一和周三授课

（C）冯老师在周二和周四授课　（D）贾老师在周二和周四授课

14. 如果冯老师在一周内授课两天，并且贾老师周四授课，则以下哪一种说法可能正确。（ C ）

（A）高老师在周二授课　（B）冯老师在周二授课

（C）韩老师在周二授课　（D）高老师在周三授课

15. 如果高老师在该周不授课，则以下哪一种说法肯定正确。（　D　）

（A）冯老师在该周授课一天　　（B）冯老师在该周授课两天

（C）李老师在该周授课一天　　（D）李老师在该周授课两天

二、判断题（判断下列各题，正确的写T，错误的写F，填入括号内。每题1分，共15分）

16. 并非各种类型和规模的组织均可适用GB/T 19001—2000。（　F　）

17. 八项质量管理原则是质量管理的基础。（　T　）

18. 形成文件的程序可以是质量手册的组成的部分。（　T　）

19. 根据GB/T 19001—2000标准，组织对其选择的所有外包过程均应实施控制。（　T　）

20. GB/T 19001—2000标准中5.1管理职责条款体现了八项质量管理原则中的领导作用。（　T　）

21. 与产品有关要求的评审包括对组织与供方所签订的采购合同的评审。（　F　）

22. 根据GB/T 19001—2000标准7.6条款，组织有可能会对以往测量结果的有效性进行评价。（　T　）

23. 计算机软件不能用作检验手段。（　F　）

24. GB/T 2828.1中规定了一次、二次、五次三种抽样方案类型。（　T　）

25. 直方图的分布呈锯齿型表示数据波动大，过程不稳定。（　T　）

26. 过程能力指数 C_p 越小过程越稳定。（　F　）

27. 趋势图是一段时间内所研究的特性值的描点图，借以观察这些特性值在该时段内的变化状态。（　T　）

28. 企业生产的产品没有国家标准和行业标准的，应当制定企业标准，作为组织生产的依据。（　T　）

29. 中国境内销售的产品或者其包装上的标识可以只有英文标明的产品名称、生产厂厂名和地址。（　F　）

30. 根据《中华人民共和国标准化法》，不符合强制性标准的产品，禁止销售和进口，但可以生产。（　F　）

三、多项选择题（从下面各题选项中选出两个或两个以上最恰当的答案，并将相应的字母填入题后括号内。多选或少选均不得分。每题2分，共20分）

31. 依据GB/T 19001—2000标准，组织应保存以下（　ABCD　）质量管理体系记录。

（A）人员培训记

（B）生产和服务提供过程确认结果的记录

（C）与产品有关要求的评审记录

（D）管理评审记录

32. 进行产品实现的策划时，应（　BCD　）。

（A）编制质量计划　　（B）确定产品接收准则

（C）确定产品所需的过程、文件和资源　　（D）确定所需的适当记录

33. 下列（　CD　）信息作为设计和开发输入。

（A）设计和开发的阶段　　（B）设计和开发职责和权限

（C）功能和性能要求　　（D）适用的法律、法规

34. 以下哪些是顾客财产？（ BC ）

（A）组织按顾客的要求，从顾客指定的某钢材厂购买的原材料

（B）顾客提供的用于加工产品的模具

（C）宾馆服务台保管的顾客的贵重物品

（D）某加工厂为加工顾客产品而购买的零部件

35. 在策划的安排已圆满完成之前，放行产品和交付服务应（ AB ）。

（A）得到有关授权人员的批准　　（B）适当时得到顾客批准

（C）得到管理者代表的同意　　（D）得到放行产品或交付服务人员的同意

36. GB/T 2828.1 的抽样方案由下列哪些要素构成？（ ABCD ）

（A）n　　（B）Ac　　（C）Re　　（D）d

37. 以下各项中，（ BD ）是运行图。

（A）排列图　　（B）P 图　　（C）直方图　　（D）单值移动极差图

38. 根据 ISO /TR 10017:2003，描述性统计提供的信息通常通过各种图解法进行有效地传递，包括（ ABC ）。

（A）趋势图　　（B）散点图　　（C）直方图　　（D）SPC 图

39. GB/T 2828.1—2003 标准是（ BC ）。

（A）计量抽样方案　　（B）调整型抽样方案

（C）计数抽样方案　　（D）非调整型抽样方案

40. 《中华人民共和国标准化法》明确规定标准化工作的任务是（ ABD ）。

（A）制定标准　　（B）组织实施标准

（C）推行标准　　（D）对标准的实施进行监督

四、填空题（请在下面空缺处填上适当的内容。每题 1 分，共 10 分）

41. GB/T 19001—2000 标准规定，对于第 7 章中不影响组织提供满足要求的产品的能力或__责任__要求时，可以进行删减。

42. GB/T 19001—2000 标准规定，对于外来文件，组织应确保其得到__识别__，并控制其分发。

43. GB/T 19001—2000 标准 6.4 条款规定，组织应确定并管理为达到产品符合要求所需的__工作环境__。

44. GB/T 19001—2000 标准规定，不合格品得到纠正后，应再次进行__验证__，方能交付。

45. 《中华人民共和国认证认可条例》第十七条规定，国家根据经济和社会发展的需求，推行产品、__服务__、管理体系认证。

46～50　请对以下场景进行分析，并在括号内写出其所适用的 GB/T 19001—2000 标准条款的编号。必须写出所适用条款的最准确编号，但最多只须写出三位章节号。

46. 工艺文件更改后，标明了更改次数和日期。（ 4.2.3 ）

47. 在每周例会上，管理者代表通报了体系运行的几个问题。（ 5.5.3 ）

48. 质检部新分配的大学生不会操作检测设备。（ 6.2.1 ）

49. 宾馆客房的桌子上放着《服务指南》。（ 7.2.3a) ）

50. 供应部仓库管理员按合同要求，核对进货产品的数量、外观及提供的检验报告。（ 7.4.3 ）

五、简答题（每题 5 分，共 20 分）

51. GB/T 19001—2000 标准 5.6 条款所述的管理评审体现了哪些质量管理原则？为什么？

答：1）GB/T 19001—2000 标准 5.6 条款体现了领导作用、过程方法、持续改进三项原则。

2）管理评审由最高管理者负责实施，体现了领导作用；管理评审包括了策划、输入、评审实施、评审输出、对评审结果的利用，体现了过程方法；管理评审的输出包括了“改进的建议”，体现了持续改进的思想。

52. 某公司租借了一批测量设备，对生产过程进行监测，在建立质量管理体系时，删减了 7.6 条款。你认为删减是否合理，为什么？

答：1）该公司删减了 7.6 条款不合理。

2）不符合 GB/T 19001 标准中 1.2 条规定的删减原则，只有删减的要求不影响满足法律法规要求顾客要求的能力和责任时才可删减，租借设备公司有管理责任。

53. 请简述统计过程控制（SPC）图的概念及其用途。

答：1）概念：将从过程定期收集的样本所获得的数据按顺序点绘制成的图，图上标有过程稳定时描述过程固有变异的控制限。其作用是帮助评价过程的稳定性，通过检查所点绘的数据与控制限的关系来实现。

2）用途：检测过程变化，以便查明原因，加以改进。通过采用附加准则解释所绘数据的趋势和形态，可改善控制图的使用，以便迅速地展示过程变化，或提高识别微小变化的灵敏度。

54. 阅读理解。以下内容选自 CCAA《质量管理体系审核员注册准则》（第 2 版）：

“2.1　申请要求

2.1.1　各级别注册申请人应认真阅读 CCAA－QMS 审核员注册准则，了解各项注册要求。

2.1.2　申请人应提供真实、完整的注册信息、资料。申请信息、资料应使用中文或英文，如提供其他语言的信息、资料，应附有经聘用申请人的认证机构确认的中文翻译资料。

2.1.3　申请人应使用 CCAA 统一的申请表格。申请表应填写完整。由申请人亲笔签字，注册担保人、推荐机构负责人签字并盖有推荐机构公章，附上所有要求的证明资料，与注册费一同递交 CCAA。

注：申请表格可从 CCAA 网站 http//www. ccaa. org. cn 下载后填写，同时在该网站“注册申请”栏完成网上申请。

2.1.4　申请人应签署声明，表示同意遵守 CCAA－QMS 审核员注册准则的各项要求，特别是审核员行为规范的要求。

2.1.5　申请人提交完整的注册申请资料和注册费用后，CCAA 方可受理申请，开始评价注册程序。注册费用见《认证人员注册收费规则》（详见 CCAA 网站）。”

根据以上内容回答问题（考生不必在本题中考虑以上未提及的其他任何要求）：

（1）有人认为，通过考试即可意味着完成了 CCAA 的注册过程。事实上，通过考试只是注册实习审核员或审核员的要求之一。请问，申请人可从何处了解与注册有关的要求？

答：CCAA《质量管理体系审核员注册准则》（第2版）。

（2）根据要求，申请资料中的某些项目不能采用打印的形式，而必须有相应的签字或盖章？由谁签字或盖章？

答：由申请人亲笔签字，注册担保人推荐机构负责人签字并盖推荐机构公章。

六、案例分析及阐述题（每题5分，共20分）

55. 某公司（A）负责楼房的设计、开发、建筑，但公司没有设计能力，由项目经理将设计分包给另一工程公司（B）。在这种情况下，A公司是否可以删减标准7.3条款？为什么？A公司应如何做才能满足GB/T 19001—2000标准的要求？

答：1）不可以删减7.3条款，因为不符合GB/T 19001—2000标准中1.2条对删减的要求，公司负有设计责任，不可删减。

2）将B公司识别为外包过程（GB/T 19001—2000标准4.1要求）并纳入供方进行控制（按GB/T 19001—2000标准7.4要求进行控制）。

56. 请简述GB/T 19001—2000标准与产品标准之间的关系。

答：1）区别：质量体系要求是通用的，适用于所有行业和经济领域，产品要求是具体的，表现形式：产品标准技术规范等。

2）体系要求是对产品要求的补充。

57. 请简述纠正、纠正措施与预防措施三个概念的区别。

答：1）纠正：对象是不合格，目的是使其成为合格，纠正后需要再次验证；

2）纠正措施：对象是不合格的原因，目的是防止不合格再发，需要评审不合格；

3）预防措施：对象是潜在不合格的原因，目的是防止不合格发生。

58. 某厂建立了人力资源管理程序，规定了对质量管理相关人员的培训策划、培训实施、培训结果评价和人力资源管理记录的要求。对照GB/T 19001—2000标准"6.2人力资源"条款的要求，该厂的人力资源管理还有哪些欠缺？

答：《人力资源管理程序》有如下欠缺：1）没有描述人员能力的确定的要求，应从适当的教育、培训、技能、经验方面来确定，确保人员胜任；2）没有描述如何采取其他措施以满足能力要求；3）没有描述对采取的其他措施进行有效性评价的要求；4）没有关注人员意识的培养；5）没有对保持教育、技能、经验等的记录提出要求。

2007年12月质量管理体系基础知识考试题及答案

一、单项选择题（从下面各题选项中选出一个最恰当的答案，并将相应字母填入括号内。每题1分，共15分）

1.（　B　）是研究成对出现的两组数据之间关系的图示技术，帮助分析两个变量之间的关系。

（A）直方图　（B）散布图　（C）趋势图　（D）排列图

2. 术语"设计和开发"可包括（　D　）的设计和开发。

（A）产品　（B）过程　（C）体系　（D）以上全部

3. 八项质量管理原则是GB/T 19001—2000标准的（　B　）。

（A）附加条件　（B）理论基础　（C）中心要求　（D）核心内容

4. C_p 是过程能力指数。C_{pk} 是实际过程能力指数，以下（　D　）是正确的。

（A）$C_p > C_{pk}$　（B）$C_p < C_{pk}$　（C）$C_p \leqslant C_{pk}$　（D）$C_p \geqslant C_{pk}$

5.（　A　）是用一系列等宽不等高的长方形不间断地排列在一起的图形，用以描绘所关心的特性值的分布。

（A）直方图　（B）散布图　（C）趋势图　（D）排列图

6. 根据 GB/T 19001—2000 标准，质量手册可以不包括（　C　）。

（A）质量管理体系的范围　（B）形成文件的程序或对其引用

（C）产品技术要求　（D）质量管理体系过程之间的相互作用

7. 质量是指（　D　）。

（A）产品的适用性　（B）产品满足标准的程度

（C）特性满足要求的程度　（D）一组固有特性满足要求的程度

8. 确保产品能够满足规定的使用要求或已知的预期要求应进行（　C　）。

（A）设计和开发评审　（B）设计和开发验证

（C）设计和开发确认　（D）设计和开发策划

9. GB/T 19001—2000 标准中对删减提出要求的条款（　C　）。

（A）7.5.2　（B）7.3　（C）1.2　（D）7.5.4

10. GB/T 2828.1—2003 标准中，AQL 的意思是（　B　）。

（A）过程平均　（B）接收质量限　（C）检验水平　（D）抽样方案

11～15　某机构向 CCAA 提交了三份注册申请表。这三份申请表的申请领域只可能是 QMS、EMS 或 OHSMS，申请级别只可能是 P（实习审核员）A（审核员）或 L（高级审核员）。同时这三份申请表满足以下条件；

- 申请表的种类以申请领域和申请级别表示；
- 三份申请表的种类各不相同；
- 该机构没有同时提交 QMS 申请表和 OHSMS 申请表；
- 三份申请表中没有 OHSMS－P 申请表；
- 三份申请表中没有 QMS－L 申请表。

11. 以下哪种说法必然错误？（　A　）

（A）三份申请表中，两份为 OHSMS 申请表，两份为 P 申请表

（B）三份申请表中，两份为 EMS 申请表，两份为 P 申请表

（C）三份申请表中，两份为 QMS 申请表，两份为 P 申请表

（D）三份申请表中，两份为 OHSMS 申请表，一份为 A 申请表，一份为 L 申请表

12. 如果三份申请表中有一份 OHSMS－L 申请表，以下哪种说法必然错误？（　C　）

（A）该机构提交了两份 L 申请表　（B）该机构提交了两份 A 申请表

（C）该机构提交了两份 P 申请表　（D）该机构提交了两份 OHSMS 申请表

13. 如果该机构没有提交 EMS－A 申请表，以下哪种说法必然正确？（　B　）

（A）该机构提交的申请表中，必然有一份为 EMS－P 申请表或 OHSMS－L 申请表

（B）该机构提交的申请表中，必然有一份为 EMS－P 申请表或 EMS－L 申请表

（C）该机构提交的申请表中，必然有一份为 QMS－P 申请表或 OHSMS－L 申请表

（D）该机构提交的申请表中，必然有一份为 QMS－P 申请表或 EMS－L 申请表

14. 如果这三份申请表中只有一份是 EMS 申请表，且三份申请表的申请级别各不相

同，则三份申请表中肯定没有哪种申请表？（ C ）

（A）EMS－P 申请表　　（B）EMS－A 申请表

（C）EMS－L 申请表　　（D）QMS－P 申请表

15. 如果这三份申请表中既没有 QMS－P 申请表又没有 OHSMS－L 申请表，则其中肯定有哪种申请表？（ B ）

（A）P 申请表　　（B）EMS－A 申请表

（C）QMS 申请表或 OHSMS 申请表　　（D）EMS－P 申请表或 EMS－L 申请表

二、判断题（判断下列各题，正确的写 T，错误的写 F，填入题后括号内。每题 1 分，共计 15 分）

16. 组织实施 GB/T 19001—2000 标准是为了增强顾客满意、使相关方受益，从而改进组织的总体绩效。（ F ）

17. GB/T 19001—2000 标准 5.5.1（职责和权限）条款，要求对质量管理体系各过程的职责和权限进行规定和沟通。（ T ）

18. GB/T 19001—2000 标准 6.3 条款关于设备的描述，只不过比 7.5.1c）所描述的设备范围大，其范围内容都一样。（ F ）

19. 质量方针和质量目标应纳入组织编制的质量手册。（ F ）

20. 当过程稳定时，其质量特性通常服从正态分布，其标准差越小，过程越稳定。（ T ）

21. 在不合格品得到纠正之后应对其再次进行验证，以证实符合要求。（ T ）

22. 内审是监视和测量质量管理体系的重要手段。（ T ）

23. 采购信息中，可能包括对人员资格的要求。（ T ）

24. 产品的测量应由专职检验员进行。（ F ）

25. 房地产开发公司因不负责建筑设计，因此可以删减 GB/T 19001—2000 的 7.3 条款要求。（ F ）

26. 某过程 USL＝3、LSL＝9、$\sigma=1$，则过程能力指数 $C_p=2$。（ F ）

27. 系统地识别和管理组织所应用的过程，特别是这些过程之间的相互作用，称为“过程方法”。（ T ）

28. 术语“最高管理者”所指的可以是一个人也可以是一组人。（ T ）

29. 管理评审有可能导致组织修改其质量方针。（ T ）

30. 根据 GB/T 19001—2000 标准，组织对其选择的所有外包过程应实施控制。（ F ）

三、多项选择题（从下面各题选项中选出两个或两个以上最恰当的答案，并将相应的字母填入题后括号内，多选或少选均不得分。每题 2 分，共 20 分）

31. 作为质量管理的一部分，包括（ ABCD ）活动。

（A）质量计划　（B）质量控制　（C）质量改进　（D）质量保证

32. 在 GB/T 2828.1 抽样方案中，对使用方风险影响较大的检索要素是（ BCD ）。

（A）使用方风险 β　（B）AQL　（C）LQ　（D）检验水平

33. 根据 GB/T 19001—2000，数据分析应产生以下哪几个方面的信息？（ ABCD ）

（A）顾客满意

（B）与产品要求的符合性

（C）过程和产品的特性及趋势，包括采取预防措施的机会

（D）供方

34. 以下属于八项质量管理原则的作用的是（　ABC　）。

（A）指导 ISO /TC 176 编制 2000 版 ISO 9000 国际新标准和相关文件

（B）指导组织的管理者建立、实施、改进本组织的管理体系

（C）指导广大审核员、咨询师和质量工作者学习、理解和掌握 2000 版 9000 族标准

（D）指导组织进行质量成本、质量效益的策划

35. 依据 GB/T 19001—2000 标准 7.4 的要求，以下（　ACD　）是错误的。

（A）对供方进行选择和评价时，只需考虑产品质量的好坏和价格的合理性

（B）采购产品的信息应清楚地表明对采购产品的要求

（C）采购信息中须包括对供方质量管理体系的要求

（D）为确保采购产品的质量，组织应到供方现场对采购产品进行验证

36. SPC 图（A B C D）。

（A）可以通过检查所点绘的数据与控制限有关系来帮助评价过程的稳定

（B）可以判断生产过程是否异常，提供异常因素存在的信息

（C）可以帮助查明生产过程异常的原因并采取措施，使生产过程达到控制状态

（D）标有过程稳定时描述过程固有变异的“控制限”

37. GB/T 19000 族标准包括（A B C D）。

（A）GB/T 19000—2000　　（B）GB/T 19001—2000

（C）GB/T 19004—2000　　（D）GB/T 19011—2000

38. 质量管理体系规定需控制的顾客财产可以包括（　ABC　）。

（A）纳税人申报的税务登记信息　　（B）客户提供的包装箱

（C）客户提供的加工图纸　　（D）在顾客指定的供方采购的原料

39. 以下（　BD　）产品的主导成分属于“服务”类别的产品。

（A）软件公司开发的游戏软件　　（B）职业学校提供的职业教育

（C）出版社出版的音像制品　　（D）农技站技术推广、咨询

40. 根据 GB/T 19001—2000，设计和开发评审的目的是（　BC　）。

（A）确定设计和开发的职责和权限

（B）评价设计和开发结果满足要求的能力

（C）识别存在的问题并提出必要的措施

（D）确保质量管理体系的完整性

四、填空题（请在下面空缺处填上适当的内容。每题 1 分，共 10 分）

41. 根据 GB/T 19001—2000，组织应利用质量方针、质量目标、审核结果、数据分析、纠正和预防措施以及<u>　管理评审　</u>，持续改进质量管理体系的有效性。

42. 根据产品的定义，四种通用产品类别分别是服务、软件、硬件和<u>　流程性材料　</u>。

43. 根据 GB/T 19001—2000，测量、分析和改进应证实产品的符合性并确保<u>　质量管理体系　</u>的符合性。

44. 为完成的活动提供客观证据的文件，称为<u>　记录　</u>。

45. GB/T 19001—2000 标准 7.4.1 条款中要求，对于供方应制定选择、评价、＿重新评价＿准则。

46～50 请对以下场景进行分析，并在括号内写出其所适用的 GB/T 19001—2000 标准条款编号。必须写出所适用条款的最准确编号，但最多只须写出三位章节号。

46. 车间每天早晨召开班前会。（ 5.5.3 ）

47. 办公室定期收集与本企业有关的新颁布的法律法规和行业标准。（ 4.2.3 ）

48. 某出租汽车公司招聘驾驶员，按应聘要求对其进行资格审查和操作考核。（ 6.2.2 ）

49. 烘干车间的工人正在按规定监视烘干箱的温度。（ 7.5.1 ）

50. 技术部在修改的工艺文件上标明了更改时间和次数。（ 4.2.3 ）

五、简答题（每题5分，共20分）

51.《中华人民共和国产品质量法》第二十六条规定：生产者应当对其生产的产品质量负责。请简述产品质量应当符合哪些要求。

答：产品质量应当符合下列要求：

1）不存在危及人身、财产安全的不合理的危险，有保障人体健康和人身、财产安全的国家标准、行业标准的，应当符合该标准；

2）具备产品应当具备的使用性能，但是，对产品存在使用性能的瑕疵作出说明的除外；

3）符合在产品或者其包装上注明采用的产品标准，符合以产品说明、实物样品等方式表明的质量状况。

52. GB/T 2828.1—2003 标准中涉及哪几种抽样方案？如果在某种情况下它们都可使用，则应进一步查看什么来决定使用的方案？

答：有一次、二次、五次抽样方案。

通常通过比较平均样本量和管理难易程度来决定使用哪一种方案。

53. 请简要叙述过程能力分析的概念以及指数 C_p 和 C_{pk} 的含义。

答：过程能力分析就是检查过程的固有变异和分布，从而估计其产生符合规范所允许变差范围的输出的能力。C_p 指度量一个过程满足标准要求的程度，即整个容差除以6倍标准差来测量，它是在规范上下限之间具有良好中心定位的过程的理论能力的测度；C_{pk} 描述了可能中心定位或未能中心定位的过程的实际能力，也适用于包含单侧规范限的情况。

54. 阅读理解。以下内容选自《CCAA 质量管理体系审核员注册准则》第 2 版（2007 年 6 月 1 日起实施）：

“3.2 知识的考核

3.2.1 笔试考核

实习审核员注册申请人应在注册申请前 3 年内通过 CCAA 统一组织的笔试，以证实其满足 2.4.1 规定的知识要求。

2.4.1 规定的知识要求。

审核员注册申请人在申请注册时，如果距离通过 3.2.1 规定的笔试的时间不超过 4 年，无笔试要求，超过 4 年，应再次通过笔试。

3.3.2 面试考试

高级审核员注册申请人应在申请注册时，参加 CCAA 统一组织的面试考试，以证实其具备 2. 4. 2 规定的高级审核员应具备的知识。”

您正在参加的考试便是上述“CCAA 统一组织的笔试”。请根据以上内容回答以下问题：

（1）实习审核员注册，审核员注册和高级审核员注册三者是否都有笔试的要求？请逐一说明。

答：实习审核员注册申请人应在注册申请前 3 年内通过 CCAA 统一组织的笔试，审核员注册申请人在申请注册时，超过 4 年，应再次通过笔试。高级审核员无笔试要求。

（2）对注册而言，本次考试合格的有效期是几年？

答：对注册而言，本次考试合格的有效期是 4 年。

六、案例分析及阐述题（每题 5 分，共 20 分）

55. 某工厂接到一项给国家重点工程配套机电设备的生产任务。这套机电设备因有特定用途，技术质量方面有许多特殊要求，在生产工艺方面也有特殊要求（厂方没有经过认真的策划），没有针对工艺方面的特殊要求作出相应文件规定，就匆忙开始生产。你认为这种情况符合 GB/T 19001—2000 标准 7. 1 条款的要求吗？请说明理由，若不符合请指出应如何改进。

答：1）这种情况不符合 GB/T 19001—2000 标准 7. 1 条款的要求。

2）根据 GB/T 19001—2000 标准 7. 1 的要求，对特定项目、特定用途、特殊工艺要求的应进行策划，策划产品的质量目标和要求，策划文件、过程、资源要求，策划产品接受准则和监视测量方法，即 7. 1 四个方面的内容要求。

3）改进：该厂应对该配套机电设备的生产编制质量计划，以满足标准 7. 1a）～d）的要求。

56. GB/T 19001—2000 标准中 8. 5. 3 条款规定了预防措施方面的要求。请根据企业的实际情况说明预防措施过程输入的数据来源主要有哪些。

答：预防措施过程输入的数据来源主要有：顾客要求和期望的评审；市场分析；管理评审输出；数据分析输出；满意程度测量；过程测量；相关方（特别是顾客、供方）信息来源汇总系统；有关质量管理体系的记录；以往获得的经验教训等。（结合实际答出 3 条以上）

57. 在检验科理化室，审核员看到有一台色谱仪没有检定标识，经询问，在场负责人介绍说，这台设备是用来检验出厂产品的几项指标的，作为判定出厂产品合格与否的关键依据。审核员问负责人这台仪器是否按规定进行了检定或校准，负责人回答道：技术员小王经过了培训，知道怎么校准，每半年由他进行校准，有记录。自行校准比送到外面检定能节约资金，计量器具由谁检定企业说了算，这应该不违反国家计量管理规定。上述负责人的解释是否正确，是否符合国家相关法规要求？你认为应该怎么做才能满足？

答：1）不正确；不符合《计量法》和标准 7. 6 的要求。

2）根据计量法第九条的规定，该计量器具是否检定应查其是否列入国家强制检定目录且是否符合强制检定条件，如列入且该设备用于贸易结算、安全防护、医疗卫生、环境监测、应按规定时间间隔送有资质的部门检定。

3）如没列入国家强制检定目录，企业可以自已校准，根据 7. 6a）要求应编制校准规程并保留校准记录。

58. 举例说明 GB/T 19001—2000 标准中 7.5.1e）与 8.2.4 监视和测量的内容有何区别。

答：GB/T 19001—2000 标准中 7.5.1e）实施监视和测量，监测对象是生产和服务提供过程的参数（工艺参数），目的是生产和服务过程是否在受控条件下实施；8.2.4 监测对象是产品特性，是依据检验规范实施的监视和测量活动，目的是验证产品是否符合产品要求。

2008 年 3 月质量管理体系基础知识考试题及答案

一、单项选择题（每题的备选项中，只有 1 个最符合题意。每题 1 分，共 15 分）

1. 如果组织声称符合 GB/T 19001—2000 标准，则以哪一种行为是允许的？（ D ）

（A）组织因为没有设计和开发部门，要求删减 7.3 条款

（B）顾客要求删减 8.2.3 条款，因为不影响产品性能

（C）组织因委托供方进行设计和开发，要求删减 7.3 条款

（D）以上各项都不允许

2. 认证人员从事认证活动，最多可以在几个认证机构同时执业？（ A ）

（A）一个　（B）二个　（C）三个　（D）没有限制

3. 关于“产品”与“过程”的关系，以下说法正确的是？（ C ）

（A）产品质量与过程质量相互补充　（B）产品质量决定过程质量

（C）产品是过程的结果　（D）产品是过程的输入

4. 根据《标准化法》，（ C ）是强制性标准。

（A）所有的国家标准　（B）所有的行业标准

（C）保障人身、财产安全的标准　（D）行业协会制定的标准

5. 顾客可以采用（ C ）提出与产品有关的要求。

（A）书面合同　（B）电话订货　（C）任何适宜的方式（D）电子邮件

6. 根据 GB/T 19001—2000，需要控制的外来文件和资料包括组织作为依据使用的（ D ）。

（A）顾客或外单位提供的设计图纸或其他技术文件

（B）公开出版的国家标准或外国标准

（C）公开出版的设计规范、材料规范等

（D）以上全部

7. 在对铸件进行检验时，根据样本中包含的不合格铸件数和根据样本中包含的不合格的砂眼数判断该批产品是否接收的判定方式属于（ B ）。

（A）计点和计量　（B）计件和计点　（C）计数和计量　（D）计数和序贯

8. 过程方法是指（ D ）。

（A）将相互关联的过程作为系统加以管理，有助于组织提高实现目标的有效性

（B）通过使用资源和管理，将输入转化为输出的相互关联和相互作用的活动

（C）在质量方面指挥和控制组织的协调的活动

（D）对诸过程的系统应用，连同这些过程的识别和相互作用及其管理

9. GB/T 2828.1—2003标准主要适用于（　B　）的检查。

（A）孤立批　　（B）连续批

（C）生产过程稳定性检验　　（D）产品检验非破坏性

10. 以下描述错误的是（　B　）。

（A）要求可由不同的相关方提出

（B）质量策划是质量计划的一部分

（C）作业指导书若含有程序，则可称为程序文件

（D）服务可涉及在顾客提供的有形或无形产品上所完成的活动

11～15　略

二、判断题（判断下列各题，正确的写T，错误的写F，填入题后括号内。每题1分，共15分）

16. 根据《中华人民共和国认证认可条例》规定，认证机构的设立必须经中国认证机构国家认可委员会批准。（　F　）

17. 质量手册可以不包括质量方针。（　T　）

18. 持续改进可能涉及产品、过程和体系等方面的改进。（　T　）

19. 控制图上下控制界限的间距为3σ。（　F　）

20. 每一项设计开发活动都要进行策划。（　T　）

21. 质量管理体系文件在发布前均应由最高管理者进行批准。（　F　）

22. 必须对所有过程提供已形成文件的程序。（　F　）

23. 为证实产品符合要求，组织在用的测量设备，必要时应按GB/T 19001—2000标准7.6条款控制。（　F　）

24. 《产品质量法》中所称"产品"是指经过加工、制作，用于销售的产品和建设工程。（　F　）

25. 根据GB/T 19001—2000标准，顾客财产可包括知识产权。（　T　）

26. 所有测量装置必须由国家授权机构定期进行校准。（　F　）

27. GB/T 19001—2000标准规定了质量管理体系的要求，该标准的目的是统一质量管理体系的结构。（　F　）

28. 产品要求是对质量管理体系要求的补充。（　F　）

29. 根据GB/T 19001—2000标准，数据分析应提供对过程采取预防措施的机会的信息。（　T　）

30. 已知某过程的C_{pk}值，便可确定该过程的不合格率。（　F　）

三、多项选择题（从下面各题选项中选出两个或两个以上最恰当的答案，并将相应的字母填入题后括号内。多选或少选均不得分。每题2分，共20分）

31. 根据《中华人民共和国计量法》的规定，以下用于（　ABCD　）方面的列入强制检定目录的工作计量器具，由县级以上人民政府计量行政部门进行强制检定。

（A）贸易结算　（B）安全防护　（C）医疗卫生　（D）环境监测

32. 管理评审应（　BC　）。

（A）按规定的时间间隔进行

（B）按策划的时间间隔进行

（C）评价质量管理体系的持续适宜性充分性、有效性

（D）进行各部门的业绩考核

33. 关于质量管理体系要求，以下说法正确的是（ BCD ）。

（A）是为了使组织的质量管理标准化

（B）适用于各种类型、不同规模和提供不同产品的组织

（C）是为了使组织的产品质量满足顾客要求

（D）可以帮助组织提高持续地提供满足要求的产品能力

34. 依据 GB/T 19001—2000 标准，组织应建立并保持以下哪些记录？（ BD ）

（A）内部沟通的记录　　（B）证实产品符合接收准则的记录

（C）对过程进行监视和测量的记录　　（D）对与产品有关要求进行评审的记录

35. 以下描述正确的有（ ABCD ）。

（A）抽样检验存在风险

（B）抽样可分为"验收抽样"和"调查抽样"

（C）对于破坏性检验，可进行抽样检验

（D）百分比抽样不合理

36. 关于过程能力指数，以下说法正确的是（ CD ）。

（A）一经确定后不会改变

（B）过程能力指数越高，过程不合格率越高

（C）在过程调整后应重新计算

（D）过程能力指数越高，过程不合格率越低

37. 以下哪些方法可用于描述计量型数据（ BC ）。

（A）茎叶图　　（B）二项分布　　（C）超几何分布　　（D）正态分布

38. 对工业产品的（ ABCD ）或者安全、卫生要求需要统一的技术要求，应当制定标准。

（A）品种　　（B）规格　　（C）质量　　（D）等级

39. GB/T 19001—2000 标准 7.5.1a）中要求"获得表述产品特性的信息"，以下哪几项属于此类信息？（ ABC ）

（A）产品图纸　　（B）生产计划

（C）产品规格　　（D）生产工序作业指导书

40. GB/T 19001—2000 标准各条款中，哪些体现了以顾客为关注焦点？（ ABCD ）

（A）5.1　　（B）8.4　　（C）7.2　　（D）8.2.1

四、填空题（请在下面空缺处填上适当的内容。每题 1 分，共 10 分）

41.《根据中华人民共和国产品质量法》规定，易碎、易燃、易爆、有毒、有腐蚀性、有放射性等危险品以及储运不能倒置和其他有特殊要求的产品，其包装质量必须符合相应要求，依据国家有关规定作出警示标志或者__中文警示说明__，标明储运注意事项。

42. 根据 GB/T 19001—2000 标准，生产和服务提供过程的确认应证实这些过程实现所策划的结果的__能力__。

43. 根据 GB/T 19001—2000 标准，组织应确定、提供并__维护__为达到产品符合要求所需的基础设施。

44.《中华人民共和国认证认可条例》规定，从事产品认证活动的机构，还应当具备与从事相关产品认证活动相适应的__检测__、__检查__等技术能力。

45. GB/T 19001—2000标准，质量目标应是可测量的，并与__质量方针__保持一致。

46～50　请对以下场景进行分析，并在括号内写出其所适用的GB/T 19001—2000标准条款的编号。必须写出所适用条款的最准确编号，但最多只须写出三位章节号。

46. 某汽车制造公司召回本公司生产的制动压力油管有问题的汽车。（　8.3　）

47. 销售部安排专人对顾客反馈的对产品质量的意见和建议进行收集和记录。（　7.2.3　）

48. 某企业生产的产品所需的一个重要部件有另一个工厂外加工，但该企业未对此外协加工过程进行识别和控制。（　4.1　）

49. 某软件公司请工程学院的教授讲了一次关于软件特性的课程。（　6.2.2　）

50. 总工程师批准新研发产品的设计图纸。（　7.3.3　）

五、简答题（每题5分，共20分）

51. 简述GB/T 2828—2003标准中规定的转移规则及其对生产方和使用方的意义。

答：1）采取了保护供方利益的接收准则。2）拟定了从正常检验转为加严检验的内容、规则，从而保护了使用方的利益，这是基于AQL的整个抽样系统的核心。3）合格分类是整个抽样系统的重要特点，对于A类不合格的接收准则，比对于B类不合格的接收准则要严格得多。4）供方提供产品批的质量一贯好的时候，可以采用放宽检验给使用方带来节约。

52. 简述描述性统计的用途及益处。

答：用途：1）用于汇总和表征数据；2）它通常是对定量数据进行分析的初始步骤；3）它是使用其他统计方法的第一步；4）可作为推断所抽取样本的总体特性的基础。

描述性统计益处：提供了一种高效和相对简单地汇总和表征数据的方式，同时也提供了一种表达信息的便利方式。可适用于包含数据使用的所有场合，它有助于数据的分析和解释，并可为决策提供有价值的帮助。

53. 请根据GB/T 19001—2000标准说明产品分为几种通用类型？各有什么特点。

答：服务通常是无形的，并且是在供方和顾客接触面上至少需要完成一项活动的结果服务的提供可涉及，例如：

——在顾客提供的有形产品（如维修的汽车）上所完成的活动；

——在顾客提供的无形产品（如为准备税款申报书所需的收益表）上所完成的活动；

——无形产品的交付（如知识传授方面的信息提供）；

——为顾客创造氛围（如在宾馆和饭店）。

软件由信息组成，通常是无形产品并可以方法、论文或程序的形式存在。

硬件通常是有形产品，其量具有计数的特性。流程性材料通常是有形产品，其量具有连续的特性。

硬件和流程性材料经常被称之为货物。

54. 阅读理解。以下内容选自CCAA《质量管理体系审核员注册准则》（第2版）（2007年6月1日起实施）

“1.4.1　CCAA－QMS审核员注册资格分别为实习审核员、审核员和高级审核员三个级别（题注：级别依次递增）。

1.4.2　CCAA－QMS审核员注册原则上遵循逐级晋升原则。

2.2.5.2　审核员注册申请人QMS审核经历要求

以实习审核员的身份，作为审核组成员在高级审核员的指导和帮助下完成至少4次完整的QMS审核，总的审核经历不少于20天并覆盖GB/T 19001标准所有条款，其中现场审核经历不少于15天，所有审核经历应当在申请起三年内获得，并完成3.3.1所规定的现场见证评价。

2.8.1　各级审核员应每3年进行一次再注册，以确保持续符合本准则相应注册级别的各项要求。

2.8.2　实习审核员再注册要求

- 注册证书到期前3个月内，向CCAA提出在注册申请；
- 注册证书有效期内持续遵守行为规范；
- 已妥善解决任何针对其审核表现的投诉。

3.2.1　笔试考试

实习审核员注册申请人应在注册申请前3年内通过CCAA统一组织的笔试，以证实其满足2.4.1规定的知识要求。

审核员注册申请人在申请注册时，如果距离通过3.2.1规定的笔试的时间不超过4年，无笔试要求；如果超过4年，应再次通过笔试。

3.6.2.1　对批准注册的申请人，CCAA将予以公告并颁发注册证书，证书有效期3年。对不予注册的申请人，CCAA将通知推荐机构或本人。”

请根据以上内容回答以下问题：

1）以上内容中包括了哪几点审核员注册的要求，请简要概括。

答：审核员经历要求、笔试要求、再注册要求。

2）如果王某于2004年8月1日注册为QMS实习审核员，以后未进行任何注册与再注册行为。今年他报名参加了本次QMS审核员全国统考（基础知识和审核知识）。如果王某两门考试全部通过，随后提交审核员注册申请，请问他是否能成功注册为审核员？为什么？

答：不能。因为其未进行再注册，其实习审核员证书已过期，应再注册。

六、案例分析及阐述题（每题5分，共20分）

55. 结合GB/T 19001—2000标准7.1条款的要求，说明组织的质量管理活动中应用质量计划的时机和形式。

答：时机：对于特定产品、项目或合同的质量管理体系的过程。形式：质量计划是文件，规定由谁及何时应使用哪些程序和相关资源的文件，通常质量计划引用质量手册的部分内容或程序文件。

56. 一位审核员到某企业的仓库审核，记录了以下客观证据：

1）墙上挂有仓库管理规定，但没有受控章；

2）仓库内各产品存放整齐，但无产品标识牌，相应文件也未对此作出规定；

3）经仓库管理员介绍，配件A是来料加工，但A配件倒立摆放，未按包装箱指示箭头摆放。

根据提供的以上证据，请问该审核员审核了GB/T 19001—2000标准哪个条款，并说明理由。

答：根据以上证据，该审核员审核了GB/T 19001—2000标准：1）4.2.3　文件控制的要求；2）7.5.3　产品标识的要求；3）7.5.4，7.5.5　顾客财产和产品防护要求。

57. 某大型商场只有一部滚梯，但在一层卖场没有电梯的指路牌，致使顾客经常找不到电梯。请判断不符合GB/T 19001—2000标准哪个条款，并说明理由。

答：不符合GB/T 19001—2000标准7.5.3；对于商场，这是服务有关的标识，按标准要求要予以标明，不标明就会导致顾客经常找不到电梯。

58. 审核员在某煅烧车间审核，携带车间提供的《煅烧工艺规程》和岗位操作记录，和车间主任、陪同人员一起到现场查看。在第四层煅烧炉平台，审核员看到墙上也贴有一份《煅烧工艺规程》，就打开随身携带的那份规程，就投料速度、炉内温度、进风压力等几个工艺参数进行了对照，发现两份规程规定完全一致，审核员还核对了这些工艺参数的实际控制状况，结果发现仪表（经确认，已都进行了校准）显示，投料速度和进风压力符合要求，查看操作记录上的炉内温度也符合要求，但审核员注意到，该层炉虽没有四个测温热电偶但没有相应的温度显示仪。车间主任解释说，车间很快要搬到新厂区，原来的四个温度显示仪都送到新厂区做工艺试验了。审核员问："那这里的温度如何测量?"车间主任说主要凭经验，如果觉得温度有问题，我们有一个临时温度显示仪可拿过来测炉温。审核员请其演示，结果取来了温度显示仪，却发现现场电源已被拆除，没法连接上。

就以上场景，说明审核员的审核涉及了标准的哪些条款？哪一条款出现了不符合？

答：1）审核员审核了7.5.1、7.6、6.3、4.2.3条款；2）其中7.5.1d）有不符合。

2008年9月质量管理体系基础知识考试题及答案

一、单项选择题（每题的备选项中，只有1个最符合题意。每题1分，共15分）

1. 社会上的各种传言和议论，有的是无中生有，有的是空穴来风，我们都要善于思考和分析。"空穴来风"的意思是（ B ）。

（A）有洞穴没有风进来，比喻无原由的事

（B）有洞穴就有风进来，比喻事情不是完全没有原由的

（C）好像有洞穴中的风一样飘忽不定，一会儿这样，一会儿那样

（D）好像有洞穴中的一股风，它是朝着某个方向吹去的

2. 不合格品的控制的目的是（ D ）。

（A）防止不合格的发生　　（B）防止类似不合格品的再发生

（C）防止不合格品出厂　　（D）防止不合格的非预期使用

3. 以下正确的是（ A ）。

（A）$C_p \geqslant C_{pk}$　（B）$C_p < C_{pk}$　（C）$C_p \leqslant C_{pk}$　（D）$C_p > C_{pk}$

4. 通过在被关注特性与潜在影响因素之间建立模型来研究其相互之间因果关系的统计技术称为（ D ）。

（A）试验设计　（B）假设检验　（C）测量分析　（D）回归分析

5. 请根据规律选择适当数字填入空格处；1，2，2，4，（ C ），32。

（A）4　（B）6　（C）8　（D）16

6. 请根据规律选择适当数字填入空格处：2，4，12，48，（ C ）。

（A）96　（B）120　（C）240　（D）480

7. 任何目标都必须是实际的、可衡量的，不能只是停留在口号或空话上。制定目标的目的是为了进步，不去衡量，你就无法衡量自己是否取得了进步。所以你必须把抽象的、无法实施的、不可衡量的大目标简化成为实际的、可衡量的小目标。这段话的核心意思是（ D ）。

（A）制定目标后必须付诸实施　（B）没有小目标就没有大目标
（C）小目标才有实际意义　（D）目标要能衡量、可实施

8. 请从所给的四个选择项中，选择最适合的一个填在问号处，使之呈现一定的规律性。（ D ）

△　○　▽

△　◇　?

◺　□　○　▽

（A）（B）（C）（D）

9. 计点控制图的统计基础是（ C ）。

（A）抽样　（B）正态分布　（C）泊松分布　（D）百分比

10. 根据语言学的顺序，把最先学习并使用的语言叫第一语言，把第一语言之后学习和使用的语言叫第二语言。根据上述定义，下列不属于第二语言学习的是（ B ）。

（A）出生在中国的日本孩子同时学习汉语和日语
（B）中国学生学习了英语之后又开始学习法语
（C）中国学生出国同时学习了英语和法语
（D）外国留学生来华学习汉语

11. 省、自治区、直辖市标准化行政主管部门制定的工业产品的安全、卫生要求的地方标准，在本行政区域是（ C ）。

（A）推荐性标准　（B）行业标准
（C）强制性标准　（D）企业标准可低于其标准

12. 请根据给出的一对相关的词，在四个备选答案中找出一对与之在逻辑关系上最贴近或相似的词。“二氧化碳：温室效应”，（ C ）。

（A）石油：煤炭　（B）公路：汽车　（C）洪水：水灾　（D）收益：风险

13. GB/T 19001—2000 标准中要求的法律法规是指（ A ）。

（A）与产品有关的法律法规要求　（B）质量法
（C）标准化法　（D）计量法

14. 以下五个事件在发生时最合乎逻辑的一种顺序是（ B ）。

1）到了目的地；2）给朋友们看照片；3）在车上听当地人介绍旅游景点；4）在许多地方拍了纪念照；5）踏上旅途

（A）1—3—4—5—2　（B）5—3—1—4—2
（C）1—4—2—3—5　（D）5—1—4—3—2

15. 顾客可以采用（ C ）提出与产品有关的要求。

（A）书面合同　（B）电话订货　（C）任何适宜的方式　（D）电子邮件

二、判断题（判断下列各题，正确的写 T，错误的写 F 填入括号内。每题 1 分，共 15 分）

16. 根据 GB/T 19001—2000 标准，顾客财产可包括知识产权。（ T ）

17. GB/T 19001—2000 标准规定了质量管理体系的要求，该标准的目的是统一质量管理体系的结构 。（ F ）

18. GB/T 19001—2000 标准 8.3 条款中要求记录的“不合格性质”仅指不合格的严重程度。（ T ）

19. 趋势图有时也称为“运行图”或“折线图”，它是通过一段时间内所关心的特性值形成的图来观察其随时间变化的表现。（ T ）

20. 质量管理体要求是对产品要求的补充。（ T ）

21. 持续改进可能涉及到产品、过程和体系等方面的改进。（ T ）

22. 国家公务员可以从事认证、认证咨询和认证培训活动。（ F ）

23. 抽样是通过研究总体有代表性的部分来获取该总体的某些特性信息的统计方法。（ T ）

24. 过程能力分析就是检查过程的固有变异和分布。（ F ）

25. 组织对申请认证前就已长期供货的供应商不必进行评价。（ F ）

26. GB/T 19001—2000 标准 8.5.2 中的不合格仅指不合格品。（ F ）

27. 预防措施是指为消除经常发生的不合格的原因所采取的措施。（ F ）

28. 每一项设计开发活动都要进行策划。（ T ）

29. 从事矿山、危险化学品、烟花爆竹生产经营单位安全生产综合评价的认证机构，经国务院安全生产监督管理部门推荐，方可取得认可机构的认可。（ T ）

30. 只要经过认可的认证机构都可以从事对国家规定强制性产品认证的产品实施认证工作。（ F ）

三、多项选择题（从下面各题选项中选出两个或两个以上最恰当的答案，并将相应的字母填入题后括号内。选错选项时不得分；全选对得2分；少选时每个选项得0.5分。共20分）

31. 组织在建立质量管理体系时应（ ABCD ）。

（A）识别质量管理体系所需要的过程及其在组织中的作用

（B）确定这些过程的顺序和相互作用

（C）确定为确保这些过程的有效运行和控制所需的准则和方法

（D）监视、测量和分析这些过程

32. 可填写在字符串“1100001111000111111”后并使之符合一定规律的有（ BD ）。

（A）100　（B）0011111111　（C）101　（D）1100

33. GB/T 19001—2000 标准中作出要求的纪录包括（ BD ）。

（A）文件发放记录　（B）管理评审记录

（C）设备维护记录　（D）记录产品唯一性标识的记录

34. 以下描述正确的是（ AB ）。

（A）质量方针为质量目标的建立提供了框架

（B）质量目标应与质量方针和持续改进的承诺相一致

（C）质量方针不能变更

（D）质量目标不一定包括满足产品要求的内容，但应是可测量的

35. 管理评审应（ BC ）。

（A）按固定的时间间隔进行

（B）按策划的时间间隔进行

（C）评价质量管理体系的持续适宜性、充分性、有效性

（D）进行各部门的绩效考核

36. 标准6.2.1条款中所述的对产品质量有影响的人员包括（ ABD ）。

（A）组织的外包过程中的相关人员 （B）组织内部的合同制人员

（C）制造厂聘用的保安人员 （D）制造厂临时聘用的生产工人

37. 关于均值－极差图，以下说法正确的是（ ABD ）。

（A）其代号是$\bar{X}-R$ （B）它是计量数据控制图

（C）它是计点控制图 （D）它是SPC图

38. 下列适用于《产品质量法》的是（ ACD ）。

（A）汽车制造 （B）建设工程 （C）服装加工 （D）食品生产

39. GB/T 19001—2000标准7.5.5“产品防护”条款中的“防护”包括（ ABCD ）。

（A）搬运 （B）保护 （C）储存 （D）包装

40. GB/T 19001—2000标准5.4.1条款中，质量目标应（ ACD ）。

（A）可测量 （B）层层分解

（C）与质量方针保持一致 （D）包括与满足产品要求有关的内容

四、填空题（请在下面空缺处填上适当的内容。每题1分，共10分）

41.《中华人民共和国产品计量法》中规定，用于贸易结算、安全防护、医疗卫生、环境监测方面的列入强制检定目录的工作计量器具，实行<u>强制</u>检定。

42.《中华人民共和国认证认可条例》规定，从事产品认证活动的认证机构，还应当具备与从事相关产品认证活动相适应的<u>检测</u>、检查等技术能力。

43. 将本来是合格产品批，通过抽样判定为不合格批，这种错误称为第一类错误，亦称为<u>生产方</u>错误，通常用α表示第一类错误概率。

44. <u>企业</u>标准应按省、自治区、直辖市人民政府的规定备案。

45.《中华人民共和国认证认可条例》第二条规定，认证是指由认证机构证明产品、服务、管理体系符合相关技术规范、相关技术规范的强制性要求或者标准<u>合格评定</u>活动。

46～50 请对以下场景进行分析，并在括号内写出其所适用的GB/T 19001—2000标准条款的编号。必须写出所适用条款的最准确编号，但最多只须写出三位章节号。

46. 用于监视和测量的计算机软件，在初次使用前已得到确认。（ 7.6 ）

47. 某软件公司请工程学院的教授讲了一次关于软件特性的课程。（ 6.2.2 ）

48. 某企业生产的产品所需的一个重要部件有另一个工厂外加工，但该企业未对此外协加工过程进行识别和控制。（4.1）

49. 对于采购的关键零部件在合同中写明在供方现场验收。（ 7.4.3 ）

50. 为确保质量管理体系持续的有效性、适宜性和充分性，组织最高管理者对其进行评审。（ 5.6.1 ）

五、简答题（每题5分，共20分）

51. 请简述统计过程控制（SPC）图的概念及其用途。

答：概念：SPC图是将从过程定期收集的样本所获得的数据按顺序点绘而成的图。SPC图上标有过程稳定时描述过程固有变异的“控制限”控制图的作用是帮助评价过程的稳定性，这可通过检查所点绘的数据与控制限的关系来实现。

用途：SPC图通常用来检测过程的变化。图中描绘的数据与控制限进行比较，可以是单指读数或诸如样本平均值的统计量。描绘点落在控制限之外则表明过程可能出现了变化，这可能是由某些“可查明原因”引起的。这表明需要对“失控”读数的原因进行调查，以及在必要时对过程进行调整，将有助于长期保持过程稳定性和对过程加以改进。

52. 请说出以下几组字母/数字组合在统计技术中的含义：PC、C_p、C_{pl}、C_{pk}、6σ。

答：PC 是指过程在加工质量方面的能力。此种能力表现在过程稳定（受控）的程度上。

C_p 为过程能力指数，是指度量一个过程满足标准要求的程度，即整个容差除以 6 倍标准差来测量，它是在规范上下限之间具有良好中心定位的过程的理论能力的测度 。

C_{pl}单侧下限过程能力指数，它与 3σ 的比值反映过程在左端满足标准要求的程度。

C_{pk}是指实际过程能力指数，它描述了可能中心定位或未能中心定位的过程的实际能力，也适用于包含单侧规范限的情况。

6σ 是指 6 倍标准差，σ 的大小表示过程稳定的程度。σ 越小，过程越稳定，过程能力越强。

53. 简要说明 GB/T 19001—2000 哪些条款中体现了“以顾客为关注焦点”原则？请至少举出 2 个条款。

答：GB/T 19001—2000 中 7.2.1 在确定与产品有关的要求时要确定顾客的要求；8.2.1 要求对顾客的满意程度进行监视和测量；5.2 要求最高管理层始终以顾客为关注焦点。

54. 请根据 GB/T 19001—2000 标准说明产品分为几种通用类型？各有什么特点？

答：GB/T 19001—2000 标准说明产品分为以下四种类型：

——服务（如运输）；服务通常是无形的，并且是在供方和顾客接触面上需要完成一项活动的结果。服务的提供可涉及，例如，1）在顾客提供的有形产品（如需维修的汽车）上所完成的活动；2）在顾客提供的无形产品（如为准备纳税申报单所需的损益表）上所完成的活动；3）无形产品的交付（如知识传授方面的信息提供）；4）为顾客创造氛围（如在宾馆和饭店）。

——软件（如计算机程序、字典）；由信息组成，通常是无形产品，并可以方法、报告或程序的形式存在。

——硬件（如发动机机械零件）；通常是有形产品，其量具有计数的特性。

—— 流程性材料（如润滑油）；通常是有形产品，其量具有连续的特性。硬件和流程性材料经常被称之为货物。

六、案例分析及阐述题（每题 5 分，共 20 分）

55. 一位审核员到某企业的仓库审核，记录了以下客观证据：

1）墙上挂有《仓库管理规定》，但没有受控章；

2）仓库内各产品存放整齐，但无产品标识牌，相应文件也未对此作出规定；

3）经仓库管理员介绍，配件 A 是来料加工，但 A 配件倒立摆放，未按包装箱指示箭头摆放。

根据提供的以上证据，请问该审核员审核了 GB/T 19001—2000 标准哪个条款，并说明理由。

答：审核员审核了 GB/T 19001—2000 标准中的 4.2.3、7.5.3、7.5.4 和 7.5.5 条款。

56. 某企业产品检验采取抽样的方式，但三个检验员的抽样比例不相同，该企业也没有对抽样比例的文件作出规定。请判断是否符合 GB/T 19001—2000 标准的要求？若不符合，请说出不符合哪一条款的要求？为什么？

答：不符合 GB/T 19001—2000 中的 7.1c）。因为没有确定检验的抽样比例，没有确定产品的接收准则。

57. 在机加工车间有一台大型龙门刨床，还是 20 世纪 50 年代的产品，已陈旧不堪。车间主任说："这台机器都用了半个世纪了，已经超过了报废期限，但是它仍然是我们的主要设备，现在加工精度很不稳定。我们打了多次报告，要求购买新的设备。上面一直没有批准。"你认为是否存在不符合？如存在不符合，不符合 GB/T 19001—2000 标准哪个条款？为什么？

答：存在不符合，不符合 GB/T 19001—2000 标准 7.5.1c），因为没有使用适宜的设备。

58. 审核员在某煅烧车间审核，携带车间提供的《煅烧工艺规程》和岗位操作记录，和车间主任、陪同人员一起到现场查看。在第四层煅烧炉平台，审核员看到墙上也贴有一份《煅烧工艺规程》，就打开随身携带的那份规程，就投料速度、炉内温度、进风压力等几个工艺参数进行了对照，发现两份规程规定完全一致，审核员还核对了这些工艺参数的实际控制状况，结果发现仪表（经确认，已都进行了校准）显示，投料速度和进风压力符合要求，查看操作记录上的炉内温度也符合要求，但审核员注意到，该层炉虽没有四个测温热电偶但没有相应的温度显示仪。车间主任解释说，车间很快要搬到新厂区，原来的四个温度显示仪都送到新厂区做工艺试验了。审核员问："那这里的温度如何测量？"车间主任说主要凭经验，如果觉得温度有问题，我们有一个临时温度显示仪可拿过来测炉温。审核员请其演示，结果取来了温度显示仪，却发现现场电源已被拆除，没法连接上。

就以上场景，说明审核员的审核涉及了哪些条款？哪一条款出现了不符合？

答：1）涉及了 4.2.3 、6.3 、7.5.1、7.6、7.5.1d）等条款。

2）7.5.1d）条款出现了不符合。

2008 年 12 月质量管理体系基础知识考试题及答案

一、单项选择题（从下面各题选项中选出一个最恰当的答案，并将相应字母填入括号内。每题 1 分，共 15 分）

1. GB/T 19001—2000 标准是（ C ）。

（A）我国制定的推荐性国家标准

（B）等效采用 ISO 9001：2000 标准的推荐性国家标准

（C）等同采用 ISO 9001：2000 标准的推荐性国家标准

（D）参照 ISO 9001：2000 标准而指定的国家推荐性标准

2. 《中华人民共和国计量法》规定的强制检定计量器具的范围包括（ D ）。

（A）企业中用于检验产品的计量器具　　（B）供汽锅炉上的压力表

（C）用于测量仓储温湿度监测的计量器具　（D）以上都属强制检定范围

3. GB/T 19001—2000 标准中 7.2.2 条款的要求针对的是（ A ）。

（A）与产品有关要求的评审　　　　　（B）供方的评审

（C）合同规定要求的评审　　（D）设计评审

4. GB/T 2828.1 中规定了（ C ）三种抽样方案类型。

（A）一次、二次、三次　　（B）一次、二次、四次

（C）一次、二次、五次　　（D）一次、三次、五次

5. 当计算机软件用于规定要求的监视和测量时，应确认其满足（ D ）的能力。确认应在初次使用前进行，必要时再确认。

（A）产品测量　（B）监视和测量要求　（C）规定要求　（D）预期用途

6. 当数据是（产品或过程的）可度量的变量，且处于统计控制状态时，过程的固有变异以过程的："离散程度"表示，并通常以过程分布的（ D ）来测量。

（A）两倍标准差　（B）三倍标准差　（C）四倍标准差　（D）六倍标准差

7. 根据 GB/T 19001—2000 标准 7.5.2，组织在进行生产和服务提供过程的确认时，确认应证实（ C ）。

（A）这些过程是在受控条件下进行的

（B）生产的产品满足规定的要求

（C）这些过程实现所策划的结果的能力

（D）在产品实现的全过程使用的方法是适宜的

8. 根据被检样本中的不合格产品数，推断整批产品的接收与否，这属于（ A ）检验。

（A）计件抽样　（B）计点抽样　（C）计数抽样　（D）计量抽样

9. 过程监视和测量的目的是（ D ）。

（A）证实过程的符合性　　（B）证实产品满足要求

（C）证实过程的可操作性　　（D）证实过程实现策划结果的能力

10. 确保在整个组织内提高满足顾客要求意识是（ B ）的职责。

（A）最高管理者　　（B）管理者代表

（C）人力资源部负责人　　（D）各部门负责人

11. 如果王某曾经在大型企业中从事过会计工作，他肯定知道如何报税。但是王某并不知道如何报税，因此他没有从事过会计工作。

以上推理的结论并不正确，因为作出此结论的人未能考虑到（ D ）。

（A）王某可能曾经从事过审计工作

（B）王某可能曾经在大型企业中从事过人事工作

（C）王某可能曾经在事业单位中从事过会计工作

（D）王某可能由于其他原因而知道如何报税

12. 以下属于纠正措施的是（ C ）。

（A）对顾客投诉进行赔偿

（B）对凉的饭菜进行加热

（C）因工人记不住过程控制有关要求而制定作业文件

（D）岗前培训

13. 以下不属于《产品质量法》中所指"产品"的是（ C ）。

（A）加工和制作的产品　　（B）销售的产品

（C）建设工程　　（D）建筑材料、建筑构配件和设备

14. 在有（ B ）的场合，组织应控制并记录产品的唯一性标识。

（A）控制要求　（B）可追溯性要求

（C）监视和测量要求　（D）顾客的要求

15. 组织应按 GB/T 19001—2000 标准中 4.2.3 要求进行控制的文件范围是（ C ）。

（A）组织制订的所有文件　（B）组织需用的所有外来文件

（C）质量管理体系所要求的文件　（D）组织需要遵照执行的文件

二、判断题（判断下列各题，正确的与 T，错误的写 F，填入题后括号内。每题 1 分，共 15 分）

16. 趋势图是一段时间内所研究的特性值的描点图，借以观察这些特性值在该时段内的变化状态。（ T ）

17. GB/T 19001—2000 标准 8.2.3 条款（过程的监视和测量），要求对质量管理体系所有过程都要进行监视，必要时进行测量。（ T ）

18. 根据《中华人民共和国标准化法》，不符合强制性标准的产品，禁止销售和进口，但可以生产。（ F ）

19. 返工、返修、降级都是纠正的示例。（ F ）

20. 企业生产的产品没有国家标准和行业标准的，应当制定企业标准并报行政主管部门备案，作为组织生产的依据。（ T ）

21 过程能力指数 C_p 越小，过程越稳定。（ F ）

22. 认证人员从事认证活动，只能在一个认证机构执业。（ T ）

23. 在不合格品得到纠正之后必须对其再次进行验证，以证实符合要求。（ T ）

24. 在设计和开发的各个阶段，应对设计和开发进行系统的评审。（ F ）

25. 直方图、趋势图和散点图都是描述性统计技术方法。（ T ）

26. 均值、方差用来表示分布的中心位置和散布的大小的特征值。（ T ）

27. 只要可行，设计和开发确认必须在产品交付或实施之前完成。（ T ）

28. 组织进行与产品有关的要求的评审，可以在组织向顾客作出提供产品的承诺之后进行。（ F ）

29. 除非删减仅限于第 7 章中那些不影响组织提供满足顾客要求的产品的能力和责任的要求，否则不得声称符合 GB/T 19001—2000 标准。（ F ）

30. 质量手册可以不包括质量方针和质量目标。（ T ）

三、多项选择题（从下面各题选项中选出两个或两个以上最恰当的答案，并将相应的字母填入题后括号内。选错选项时不得分；全选对得 2 分；少选时，每个选项得 0.5 分。共 20 分）

31. 以下各项中，体现领导作用的是（ ACD ）。

（A）确定组织各职能和层次的职责和权限　（B）实施内审

（C）制定质量方针，并确保质量目标的建立　（D）确保资源的获得

32. GB/T 2828.1 的抽样方案由下列哪些要素构成？（ ABCD ）

（A）n　（B）Ac　（C）Re　（D）d

33. GB/T 19001—2000 标准为（ AB ）的组织制定了质量管理体系要求。

（A）需要证实其有能力稳定地提供满足顾客和适用的法规要求的产品

（B）通过体系的有效应用，包括持续改进体系的过程以及保证符合顾客与适用的

法律法规要求，旨在增强顾客满意

（C）需要证实其产品质量指标优于其他组织

（D）需要证实其质量管理水平高于其他组织

34. 根据 GB/T 19001—2000 标准 6.2.2 条款的要求，组织应（　BD　）。

（A）制定文件化的人员培训计划

（B）确定从事影响产品要求符合性的人员所必要的能力

（C）对人员进行分类管理

（D）适当时，提供培训或采取其他措施，达成必须的能力

35. 根据 ISO /TR 10017：2003，描述性统计提供的信息通常可通过各种图解法进行简明有效地传递，包括（　ABC　）。

（A）趋势图　　（B）散点图　　（C）直方图　　（D）SPC 图

36. 经济因素影响着国际贸易的方方面面，国家之间就象个人之间一样，贷方与借方之间的贸易条件是由贷方制定的。这就是欠其他国家钱的国家无法成为世界领袖的原因。

无法从上文推理过程中得到的理论是（　BD　）。

（A）如果一个国家与其他国家开展贸易并由其他国家制定贸易条件，则它不可能成为世界领袖

（B）如果一个国家不借钱给其他任何国家，它不可能成为世界领袖

（C）如果一个国家能制定它与其他国家的贸易条件，它必然成为世界领袖

（D）如果一个国家与其他任何国家都没有贸易行为，它便不可能成为世界领袖

37. 设计和开发评审的目的是（　BC　）。

（A）保证设计开发的进度要求

（B）评价设计和开发的结果满足要求的能力

（C）识别任何问题并提出必要的措施

（D）保证与设计和开发阶段的有关职能的代表理解设计开发的输入

38. 下列数据中，属于计量数据的有（　ABC　）。

（A）工时利用率 82%　　（B）开箱合格率 97.3%

（C）轴长 18mm　　（D）一米布上有 2 个疵点

39. 以下各项中，属于运行图的有（　BD　）。

（A）排列图　　（B）P 图　　（C）直方图　　（D）单值移动极差图

40. 组织在评价和选择供方时，应（　ABC　）。

（A）依据供方按组织的要求提供产品的能力

（B）制定选择、评价和重新评价的准则

（C）保持评价结果及评价所引起的任何必要措施的记录

（D）查看该供方是否曾经向组织提供任何产品

四、填空题（请在下面空缺处填上适当的内容。每题 1 分，共 10 分）

41. GB/T 19001—2000 标准要求，记录应保持清晰、易于识别和＿检索＿。

42. 组织应采用适宜的方法对＿QMS 过程＿进行监视，并在适宜时进行测量。

43. GB/T 19001—2000 标准中规定，组织应按标准要求建立质量管理体系，形成文件，加以实施和保持，并持续改进其＿有效性＿。

44. 请根据所给数列的规律在空格处填写适当的数字：1，3，2，5，9，＿44＿。

45. 一人骑了3小时自行车，其中第二小时骑了18公里，比第一小时多骑20%，第三小时比第二小时多骑25%的路程。他总共骑了 54.9 公里。

46～50 请对以下场景进行分析，并在括号内写出其所最适用的GB/T 19001—2000标准条款的编号（最多只须写出三位章节号）或相应的标题名称。

46. 组织按照合同要求，对售出产品进行维护保养。（ 7.5.1f) ）

47. 检验员正在对成品开关的四项指标进行检验。（ 8.2.4 ）

48. 某公司进行管理评审后提出了六项改进要求。（ 5.6.3 ）

49. 研发中心请来采购部门和生产部门的代表参加研发阶段性审定会，征求这两个部门的意见。（ 7.3.4 ）

50. 质量管理手册中对企业采用GB/T 19001标准的情况进行了说明。（ 4.2.2 ）

五、简答题（每题5分，共20分）

51. 当组织接到新项目、合同和订单时，应如何对产品实现进行策划？

答：组织要按GB/T 19001中7.1规定的要求进行策划，并编写质量计划。

52. 抽样大致可分为不互斥的两大领域："验收抽样"和"调查抽样"的概念，请简要叙述"验收抽样"和"调查抽样"的概念。并回答生产抽样属于以上哪种类型的抽样。

答：1）抽样大致分为两个方面：验收抽样和调查抽样。

2）验收抽样是根据从某批交验产品中抽取和检验样本的结果，决定是否接受这批产品的活动。一般按指定的抽样方案实施。"验收抽样"常以"抽样检验"代替。

3）调查抽样是为了估计总体中的一个或一个以上的特性状况或为了估计这些特性在总做中的分布情况而进行的计算和研究活动。

4）生产抽样属于验收抽样。

53. 请简述管理评审的输入应包括哪些方面的信息？

答：管理评审输入包括：1）审核结果（含内外部审核）；2）顾客反馈（含顾客抱怨）；3）过程业绩和产品符合性；4）预防措施和纠正措施状况；5）以往管理评审的跟踪措施；6）可能影响质量管理体系的变更；7）改进的建议。

54. 阅读理解。以下内容选自CCAA《质量管理体系审核员注册准则》（第2版）：

"2.1 申请要求

2.1.1 各级别注册申请人应认真阅读CCAA－QMS审核员注册准则，了解各项注册要求。

2.1.2 申请人应提供真实、完整的注册信息、资料。申请信息、资料应使用中文或英文，如提供其他语言的信息、资料，应附有经聘用申请人的认证机构确认的中文翻译件。

2.1.3 申请人应使用CCAA统一的注册申请表格。申请表应填写完整，由申请人亲笔签字，注册担保人、推荐机构负责人签字并盖推荐机构公章，附上所有要求的证明资料，与注册费用一同递交CCAA。

注：申请表格可从CCAA网站http：//www.ccaa.org.cn下载后填写，同时在该网站的"注册申请"栏完成网上申请。

2.1.4 申请人应签署声明，表示同意遵守CCAA－QMS审核员注册准则的各项要求，特别是审核员行为规范的要求。

2.1.5 申请人提交完整的注册申请资料和注册费用后，CCAA方可受理申请，开始评价注册注册程序。注册费用见《认证人员注册收费规则》（详见CCAA网站）。"

请根据以上内容回答问题（考生不必在本题中考虑以上未提及的其他任何要求）：

1）有人认为，通过考试即意味完成了CCAA的注册过程。事实上，通过考试只是注册实习审核员或审核员的要求之一。请问，与注册有关的要求在哪个文件中作出规定？

答：CCAA《质量管理体系审核员注册准则》（第2版）。

2）根据要求，申请资料中的某些项目不能采用打印的形式，而必须有相应的签字或盖章。请指出在申请资料中，哪些地方必须具备签字或盖章？由谁签字或盖章？

答：由申请人亲笔签字，注册担保人、推荐机构负责人签字并盖推荐机构公章。

六、案例分析及阐述题（每题5分，共20分）

55. 某厂建立了人力资源管理程序，规定了对质量管理相关人员的培训策划、培训实施、培训结果评价和人力资源管理记录的要求。对照GB/T 19001—2000标准“6.2人力资源”条款的要求，该厂的人力资源管理还有哪些欠缺？

答：《人力资源管理程序》规定不全面，包括：1）没有确定在质量管理体系中影响产品要求符合性的人员有哪些；2）没有确定在质量管理体系中影响产品要求符合性的人员的能力；3）没有明确满足能力要求的采取其他措施其效果评价；4）没有规定如何确保人员认识所从事活动的相关性和重要性，以及如何为实现质量目标作出贡献的要求。

56. 某乡镇企业对用于水质监测的一国外检测仪器进行了分析解剖，并按照其说明书的功能与性能介绍另行研制、生产了该产品。该企业为了尽快打开销路，自行在产品包装箱上印上了“通过ISO 9001：2000国际质量管理体系认证”字样。由于该产品价格低、包装精美，很快有了一定的市场，当地镇政府为了本地区经济上台阶，鼓励效益好的企业，对该企业进行了很政策上的优惠，并多次对进行了表彰。某化工厂购买了该产品，直接用于化工废水排放是否达标的监测，半年后，当地环保部门对该化工厂的废水排放进行例行监测，结果发现废水中的COD严重超标，对该化工厂作出了罚款及限期治理的处罚。

请逐一指出以上案例中的违法情节（写出法律名称及违法事实描述）。

答：乡镇企业：

1）违反《标准化法》第6条和17条的要求，无标生产：对用于水质监测的一国外检测仪器进行了分析解剖，并按照其说明书的功能与性能介绍另行研制、生产了该产品。

2）违反《质量法》第14条中有关认证标识的管理要求，滥用认证标识：自行在产品包装箱上印上了“通过ISO 9001：2000国际质量管理体系认证”字样。

3）违反《计量法》第12条，无证生产和销售不符合要求的监视和测量设备。

化工厂：

违反计量法，使用不符合规定的监测设备：购买了该产品，直接用于化工废水排放是否达标的监测，结果发现废水中的COD严重超标。

57. 请简述GB/T 19001—2008与产品标准之间的关系。

答：GB/T 19001规定了质量管理体系要求。质量管理体系要求是对组织的要求，是通用的，适用于所有行业或经济领域，不论其提供何种类别的产品。GB/T 19001本身并不规定产品要求。

产品要求是针对具体产品的，是对特定产品规定的特性要求和其他技术要求；可由顾客规定，或由组织通过预测顾客的要求规定，或由法规规定。产品要求有时与相关的过程要求一起，被包含在诸如技术规范、产品标准、过程标准、合同协议和法规要求中。质量管理体系要求是对产品要求的补充。

质量管理体系要求的通用并不意味着质量管理体系的通用，质量管理体系的策划和实施，应根据组织和相应产品的具体情况进行。

58. 一位审核员到某企业的仓库审核，记录了以下客观证据：

（1）仓库账本编号及进出库内容清楚，存放整齐，但没有版本标识。

（2）仓库其中一扇窗户开着，有雨水进入，且靠近窗户的产品配件已生锈。

（3）仓库中有一区域，码放一堆产品，库管员说是不合格品，要返修，但无不合格品标识牌。

根据以上证据，请说出该审核员审核了哪些标准条款？并说明是否存在不符合（或无法判断）。

答：审核了：4.2.4 有不符合；7.5.5 有不符合；8.3 和 7.5.3 有不符合。

2009 年 3 月质量管理体系基础知识考试题及答案

一、单项选择题（从下面各题选项中选出一个最恰当的答案，并将相应字母填在相应括号内。每题 1 分，共 40 分）

1. 组织应确定并实施检验或其他必要的验证活动，以确保（ C ）。

（A）采购的产品价格最优　（B）采购产品到货及时

（C）采购的产品满足规定的采购要求　（D）以上都对

2. 组织应对（ B ）进行监视和测量，以验证产品要求已得到满足。

（A）产品的质量　（B）产品的特性　（C）合同的要求　（D）规定要求

3. 组织应当对（ D ）过程实施过程确认。

（A）生产和服务提供过程的输出不能由后续的监视或测量加以验证的

（B）问题在产品使用后或服务交付后才显现的

（C）关键的

（D）（A）+（B）

4. 质量管理体系审核时，通常不必在意以下（ C ）设备是否处于校准状态。

（A）低温试验箱　（B）计量室使用的温度计

（C）车间使用的电度表　（D）安装轮胎用的力矩扳手

5. 在 GB/T 19000—2008 标准中，有关感官的、行为的、人体功效的可区分特征称为（ D ）。

（A）特点　（B）特征　（C）性质　（D）特性

6. 有四个外表相同的小球，起重量可能各不相同。取一个天平，将甲、乙归为一组，丙、丁归为另一组放在天平的两边，天平基本是平衡的。将乙和丁对调一下，甲、丁一边明显要比乙、丙一边重得多。在天平一边放上甲、丙，另一边刚放上乙，还没有来得及放上丁时，天平就压向了乙一边。则这个四个球由重到轻的顺序分别是（ A ）。

（A）丁、乙、甲、丙　（B）丁、乙、丙、甲

（C）乙、丙、丁、甲　（D）乙、甲、丁、丙

7. 由国务院颁布的我国有关认证认可的法规是（ A ）。

（A）认证认可条例

（B）认证及认证培训、咨询人员管理办法

（C）认证咨询机构管理办法

（D）认证培训机构管理办法

8. 以下哪一项的描述是不正确的？（　C　）

（A）返修包括对以前是合格的产品，为重新使用采取的修复措施

（B）为使不合格的产品满足预期用途而采取的措施称为返修

（C）返修后的产品经验证可能成为合格品

（D）返工后的产品可能成为合格品

9. 依据GB/T 19001—2008标准，以下说法正确的是（　B　）。

（A）应对不合格品进行返工　　（B）应保持不合格性质的记录

（C）对所有的不合格品均应采取纠正措施（D）以上都正确

10. 世界遗产公约规定，世界遗产所在地国家必须保证遗产的真实性和完整性。世界遗产的功能第一层是科学研究，第二层是教育功能，最后才是旅游功能。目前很多地方都在逐步改正，但还有诸多不尽人意的地方。

从这段文字我们不难推出的是（　A　）。

（A）很多世界遗产所在地国家都过分注重其旅游功能

（B）世界遗产所在地国家应该妥善保护世界遗产

（C）世界遗产最宝贵的价值是其科学研究价值

（D）目前仍有不少违反世界遗产公约的行为存在

11. 设计和开发活动中的“变换方法进行计算”的活动是（　C　）。

（A）设计输出　（B）设计评审　（C）设计验证　（D）设计确认

12. 某综合性大学理科学生多于文科学生，并且女生多于男生。由此作出以下三个推论：

（1）文科的女生多于文科的男生。（2）理科的女生多于文科的男生。（3）理科的男生多于文科的男生。该三个推论中，必然为真的是（　D　）。

（A）1　（B）2　（C）3　（D）三者都不必然为真

13. 某饭店靠近卫生间的通道地面有大滩水渍，经理正要求服务员用拖把擦拭干净。这属于（　A　）。

（A）纠正　（B）纠正措施　（C）预防措施　（D）以上都不对

14. 每个人都有命运不公平和身处逆境的时候，这时我们应该相信（　）。许多事情刚开始时，丝毫看不见结果，更谈不上被社会所承认。要想成功就应付诸努力，即不要烦恼，也不要焦急，踏踏实实地工作就会得到快乐。而一味盯着成功的果实，肯定忍受不了苦干的寂寞，到头来只会半途而废，甚至一无所获。

可最为恰当地填入空格中使上文完整并通顺的词句是（　B　）。

（A）好事多磨　　（B）一分耕耘，一分收获

（C）冬天已来临，春天还会远吗　　（D）道路是曲折的，前途是光明的

15. 国家法定计量单位的名称、符号由（　D　）公布。

（A）中国计量研究院　（B）国家质监总局　（C）全国人大　（D）国务院

16. 根据GB/T 19001—2008标准7.5.2条款的要求，组织应确定并实施检验或其他必要的验证活动，以确保（　C　）。

（A）采购的产品价格最优　　（B）采购产品到货及时

（C）采购的产品满足规定的采购要求　（D）以上都对

17. 根据 GB/T 19001—2008 标准，质量目标应（　A　）。

（A）包括满足产品要求所需的内容

（B）包括对满足顾客要求和适用的法律法规要求的承诺

（C）包括对持续改进质量管理体系有效性的承诺

（D）与组织的宗旨相适应

18. 根据 GB/T 19001—2008 标准，质量管理体系所要求的文件在发布前要得到批准，目的是使文件（　B　）。

（A）符合与事宜　（B）充分与适宜　（C）符合与充分　（D）符合与有效

19. 根据 GB/T 19001—2008 标准，无论在其他方面的职责如何，管理者代表应具有以下方面的职责和权限（　D　）。

（A）确保质量目标的制定

（B）向组织传达满足顾客要求和法律法规要求的重要性

（C）组织内部审核

（D）确保质量管理体系所需的过程得到建立、实施和保持

20. 根据 GB/T 19001—2008 标准，确保产品能够满足规定的使用要求或已知的预期用途要求应进行（　C　）。

（A）设计和开发评审　（B）设计和开发验证

（C）设计和开发确认　（D）设计和开发策划

21. 根据 GB/T 19001—2008 标准，交付后活动不包括（　D　）。

（A）担保条款规定的措施

（B）合同义务（例如，维护服务）

（C）附加服务（例如，回收或最终处置）

（D）合同评审

22. 根据 GB/T 19001—2008，不合格品控制的目的是（　D　）。

（A）防止不合格品的发生　（B）防止类似不合格品的再次发生

（C）防止不合格品出厂　（D）防止不合格品的非预期使用

23. 根据 GB/T 19001—2008 标准，（　B　）应给出采购、生产和服务提供的适当信息。

（A）设计和开发策划　（B）设计和开发输出

（C）质量管理体系策划　（D）产品实现策划

24. 根据 GB/T 19001—2008 标准，以下哪一项描述是不正确的？（　A　）

（A）质量计划是质量策划的一部分

（B）通常质量计划引用质量手册的部分内容或程序文件

（C）质量计划通常是质量策划的结果之一

（D）质量策划是质量管理的一项活动

25. 根据 GB/T 19001—2008 标准，系统地识别和管理组织所应用的过程，特别是这些过程之间的相互作用，称为（　B　）。

（A）管理的系统方法　（B）过程方法

（C）基于事实的决策方法　（D）系统论

26. 根据《计量法》，以下（　D　）属于强制检定的范围。

（A）公用计量标准器具

（B）最高剂量标准器具

（C）用于贸易结算、安全防护、医疗卫生、环境监测方面的列入强制检定目录的工作计量器具

（D）以上都是

27. GB/T 2828.1—2003 标准中接受质量极限 AQL 指的是（　B　）。

（A）批质量　（B）过程平均质量　（C）样本的质量　（D）总体的质量

28. GB/T 2828.1—2003 检验水平中的特殊检验水平一般用于（　C　）的检验。

（A）破坏性或费用低　（B）非破坏行的费用低

（C）破坏性或费用高　（D）非破坏性或费用高

29. GB/T 2828.1—2003 标准中规定，从加严检验恢复正常检验必须满足的条件是（　A　）。

（A）连续 5 批初次检验合格　（B）累计 5 批初次检验合格

（C）连续 5 批中 2 批初次检验合格　（D）连续 2 批初次检验合格

30. GB/T 19001—2008 标准中 7.3.5 条款的标题是设计和开发（　C　）。

（A）输出　（B）评审　（C）验证　（D）确认

31. GB/T 19001—2008 标准中"7.3 设计和开发"是针对（　B　）的设计和开发。

（A）质量管理体系　（B）产品　（C）过程　（D）产品和过程

32. GB/T 19001—2008 标准要求最高管理者应按策划的时间间隔评审质量管理体系，以确保其持续的（　C　）。

（A）符合性、实施性和有效性　（B）符合性、充分性和有效性

（C）适宜性、充分性和有效性　（D）适宜性、实施性和有效性

33. GB/T 19001—2008 标准 7.5.3 中的"标识"是指（　A　）。

（A）针对监视和测量要求识别产品状态的标识

（B）识别监视和测量装置校准状态的标识

（C）文件修订状态的标识

（D）设备完好状态的标识

34. GB/T 19001—2008 标准 7.5.2 要求的"过程的评审的批准所规定的准则"可以是（　D　）。

（A）生产和服务提供过程的作业指导书　（B）产品接收准则

（C）生产和服务提供过程的程序文件　（D）工艺试验规范

35. GB/T 19001—2008 标准 7.5.2 条款所述的过程确认是指（　C　）的确认。

（A）所有的生产和服务过程

（B）与产品检验活动有关的过程

（C）不能由后续的监视或测量加以验证的过程

（D）以上所有过程

36. GB/T 19001—2008 标准 7.3 的"设计和开发"是对（　A　）的设计和开发。

（A）产品　（B）过程　（C）体系　（D）（A）和（B）

37. "由于奶制品中含有某种有害人体健康的成分，并已经在市场上引起很大反响，

乳制品厂决定尽全力收回已发放到市场上的乳制口。”最适用于这一情景的条款是（ C ）。

（A）8.5.2 （B）8.2.1 （C）8.3 （D）7.2.3c）

38. “检验员在最终检验记录表上记录测量的结果。”最适用于这一情景的条款是（ B ）。

（A）8.2.3 （B）8.2.4 （C）4.2.4 （D）8.4

39. “办公室派人验证管理评审时提出的纠正措施的实施情况及其有效性。”最适用于这一情景的条款是（ B ）。

（A）8.5.2 （B）5.6 （C）8.2.3 （D）8.4

40. （ B ）是研究成对出现的两组数据之间关系的图示技术，帮助分析两个变量之间的关系。

（A）直方图 （B）散布图 （C）趋势图 （D）排列图

二、判断题（判断下列各题，正确的写 T，错误的写 F，填在相应括号内。每题 1 分，共 30 分）

41. 组织应在设计和开发的适当阶段进行设计和开发确认，以确保设计和开发输出满足输入的要求。（ F ）

42. 组织应在产品实现的全过程中，针对监视和测量要求确定和实施产品的状态标识。（ T ）

43. 组织应对设计和开发的更改进行适当的评审、验证和确认，并在实施前得到批准。（ T ）

44. 组织对申请认证前就已长期供货的供应商不必进行评价。（ F ）

45. 中国认证认可协会是认证及认证培训、咨询人员注册工作的政府主管部门。（ F ）

46. 质量手册作为组织内部质量管理的纲领性文件，只能对内发放，不宜对除认证机构、咨询机构以外的外部组织提供。（ F ）

47. 直方图的分布呈锯齿型表示数据波动大，过程不稳定。（ T ）

48. 在制定部门、岗位的质量目标时，直接分解组织总的目标是不充分的，有些具体过程是间接支持总目标的，这些过程也应该建立质量目标。（ T ）

49. 预防措施是指为消除经常发生的不合格的原因所采取的措施。（ F ）

50. 与产品有关要求的评审包括对组织与供方签定的采购合同的评审。（ F ）

51. 无论何种过程外包，组织都必须对外包方提出明确的要求，并派人深入外包方的现场和过程中进行管理。（ F ）

52. 设计和开发输出应包含或引用产品接收准则。（ T ）

53. 设计和开发的评审、验证和确认具有不同的目的，根据产品和组织的具体情况，可单独或以任意组合的方式进行。（ T ）

54. 散布图的作用可发现两组数据之间是相关或不相关的，如相关则可分析其相关的程度。（ T ）

55. 趋势图是一种研究成对出现的两组数据之间关系的图示技术。（ F ）

56. 考虑到所采购物资对随后的产品实现或最终产品的影响，我们要对所有的供方制定相同的选择、评价和重新评价的准则。（ F ）

57. 过程方法和管理的系统方法和研究对象都是过程，管理的系统方法侧重研究若干过程乃至过程网络组成的体系，它是过程方法的基础。（ F ）

58. 管理者代表必须是本组织的最高管理层成员。（ F ）

59. 根据GB/T 19001—2008标准7.6条款，组织有可能会对以往测量结果的有效性进行评价。（ T ）

60. 根据《中华人民共和国产品质量法》，产品质量检验机构如不具备相应措施的检测条件和能力，应该委托其他有资质的机构进行检测。（ T ）

61. 各层次的质量管理体系文件应由各层次的行政主管领导批准。（ F ）

62. 对应用于特定产品、项目或合同的质量管理体系的过程和资源作出规定的文件可称之为质量计划。（ T ）

63. 除了形成文件的程序，作业指导书、规范、指南、质量计划、标准外，图样、过程图、流程图和（或）过程描述、组织结构图、生产进度表、经核准的供方清单、测试和检查计划都是质量管理体系的文件。（ T ）

64. 产品质量法可适用于建筑工程和建材产品、建筑构配件。（ F ）

65. GB/Z 19027—2005《GB/T 19001—2000标准的统计技术指南》标准规定了组织确定统计技术的准则以及组织应选用的统计技术方案。（ F ）

66. GB/T 2828.1—2003标准的转移规则规定，一旦发现有质量变劣，通过转移到加严检验或暂停抽样检验给使用者提供保护。（ T ）

67. GB/T 19001—2008标准8.3中要求记录的“不合格性质”仅指不合格的严重程度。（ F ）

68. GB/T 19001—2008标准中术语“产品”不适用于产品实现过程产生的非预期的结果。（ T ）

69. 《计量法》适用于在我国境内建立计量基准器具、计量标准器具，进行计量检定，制造、修理、销售、使用计量器具。（ T ）

70. “以顾客为中心”是质量管理的原则之一。（ F ）

三、多项选择题（从下面各题选项中选出两个或两个以上最恰当的答案，并将答案填在相应括号内。选错选项时不得分；全选对得2分，少选时，每个选项得0.5分。共30分）

71. 以下属于GB/T 19001—2008标准6.3中“支持性服务”的有（ BCD ）。

（A）生产设备　　（B）今后维修服务网点

（C）内部局域网　　（D）提供送货上门服务时使用的运输工具

72. 以下哪些是顾客财产？（ BC ）

（A）组织按顾客的要求，从顾客指定的某钢材厂购买的原材料

（B）顾客提供的用于加工产品的模具

（C）宾馆服务台保管的顾客的贵重物品

（D）某加工厂为加工顾客产品而购买的零部件

73. 依照《中华人民共和国产品质量法》规定进行监督抽查，如果发现产品质量不合格的情况，可产生的后续结果包括（ ABCD ）。

（A）限期改正　　（B）责令停业，限期整顿

（C）吊销营业执照　　（D）处以相应数额的罚金

74. 依据 GB/T 19001—2008 标准，以下哪些是正确的？（ BC ）

（A）不允许使用或交付不合格品

（B）识别和控制不合格品是为了防止其非预期的使用或交付

（C）根据不合格品的性质和影响，可以采取不同的处置方法

（D）得到授权人员批准，适用得到顾客批准，所有不合格品都可以让步使用、放行或接收

75. 将 55 个苹果分给甲、乙、丙三人，若甲得到的苹果个数是乙的两倍，则丙有可能得到的苹果个数可能为（ AD ）。

（A）10 个　（B）15 个　（C）20 个　（D）25 个

76. 过程能力分析可以用来（ ABC ）。

（A）评价设备的生产能力　（B）评价产品质量的发展趋势

（C）估计预期的不合品数量　（D）预测设备的无故障运行的概率

77. 关于统计过程控制（SPC）图的概念及其用途，以下说法正确的是（ ABC ）。

（A）SPC 图或“控制图”是将从过程定期收集的样本所获得的数据按顺序点绘而成的图

（B）SPC 图上标有过程稳定时描述过程固有变异的“控制限”

（C）控制图的用途是帮助判断过程的稳定性，这个通过检查所点绘的数据与控制限的关系来实现

（D）控制图使用控制限来判断，因此只有第一类错误

78. 根据 GB/T 19001—2008 标准 7.2.2 条款，组织进行合同评审活动应确保（ ACD ）。

（A）产品要求已得到规定

（B）产品的价格最合适

（C）组织的设备能力可满足相应的生产要求

（D）与以前表述不一致的合同或订单的要求已得到解决

79. 根据 GB/T 19001—2008 标准，组织的设计确认活动应（ ABD ）。

（A）依据所策划的安排对设计和开发进行确认

（B）只要可行，确认应在产品交付或实施之前完成

（C）确认活动必须有顾客参加

（D）确认结果及任何必要措施的记录应予保持

80. 根据 GB/T 19001—2008，组织对供方进行选择评价时应（ ACD ）。

（A）根据供方按组织的要求提供产品的能力评价的选择供方

（B）根据供方的销量来选择供方

（C）应制定选择、评价和重新评价供方的准则

（D）保持必要的评价记录

81. GB/T 2828.1—2003 标准是（ BC ）。

（A）计量抽样方案　（B）调整型抽样方案

（C）计数抽样方案　（D）非调整型抽样方案

82. GB/T 19001—2008 标准 7.5.5“产品防护”条款中的“防护”包括（ ABD ）。

（A）搬运　（B）保护　（C）贮存和产品标识　（D）包装和防护标识

83. GB/T 19001—2008 标准 6.2.1 条款中所对产品质量有影响的人员包括

（ ABD ）。

（A）组织的外包过程中的相关人员 （B）组织内部的合同制人员

（C）制造厂聘用的保安人员 （D）制造厂临时聘用的生产工人

84. GB/T 19001—2008 标准 4.2.4 条款要求，组织应编制形成文件的程序，以规定记录的（ ABC ）所需的控制。

（A）标识、检索 （B）贮存、保护 （C）保留和处置 （D）保存期限和处置

85.《中华人民共和国标准化法》规定我国的标准分为（ ABD ）。

（A）国家标准 （B）企业标准 （C）专业标准 （D）地方标准

2009年6月质量管理体系基础知识考试题及答案

一、单项选择题（从下面各题选项中选出一个最恰当的答案，并将相应字母填在相应括号内。每题1分，共40分）

1. 针对特定产品、合同或项目的质量管理体系的过程和资源作出规定的文件是（ B ）。

（A）质量目标 （B）质量计划 （C）质量手册 （D）程序文件

2. 在对质量管理体系的变更进行策划和实施时，应保持质量管理体系的（ B ）。

（A）符合性 （B）完整性 （C）适宜性 （D）充分性

3. 在 GB/T 19001—2008 标准 6.2.1 总则中规定，基于适当的教育、培训、技能、经验，从事影响（ A ）的人员应是能够胜任的。

（A）产品要求符合性工作 （B）产品符合要求工作

（C）产品质量工作 （D）（B）+（C）

4. 由最高管理者正式发布的关于质量方面的全部意图和方向称为（ D ）。

（A）质量目标 （B）质量手册 （C）质量策划 （D）质量方针

5. 以下属于 GB/T 19000—2008 标准 7.5.5 中所指“搬运”的是（ B ）。

（A）顾客对组织交付的产品的运输

（B）从原材料进厂到制成品交付到预定地点期间各阶段产品的搬运

（C）供方将原材料送至组织的运输

（D）以上全部

6. 依据 GB/T 19001—2008 标准，以下不属于顾客财产的是（ B ）。

（A）顾客在银行办理信用卡时填报的个人资料信息

（B）按顾客要求在顾客指定的单位购买的元器件

（C）顾客提供的成衣加工样板

（D）顾客存放在服务台的物品

7. 依据 GB/T 19000—2008 标准，持续改进质量管理体系的目的是（ C ）。

（A）识别改进的区域并确定改进目标

（B）采取纠正措施和预防措施

（C）增加组织提升顾客和其他相关方满意的机率

（D）修改质量管理体系文件使之更加适于实际情况

8. 外包过程是为了（　B　）的需要，由组织选择，并由外包方实施的过程。

（A）产品实现过程　　（B）质量管理体系

（C）交付和交付后活动　　（D）（A）+（C）

9. 设计确认的目的是（　A　）。

（A）确保产品能够规定的使用要求　　（B）确保输出满足输入的要求

（C）确保满足法律法规要求　　（D）确认评审结果的有效性

10. 认证人员从事认证活动，最多可以在几个认证机构同时执业？（　A　）

（A）一个　　（B）二个　　（C）三个　　（D）没有限制

11. 请根据规律选择适当的数字填入空格处：1，1，2，6，________。（　C　）

（A）12　　（B）18　　（C）24　　（D）36

12. 内部沟通的方法多种多样，以下视为内部沟通的是（　D　）。

（A）通过文件、记录、简报、通知、公告、内部刊物（通信）传递信息

（B）通过电子邮件、局域网和网站传递信息

（C）通过在工作区域由管理者主导的沟通、会议、对话活动等传递信息

（D）以上都是

13. 尽管在哮喘的治疗方面取得了进步，该病引起的死亡率在前十年中却达到了之前的两倍。针对这一现象有两种可能的解释：第一，哮喘病死亡记录在前十年中比以前更为完全和精确。第二，城市污染加剧。但是，在某些长期具有完整医疗记录并且污染程度极小或无污染的城市中，哮喘病死亡率也在增加。由此我们可以得出结论，正是哮喘病患者为减轻病状而使用的支气管吸入器导致了死亡率的上升。

假设以下各项为真，其中无法支持上述论断的是（　A　）。

（A）前十年中，城市人口增长了一倍

（B）前二十年中与前十年中哮喘病死亡记录的精确程度是一样的

（C）支气管吸入器暂时缓解了哮喘病的症状，这使患者不去采取更为有效的治疗措施

（D）十年前，支气管吸入器并不是哮喘的治疗手段

14. 过程的监视和测量是为了（　D　）。

（A）确保产品的符合性　　（B）证实产品要求的符合性

（C）证实质量管理体系的有效性　　（D）证实过程实现所策划的结果的能力

15. 管理评审的输出应包括以下（　D　）方面有关的任何决定和措施。

（A）质量管理体系有效性及其过程有效性的改进　　（B）资源需求

（C）产品的改进　　（D）（A）+（B）

16. 根据 GB/T 19001—2008 标准对质量管理体系记录的要求，以下说法正确的是（　C　）。

（A）任何生产活动都应形成记录

（B）记录必须编号

（C）记录表格的控制应按 GB/T 19001—2008 标准 4.2.3 的要求进行

（D）因为记录是文件，所以记录可以修改

17. 关于“质量管理体系要求”和“产品要求”的关系，以下说法正确的是（　B　）。

（A）二者没有关系

（B）“质量管理体系要求”是“产品要求”的补充

（C）“产品要求”是“质量管理体系要求”的补充

（D）二者是一致的

18. 根据 GB/T 19001—2008 标准，顾客满意是指（　D　）。

（A）顾客对产品或服务未提出意见　　（B）没有收到顾客投诉的信息

（C）顾客对产品或服务提出表扬　　（D）顾客规定的要求得到了满足

19. 根据 GB/T 19001—2008 标准，以下说法正确的是（　B　）。

（A）无论在何种情况下，组织应在产品实现的全过程中识别产品

（B）组织应在产品实现的全过程中针对监视和测量要求识别产品的状态

（C）组织应为产品提供防护标识

（D）组织应明确设备的状态标识

20. 根据 GB/T 19001—2008 标准，管理是指挥和控制（　A　）的协调的活动。

（A）组织　　（B）人员　　（C）职能　　（D）业务

21. 根据 GB/T 19001—2008 标准，关于“产品”与“过程”的关系，以下说法正确的是（　C　）。

（A）产品质量与过程质量相互补充　　（B）产品质量决定过程质量

（C）产品是过程的结果　　（D）产品是过程的输入

22. 根据《中华人民共和国标准化法》，（　D　）是强制性标准。

（A）所有的国家标准　　（B）行业协会制定的标准

（C）于人民群众利益相关的标准　　（D）保障财产安全的标准

23. 给采购、生产和服务提供的适当信息是（　A　）的结果。

（A）设计输出　　（B）设计评审　　（C）设计验证　　（D）设计确认

24. 从众、指个人的观念和行为由于群众的引导或压力，面临向与多数人相一致的方向变化的现象。下列不是从众现象的是（　D　）。

（A）入乡随俗　　（B）足球赛后的骚乱

（C）暴乱中跟大家一起破坏　　（D）买彩票

25. 出现以下五个事件的合理顺序依次是（　B　）。

（1）宣布晋级规定和方案；　（2）讨论、批准；　（3）公布职位空缺；　（4）初步确定晋升人选；　（5）资格审查

（A）2—1—4—3—5　　（B）1—3—5—4—2

（C）4—2—3—1—5　　（D）1—3—5—2—4

26. 车库中只停放着若干辆双轮摩托车和四轮小卧车，车辆数与车轮子数 2:5。则摩托车与小卧车的车辆数之比是（　C　）。

（A）2:1　　（B）4:1　　（C）3:1　　（D）6:1

27. GB/T 2828. 1—2003 标准主要适用于（　B　）的检查。

（A）孤立批　　（B）连续批

（C）生产过程稳定性检验　　（D）产品检验非破坏性

28. GB/T 19001—2008 标准要求的质量管理体系文件除了应包括形成文件的质量方针和质量目标、质量手册、标准要求的形成文件的程序和记录之外，还应包括（ D ）。

（A）组织为确保其过程的有效策划、运行和控制所需的文件

（B）组织确定的为确保其过程有效策划、运作和控制所需的文件

（C）组织为确保其过程的有效策划、运作和控制所需的文件

（D）组织确定的为确保其过程有效策划、运作和控制所需的文件，包括记录

29. GB/T 19001—2008 标准所要求的记录不包括（　A　）。

（A）采购合同的评审记录　　（B）销售合同的评审记录

（C）对不合格品采取措施的记录　　（D）管理评审的记录

30. GB/T 19001—2008 标准规定，不合格品得到纠正后，应再次进行（　C　）方能交付。

（A）检验　　（B）检验和试验　　（C）验证　　（D）监视和测量

31. GB/T 19001—2008 标准中 8.3 条款规定，经有关授权人员批准，适用时经（　C　）批准，可让步使用不合格品。

（A）管理者代表　　（B）最高管理者　　（C）顾客　　（D）业务经理

32. GB/T 19001—2008 标准 8.2.4 条款的规定，除非得到有关授权人员的批准，适用时得到顾客的批准，否则在策划的安排（见 7.1）已圆满完成之前，不应（　D　）产品和服务。

（A）处置　　（B）生产　　（C）停止生产　　（D）向顾客放行

33. GB/T 19001—2008 标准 7.5.2 条款中所述的过程确认的目的是（　C　）。

（A）确定产品与标准的符合性

（B）确定质量管理体系的符合性

（C）应证实需要确认的过程实现所策划的结果的能力

（D）以上全部是

34. GB/T 19001—2008 标准 4.2.4 条款规定，组织应编制形成文件的记录控制的程序，以规定记录的（　C　）。

（A）标识、贮存、保护、检索、保存期限和处置所需的控制

（B）标识、存放、保护、检索、保留和处置所需的控制

（C）标识、贮存、保护、检索、保留和处置所需的控制

（D）贮存、保护、检索、保留和处置所需的控制

35. “总工程师批准新研发产品的设计图纸。”适用于这一情景的 GB/T 19001—2008 标准条款是（　A　）。

（A）7.3.3　　（B）7.3.6　　（C）7.5.2　　（D）8.4

36. “销售部将顾客反馈的对产品质量的意见和建议传递给技术部。适用于这一情景的 GB/T 19001—2008 标准条款是（　A　）。

（A）5.5.3　　（B）7.2.1　　（C）7.2.3　　（D）8.2.1

37. “停车场的保安人员观察进场车辆外观状况，并将车辆存在的剐蹭缺陷告知业主”适用于这一情景 GB/T 19001—2008 的条款是（　B　）。

（A）7.5.2　　（B）7.5.4　　（C）8.2.3　　（D）8.3

38. “设计科正在讨论并编制新产品的设计方案。”适用于这一情景的 GB/T 19001—2008 标准的条款是（　C　）。

（A）7.2.1　　（B）7.2.2　　（C）7.3.1　　（D）7.3.4

39. “培训机构举办的内审员培训班上教师正在按规定授课。”适用于这一情景 GB/T 19001—2008标准的条款是（　D　）。

（A）6.2.1　　（B）6.2.2　　（C）7.3.1　　（D）7.5.1

40.“某汽车制造公司召回本公司生产的制动压力油管有问题的汽车。”适用于这一情景的GB/T 19001—2008标准的条款是（　C　）。

（A）7.2.3　　（B）8.2.4　　（C）8.3　　（D）8.5.2

二、判断题（判断下列各题，正确的写T，错误的写F，填在相应括号内。每题1分，共30分）

41. 组织应针对质量管理体系活动中发现的所有不合格采取纠正措施。（　F　）

42. 组织可以根据实际情况指定一名或多名管理者代表。（　F　）

43. 质量管理体系文件在发布前均应由最高管理者进行批准。（　F　）

44. 质量手册可以不包括质量方针。（　T　）

45. 质量管理体系绩效的测量包括对客户满意度的测量。（　T　）

46. 在质量管理中，经常要研究两个变量是否存在相关关系，这时可使用散步图进行研究。（　T　）

47. 应确保质量方针在持续适宜性方面得到评审。（　T　）

48. 一个文件可包括一个或多个程序的要求。一个形成文件的程序的要求只能被包含在一个文件中。（　F　）

49. 为了产生期望的结果，由过程组成的系统在组织内的应用，连同这些过程的识别和相互作用，以及对这些过程的管理可称之为“管理的系统方法”。（　F　）

50. 所有测量装置必须由国家授权机构定期进行校准。（　F　）

51. 设计和开发的输出可能包括产品防护的细节。（　T　）

52. 如果组织声称其质量管理体系符合GB/T 19001—2008标准，组织删减GB/T 19001—2008标准时可以不限于标准第7章的要求。（　F　）

53. 如果没有产品设计活动，企业在建立质量管理体系过程中就可删减设计和开发的条款内容。（　F　）

54. 某网络服务公司的信息系统是该公司为达到符合产品要求所需的支持性服务。（　T　）

55. 过程方法的优点是对过程系统中单个过程之间的联系以及过程的组合和相互作用进行连续的控制。（　T　）

56. 管理者代表所代表的是最高管理者，因此可以代表最高管理者主持管理评审。（　F　）

57. 根据GB/T 19001—2008标准，数据分析应提供对过程采取预防措施的机会的信息。（　T　）

58. 根据GB/T 19001—2008标准，最高管理者应对其建立、实施质量管理体系并持续改进其有效性的承诺提供证据。（　T　）

59. 根据《中华人民共和国认证认可条例》规定，认证机构的设立必须经中国认证机构国家认可委员会批准。（　F　）

60. 对员工不仅要培训，还应评价培训的有效性。（　T　）

61. 当设计和开发输入要求较简单时，可简单进行或不进行评审。（　F　）

62. 当两个或两个以上的审核组织合作，共同审核同一个受审核方时，这种情况称为“联合审核”。（　T　）

63. 抽样方案是指规定了每批应检验的单位产品数和有关接收准则的组合。(　F　)

64. 产品要求可以是顾客规定的，也可以是组织通过预测顾客要求规定的，还可以是法规规定的。(　T　)

65. 采购信息中可能包括质量管理体系的要求。(　T　)

66. 必须编制每一个生产和服务提供过程的作业指导书。(　F　)

67. SPC 图（或称控制图）就是控制生产过程质量的一种记录图形。(　T　)

68. GB/T 19001—2008 标准与 GB/T 19001—2000 标准相比，GB/T 19001—2008 标准增加了一些新的要求，并增强了与 GB/T 24001—2004 的相容性。(　T　)

69. GB/T 19001—2008 标准 4.1 条款要求必须监视、测量和分析质量管理体系过程。(　F　)

70.《产品质量法》中所称“产品”是指经过加工、制作，用于销售的产品和建设工程。(　F　)

三、多项选择题（从下面各题选项中选出两个或两个以上最恰当的答案，并将答案填在相应括号内。选错选项时不得分；全选对得 2 分，少选时，每个选项得 0.5 分。共 30 分）

71. 直方图是(　AC　)。

（A）描述性统计技术方法

（B）研究成对出现的两组数据之间关系的图示技术

（C）用一系列等宽不等高的长方形不间断地排列一起的图形，用以描绘所关心的特性值的分布

（D）通过一段时间内所关心的特性值形成的图来观察其随着时间变化的表现

72. GB/T 19001—2008 标准中，术语“产品”适用于(　ABC　)。

（A）预期提供给顾客的产品

（B）产品实现过程所产生的任何预期输出

（C）顾客所要求的产品

（D）管理过程所产生的任何预期输出

73. 以下哪些不包括在《中华人民共和国产品质量法》中所称的“产品”范围?(　BC　)

（A）建筑材料、建筑构配件和设备　　（B）宾馆的服务

（C）建设工程　　（D）计算机游戏软件

74. 依据 GB/T 19001—2008 标准，应建立并保持以下哪些记录?(　BD　)

（A）内部沟通的记录　　（B）证实产品符合接收准则的记录

（C）对过程进行监视和测量的记录　　（D）对与产品有关要求进行评审的记录

75. 依据 GB/T 19001—2008 标准，进行产品实现的策划应(　BCD　)。

（A）编制质量计划

（B）确定产品接收准则

（C）针对产品确定所需的过程、文件和资源

（D）确定所需的记录

76. 依据 GB/T 19000—2008，以下术语的定义中，正确的是(　CD　)。

（A）质量控制是质量管理的一部分，致力于为满足质量要求提供信任

（B）质量保证是质量管理的一部分，致力于为满足质量要求

（C）有效性是指完成策划的活动并得到策划结果的程度

（D）效率是指得到的结果与所使用的资源之间的关系

77. 为确保结果有效，必要时，对测量设备应（　ABD　）。

（A）对可以溯源国家标准的，按照规定的时间间隔进行校准和/或检定（验证）

（B）具有标识，以确定其校准状态

（C）必须加挂检定合格标签

（D）应保持校准和检定（验证）结果的记录

78. 关于质量管理体系要求，以下说法正确的是（　BCD　）。

（A）是为了使组织的质量管理标准化

（B）适用于各种类型、不同规模和提供不同产品的组织

（C）是为了使组织的产品质量满足顾客要求

（D）可以帮助组织提高持续地提供满足要求的产品的能力

79. 关于过程能力指数，以下说法正确的是（　CD　）。

（A）过程能力指数一经确定后不会改变

（B）过程能力指数越高，过程不合格率越高

（C）在过程调整后应重新计算过程能力指数

（D）过程能力指数越高，过程不合格率越低

80. 根据GB/T 19001—2008，关于"与产品有关要求的评审"，下列说法正确的是（　ABD　）。

（A）组织向顾客做出提供产品的承诺前进行评审

（B）评审组织是否有能力满足规定的要求

（C）应进行会议评审

（D）应保留评审记录

81. 依据GB/T 19001—2008标准，对设计开发进行的评审是为了（　AB　）。

（A）评价设计和开发的结果满足要求的能力

（B）识别任何问题并提出必要的改进措施

（C）评价是否满足使用要求

（D）确定设计输出是否满足输入要求

82. GB/T 19001—2008标准，质量管理原则包括（　BCD　）。

（A）基于过程的决策方法　　（B）管理的系统方法

（C）与相关方互利的关系　　（D）以顾客为关注焦点

83. 根据《认证及认证培训、咨询人员管理办法》以下（　ABCD　）是错误的。

（A）从事认证及认证培训、咨询活动的人员应申请执业资格注册

（B）认证及认证培训、咨询活动的人员可以在2个或2个以上的认证机构或认证培训机构或认证咨询机构执业

（C）认证及认证培训、咨询活动的人员与认证机构或认证培训机构或认证咨询机构建立聘用关系，应当依法签订劳务合同

（D）认证人员可以受聘于认证咨询机构从事有关咨询活动

84. GB/T 19001—2008标准7.5.1a）中要求"获得表述产品特性的信息"以下哪几项属于此类信息？（　AC　）

（A）产品图纸　（B）销售计划　（C）产品规范　（D）生产工序作业指导书

85. GB/T 19000 族标准和组织卓越模式提出的质量管理体系方法均依据共同的原则。它们都（　BC　）。

（A）具有相同的应用范围

（B）为持续改进提供基础

（C）包含对照通用模式进行评价的规定

（D）提供了一个组织与其他组织进行业绩比较的基础

2009 年 9 月质量管理体系基础知识考试题及答案

一、单项选择题（从下面各题选项中选出一个最恰当的答案，并将相应字母填在相应括号内。每题 1 分，共 40 分）

1. 最高管理者应确保在组织内建立适当的沟通过程，并确保对质量管理体系的（　B　）进行沟通。

（A）运行情况　（B）有效性　（C）业绩　（D）绩效

2. 质量目标应（　D　）。

（A）应追求高水平，以提升质量管理

（B）应体现组织的现时管理水平不能过高要求

（C）应予以量化，以便测量和改进

（D）即具有先进性，又不能过高要求，能够通过努力实现为宜

3. 质量管理体系审核时，通常不必在意以下（　C　）设备是否处于校准状态。

（A）低温实验箱　（B）计量室使用的温度计

（C）机加工车间使用的电度表　（D）安装轮胎用的力矩扳手

4. 在对铸造进行检验时，根据样本中包含的不合格铸件数和根据样本中包含的不合格砂眼数判断该批产品是否接收的判定方式属于（　B　）检验。

（A）计点和计数　（B）计件和计点　（C）计数和计量　（D）计数和序贯

5. 在城市规划和建设中，一定要把环境效益摆在首位，同时兼顾经济效益。当两者发生矛盾时，应坚决服从前者。因为城市建设是百年大计，城市环境一旦遭到破坏就很难恢复，甚至无法恢复，而造成长期的灾难性后果。下列叙述中，符合文意的是（　C　）。

（A）城市建设要体现以发展经济为中心

（B）一般来说，城市不宜作为经济中心

（C）在城市建设中，环境效益放在第一位

（D）经济建设破坏城市环境，将无法避免

6. 以下是几个铸造加工厂的质量方针。其中最符合 GB/T 19001—2008 标准 5.3 条款要求的是（　C　）。

（A）“质量是生命，顾客是上帝”

（B）“科学运作体系，铸造优质产品”

（C）“精心铸造，国际领先，精益求精，顾客满意”

（D）“科学管理，世界一流，质量第一，顾客满意”

7.（　B　）是研究成对出现的两组数据之间关系的图示技术，可帮助分析两个变量之间的关系。

（A）直方图　　（B）散布图　　（C）趋势图　　（D）排列图

8. 以下描述错误的是（　B　）。

（A）要求可由不同的相关方提出

（B）质量策划是质量计划的一部分

（C）如果一个文件中含有程序，则可称之为程序文件

（D）服务可涉及在顾客提供的有形或无形产品上所完成的活动

9. 以下表述不够准确的是（　C　）。

（A）组织应确定质量管理体系所需的过程及其在整个组织中的应用

（B）组织应确保可以获得必要的资源和信息，以支持所确定过程的运行和监视

（C）组织的质量管理体系所需的过程包括与资源提供、产品实现以及测量、分析和改进有关过程

（D）组织应实施必要的措施，以实现策划的结果和对所确定过程的持续改进

10. 以下（　C　）是GB/T 19000—2008标准中提出的质量管理原则。

（A）持续改进、全员参与、领导作用、管理职责

（B）以顾客为关注焦点、过程方法、资源管理、持续改进

（C）领导作用、过程方法、与供方的互利的关系、持续改进

（D）全员参与、基于事实的决策方法、统计技术、领导作用

11. 依据GB/T 19000—2008标准中"要求"的定义，以下说法错误的是（　B　）。

（A）要求包括明示的、通常隐含的或必须履行的需求或期望

（B）必须履行的要求是指在文件中阐明的要求

（C）通常隐含的要求是指惯例或一般做法，是不言而喻的需求或期望

（D）要求可以有顾客或其他相关方提出

12. 依据GB/T 19000—2008标准中"产品"的定义，以下属于"服务"的是（　D　）。

（A）润滑油、培训教学、水泥钢筋　　（B）计算机程序、产品运输、冷却液

（C）零件和部件、认证审核、自来水　　（D）物业管理、法律咨询、汽车维修

13. 一个选择了外包过程的组织，如声称符合GB/T 19001—2008标准的要求，则不可能删减该标准（　B　）条款要求。

（A）7.3　　（B）7.4　　（C）7.5.2　　（D）7.5.4

14. 维修工对生产设备进行维修时换下了磨损老化的零件，这是（　C　）。

（A）纠正　　（B）纠正措施

（C）预防措施　　（D）持续改进

15. 请根据规律选择适当的数字填入空缺处。1，3，4，7，11，（　C　）。

（A）141　　（B）16　　（C）18　　（D）20

16. 某学校有四名外国专家，分别来自美国、加拿大、韩国和日本。他们在电子、机械或生物系工作。其中日本专家单独在机械系、韩国专家不在电子系、美国专家和另一外国专家在同一个系、加拿大专家不和美国专家在同一个系，请问美国专家在哪个系（　C　）。

（A）电子系　　（B）机械系　　（C）生物系　　（D）电子系或生物系

17. 两列火车相对开来，甲列火车车长235米，车速为25米/秒；乙列火车车长215

米，车速为 20 米/秒。这两列火车相遇到车尾分开需要多少秒？（ D ）。

（A）8 秒 （B）7 秒 （C）5 秒 （D）10 秒

18. 趋势图的主要作用是（ C ）。

（A）概括并表示定量数据

（B）通过一段时间内所关心的值形成的图来观察其随着时间变化的表现

（C）直观地反映质量特性随着时间变化的趋势与走向，为决策提供依据

（D）可以发现两组数据之间是相关或不相关的

19. 回避行为，是指行为的发生阻止了某种负性刺激的出现。下列各项中符合该定义的是（ C ）。

（A）一个光着脚丫的人踩到热沥青上，他立即跳到草地上

（B）大军发动汽车时音箱像爆炸一样响起来，他赶紧把音量调小

（C）在电影院里，鹏鹏周围的人大声说话，他就坐到远离这群人的座位上去

（D）每次电击前都向老鼠发出一种声音，几次电击后，只要声音一发出，老鼠就逃出

20. 过程方法是指（ D ）。

（A）将相互关联的过程作为系统加以管理，有助于组织提高实现目标的有效性

（B）通过使用资源和管理，将输入转化为输出的相互关联和相互作用的活动

（C）在质量方面指挥和控制组织的协调的活动

（D）对诸过程的系统应用，连同这些过程的识别和相互作用及其管理

21. 关于质量管理体系文件，以下说法正确的是（ D ）。

（A）其数量多少由体系主管部门决定 （B）任何过程控制都需要文件加以指导

（C）过程控制文件必须详细 （D）以上都不对

22. 根据 GB/T 19001—2008 标准的要求，应确定影响产品符合性的人员必要的能力。这些人不包括（ D ）。

（A）质量管理体系的文件管理人员 （B）产品销售人员

（C）产品检验人员 （D）顾客

23. 根据 GB/T 19001—2008 标准的要求，质量目标应（ A ）。

（A）包括满足产品要求所需的内容

（B）包括对满足顾客要求和适用的法律法规要求的承诺

（C）包括对持续改进质量管理体系有效性的承诺

（D）与组织的宗旨相适应

24. 根据 GB/T 19001—2008 标准，质量管理体系所要求的文件在发布前要得到批准，目的是使文件（ B ）。

（A）符合与适宜 （B）充分与适宜 （C）符合与充分 （D）符合与有效

25. 根据 GB/T 19001—2008 标准的，（ B ）应给出采购、生产和服务提供的适当信息。

（A）设计和开发策划 （B）设计和开发输出

（C）质量管理体系策划 （D）产品实现策划

26. 根据《中华人民共和国标准化法》，（ C ）是强制性标准。

（A）所有的国家标准 （B）所有的行业标准

（C）保障人身、财产安全的标准 （D）行业协会制定的标准

27. 根据《计量法》，以下（　D　）属于强制检定的范围。

（A）公用计量标准器具

（B）最高计量标准器具

（C）用于贸易结算、安全防护、医疗卫生、环境监测方面的列入强制检定目录的工作计量器具

（D）以上都是

28. 根据《产品质量法》，以下描述错误的是（　B　）。

（A）国家根据国际通用的质量管理标准，推行企业质量体系认证制度

（B）国家参照国际先进的产品标准和技术要求，强制实行产品质量认证制度

（C）国家对产品质量实行以抽查为主要方式的监督检查制度

（D）产品质量检验机构必须依法按照有关标准，客观、公正地出具检验结果

29. 对出于某种目的而保留的作废文件进行适当的标识，其主要目的是（　B　）。

（A）防止作废文件被预期使用　（B）防止作废文件被误用

（C）便于检索　（D）便于保留

30. 标准7.5.2讲的过程确认包括以下哪种过程的确认？（　C　）

（A）所有的生产和服务过程

（B）与产品检验活动有关的过程

（C）不能由后续的监视或测量加以验证的过程

（D）以上所有过程

31. 按检验特性值的属性可分为计量抽样检验和（　C　）抽样检验。

（A）计点　（B）计件　（C）计数　（D）序贯

32. GB/T 2828.1—2003标准中接受质量极限AQL指的是（　B　）。

（A）批质量　（B）过程平均质量

（C）样本的质量　（D）总体的质量

33. GB/T 2828.1—2003检验水平中的特殊检验水平一般用于（　C　）的检验。

（A）破坏性或费用低　（B）非破坏性或费用低

（C）破坏性或费用高　（D）以非破坏性或费用高

34. GB/T 2828.1—2003标准中规定，从加严检验恢复正常检验必须满足的条件是（　A　）。

（A）连续5批初次检验合格　（B）累计5批初次检验合格

（C）连续5批中2批初次检验合格　（D）连续2批初次检验合格

35. GB/T 19001—2008关注的是（　D　）。

（A）质量管理体系的有效性和效率

（B）满足顾客要求和组织适用的法律法规要求

（C）通过持续改进组织的绩效，满足顾客及其他相关方的需求和期望

（D）质量管理体系在满足顾客要求方面的有效性

36. “热处理车间的操作工正在按规定监测加热炉的温度。”适用这一情景的GB/T 19001—2008标准的条款（　B　）。

（A）6.3　（B）7.5.1　（C）7.5.2　（D）8.2.4

37. “某制造企业请来的培训机构的教师正在给内审员授课。”适用于这一情景

GB/T 19001—2008的条款是（　B　）。

（A）6.2.1　　（B）6.2.2　　（C）7.5.1　　（D）7.5.2

38. “某机械加工厂的质量管理体系删减了7.3条款”适用于这一情景的GB/T 19001—2008标准的条款是（ A ）。

（A）1.2　　（B）4.2.2　　（C）4.1　　（D）7.3

39. “技术部在修改的工艺文件上标明了更改时间和次数。”适用于这一情景GB/T 19001—2008标准的条款是（　B　）。

（A）4.2.1　　（B）4.2.3　　（C）7.3.7　　（D）7.5.3

40. “工程师正在维护加工机床内置的计算机软件”适用于这一情景的GB/T 19001—2008标准的条款是（　B　）

（A）6.1　　（B）6.3　　（C）7.5.1　　（D）7.6

二、判断题（判断下列各题，正确的写T，错误的写F，填在相应括号内。每题1分，共30分）

41. 组织应确保策划和运行质量管理体系所需的外来文件得到批准，并控制其分发。（　F　）

42. 组织应对内审时发现的不合格采取必要的纠正和纠正措施。（　T　）

43. 组织应对纠正措施的可行性进行评审。（　F　）

44. 中国境内销售的产品或者其包装上的标识可以只有英文标明的产品名称、生产厂厂名和厂址。（　F　）

45. 质量是一组产品特性满足要求的程度。（　F　）

46. 质量管理体系文件的范围应包括：质量方针和质量目标；质量手册；GB/T 19001—2008标准要求的形成文件的程序和记录。（　F　）

47. 直方图是一系列等宽不等高的长方形地排列在一起的图形。（　F　）

48. 在对产品实现进行策划时，组织应确定产品的质量目标和要求。（　T　）

49. 与产品有关要求的评审包括对组织与供方签订的采购合同的评审。（　F　）

50. 由于组织及其产品的性质不适用，可考虑对GB/T 19001—2008标准的任何条款进行删减。（　F　）

51. 根据GB/T 19001—2008标准的要求，为了证实过程的有效性，应保存“过程的监视和测量”的记录。（　F　）

52. 所有测量装置必须由授权机构定期进行校准。（　F　）

53. 数据分析可以帮助组织识别改进质量管理体系的需求。（　T　）

54. 设计和开发输出中的生产和服务提供的信息可以包括对产品防护的具体信息。（　T　）

55. 设计和开发的评审、验证和确认具有不同的目的，组织必须单独进行每项活动。（　F　）

56. 如果组织对外包过程实施了严格的控制，可免除其满足所有顾客要求和法律法规要求的责任。（　F　）

57. 如果某人经评价已经具备了岗位要求所必需的能力，则不强制性要求对他进行培训或采取其他措施。（　T　）

58. 确保在整个组织内提高满足顾客要求的意识是最高管理者承诺并要提出正式的职

责。(F)

59. 内部沟通的方法多种多样，应与沟通对象的文化水平和其他技能相适应。(T)

60. 计算机软件不能用作检验手段。(F)

61. 计算过程能力 C_p 的前提是过程数据服从正态分布，并且过程稳定。(T)

62. 流失业务分析和顾客的索赔信息也可以作为顾客满意监视和测量的信息输入。(T)

63. 管理者代表必须是组织内部人员，但有最高管理者书面授权时可以委托给能力和水平更高的外部专业机构人员。(F)

64. 管理评审应按策划的时间间隔单独召开会议进行。(F)

65. 产品销售后的维护服务与产品有关的要求无关。(T)

66. 根据《中华人民共和国产品质量法》，产品质量检验机构和不具备相应的检测条件和能力，应该委托其他有能力资质的机构进行监测。(T)

67. 当通过监事和测量发现过程未能达到所策划结果时，应当采取适当的纠正和纠正措施。(T)

68. GB/T 19001—2008 标准中“以过程为基础的质量管理体系模式”覆盖了 GB/T 19001—2008标准的所有要求，但未详细反映过程。(T)。

69. GB/T 2828.1—2003 标准中的“转移规则”是指“一次抽样”向“二次抽样”转移要求。(F)

70. 《计量法》适用于在我国境内建立计量基准器具、计量标准器具，进行计量检定，制造、修理、销售、使用计量器具。(T)

三、多项选择题（从下面各题选项中选出两个或两个以上最恰当的答案，并将答案填在相应括号内。选错选项时不得分；全选对得 2 分，少选时，每个选项得 0.5 分，共 30 分）

71. 组织采取纠正措施的目的是（ AD ）。

（A）消除不合格的原因　　（B）纠正不合格

（C）消除潜在不合格　　（D）防止不合格再发生

72. 质量手册的内容至少包括（ BD ）。

（A）质量方针和质量目标

（B）质量管理体系的范围，包括删减说明

（C）标准要求的形式文件的程序

（D）对质量管理过程之间的相互作用的表述

73. 在 GB/T 19001—2008 标准 6.2.1 总则中规定的人员包括（ ABCD ）。

（A）仓库保管员　　（B）采购人员

（C）销售人员　　（D）质量管理体系文件管理员

74. 以下哪些方法可用于描述计量型数据？（ BC ）

（A）茎叶图　（B）二项分布　（C）超几何分布　（D）正态分布

75. 以下各项中，属于运行图的有（ BD ）。

（A）排列图　（B）P 图　（C）直方图　（D）单值移动极差图

76. 依据《中华人民共和国产品质量法》规定进行监督抽查，如果发现产品质量不合格的情况，可能产生的后续结果包括（　ABCD　）。

（A）限期改正　　（B）责令停业，限期整顿

（C）吊销营业执照　　（D）处以相应数额的罚金

77. 依据 GB/T 19001—2008 标准的要求，以下哪些说法是正确的？（　BC　）

（A）过程的监视和测量是为了证实产品质量满足要求

（B）过程的监视和测量是为了证实过程实现策划的结果的能力

（C）过程的监视和测量是为了证实过程的符合性

（D）过程的监视和测量是对质量管理体系过程进行监视和测量

78. 下列属于顾客财产的是（　ABC　）。

（A）顾客通过 E－mail 发送来的产品技术要求

（B）顾客提供用于报价的样品

（C）顾客提供的包装材料

（D）与顾客签订的销售合同

79. 内部审核员的选择应确保（ABC　）。

（A）审核员经过培训　　（B）审核过程的客观性

（C）审核过程的公正性　　（D）审核员取得内审员证

80. 管理评审的输出应包括与以下（　AD　）方面有关的任何决定和措施。

（A）质量管理体系有效性及其过程有效性的改进

（B）有关产品的改进

（C）质量管理体系及其过程的改进

（D）与顾客有关要求的产品的改进

81. 顾客提供的标准和图样的管理适用 GB/T 19001—2008 标准（　AD　）条款的要求。

（A）4. 2. 3f)　　（B）4. 2. 4　　（C）7. 2. 3　　（D）7. 5. 4

82. GB/T 19001—2008 标准中“8. 4 数据分析”中的要求体现了以下哪些质量管理原则？（　ABD　）。

（A）以顾客为关注焦点　　（B）持续改进

（C）领导作用　　（D）与供方互利的关系

83. GB/T 19001—2008 标准所要求的记录不包括（　AD　）。

（A）采购合同的评审记录　　（B）管理评审的记录

（C）对不合格品采取的措施的记录　　（D）内部沟通的记录

84. GB/T 2828. 1—2003 标准涉及抽样方案有（　ABD　）。

（A）一次抽样　　（B）二次抽样

（C）三次抽样　　（D）五次抽样

85. 《中华人民共和国标准化法》明确规定标准化工作的任务是（　ABD　）。

（A）制定标准　　（B）组织实施标准

（C）推行企业标准　　（D）对标准的实施进行监督

2009年12月质量管理体系基础知识考试题及答案

一、单项选择题（从下面各题选项中选出一个最恰当的答案，并将相应字母填在相应括号内。每题1分，共40分）

1. 组织应对（　B　）进行监督和测量，以验证产品要求得到满足。

（A）产品质量　　（B）产品的特性

（C）合同要求　　（D）规定要求

2. 体现“以顾客为关注焦点”的两个基本途径是（　C　）和顾客满意的监视

（A）全员参与　　（B）搞好售后服务

（C）确定和满足与产品有关的要求　　（D）产品质量全优

3. 某综合大学理科学生多于文科学生，并且女生多于男生，由此作出以下3个推论：（1）文科的女生多于文科的男生；（2）理科的女生多于文科的男生；（3）理科的男生多于文科的女生。

该3个推论中必然为真的是（　D　）。

（A）1　　（B）2　　（C）3　　（D）三者都不必然为真

4. 根据GB/T 19000—2008标准7.4.3条款的要求，组织应确定并实施检验或其他必要的验证活动，以确保（　C　）。

（A）采购的产品价格最优　　（B）采购产品到货及时

（C）采购产品满足规定的采购要求　　（D）以上都对

5. 根据GB/T 19000—2008标准，质量目标应（　A　）。

（A）包括满足产品要求所需的内容

（B）包括对满足顾客要求和适用的法律法规要求的承诺

（C）包括对持续改进质量体系有效性的承诺

（D）与组织的宗旨相适应

6. 根据GB/T 19001—2008标准，交付后活动不包括（　D　）。

（A）担保条款规定的措施　　（B）合同义务（例如，维护服务）

（C）附加服务（例如，回收和最终处理）　　（D）合同评审

7. 根据《计量法》，以下（　D　）属于强制检定的范围。

（A）公用计量标准器具

（B）最高计量标准器具

（C）用于贸易结算、安全防护、医疗卫生、环境监测方面的列入强制检定目录的工作计量器具

（D）以上都是

8. 质量管理体系的有效性是指（　B　）。

（A）质量管理体系文件有效

（B）完成质量管理体系策划的活动并得到策划结果的程度

（C）人员履行职责有效

（D）过程有效

9. GB/T 19001—2008 标准 7.5.2 要求的“为过程的评审和批准规定的准则”可以是（ D ）。

（A）生产和服务提供过程的作业指导书　（B）产品接收准则

（C）生产和服务提供过程的程序文件　（D）工艺试验规范

10. “由于 GPT 某型号汽车转向系统存在问题，已在社会上引起一定反响，GPT 汽车厂决定尽全力召回已发放到市场上的该型号汽车。”最适用于这一情景的 GB/T 19001—2008 标准的要求是（ C ）。

（A）8.5.2　（B）8.2.1　（C）8.3　（D）7.2.3

11. （ B ）是研究成对出现的两组数据之间关系的图示技术，帮助分析两个变量之间的关系。

（A）直方图　（B）散布图　（C）趋势图　（D）排列图

12. 质量目标（ D ）。

（A）应追求高水平，以提升质量管理

（B）应体现组织的现时管理水平，不能过高要求

（C）应可测量并一定能实现

（D）既具有先进性，又不能过高要求

13. “产品”与“过程”的关系是（ C ）。

（A）产品质量与过程质量相互补充　（B）产品质量决定过程质量

（C）产品是过程的结果　（D）产品是过程的输入

14. 以下（ C ）是 GB/T 19001—2008 标准中提出的质量管理原则。

（A）持续改进、全员参与、领导作用、管理职责

（B）以顾客为关注焦点、过程方法、资源管理、持续改进

（C）领导作用、过程方法、与供方的互利的关系、持续改进

（D）全员参与、基于事实的决策方法、统计技术、领导作用

15. 依据 GB/T 19001—2008 标准中“要求”的定义，以下说法错误的是（ B ）。

（A）要求包括明示的、通常隐含的或必须履行的需求或期望

（B）必须履行的要求是指文件阐明的要求

（C）通常隐含的要求是指惯例或一般做法，是不言而喻的需求或期望

（D）要求可以由顾客或其他相关方提出

16. 一个选择了外包过程的组织，如声称符合 GB/T 19001—2008 标准的要求，则不可删减标准（ B ）条款的要求。

（A）7.3　（B）7.4　（C）7.5.2　（D）7.5.4

17. 趋势图的主要作用是（ C ）。

（A）概括并表示定量数据

（B）通过一段时间内所关心的特性值形成的图来观察其随着时间变化的表现

（C）直观地反映质量特性随着时间变化的趋势与走向，为决策提供依据

（D）可以发现两组数据之间是相关或不相关

18. 质量管理体系方法中的“过程方法”是指（ D ）。

（A）将相互关联的过程作为系统加以管理，有助于组织提高实现目标的有效性

（B）通过使用资源和管理，将输入转化为输出的相互关联和相互作用的活动

（C）在质量方面指挥和控制组织的协调的活动

（D）对诸过程的系统应用，连同这些过程的识别和相互作用及其管理

19. 关于质量管理体系文件，以下说法正确的是（　D　）。

（A）其数量多少由体系主管部门决定

（B）任何过程控制都需要文件加以指导

（C）过程控制文件必须详细

（D）在保证管理有效的前提下可以尽可能简洁

20. “顾客满意”是指（　C　）。

（A）顾客对产品或服务未提出意见　　（B）没有收到顾客投诉的信息

（C）顾客对其要求已被满足程度的感受　（D）顾客规定的要求得到了满足

21. 按检验特性值的属性可以分为计量抽样检验和（　C　）抽样检验。

（A）计点　　（B）计件　　（C）计数　　（D）序贯

22. 根据GB/T 2828.1—2003标准中规定，从加严检验恢复正常检验必须满足的条件是（　A　）。

（A）连续5批初次检验合格　　（B）累计5批初次检验合格

（C）连续5批中有2次初次检验合格　（D）连续2批初次检验合格

23. GB/T 19001—2008关注的是（　D　）。

（A）质量管理体系的有效性和效率

（B）满足顾客要求和组织适用的所有的法律规定要求

（C）通过持续改进组织的绩效，满足顾客及其他相关方的需求和期望

（D）质量管理体系在满足顾客要求方面的有效性

24. 通过在被关注特性与潜在影响因素之间建立模型来研究其相互之间因果关系的统计技术称为（　D　）。

（A）实验设计　　（B）假设分析　　（C）测量分析　　（D）回归分析

25. 某产品加工过程的 $C_{pl}=1.11$ $C_{pu}=0.67$，则其 C_{pk} 是（　C　）。

（A）0.89　　（B）1.11　　（C）0.67　　（D）1.78

26. 请根据规律选择适当的数字填入空格处：1，2，2，4，（　C　），32。

（A）4　　（B）6　　（C）8　　（D）16

27. 任何目标都必须是实际的、可衡量的、不能只是停留在口号或空话上。制定目标的目的是为了进步，不去衡量，你就无法衡量自己是否取得了进步。所以你必须把抽象的、无法实施的、不可衡量的大目标简化成为实际的、可衡量的小目标。这段话的核心意思是（　C　）。

（A）制定目标后必须付诸实施

（B）没有小目标就没有大目标

（C）小目标才有实际意义

（D）要在相关职能和层次上建立可衡量、可实施的目标

28. 计点控制图的统计基础是（　C　）。

（A）抽样　　（B）正态分布　　（C）泊松分布　　（D）百分比

29. 设计和开发活动中的“变换方法进行计算”的活动是（　C　）。

（A）设计输出　　（B）设计评审　　（C）设计验证　　（D）设计确认

30. 省、自治区、直辖市标准化行政主管部门制定的工业产品的安全、卫生要求的地方标准，在本行政区域内是（　C　）。

（A）推荐性标准　　（B）行业标准

（C）强制性标准　　（D）企业标准可低于其标准

31. GB/T 19001—2008 标准中要求的法律法规是指（　A　）。

（A）与产品有关的法律法规要求　（B）质量法　（C）标准化法　（D）计量法

32. 由国务院颁布的我国有关认证认可的法规是（　A　）。

（A）认证认可条例　　（B）认证及认证培训、咨询人员管理办法

（C）认证咨询机构管理办法　　（D）认证培训机构管理办法

33. GB/T 19001—2008 标准中 6.3“基础设施”在某机械制造厂可以是（　D　）。

（A）冲压机床　　（B）加工车间厂房和机关办公楼

（C）文件管理软件和技术资料查询系统　（D）以上全部是

34. 高层写字楼中控室的值班员必须要经过培训，取得消防管理部门发放的合格证是（　C　）。

（A）顾客隐含要求　　（B）顾客规定要求

（C）适用于产品的法律法规要求　　（D）组织认为必要的附加要求

35. “交付后活动”可以指（　D　）。

（A）保证条款规定的措施　　（B）对产品使用后废弃的回收处置

（C）按合同规定维护服务　　（D）以上都是

36. GB/T 19001—2008 标准中 6.4“工作环境”不包括（　C　）。

（A）冬天客运列车车厢内的温度　　（B）化工原材料仓库的通风和防潮条件

（C）厂区大门前的绿化情况　　（D）微电子车间的静电防护装的合理性

37. A 厂回访客户时，顾客反映该厂生产的 XY－3 型设备运转时的震动和噪声过大，经过技术分析确定是两个零件的配合尺寸存在问题，于是 A 厂决定对 XY－3 型设备中存在问题的零件进行重新设计加工，这是（　B　）。

（A）纠正　（B）纠正措施　（C）预防措施　（D）持续改进

38. 根据 GB/T 19001—2008 标准，一个组织质量管理体系的设计和实施不受下列因素影响（　C　）。

（A）组织的规模和组织的结构

（B）组织提供的产品

（C）人员变动

（D）组织的环境、该环境的变化以及该环境有关风险

39. 对外包过程的控制程度取决于（　D　）。

（A）组织采用 7.4 要求的控制能力

（B）对外包活动分担的程度

（C）外包过程对提供给顾客的产品的潜在影响

（D）以上都是

40. 顾客可以采用（　C　）提出与产品有关的要求。

（A）书面合同　　（B）电话订货

（C）任何适宜的方式　　（D）电子邮件

二、判断题（判断下列各题，正确的写 T，错误的写 F，填在相应括号内。每题 1 分，共 30 分）

41. 对申请认证前就已长期合作的外协方不必进行评价。（ F ）

42. 中国认证认可协会不是认证及认证培训、咨询人员注册工作的政府主管部门。（ T ）

43. 直方图的分布呈锯齿型表示数据波动大，过程不稳定。（ T ）

44. 在制定部门、岗位的质量目标时，可以直接分解组织目标，不强求考虑具体目标。（ F ）

45. 无论何种过程外包，组织都必须对外包方提出明确要求，包括根据具体情况，可派人深入外包方的现场和过程中进行管理。（ T ）

46. 设计和开发输入，有时要考虑与产品有关要求的评审结果。有时则不必考虑。（ F ）

47. 考虑到所采购物资对随后的产品实现或最终产品的影响，应对所有的供方制定不同的选择、评价和重新评价的准则。（ T ）

48. 各层次的质量管理体系文件应由各层次的行政主管领导批准。（ F ）

49. 产品实现的策划结果必须形成文件。（ F ）

50. 质量管理体系文件必须包括管理性文件，但可不包括技术文件。（ F ）

51. 管理评审应采取会议的形式进行。（ F ）

52. 由于组织及其产品的性质不适用，可以考虑对 GB/T 19001—2008 标准的任何条款进行删减。（ F ）

53. 应对质量管理体系所有过程进行监视，必要时进行测量。（ T ）

54. 由于设计和开发的评审、验证和确认具有不同的目的，组织必须单独进行每项活动。（ F ）

55. 如果某人经评价已经具备了岗位要求所必需的能力，但根据标准要求还要进行适当的培训 。（ F ）

56. 管理者代表所代表可以不是本组织的管理者。（ F ）

57. 计算过程能力 C_P 的前提是过程数据服从正态分布，并且过程稳定。（ T ）

58. 根据 GB/T 19001—2008 标准，信息系统应为基础设施。（ T ）

59. 产品要求是对质量体系要求的补充。（ F ）

60. 新产品的设计和开发活动都要进行策划，但老产品的设计开发更改不需要策划。（ F）

61. 只要经过认可的认证机构都可以从事对国家规定强制性产品认证的产品实施认证工作。（ F ）

62. 产品生产过程的非预期产品，也应纳入质量管理体系管理。（ F ）

63. 持续改进就是指质量管理体系改进。（ T ）

64. GB/T 19001—2008 标准规定了质量管理体系的要求，它可以适合各种类型、规模的组织。（ T ）

65. 实施质量管理体系的目的是要充分满足顾客要求和法律法规要求，当顾客要求与法律法规要求发生矛盾时，组织应确保顾客要求的满足。（ F ）

66. 原材料、半成品也是产品实现过程预期输出。（ F ）

67. 所有测量装置必须由授权机构定期进行校准。(F)

68. 数据分析是进行持续改进的重要环节。(T)

69. 质量管理体系文件包括质量记录，因此，以保存的质量记录应定期评审，必要时进行更改。(F)

70. 制造业的原材料，也是产品。(T)

三、多项选择题（从下面各题选项中选出两个或两个以上最恰当的答案，并将答案填在相应括号内。选错选项时不得分；全选对得 2 分，少选时，每个选项得 0.5 分，共 30 分）

71. 文件的价值（ AC ）。

（A）提供适宜的培训 （B）内部沟通 （C）重复性可追溯性 （D）工作业绩

72. 产品实现的策划包括（ BD ）。

（A）文件控制程序的策划 （B）生产过程控制的策划

（C）改进的策划 （D）产品质量检验的策划

73. 下列提示中那些适用于《产品质量法》:（ ACD ）。

（A）汽车制造 （B）建设工程 （C）服装加工 （D）食品生产

74. 下列提示中哪些是 GB/T 19001—2008 标准要求的记录（ BC ）。

（A）生产控制记录 （B）产品符合性监测记录

（C）确定设计开发输入的记录 （D）基础设施维护记录

75. 对于预防措施的制定和实施应（ BC ）。

（A）分析发生不符合的原因 （B）针对原因采取措施

（C）验证措施的有效性 （D）避免不符合的重复发生

76. GB/T 19001—2008 标准 7.5.1a）中的要求“获得表述产品特性的信息”，这些信息包括：（ ABC ）。

（A）产品图纸 （B）生产计划 （C）产品规范 （D）生产工序作业指导书

77. 质量策划是（ ABCD ）。

（A）质量管理的一部分 （B）制定目标

（C）规定运行过程 （D）确定资源

78. 适用于“程序”的有（ AD ）。

（A）活动的途径 （B）必须形成文件

（C）必要时进行审核 （D）可以被引用

79. 针对“过程能力分析”，以下说法正确的是（ ABD ）。

（A）过程在已确定的人、机、料、法、环条件下的能力

（B）6σ 是衡量过程能力的基础

（C）必须是受控的但可以不是连续的生产过程

（D）生产条件变化过程能力也会变化

80. 针对“产品监测与过程监测”，下列说法正确的是（ ABD ）。

（A）产品检测是验证产品要求是否满足

（B）过程监测是对质量管理体系过程是否满足要求的证实

（C）二者有时可以互相取代

（D）二者都是质量管理体系所要求的监测

81. 以下属于 GB/T 19001—2008 标准 6.3 基础设施的有（ ABCD ）。

（A）生产设备　　（B）售后维修服务网点

（C）内部局域网　　（D）提供送货上门服务时使用的运输工具

82. 以下哪些不是顾客财产？（ AD ）

（A）组织按顾客的要求，从顾客指定的某钢材厂购买的原材料

（B）顾客提供的用于加工产品的模具

（C）宾馆服务台保管的顾客的贵重物品

（D）某加工厂为加工顾客产品而购买的零部件

83. 根据 GB/T 19001—2008 标准 7.2.1 条款，组织确定与产品有关的要求，包括：（ ACD ）。

（A）顾客规定的要求　　（B）产品的价格

（C）隐含的要求　　（D）使用的法律法规要求

84. 根据 GB/T 19001—2008 标准，组织的设计验证活动应（ ABD ）。

（A）依据所策划的安排对设计和开发进行验证

（B）确保设计输出满足输入的要求

（C）验证活动必须有顾客参加

（D）验证结果的记录应予保持

85. 组织提出的采购产品的适用采购信息可涉及：（ ACD ）。

（A）对供方质量管理体系的要求　　（B）顾客商业信誉

（C）产品、过程和设备的批准要求　　（D）采购产品程序的批准要求

二、审核知识部分

2007年6月质量管理体系审核知识考试题及答案

一、单项选择题（从下面各题选项中选出一个恰当的答案填入括号内。每题1分，共15分）

1. （ C ）可以独立承担审核任务。

（A）实习审核员 （B）技术专家 （C）审核组长 （D）观察员

2. 监督审核目的（ A ）。

（A）是确定体系是否持续满足要求，是否保持证书

（B）是采取纠正措施、预防措施

（C）同初审目的一样

（D）验证上次审核纠正措施的有效性

3. 依据GB/T 19011—2003标准，审核报告的内容由（ C ）负责。

（A）审核委托方 （B）审核组 （C）审核组长 （D）受审核方

4. 一次审核的结束是指（ B ）。

（A）末次会议结束 （B）分发了经批准的审核报告之时

（C）对本符合项纠正措施进行验证后 （D）监督审核之后

5. 属于基于证据的方法的审核原则（ B ）。

（A）报告审核过程中遇到的重大障碍

（B）抽样的合理性与审核结论的可信性密切相关

（C）审核报告真实地反映审核活动

（D）审核员独立于受审核的活动

6. （ C ）对产品质量特性无直接影响。

（A）产品开发人员 （B）产品制造人员 （C）产品检验人员 （D）工艺设计人员

7. 第三方认证审核的审核报告应提交给（ A ）。

（A）审核委托方 （B）受审核方

（C）受审核方的上级主管部门 （D）认可机构

8. 下列哪一点与管理的内涵不符？（ C ）

（A）管理是任何组织集体劳动所必需的活动

（B）管理的对象是组织所拥有的各种规模资源

（C）管理是一个为组织目标服务的有意识的行为过程，但与机制无关

（D）管理的过程是由一系列相互关联、连续进行的活动构成

9. 以下对审核方案描述正确的是（ A ）。

（A）审核方案包括策划、组织和实施审核所必要的所有活动

（B）审核方案是一次审核安排

（C）审核方案与受审核组织的规模无关

（D）审核方案的记录不包括不符合报告

10. 下面哪一种情况是审核证据？（　B　）

（A）陪同人员质检科长向审核员反映：供应科从非合格供方 A 处采购部件

（B）供应科长承认从非合格供方 A 处采购部件

（C）因为在合格供方名录中找不到部件供应商 A，所以审核员认为供应科从非合格供方 A 处采购部件

（D）以上都不是

11. 一个组织聘请了两位认证机构的审核员，对其供方的质量管理体系进行审核，这种审核为（　B　）。

（A）第一方审核　　（B）第二方审核

（C）第三方认证审核　　（D）以上都不对

12. 在第三方认证审核时（　C　）不是审核员的职责。

（A）实施审核

（B）确定不合格项

（C）对发现的不合格项制定纠正措施

（D）验证受审核方所采取的纠正措施的有效性

13. 认证中的初次审核是指（　C　）。

（A）现场审核前的初访　　（B）预审核

（C）组织提出申请后首次正式审核　　（D）以上都不是

14. 审核员审核受审核方的监视和测量装置校准情况时，抽样的样本应来源于（　A　）。

（A）用于证实产品符合确定要求的所有监视和测量装置

（B）所有的监视和测量装置

（C）正在使用的监视和测量装置

（D）所有暂时不用的监视和测量装置

15. 审核最高管理者使用的较适宜的审核技巧是（　D　）。

（A）进行产品质量数据汇总，报告其产品质量状况

（B）向最高管理者讲述管理体系运行的重要性

（C）观察最高管理者对认证的态度

（D）与最高管理者面谈，查阅相关业绩记录

二、判断题（判断下列各题，正确的写 T，错误的写 F，填入相应括号内。每题 1 分，共 10 分）

16. 获得认证的组织应按期接受监督审核，时间间隔不得超过 12 个月。（　T　）

17. 不管是否实施 GB/T 19001—2000 标准，组织都存在质量管理体系。（　F　）

18. 设备操作人员的工作经历可以视为审核员注册时可接受的工作经历。（　F　）

19. 审核组中必须配备熟悉受审核方专业的人员。（　T　）

20. 受审核方可以依据合理的理由申请更换审核组成员。（　T　）

21. 取得 CCAA 注册资格的审核员既要接受聘用机构监督，又要接受 CCAA 的监督。（　T　）

22. 合理抽样是减少审核风险、控制审核活动的重要环节之一。（　T　）

23. 虽然检查表是重要的审核文件，但审核现场情况发生变化时也应修改。（　T　）

24. 应根据不符合项的多少来评价受审核方的质量管理体系。（ F ）

25. 由于质量管理体系认证规则发生变更，持证组织不愿或不能确保符合新要求，认证机构可以撤销该组织的认证证书。（ T ）

三、多项选择题（从下面各题选项中选出两个或两个以上最恰当的答案，并将相应的字母填入题后括号内。多选或少选均不得分。每题 2 分，共 10 分）

26. 申请方申请认证的条件（ ABD ）。

（A）持有法律地位证明文件

（B）已按标准建立了文件化的质量管理体系

（C）组织具有一定规模

（D）申请人应持有生产许可证、资质证书等必要资料

27. 职能式结构特别适合于（ ACD ）的组织。

（A）外部环境比较稳定　　（B）对顾客适应能力要求高

（C）采用常规技术　　（D）规模不大

28. 决定审核组的规模和组成时，应考虑（ ABD ）。

（A）受审核方的文化特点　　（B）审核员应独立于受审核方

（C）审核组长的专业能力　　（D）审核目的

29. 下列哪项是完整体系审核（ AD ）。

（A）初次审核　（B）跟踪审核　（C）监督审核　（D）复评审核

30. 现场审核期间的沟通包括（ ACD ）。

（A）与受审核方最高管理者就本次审核的情况进行交谈

（B）专业审核员对审核组其他成员进行的有关受审核方专业知识的培训

（C）审核组长就审核中发现的重大问题临时找受审核方有关人员进行反馈

（D）审核组讨论审核结论

四、简答题（每题 5 分，共 15 分）

31. 请简述与审核员有关的审核原则。

答：与审核员有关的审核原则：1）道德行为：职业的基础；2）公正表达：真实、准确地报告的义务；3）职业素养：在审核中勤奋并具有判断力。

32. 审核员在某阀门厂检验科审核，检验科负责人提供了阀门检验标准，审核员看到标准上规定：阀门出厂前应逐件进行耐压试验，试验压力 1.2 兆帕（MPa），保压 120 秒。作为审核员你应该如何进行审核，说出你的审核思路。

答：从测量装置的控制（7.6）和产品的监视和测量（8.2.4）两条线索去审核。

33. 2007 年 2 月，上级集团公司对天利金属制品公司的体制进行了改革，天利公司随即对内部的组织机构和职能进行了调整。职能部门由 9 个减少到 5 个，部门职能和岗位设置也进行了较大调整。按照 GB/T 19001—2000 标准要求，审核员在审核时应关注什么？

答：从职责和权限（5.5.1）、管理评审（5.6.1）质量体系策划 5.4.2 b）三方面关注。

五、阐述题（每题 10 分，共 20 分）

34. 某设备制造企业将设备表面喷涂生产过程确定为“应确认的过程”。审核员对照 GB/T 19001—2000 标准 7.5.2 条款要求对该过程进行审核时，接受审核的人员出示了该过程的生产作业指导书具有较强的可操作性，过程控制记录填写详细、规范。审核员很满意

并结束了该过程的审核。试问：审核员的审核是否适宜？如果是您，应如何进行审核？

答：1）不适宜。

2）因为7.5.2中的要求没有查全。

3）应继续审核7.5.2中a）、b）、e）的内容。

——是否为喷涂过程的评审和批准规定了“准则”，准则是否对每个需要确认的过程都做了适宜的合理的控制要求，职责是否明确？

——是否对喷涂使用的设备进行了认可和参与喷涂的人员进行了能力鉴定？

——当设备、人员、工艺和材料等发生变化是否进行了重新确认？

35. 如何根据GB/T 19001—2000标准审核“不合格品控制”过程？

答：在主控部门：

1）询问相关负责人是否制定了《不符合控制程序》？程序是否规定了不符合控制和不合格品处置的人员的职责？

2）是否发生过不合格品？采取哪些处置方法？抽查原材料、中间品和成品各三份不符合处置记录？是否处置符合文件的规定？

3）不符合是否涉及已经交付的产品？如有是否采取了必要的纠正措施？

4）对采取返工处置的产品是否按原标准进行重新检查？查阅相关检验记录2份。

在其他部门：

在采购部、仓库和车间验证不合格处置情况。

六、案例分析题（每题6分，共30分）

请对以下场景进行分析，并依据GB/T 19001—2000标准判断有无不符合。如有请写出不符合标准条款的编号及内容，并写出不符合事实。

36. 在机加工车间，某机床后靠墙处放着三个工件，审核员问这是否是合格品，操作者答：“不是我的班，可能是夜班的，是否合格我也不知道。”在场搬运工解释说：“可能是昨天送库剩下的，等会我就运走。”询问当班检验员，检验员回答说：“这三件产品有些问题要等张技术员处理，这两天他出差了，等他一回来就处理。”

答：不符合条款7.5.3。

不符合条款内容：组织应针对监视和测量要求识别产品状态。

不符合事实：在机加工车间审核发现：××××机床后靠墙处放着三个工件，操作者、在场搬运工、当班检验员都不知道是否是合格品。

37. 在某玩具包装车间，审核员发现W18玩具包装图表明包装底板的材料是银灰色波纹塑料板，而现场工人使用的是天蓝色硬纸板做的。车间主任解释说，塑料板上星期就用完了，货要的急，供应科一时买不来。和设计科沟通后，他们同意用纸板代替。审核员问“图纸和工艺卡都没有显示出来”，主任说：“设计科科长说总工程师出差还没回来，更改单没法批准，图纸也没法改，先这样做，问题不大。”

答：不符合条款7.5.1a）。

不符合条款内容：组织应策划并在受控条件下进行生产和服务提供。适用时，受控条件应包括：a）获得表述产品特性的信息。

不符合事实：在玩具包装车间审核发现：由于供货不上和使用急需，用于W18玩具包装底板的材料已临时由《W18玩具包装图》规定的“银灰色波纹塑料板”改为“天蓝色硬纸板”，但车间尚未获得与这一更改相关的经批准的包装图。

38. 审核员在检测室抽查产品检验报告，共有5项指标的检验结果，而国家标准（GB ××××—2005）规定该产品的检验项目应为8项。审核员询问检测主任："你们的检测项目为什么比国家标准规定少了3项?"检测主任说："按要求应该是8项，而我们是按照工厂的检验规程要求办的。"接着出示了该检验规程，发现确实少了3项要求。

答：不符合条款7.1c)。

不符合条款内容：在对产品实现进行策划时，组织应确定产品所要求的验证、确认监视、检验和试验活动，以及产品接收准则。

不符合事实：在检测室抽查产品检验报告发现：工厂的检验规程不符合GB××××—2005的要求，比国家标准规定少了3项。

39. 审核员在物资管理部审核时了解到，近期从A化工厂采购了大批生产混凝土外加剂用的化工原料。审核员问对A厂是如何评价的，物资管理部长说："A厂是顾客指定的，我们了解到他们的价格比其他厂便宜，虽然产品质量不太稳定，但有问题时他们也能给换货，所以我们决定今后就用这家了。"

答：不符合条款7.4.1。

不符合条款内容：组织应根据供方按组织的要求提供产品的能力评价和选择供方。应制定选择、评价和重新评价的准则。评价结果及评价所引起的任何必要措施的记录应予保持。

不符合事实：在物资管理部审核发现：对已采购了大批生产混凝土外加剂用的化工原料的供方A厂没有进行合格供方评价。

40. 审核员到某建筑工地审核时，问施工单位的项目负责人是如何对钢筋、水泥进行检验的。项目负责人说："本工程所用的钢筋、水泥全是甲方指定我们到A公司购买的，A公司生产的钢筋、水泥各种型号都通过了产品认证，公司也于2000年就通过了QMS认证，因此他们的质量是有保证的，我们只是点点数量，直接拿来用就可以了，出了问题甲方会负责的。"

答：不符合条款7.4.3。

不符合条款内容：组织应确定并实施检验和其他必要活动，以确保采购的产品满足规定的采购要求。

不符合事实：在建筑工地审核发现：对在甲方指定的A公司购买的钢筋、水泥没有按规定进行验证。

2007年9月质量管理体系审核知识考试题及答案

一、单项选择题（从下面各题选项中选出一个最恰当的答案，并将相应字母填入相应括号内。每题1分，共15分）

1. 以下不属于审核准则的是（ B ）。

（A）顾客的隐含要求　（B）组织产品的检验记录
（C）生产设备维护管理规定　（D）认证产品所执行的产品标准

2. 审核的目的是（ B ）。

（A）寻找不合格项　（B）评价并确定满足审核准则的程度
（C）评价体系的持续适宜性　（D）评价体系的完整性

3. 审核发现指（　C　）。

（A）审核中观察到的事实

（B）审核中所发现的不合格项

（C）审核中观察到的事实与审核依据比较和评价的结果

（D）审核中的观察项

4. 以下哪种情况可作为质量管理体系审核的审核证据？（　A　）

（A）审核员看见某操作工人按作业指导书加工产品

（B）操作人员反映另一车间内噪声太大

（C）向导回答不合格品的处理情况

（D）以上都不是

5. 制定认证审核计划是（　C　）的职责。

（A）认证机构　　（B）审核委托方　　（C）审核组组长　　（D）受审核方

6. 质量管理体系审核中一般不采用以下哪种方法收集信息？（　C　）

（A）面谈　　（B）查阅文件记录

（C）抽取产品送认可的实验室检测　　（D）现场观察

7. 审核报告是重要的审核文件，属于（　B　）所有，按要求应予保密。

（A）受审核方　　（B）审核委托方

（C）认证机构认可委员会　　（D）以上都是

8. 在第三方认证审核时，（　C　）不是审核员的职责。

（A）实施审核

（B）确定不符合项

（C）对发现的不符合项制定纠正措施

（D）验证受审核方所采取的纠正措施的有效性

9. 实施第三方质量管理体系审核，主要是为了（　D　）。

（A）发现尽可能多的不符合项　　（B）评估产品质量的符合性

（C）建立互利的供方关系

（D）证实组织的质量管理体系符合已确定的审核准则的程度要求

10. 质量管理体系认证可以（　D　）。

（A）帮助组织实现顾客满意的目标　　（B）提供持续改进的框架

（C）向组织和顾客提供信任　　（D）以上都对

11. 根据中国认证认可协会《质量管理体系审核员注册准则》（第 2 版），申请人应具有至少（　B　）年与质量管理相关的工作经验。

（A）1　　（B）2　　（C）3　　（D）4

12. 目前，我国的审核员注册机构是（　C　）。

（A）国家质检总局　　（B）国家认监委

（C）中国认证认可协会　　（D）国家认可委

13. 对于主要原材料的采购，在满足生产要求的品种、质量、性能、数量等条件下，主要比较采购的可靠性及（　D　）。

（A）供应方式　　（B）运输方式

（C）仓储方式　　（D）价格的经济性

14. 管理的对象是（　C　）。

（A）管理者　　（B）员工　　（C）资源　　（D）组织

15. 下列不属于生产工艺技术的是（　D　）。

（A）生产工艺　　（B）工艺流程　　（C）设备选型　　（D）原料来源

二、判断题（判断下列各题，正确的写 T，错误的写 F，填入相应括号内。每题 1 分，共 10 分）

16. 检查表的内容可以事先展示给受审核部门，以便作好迎审准备。（　F　）

17. 组织的质量管理体系认证范围由受审核方决定。（　F　）

18. 有季节性生产的企业，现场审核应该安排在正常生产时进行。（　T　）

19. 审核员在发现不符合项线索时可扩大抽样。（　T　）

20. 监督审核时不必进行文件评审。（　F　）

21. 质量管理体系认证证书和标志可以在产品和包装上使用。（　F　）

22. 认可是指由认可机构对认证机构、检查机构、实验室以及从事评审、审核等认证活动人员的能力和执业资格，予以承认的合格评定活动。（　T　）

23. 法人可分为企业法人、机关法人、事业法人和社团法人。（　T　）

24. 质检科负责产品质量检验工作，因此采购产品的验证也应由质检科负责。（　F　）

25. 质量管理体系应覆盖所有的职能部门。（　F　）

三、多项选择题（从下面各题选项中选出两个或两个以上最恰当的答案，并将相应的字母填入题后括号内。多选或少选均不得分。每题 2 分，共 10 分）

26. 文件评审应当考虑以下（　ABCD　）因素。

（A）组织的规模　　（B）组织的性质　　（C）审核的目的　　（D）审核的范围

27. 现场审核时间应该包括（　BC　）。

（A）编制审核报告的时间　　（B）首、末次会议的时间

（C）内部沟通的时间　　（D）编制审核计划的时间

28. 申请 CCAA 质量管理体系实习审核员的申请人应满足以下（　ABD　）要求。

（A）教育经历　　（B）工作经历

（C）审核经历　　（D）质量管理工作经历

29. 在审核负责销售的部门时，作为审核员，GB/T 19001—2000 标准中的（　BCD　）是你应当关注的。

（A）7.4.2　　（B）7.5.1f)　　（C）7.2　　（D）8.2.1

30. 一般来说，企业是指具有以下（　ABCD　）特点的基本经济单位。

（A）从事生产、流通或服务等活动　　（B）自主经营、自负盈亏

（C）实行独立核算　　（D）具有法人资格

四、简答题（每题 5 分，共 15 分）

31. 试述审核证据、审核发现与审核结论三者的关系。

答：审核证据是和审核准则有关的记录事实陈述和其他信息，审核发现和审核准则比较得出的就是审核发现，审核发现包括符合或不符合的，审核发现经过审核组共同评审就是审核结论，三者依次是输入输出的关系。

32. 审核员在质管部查最近一次的管理评审材料，发现管理评审报告中针对评审情

况，并提出了四项改进决策，审核员只看见其中一项由办公室完成的改进措施的实施情况及其有效性的验证记录。你作为审核员应如何继续审核？

答：查改进措施要求的完成时限，如在时限内，查其余三项改进措施实施的进展情况，如在时限外没有完成则开不合格报告。

33. 监督审核与复评审核的目的分别是什么？

答：监督审核的目的是评价体系持续的符合性和有效性，保持认证注册，抽查部门和过程。复评的目的是评价体系的符合性有效性，重新认证注册，完整体系。

五、阐述题（每题10分，共20分）

34. 如何依据GB/T 19001—2000标准，审核“内部审核”过程？

答：在主控部门：

1）查阅《内部审核程序》，了解组织对内审周期、职责、依据、内审方案、方法等方面的规定是否符合要求？

2）组织是否按照程序制定了审核方案，方案是否考虑了不同部门的过程和区域的状况和重要性以及以往审核的结果？查阅《审核方案》。

3）查最近一次完整的内部审核记录，查阅内审计划评价审核人员的安排是否符合公正性的要求，审核的过程是否安排充分？抽查3～5个部门的检查表及审核记录，评价审核的充分性和记录的完整性和可追踪性。抽查1～3份不符合报告，评价判定标准和正确性、事实描述的准确性；抽查1～3个不符合的整改材料，评价纠正是否到位？原因分析是否准确？纠正措施是否对应？纠正措施是否得到有效实施？效果如何？

4）查阅内部审核报告，评价报告内容的充分性和符合性。

在相关部门：验证内审不符合的纠正措施落实情况。

35. 在审核“顾客满意”时，公司销售部部长告诉审核员：“自体系运行以来，我们没有收到任何顾客投诉，也没有出现过顾客退货的情况，这说明顾客对我们的产品质量很满意，因此，我们没有有关的记录。”审核员很满意他们的工作，道谢后就离开了。你认为这种审核是否符合要求？为什么？如果你去审核，你将用什么方法？审核哪些内容？

答：不符合要求，因为审核员对标准GB/T 19001—2000中8.2.1还没审核完。如是我将继续审核，思路是：

1）公司是否确定了获取顾客满意信息的渠道、方法和频次？这些渠道和方法能否全面的识别顾客满意方面的信息（包括产品质量、交付和服务方面的反映，也包括顾客需求和期望的信息，市场动态）？

2）公司是否确定了分析利用顾客满意信息的频次、方法和职责？

3）是否明确应收集的顾客满意的信息？收集、分析数据的职责、方法、渠道是否确定？分析数据的方法是否利用了适用的统计技术？

4）是否评审顾客投诉，并分析原因和采取纠正措施的需求？是否采取了相应的纠正措施？

5）到相关部门验证对顾客投诉或不满意的纠正和预防措施落实情况。

六、案例分析题（每题 6 分，共 30 分）

请对以下场景进行分析，并依据 GB/T 19001—2000 标准判断有无不符合。如有，请写出不符合标准的条款的编号及内容，并写出不符合事实。

36. 某零件表面处理工艺文件中规定：每筐限装该零件 10 件，在 80 摄氏度～90 摄氏度槽液中浸泡 20 分钟。近期因蒸汽不足，槽液温度最高也只能达到 68 摄氏度，工长决定用延长浸泡时间来解决，即浸泡 30 分钟，为保证产量，每筐装 15 件。在蒸汽不足的情况下完成了生产任务。审核员问工艺员是否知道这一工艺更改，工艺员表示不知道。

答：有不符合，不符合 GB/T 19001—2000 标准 7.5.1 中“组织应策划并在受控条件下进行生产和服务提供。”的要求。

不符合事实：零件表面处理工艺文件中规定：每筐限装该零件 10 件，在 80 摄氏度～90 摄氏度槽液中浸泡 20 分钟。现场审核发现：近期因蒸汽不足，槽液温度最高也只能达到 68 摄氏度，工长决定用延长浸泡时间来解决，即浸泡 30 分钟、每筐装 15 件。且工艺员不知道这一更改。

37. 审核员在一家家具厂的客户服务部发现，近一个月内已有多家客户投诉，反映的都是家具表面碰伤。审核员问：“你们是如何处理的?”服务部主任说：“我们接到客户投诉后作了详细记录，由我亲自带人派专车给客户换好的家具，并向他们到了歉。客户对最后的结果是满意的，如果再发生，还要这样办。”

答：有不符合，不符合 GB/T 19001—2000 标准 8.5.2 中“组织应采取措施，以消除不合格的原因，防止不合格的再发生。纠正措施应与所遇到不合格的影响程度相适应。”的要求。

不符合事实：在客户服务部审核顾客投诉处理发现：近一个月内已有多家客户投诉反映家具表面碰伤，但工厂只是给客户换好的家具，并向他们到了歉，没有分析原因和采取有效的纠正措施。

38. 在某仪器制造公司销售科审核时，审核员注意到一份编号为 CHN－08－2006 拟印合同文本中，有一段手写的文字：“原要求 40 米长的附件电缆改为 50 米长”。销售部长说：“您看，这旁边是甲乙双方的签字，我已经关照生产部门了。”审核员在审核仓库时看到一张卡：“××九芯电缆，长 40 米，共 100 根，合同号 CHN－08－2006。”仓库保管员说：“这 100 根电缆作为附件随仪器发给客户。”

答：有不符合，不符合 GB/T 19001 标准 7.2.2 中“若产品要求发生变更，组织应确保相关文件得到修改，并确保相关人员知道已变更的要求。”的要求。

不符合事实：在销售科审核发现：编号为 CHN－08－2006 拟印合同文本中有一段手写的文字：“原要求 40 米长的附件电缆改为 50 米长”，但在成品仓库审核却发现已完成生产并入库的该合同号的产品标签却是：“××九芯电缆，长 40 米，共 100 根”，这表明销售科未能及时就合同更改的信息传递给生产部门。

39. 在车间审核时，审核员了解到，公司要求的车间产品合格率为 95%。审核员了解到最近五个月合格率分别为：97.03%、96.52%、96.00%、95.30% 和 95.01%。问车间主任指标完成的情况，主人自信地说：“几年来，我们这个指标都能保持在 98% 以上，你说的情况我还没注意到，不过也能达到 95%，也算是完成指标了，不影响奖金。”

答：有不符合，不符合 GB/T 19001—2000 标准 8.4 中“组织应确定、收集和分析适当的数据，……这应包括来自监视和测量的结果以及其他有关来源的数据。……c）过程和产品的特性及趋势，包括采取预防措施的机会”的要求。

不符合事实：未对近五个月产品合格品率有向下的趋势进行数据分析。

40. 在食品厂车间，审核员发现窗户敞开，窗外是一条市政路，车流量较大，烟尘滚滚。车间主任解释说：“天太热了，车间又没有空调，没办法。只能开窗通风。”

答：有不符合，不符合GB/T 19001标准6.4中“组织应确定、提供并维护为达到产品符合要求所需的基础设施。适用时，基础设施包括：a）建筑物、工作场所和相关的设施”的要求。

不符合事实：在食品厂车间审核发现：窗户敞开，窗外是一条市政路，车流量较大，烟尘滚滚。车间主任解释说：“天太热了，车间又没有空调，没办法。只能开窗通风。”

2007年12月质量管理体系审核知识考试题及答案

一、单项选择题（从下面各题选择中选出一个最恰当的答案，并将相应字母填入相应括弧内每题1分，共15分）

1. 下列哪些文件应在现场审核前通知受审核方？（　B　）

（A）检查表　（B）审核计划　（C）审核工作文件　（D）适用的法律法规

2. 检查表（　A　）。

（A）是审核员对审核活动进行具体策划的结果

（B）应提前交给受审核部门的人员认可

（C）必须经过管理者代表的批准

（D）有标准规定的格式

3. 现场审核时，可以作为审核证据的是（　D　）。

（A）客房服务人员依据服务规范对某客房进行清扫

（B）质检部长说本公司和A公司签订的合同未经评审

（C）审核员在机加工车间看到一名员工违反安全操作规程

（D）以上都可以

4. 以下属于完整管理体系审核的是（　A　）。

（A）复评审核　（B）复查审核　（C）体系的复审　（D）以上都是

5. 以下哪一项标志着现场审核的开始？（　D　）

（A）审核组长接受审核审核项目　（B）开始文件评审

（C）审核组长到了审核现场　（D）召开首次会议

6. 以下哪一项活动属于现场审核时间内发生的活动？（　B　）

（A）进行文件初审　（B）召开末次会议

（C）编写审核报告　（D）确定纠正措施

7. 在第三方认证审核时，（　C　）不是审核员的职责。

（A）实施审核

（B）确定不符合项

（C）对发现的不符合项采取纠正措施

（D）验证受审核方所采取纠正措施的有效性

8. 认证证书的认证范围由（ B ）。

（A）申请人决定　　（B）认证机构决定

（C）受审核方决定　　（D）认证机构和申请人协商决定

9. 以下说法不正确的是（ C ）。

（A）审核组可以由一名或多名审核员组成

（B）审核组应至少配备一名具有专业能力的成员

（C）实习审核员可在技术专家指导下独立承担审核任务

（D）审核组长并非必须有高级审核员担任

10. 某企业在部门设置中有企管办，其职责一般包括（ C ）。

（A）产品质量检验　　（B）协调生产发展

（C）企业管理制度的建议和实施　　（D）企业档案管理

11. 下面哪一种不是质量管理体系审核的依据（ B ）。

（A）ISO 9001：2000 标准　　（B）ISO 9004：2000 标准

（C）质量管理体系文件　　（D）相关法律法规

12. 质量管理体系审核是用来确定（ D ）。

（A）组织的管理效率

（B）产品和服务符合有关法规的程度

（C）质量手册与标准的符合程度

（D）质量管理体系满足审核准则的程度

13. 根据中国认证认可协会《质量管理体系审核员注册准则》（第 2 版），申请人应具有至少（ C ）年技术或管理岗位的工作经验。

（A）2　　（B）3　　（C）4　　（D）5

14. 监督审核的目的（ A ）。

（A）是确定体系是否持续满足要求，是否保持证书

（B）是采取纠正措施、预防措施

（C）同初审的目的一样

（D）是验证上次审核纠正措施的有效性

15. 目标管理是 1954 年由美国著名管理学者德鲁克提出的计划管理方法。但是任何先进的管理方法，在推行过程中都有一定的局限性。就比较而言，目标管理更适合于（ A ）。

（A）经营环境复杂多变的组织

（B）外部环境业务与技术相对稳定的组织

（C）高科技、风险型企业

（D）特大型跨国公司

二、判断题（下列各题中，你认为正确的在括号中写“T”，错误的写“F”。每题 1 分，共 10 分）

16. 不符合项的确定应以客观证据为基础，以审核准则为依据。（ T ）

17. 企业目标为企业决策指明方向，是企业计划的重要内容，也是衡量企业实际绩效的标准。（ T ）

18. 管理体系认证审核的现场审核必须分两个阶段进行。（ F ）

19. 柔性组织特别强调标准化、规范化和规章制度。（　F　）

20. CCAA 对所有注册申请人都将进行技能方面的考核。（　T　）

21. 在审核范围的描述中，通常应包括对审核所覆盖时限的描述。（　T　）

22. 针对组织结构存在的某些缺陷，通过设立临时性或协调组织实现协调，这种协调方式属于结构协调方式。（　F　）

23. 《CCAA 质量管理体系审核员注册准则》（第 2 版）中所说的审核仅指第三方审核。（　F　）

24. 认证是指由权威机构依据规定的准则和程序，对某一团体和个人具有从事特定任务的能力给予的正式承认。（　T　）

25. 在文件评审过程中，组织提交的质量手册中既未引用又未包含管理评审程序也是可以接受的。（　T　）

三、多项选择题（每题的备选项中，有 2 个或 2 个以上符合题意，少选或多选均不得分。每题 2 分，共 10 分）

26. 以下属于与审核有关的原则的是（　AC　）。

（A）基于证据的方法上　（B）公正表达　（C）独立性　（D）职业素养

27. 在监督审核中所发现的问题，视问题的轻重程度，对获证方可以采用以下处置方式（　AB　）。

（A）暂停证书　（B）撤销证书　（C）注销证书　（D）吊销证书

28. 在 CCAA 的版管理体系审核员注册准则中，对审核员的能力要求包括（　ABC　）。

（A）个人素质　（B）知识　（C）技能　（D）特定产品专业知识

29. 审核员发现不符合事实后应（　ABC　）。

（A）做好记录并与受审核部门领导进行沟通

（B）向审核组汇报，以确定不符合项

（C）编制不符合报告

（D）制定纠正措施

30. 不符合报告应由（　ACD　）签字

（A）发现此项不符合的审核员　（B）技术专家

（C）审核组长　（D）受审核方代表

四、简答题（每题 5 分，共 15 分）

31. 请简要叙述认证范围与审核范围的区别。

答：1）认证范围用于认证注册的目的，用于表明被认证的受审核方的管理体系所覆盖的范围，通常体现在认证证书上。而审核范围是为具体的审核界定审核要覆盖的内容与界限，用于指导审核的实施。

2）认证范围通常只是对认证所覆盖的产品、过程与活动、场所以及所依据的标准的概括性描述，而审核范围所涉及信息更加详细与具体，通常包括对受审核的实际位置、组织单元、活动和过程以及审核所覆盖的时期等的更加全面与详细的信息。

3）一次具体审核的审核范围与认证范围并不完全一致。

4）认证范围表述于证书上，由认证机构确定；审核范围表述于审核计划；由审核委托方和组长确定。

32. 以下为一次审核活动中的场景描述（包括三句话）：

1）销售科长说：“我们2007年1月至今已处理39份顾客抱怨，顾客总体比较满意”。

2）审核员查阅了39份顾客抱怨处理记录，经核对企业的《顾客抱怨管理制度》，认为顾客抱怨的处理确实按要求执行。

3）审核员在与领导层沟通时说：“顾客抱怨处理管理较好，但顾客满意数据分析的结论中改进方向不明确，还可以完善。”

请指出每一句话中分别含有审核发现、审核证据或审核准则中哪一项或哪几项。

答：1）审核证据。2）审核发现（认为顾客抱怨的处理确实按要求执行）、审核证据（39份顾客抱怨处理记录）、审核准则（顾客抱怨管理制度）。3）审核发现。

33. 一般来说，企业的组织结构及职责划分是相似的。请针对一个上千人的大型生产型企业，说出一般设有哪些关键中层部门以及这些部门的职责（至少说出六个）职责请用GB/T 19001—2008标准中的条款编号表示（例如：部门：销售部；职责：7.2）。

答：生产部：7.5；质检部：8.2.4、8.3；采购部：7.4；人力资源部：6.2；设计部：7.3；设备部：6.3、7.6。

五、阐述题（每题10分，共20分）

34. 请说明如何依据GB/T 19001标准审核“产品的监视和测量”过程。

答：1）在主管部门：

——对于在7.1中策划出的对产品的特性的监视和测量过程，是否按要求实施？

——是否保存用以证明符合接收准则的监视和测量的证据？记录是否指明有权放行产品的人员？

——能否在监视和测量均已圆满完成以前不放行产品和交付服务？例外放行时，是否得到有关授权人员的批准，适用时得到顾客的批准？

2）到相关的部门查产品监视和测量的有效性。

35. 查设计和开发更改时，审核员在询问设计和开发更改的有关规定后，抽查了3个不同专业组在2006年8～12月更改单，都有授权人员的审批，修改发放手续符合文件控制要求。审核员很满意他们的工作，道谢后就离开了。这样的审核是否符合要求？为什么？如果请您去审核，您会怎么做?）

答：1）这样的审核不符合要求。

2）因为审核员对7.3.7中的要求没有完整审核。

3）应继续在设计部门审核如下内容：

——这一切是否在更改正式实施前进行批准？

——是否评价了更改对产品及其组成部分的影响？

——是否进行了适当的评审、验证和确认？

——评价更改的有效性，看是否更改后达到了预期目的（受审核方自己评价的结果）

在生产车间验证设计更改情况。

六、案例分析题（每题6分，共30分）

请对以下场景进行分析，并依据GB/T 19001标准判断有无不符合，如有请写出不符合标准条款的编号及内容，并写出不符合事实。

36. 审核员在某企业审核时发现有一批产品的绝缘性能达不到标准要求，质检经理解释说这是因为一批元件有问题造成的，公司已经查到全部产品的编号，通知生产和销售部门停止销售和使用该批产品，但目前已经发出500台，我们已经决定，只要顾客提出来我们就予以退换。

答：有不符合，不符合8.3。

不符合标准内容：当在交付或开始使用后发现产品不合格时，组织应采取与不合格的影响或潜在影响的程度相适应的措施。

不符合事实：有一批产品的绝缘性能达不到标准要求，质检经理解释说这是因为一批元件有问题造成的，但企业对已经发出的该产品中的500台没有采取有效的纠正行动。

37. 在销售部，审核员抽查7份顾客调查表，发现其中2份写有顾客意见："不知道应找哪个部门询问产品信息?"，有2份是顾客抱怨："购买产品后发现质量有问题，找不到联系的部门和人员。"销售部经理解释："因为销售人员经常外出，顾客找不到人是难免的。"

答：有不符合，不符合7.2.3a）和c）。

不符合标准内容：组织应对以下有关方面确定并实施与顾客沟通的有效安排：a）产品信息；……c）顾客反馈信息，包括顾客抱怨。

不符合事实：抽查7份顾客调查表发现：其中2份写有顾客意见是"不知道应找哪个部门询问产品信息?"，还有2份是顾客抱怨："购买产品后发现质量有问题，找不到联系的部门和人员。"

38. 审核员在成品车间审核时，发现A产品装配后直接包装出厂，检验员一般不检验，就问检验员，检验员说：按照合同这批产品全部由顾客验收，对不合格的产品顾客当场拒收，因此没有必要再制定产品接收准则并实施检验。

答：有不符合，不符合7.1c)。

不符合标准内容：在对产品实现进行策划时，组织应确定以下方面的适当内容：c）产品所要求的验证、确认、监视、测量、检验和试验活动，以及产品接收准则；

不符合事实：在成品车间审核发现：没有对A产品制定检验和接收准则。

39. 审核员在某建筑施工单位的工程管理部审核，看见办公桌上放着一套《施工规范大全》，审核员一边翻看一边问部门负责人："这些规范中哪些是对你们适用的？部门负责人说：具体是哪些规范我也不清楚，好在这套书的内容很全面"。审核员发现《施工规范大全》中有些规范已经作废。

答：有不符合，不符合4.2.3g)。

不符合标准内容：应编制形成文件的程序，以规定以下方面所需的控制：g）防止作废文件的非预期使用，若因任何原因而保留作废文件时，对这些文件进行适当的标识。

不符合事实：在工程管理部审核发现：现场使用的《施工规范大全》中有些规范已经作废，部门负责人也不知道哪些规范适用。

40. 质量部经理向审核员出示了当年的审核方案，方案表明当年对每个部门审核一次，审核时间均相同，每个有关的过程也都安排了审核。审核员问，你们的审核方案是怎样确定的？经理说："三年前建立质量管理体系时，质量手册和程序文件都规定了每年要对每个部门进行一次审核，我们一直是这样做的。"审核员查了三年的记录，确实每年都按文件要求对每个部门进行了一次审核，而且没有漏掉有关过程。审核员又查了以前的审核报告，发现其中的不合格报告有70%都是在制造部的生产现场发生的。

答：有不符合，不符合 GB/T 19001—2000 标准 8.2.2 条的要求。

不符合标准内容：考虑拟审核的过程和区域的状况和重要性以及以往审核的结果，应对审核方案进行策划。

不符合事实：在质量部审核发现：审核方案表明每年对每个部门审核一次，审核时间均相同；而查以前的审核报告发现其中的不合格报告有 70% 都是在制造部的生产现场发生的。

2008 年 3 月质量管理体系审核知识考试题及答案

一、单项选择题（从下面各题选项中选出一个最恰当的答案，并将相应字母填入相应括号内。每题 1 分，共 15 分）

1. 当获得的审核证据表明需要变更审核范围时，审核组长可以（ B ）。

（A）宣布停止受审核方的生产/服务活动

（B）与审核委托方和受审核方进行沟通

（C）宣布中止审核

（D）以上各项都不可以

2. 审核发现是指（ C ）。

（A）管理评审记录

（B）现场取得的证据

（C）将现场取得的证据与审核准则对照得到的结果

（D）现场中发现的情况，收集的信息

3. 认证机构收到认证申请后应组织人员对该申请进行评审。以下不属于评审内容的是（ A ）。

（A）认证要求是否明确规定并形成文件

（B）是否有能力和时间完成相应的审核要求

（C）是否具有认可的认证范围

（D）是否具有一定数量的审核员或专家

4. 监督审核中出现下列情况时应考虑认证暂停？（ D ）

（A）管理体系进行了重要更改，并影响到认证资格

（B）证书持有者对证书和标志的使用不符合规定

（C）证书持有者未按期交纳认证费用且未予纠正

（D）以上全部

5. 审核员审核受审核方的检测设备校准情况时，应检查（ A ）。

（A）足够的检测设备以判别校准控制的充分性

（B）审核时在用的所有检测设备

（C）所有的检测设备

（D）所有暂时不用的检测设备

6. 以下哪种情况是审核证据？（ B ）

（A）销售部长向审核员反映采购部近期采购的原材料质量不好

（B）采购部长承认近期采购的原材料质量不好

（C）审核员在采购部发现近期有几次向供应商退回不合格的A材料的记录，审核员认为采购部是在非合格供方处采购的A材料

（D）以上都是

7. CCAA现行QMS审核员注册准则的实施日期为（ D ）。

（A）2006年1月1日　（B）2007年1月1日

（C）2007年5月1日　（D）2007年6月1日

8. 可作为质量管理体系审核证据的是（ A ）。

（A）审核员看见操作工人没有按作业指导书加工零件

（B）审核员发现操作工人加工的零件不符合要求，认为该操作工人没有经过培训

（C）操作工人告诉审核员机加工车间的噪声太大，很多工人的听力都下降了

（D）以上全部

9. 以下那一项属于首次会议的目的（ C ）。

（A）了解受审核方的质量管理体系　（B）对质量管理体系文件作出评价

（C）介绍实施审核活动的方法和程序　（D）双方介绍人员

10. 与审核准则有关的并且能够正视的记录、事实陈述和其他信息称为（ B ）。

（A）质量信息　（B）审核证据　（C）检验记录　（D）信息源

11. 现场审核时，审核员发现陶瓷卫生洁具的包装工序没有作业指导书，针对这种情况，可以认为（ D ）。

（A）出具不符合报告　（B）不存在不符合

（C）出具观察项报告　（D）不能确定，继续跟踪审核

12. 认证机构是指（ B ）。

（A）对产品进行强制认证的机构

（B）对产品、服务、管理体系按照技术法规和标准进行合格评定活动的经营机构

（C）对产品、服务、管理体系进行认证的政府机构

（D）对管理体系按照技术法规和标准进行合格评定活动的经营机构

13. 以下（ C ）不是审核工作文件。

（A）检查表　（B）记录审核信息的表格

（C）审核方案　（D）审核抽样计划

14. 以下明显属于第二方审核的是（ B ）。

（A）某集团公司内其中一个分公司对另一个分公司的审核

（B）认证机构代表某集团公司对其供方的审核

（C）某集团公司组成审核组对下属的一个分公司的审核

（D）认证机构代表政府主管部门对其行业内组织的评优审查

15. 如果受审核方是获质量管理奖企业，审核员在审核时（ D ）。

（A）可以直接使用评奖时得到的证据　（B）可以不进行文件初审

（C）可以减少审核人日数　（D）以上都不可以

二、判断题（判断下列各题，正确的写T，错误的写F，填入相应括号内。每题1分，共10分）

16. 组织结构是表现组织各部分排列顺序、空间位置、聚集状态、联系方式以及各要

素之间相互关系的一种模式，它是执行管理和经营任务的体制。（ T ）

17. 为保证不符合项纠正措施的有效性，审核员必须去现场进行验证。（ F ）

18. 审核员在发现不符合项线索时可扩大抽样。（ T ）

19. 认证结论由审核组长正式发布。（ F ）

20. 现场审核前的文件评审是为了对受审核方管理体系文件有效性和适宜性进行确认。（ F ）

21. 在质量管理体系的第三方审核中，重要的是要收集不符合的信息。（ F ）

22. 末次会议的结束标志着一次审核活动的结束。（ F ）

23. 审核组应当共同评审审核发现。（ T ）

24. 管理体系的认证过程不包括审核过程。（ F ）

25. 实习审核员可以独立承担审核任务，但不能独立出具任何与审核有关的报告。（ F ）

三、多项选择题（从下面各题选项中选出两个活两个以上最恰当的答案，并将相应字母填入题后括号内。多选或少选均不得分。每题 2 分，共 10 分）

26. 以下行为中违反审核员行为规范要求的有（ ACD ）。

（A）为获取证据，雇他人窃取受审核方文件资料

（B）在受审核方要求提供相关的咨询服务时加以拒绝

（C）接受受审核方给予的表彰锦旗

（D）审核完成后，与未参加本次审核的审核员讨论审核体会，以及在审核中得知的受审核方企业运作细节

27. 管理的职能包括（ ACD ）。

（A）计划工作和组织工作　　（B）人员配备

（C）指导与领导工作　　（D）控制工作

28. 可接受的审核经历包括（ ABCD ）。

（A）从 CNCA 批准的认证机构获得的第三方审核经历

（B）从 CNCA 批准的审核机构获得的第二方审核经历

（C）从 CCAA 承认的认可活动获得的认可经历

（D）从 CNCA 批准的评审活动获得的评审经历

29. 根据 GB/T 19011—2003 标准的要求，审核员应当理解组织的运作情况，包括（ ABC ）。

（A）组织的职能　　（B）组织的结构

（C）组织的总体运营过程　　（D）组织的资产负债情况

30. 以下哪些情况可构成不符合？（ CD ）

（A）小餐馆没有如何煮面条的策划文件

（B）两位管理者之间提供不出内部交流的记录

（C）生产现场某过程没有按过程作业指导书操作

（D）检验员未在检验记录上签字

四、简答题（每题5分，共 15 分）

31. 请简要叙述认证过程的主要活动，并说明认证过程与审核过程的关系。

答：1）认证过程包括组织申请—初次审核—颁发证书—监督审核—再认证—换发

证书。

2）认证过程包含至少四次审核过程，认证过程从组织申请开始至换发证书结束。

3）审核过程包括六项活动，审核启动—文件审核—现场审核的准备—现场审核的实施—审核报告的编制批准分发—审核的完成。

4）审核过程是认证过程的重要组成部分。

32. 组织在对供应商进行初次评审时，应对哪些方面加以考虑？

答：1）对原材料进行分类，确定不同原材料对最终产品质量的影响程度。

2）制定不同类别的产品和供方的选择评价和再评价准则。

3）对初步选定的供方按照准则进行评审，可通过对资质证明材料、法律地位文件、产品说明、检验报告进行评审，或进行第二方现场审核、或试用产品或对供方提供的产品进行复检等对供方进行评审，确定是否可作为合格供方。

4）对经过评审可作为合格供方的供方纳入合格供方名录和供应商管理系统。

33. 北京长江发展有限公司于 1996 年成立，办公和生产地点位于北京市朝阳路 2008 号，拥有 1200 名员工，现有一条日产 2000 吨×××号水泥熟料的现代化的窑外分解生产线，全套引进了先进的瑞士 ABB 公司集散计算机控制系统。公司按照建材行业标准生产水泥熟料，并向周边多个水泥企业供应，同时为水泥企业提供本公司所研发的水泥研磨用研磨剂。

以上为长江公司在申请审核时提交的文件信息，请依据这些信息描述审核范围。

答：审核范围：位于北京市朝阳路 2008 号的北京长江发展有限公司水泥研磨用研磨剂的设计开发；×××号水泥熟料的生产。

五、阐述题（每题 10 分，共 20 分）

34. 审核员审核“管理评审”时，总经理介绍说根据公司“管理评审控制程序”要求，在今年的内部体系审核后，于上个月召集了公司质量管理委员会全体成员进行了管理评审，质量管理部汇报了内审及其整改情况，质检科还就产品质量目标完成情况进行分析；售后服务部提供了用户意见反馈情况。会议确定了总体的整改要求，有会议记录，并将会议纪要分发到各个部门。审核员随即查阅了分发记录，非常完整。审核员很满意并结束了对过程的审核。试问：审核员的审核是否适宜？为什么？如果是您，应如何进行审核？

答：审核员的审核不适宜，因为审核没有完全覆盖 5.6 条款，如果是我，我将开展如下审核：

对最高管理层的审核：

1）询问总经理，公司质量管理委员会是否包括了最高管理层人员？管理评审会议是否由最高管理者主持？查阅公司质量管理委员会成果名单。

2）查阅《管理评审控制程序》，了解其内容是否符合标准的要求？

3）询问最高管理者，本次管理评审主要评审了哪些问题？对管理体系有何结论？作出了哪些改进决定？落实情况如何？

在体系运行推进部门验证管理评审相关情况：

1）查阅记录，了解各部门是否按照标准和程序的规定提交了管理评审的输入信息？包括：方针的适宜性、目标实现情况、上次内审和外审的不符合整改情况、纠正预防措施落实情况、以往管理评审的跟踪措施情况、主要质量管理过程业绩及产品符合性、可能影响体系的变更、改进的建议。

2）查阅管理评审记录了解管理评审是否按计划和程序规定进行？领导层人员是否参加？

3）作出了哪些改进决定，落实情况如何？有无验证记录？

在相关部门验证管理评审的决定及措施的落实情况。

35. 某公司办公室是“4.2.3 文件控制”的主控部门，审核员在办公室审核文件控制的情况，办公室主任告诉审核员说：“有关文件控制的职责、要求和方法在《文件控制程序》中作出了明确规定，我们都是按这个程序文件的规定来管理文件的。”审核员查看了《文件控制程序》，抽查了《质量手册》和三份程序文件的审批记录和发放记录，均符合《文件控制程序》中的规定。审核员对办公室的文件管理工作很满意，向办公室主任道谢后即离开了。这样的审核是否符合要求？为什么？如果您去审核，您会怎么做？

答：这位审核员的审核不符合要求，因为他对文件控制审核的不全面。如果我去审核，我的审核思路是：

在文件主控部门：

1）查阅《文件控制程序》是否符合标准的要求？

2）抽查了《质量手册》和3～5份程序文件，是否按规定进行了审批？

3）询问文件管理部门负责人是否对文件进行过评审？对哪些文件进行过更新？更新的文件是否重新进行了审批？

4）查阅3～5份文件，是否对文件的更改和修订状态进行标识和说明？

5）查阅文件发放记录，是否按需要给相关场所发放了有效版本的文件？

6）询问相关人员，是否有外来文件？是否建立了外来文件清单，查阅外来文件的发放记录？

7）询问相关人员是否有作废文件？对作废文件是如何处理的？如何防止作废文件的非预期使用？

在其他文件使用部门验证文件的有效版本、发放情况、外来文件管理情况、作废文件管理情况。

六、案例分析题（每题6分，共30分）

请对以下场景进行分析，并依据 GB/T 19001—2000 标准判断有无不符合，如有，请写出不符合标准条款的编号及内容，并写出不符合事实。

36. 在审核邮电局发送科时，文件规定对所有的邮件有分选组分好后，按省、市、地区不同类别进行包装并放入防雨防潮的邮递专用袋内发送。审核员发现在分选组内墙角处堆放了一堆发往青海的邮件，发送人员正将其放在纸箱内打包准备发送。审核员问：这是怎么回事，为什么你们用纸箱打包，你们规定不是用防雨防潮的邮递专用袋发送吗？发送科长说：“青海比较干燥，近来也无雨，再说最近邮件又多，邮递专用袋不够用，所以因地制宜，在不影响邮件的情况下用纸箱包装了。”

答：有不符合，不符合 GB/T 19001—2000 标准中 7.5.5 “在内部处理和交付到预定的地点期间，组织应针对产品的符合性提供防护，这种防护应包括标识、搬运、包装、贮存和保护。”的要求。

不符合事实：在邮电局发送科审核发现：分选组内墙角处堆放了一堆发往青海的邮件，发送人员正将其放在纸箱内打包准备发送。与文件规定“对所有的邮件有分选组分好后，按省、市、地区不同类别进行包装并放入防雨防潮的邮递专用袋内发送。”不符。

37. 在销售部门，审核员问销售科长如何评价顾客满意，销售科长说：我们公司生产的产品质量很好，被国家主管部门评为免检产品，再加上我们售后服务非常出色，所以去年仅有二位顾客对我们产品有些抱怨，但谈不上投诉，为此我们目前没有必要再规定评价顾客满意度。

答：有不符合，不符合 8.2.1 中“作为对质量管理体系业绩的一种测量，组织应对顾客有关组织是否已满足其要求的感受的信息进行监视，并确定获取和利用这种信息的方法。”的要求。

不符合事实：在销售部门审核如何评价顾客满意时，销售科长认为去年仅有二位顾客对产品有些抱怨，没有必要再规定评价顾客满意度。(这是第二种答法)

38. 审核员在某手机生产厂审核成品实验站时发现有手机电磁辐射严重超标的情况，问是为什么？质检站长说，我们检查了发现是有两批零件有问题造成的。审核员问知道是哪两批吗？质检站长说，由于该零件是关键零件，我们管理很严格，从电脑上查到了全部产品的编号，而且我们已经通知生产部门和销售部门，停止生产和销售使用这些零件的手机。审核员问发出过吗？质检处说我查过，已经发出 300 台，我们已决定只要顾客一提出来我们就退换。

答：有不符合，不符合 GB/T 19001—2000 标准中 8.3 “当在交付或开始使用后发现产品不合格时，组织应采取与不合格的影响或潜在影响的程度相适应的措施。”的要求。

不符合事实：在质检站审核发现：公司对已经发出的电磁辐射严重超标的 300 台手机没有采取有效的纠正行动。

39. 审核员在客户服务部查看今年一季度的用户投诉处理记录，发现其中有 75% 左右是要求退换 A 产品的，销售科长说：“主要是 A 产品上使用的一批关键零件质量不太好，我们退的退、换的换、赔的赔，既麻烦又蚀本，但是这种零件买来后只进行抽检，不能保证 100% 的合格，我们只好自认倒霉了。”

答：有不符合，不符合 GB/T 19001—2000 标准”中 8.5.2 “组织应采取措施，以消除不合格的原因，防止不合格的再发生。纠正措施应与所遇到不合格的影响程度相适应。”

不符合事实：在客户服务部查看今年一季度的用户投诉处理记录发现有 75% 左右时顾客要求退换 A 产品，原因是 A 产品上使用的一批关键零件质量不太好，但公司没有对此采取有效的纠正措施。

40. 对高压电力变压器进行出厂检验时，用高压试验器做耐压试验，最大电压达到 100 kV。审核员查监视和测量仪器的控制时，要求抽查该试验器的检定或校准证书，计量室主任说：“有，每次我们都把表头拆下来送去检定，随后拿来该表头的鉴定证书。”审核员看到均在有效期内。

答：有不符合，不符合 GB/T 19001—2000 标准中 7.6 “a) 对照能溯源到国际或国家标准的测量标准，按照规定的时间间隔或在使用前进行校准或检定。”的要求。

不符合事实：对用于做耐压试验的高压试验器只将表头拆下来送去检定。

2008年9月质量管理体系审核知识考试题及答案

一、单项选择题（从下面各题选项中选出一个最恰当的答案，并将相应字母填入相应括号内。每题1分，共15分）

1. 以下对审核方案描述正确的是（ A ）。

（A）审核方案包括策划、组织和实施审核所必要的所有活动

（B）审核方案是一次审核安排

（C）审核方案与受审核组织的规模无关

（D）审核方案的记录不包括不符合报告

2. 以下明显属于第二方审核的是（ B ）。

（A）某集团公司内其中一个分公司对另一个分公司的审核

（B）认证机构代表某集团公司对其供方的审核

（C）某集团公司组成审核组对下属的一个分公司的审核

（D）认证机构代表政府主管部门对其行业内组织的评优审查

3. 根据GB/T 19011—2003标准，以下不属于审核工作文件的是（ C ）。

（A）检查表　　（B）记录审核信息的表格

（C）审核方案　　（D）审核抽样计划

4. 审核最高管理者使用的较适宜的审核技巧是（ D ）。

（A）进行产品质量数据汇总，报告其产品质量状况

（B）向最高管理者讲述管理体系运行的重要性

（C）观察最高管理者对认证的态度

（D）与最高管理者面谈，查阅相关业绩记录

5. 在现场审核中，需要变更审核计划时，审核组长可以（ B ）。

（A）宣布停止受审核方的生产/服务活动

（B）与受审核方和/或审核委托方进行沟通

（C）宣布终止审核

（D）以上各项都可以

6. 现场审核时，审核员发现陶瓷卫生洁具的包装工序没有作业指导书，针对这种情况，应当（ D ）。

（A）出具不符合报告　　（B）认为不存在不符合

（C）出具观察项报告　　（D）不能确定，继续跟踪审核

7. 审核员审核受审核方的监视和测量装置校准情况时，抽样的样本应来源于（ A ）。

（A）用于证实产品符合确定要求的所有监视和测量装置

（B）所有的监视和测量装置

（C）正在使用的监视和测量装置

（D）所有暂时不用的监视和测量装置

8. 依据GB/T 19011—2003，审核报告的内容由（　A　）负责。

（A）审核委托方　（B）审核组　（C）审核组长　（D）受审核方

9. 一次审核的结束是指（　B　）。

（A）末次会议结束　（B）分发了经批准的审核报告之时

（C）对不符合项纠正措施进行验证后　（D）监督检查之后

10. 现场审核过程中，当受审核方提出扩大认证范围的要求是，审核组长应该（　C　）。

（A）宣布中止审核

（B）明确告知受审核方：不能接受此要求，仍按原计划进行审核

（C）与审核委托方和受审核方进行沟通

（D）本着以顾客为关注焦点的原则，同意受审核方的要求

11. 监督审核的目的是（　A　）。

（A）确定质量管理体系是否持续满足要求，是否能保持认证注册资格

（B）确定质量管理体系是否存在不合格

（C）验证上次审核时发现的不合格项的纠正措施的有效性

（D）复评质量管理体系，以确定能否换发认证证书

12. 沟通是企业中每时每刻都在进行的活动。没有良好的沟通，企业的运营就不可能顺畅，甚至可能中断。为此管理者必要想方设法建立畅通的沟通渠道。在下列四种沟通做法中，最不可取的是（　A　）。

（A）通过建立各种沟通渠道，让企业的所有员工随时随地了解企业的全部情况

（B）通过下达指令和文件的方式让企业的员工了解企业的使命目标和战略

（C）经常利用口头沟通的方式和下属交流

（D）策略地利用非正式组织在沟通中的作用

13. 按（　C　）来划分部门是目前最普遍采用的一种划分方法。

（A）产品　（B）地区　（C）职能　（D）时间

14. 流水线生产对下列哪种情况最为适用（　A　）。

（A）生产技术较为稳定、品种较少、批量大的产品生产

（B）多品种、小批量产品的生产

（C）技术简单、品种较多、批量较大的产品生产

（D）单件小批量产品生产

15. 从发生的时间顺序看，下列四种管理职能的排列方式，哪一种更符合逻辑？（　D　）

（A）计划、控制、组织、领导　（B）计划、领导、组织、控制

（C）计划、组织、控制、领导　（D）计划、组织、领导、控制

二、判断题（判断下列各题，正确的写T，错误的写F，填入题后括号内。每题1分，共10分）

16. 审核发现是审核中发现的客观事实。（　F　）

17. 在质量管理体系的第三方审核中，重要的是要收集不符合的信息。（　F　）

18. 实习审核员可以独立承担审核任务，但不能独立出具任何与审核相关的报告。（　F　）

19. 审核组应当共同评审审核发现。（ T ）

20. 获得认证的组织应按期接受监督审核，时间间隔不得超过12个月。（ T ）

21. 由于质量管理体系认证规则发生变更，持证组织不能持续符合变更后的要求，认证机构可以撤销该组织的认证资格。（ T ）

22. 审核范围就是认证范围。（ F ）

23. 认证范围是认证证书的心要内容。（ T ）

24. 组织的层次多了，更利于上下级间的沟通。（ F ）

25. 良好的信息沟通是指沟通双方准确理解信息的含义，而不是彼此接受对方的观点。（ T ）

三、多项选择题（从下面各题选项中选出两个或两个以上最恰当的答案，并将相应的字母填入题后括号内。选错选项时不得分；全选对得2分，少选时，每个选项得0.5分。共10分）

26. 以下哪些情况可构成不符合？（ CD ）

（A）小餐馆没有如何煮面条的策划文件

（B）两位管理者之间提供不出内部交流的记录

（C）生产现场某过程没有按该过程作业指导书操作

（D）检验员未在检验记录上签字

27. 以下哪些说法是错误的？（ ACD ）

（A）复评时可以不进行文件评审

（B）认证机构根据复评的结果，作出受审核方是否能够再次认证注册并换发认证证书的决定

（C）复评和监督审核都不是完整体系审核

（D）复评和初次审核的审核目的和方法是相同的

28. 每次监督审核时必查的内容包括（ ACD ）。

（A）内部监督和管理评审　　（B）设计和开发过程

（C）证书和标志的使用情况　　（D）顾客满意的情况

29. 以下不属于传统的4P的概念是（ BC ）。

（A）产品（product）　　（B）价格（price）

（C）人口（population）　　（D）过程（process）

30. 扁平结构的特点是（ AB ）。

（A）缩短了上下级的关系　　（B）信息纵向流通快

（C）易于横向协调　　（D）管理费用低

四、简答题（每题5分，共15分）

31. 请根据GB/T 19011—2003标准，简述与审核员有关的原则？

答：与审核员有关的审核原则：1）道德行为：职业的基础。2）公正表达：真实、准确地报告的义务。3）职业素养：在审核中勤奋并具有判断力。

32. 工厂不合格品控制程序规定：车间返工后的不合格品要由检验科进行重新检验，合格后方可方形或交付。但审核员在检验科没发现近三个月的重新检验的记录。你会如何继续审核（写出2~3个步骤）？

答：1）查是否发生过不合格品？2）不合格品是否要求返工？3）如返工，检验科是

否重新检验？4）抽样查重新检验的证据。

33. 简述CCAA审核员行为规范（至少写出六条）？

答：1）遵纪守法、敬业诚信、客观公正；

2）努力提高个人的专业能力和声誉；

3）帮助所管理的人员拓展其专业能力；

4）不承担本人不能胜任的任务；

5）不介入冲突或利益竞争，不向任何委托方或聘用机构隐瞒任何可能影响公正判断的关系；

6）不讨论或透露任何与工作任务相关的信息，除非应法律要求或得到委托方和/或聘用单位的书面授权；

7）不接受受审核方及其员工或任何利益相关方的任何贿赂、佣金、礼物或任何其他利益，也不应在知情时允许同事接受；

8）不有意传播可能损害审核工作或人员注册过程的信誉的虚假或误导性信息；

9）不以任何方式损害CCAA及其人员注册过程的信誉，与针对违背本准则的行为而进行的调查进行充分的合作；

10）不向受审核方提供相关咨询。

五、阐述题（每题10分，共20分）

34. 请说明如何依据GB/T 19001—2000标准审核“产品的监视和测量”过程？

答：在产品检验部门审核：

1）询问检验部门负责人是否获取了原材料、中间品、成品的检验规程和产品标准？评价文件的有效性。

2）了解检验部门人员的资格和能力情况？通过询问相关问题在检验室现场观察评价检验人员的知识和技能是否符合要求？

3）询问检验部门负责人公司是否明确了有权放行的人员？

4）询问检验部门负责人是否按照策划的安排对原材料、中间品和成品实施了监视和测量？抽样1~3种主要原材料、1~3个中间品和3~5个成品的检验记录或报告，评价是否依据检验规则和标准进行检验？记录中是否有规定的放行人员签字？

5）是否发生过紧急放行？如有是否经过授权人员批准，（合同有要求时）是否经过顾客批准？查阅1~3份紧急放行的批准记录。

到采购部、生产部、销售部（仓库）验证采购品检验、中间品检验和成品检验情况。

35. 某公司办公室是“4.2.3文件控制”的主控部门，审核员在办公室审核文件控制的情况，办公室主任告诉审核员说：“有关文件控制的职责、要求和方法在《文件控制程序》中作出了明确规定，我们都是按这个程序文件的规定来管理文件的。”审核员查看了《文件控制程序》，抽查了《质量手册》和三分程序文件的审批记录和发放记录，均符合《文件控制程序》中的规定。审核员对办公室的文件管理工作很满意，向办公室主任道谢后就离开了。这样的审核员是否符合要求？为什么？如果请您去审核，您会怎么做？

答：不符合要求，因为没有对4.2.3文件控制进行完整的审核。如果我去审核，我将做如下审核：

1）询问办公室主任，是否制定了《文件控制程序》？查阅相关文件，评价该程序是否符合标准要求？

2）询问办公室主任或文件管理人员是否界定清楚受控文件的范围？查阅文件清单，看受控文件（质量方针、质量目标、质量手册、程序文件以及为确保其过程有效策划、运作和控制所需要的文件、相关产品的法律法规文件以及相关产品标准）是否纳入受控范围？

3）在文件发布前是否已对其充分性与适用性进行了审查并进行批准？抽查管理手册和程序文件的审批记录。

4）询问文件管理人员是否已规定进行文件评审的时机并实施评审？是否根据评审结果的需要对文件进行必要的修改与更新，并再次得到批准？抽查文件评审和修改过的文件的再次审批记录。

5）询问文件管理人员如何识别文件的更改和现行修订状态？查验3份文件的标识。

6）询问文件管理人员如何确保在使用处得到有效版本的适用文件？查阅文件发放记录。

7）文件是否保持清晰，易于识别？抽查外来文件识别标识及识别的充分性，抽查文件收发记录及现行文件的到岗情况。

8）询问文件管理人员是否识别所需的外来文件，如何控制其分发？抽查外来文件的发放记录。

9）如何防止文件的非预期使用，是否采取了有效控制方法（如加以适当标识），若要保留作废文件时，是否进行了适当的标识？查阅作废文件的处理记录。

六、案例分析题

请写出不符合条款及内容，并写出不符合事实。

36. 审核员在供应部抽查采购合同，看见抽查到的三份购买钢筋的合同（编号分别为019、011和017）中“产品要求”一栏都写着“按国家标准”，审核员问供应部负责人：“按哪个国家标准？”供应部负责人看了看合同，说：“我不太清楚。”供应部负责人问站在旁边的采购员知不知道是哪个国家标准，采购员说：“我也不清楚。”负责人说设计部应该知道，设计部没联系上。

答：有不符合，不符合GB/T 19001—2000标准中7.4.2“采购信息应表述拟采购的产品，……在与供方沟通前，组织应确保规定的采购要求是充分与适宜的。”的要求。

不符合事实：在供应部抽查采购合同发现：编号分别为019、011和017的三份购买钢筋的合同中“产品要求”一栏都写着“按国家标准”，询问供应部负责人和采购员都不清楚是哪个国家标准。

37. 在某玩具包装车间，审核员发现W18玩具包装图表明包装底板的材料是银灰色波纹塑料板，而现场工人使用的是天蓝色硬纸板做的。车间主任解释说，塑料板上星期就用完了，货要得急，供应科一时买不来。和设计科沟通后，他们同意用纸板代替。审核员问“图纸和工艺书都没显示出来”，主任说：“设计科科长说总工程师出差还没回来，更改单没法批准，图纸也没法改，先这样做，问题不大。”

答：有不符合，不符合GB/T 19001—2000标准中7.5.1“组织应策划并在受控条件下进行生产和服务提供。适用时，受控条件应包括：a）获得表述产品特性的信息；”的要求。

不符合事实：在玩具车间审核发现：W18玩具包装图规定包装底板的材料是银灰色波纹塑料板，而现场工人使用的是天蓝色硬纸板，但车间尚没有获得经修改更新的包装图。

38. 在审核邮电局发送科时，文件规定对所有的邮件由分选组分好后，按省、市、地区不同类别进行包装并放入防雨防潮的邮递专用袋内发送。审核员发现在分选组内墙角处堆放了一堆发往青海的邮件，发送人员正将其放在纸箱内打包准备发送。审核员问："这是怎么回事，为什么你们用纸箱打包，你们规定不是用防雨防潮的邮递专用袋发送吗?"发送科长说："青海比较干燥，近来也无雨，再说最近邮件又多，邮递专用袋不够用，所以因地制宜，在不影响邮件的情况下用纸箱包装了。"

答：有不符合，不符合 GB/T 19001—2000 标准中 7.5.5 "在内部处理和交付到预定的地点期间，组织应针对产品的符合性提供防护，这种防护应包括标识、搬运、包装、贮存和保护。" 的要求。

不符合事实：在审核邮电局发送科时发现：文件规定对所有的邮件由分选组分好后，按省、市、地区不同类别进行包装并放入防雨防潮的邮递专用袋内发送。但在分选组内墙角处堆放了一堆发往青海的邮件，发送人员正将其放在纸箱内打包准备发送。

39. 在销售部门，审核员问销售科长如何评价顾客满意，销售科长说：我们公司生产的产品质量很好，被国家主管部门评为免检产品，再加上我们售后服务非常出色，所以去年仅有二位顾客对我们产品有些抱怨，但谈不上投诉，为此我们目前没有必要再规定评价顾客满意的方法。

答：有不符合，不符合 GB/T 19001—2000 标准中 8.2.1 "作为对质量管理体系业绩的一种测量，组织应对顾客有关组织是否已满足其要求的感受的信息进行监视，并确定获取和利用这种信息的方法。" 的要求。

不符合事实：在销售部审核"顾客满意"时，销售科长说："我们公司生产的产品质量很好，被国家主管部门评为免检产品，再加上我们售后服务非常出色，所以去年仅有二位顾客对我们产品有些抱怨，但谈不上投诉，为此我们目前没有必要再规定评价顾客满意的方法。"

40. 审核员在检测室抽查产品检测报告，共有 5 项指标的检测结果，而国家标准（GB ××××—2005）规定该产品的检测项目应为 8 项。审核员询问检测室主任："你们的检测项目为什么比国家标准规定少了 3 项?" 检测室主任说："按要求应该是 8 项，而我们是按工厂的检验规程要求办的。" 接着出示了该检验规程，发现确实少了 3 项要求。

答：有不符合，不符合 GB/T 19001—2000 标准中 7.1 "在对产品实现进行策划时，组织应确定以下方面的适当内容：……c）产品所要求的验证、确认、监视、测量、检验和试验活动，以及产品接收准则" 的要求。

不符合事实：在检测室审核发现：工厂制定的检验规程的内容比国家标准 GB ××××—2005规定的检验内容少三项。

2008 年 12 月质量管理体系审核知识考试题及答案

一、单项选择题（从下面各题选项中选出一个最恰当的答案，并将相应字母填入相应括号内。每题 1 分，共 15 分）

1. 根据 CCAA《质量管理体系审核员注册准则》（第 2 版），申请人应具有至少（ B ）年与质量有关的工作经验。

(A) 1　　(B) 2　　(C) 3　　(D) 4

2. 根据 CCAA《质量管理体系审核员注册准则》（第 2 版），实习审核员再注册申请应在注册到期之日前至少（ B ）个月内向 CCAA 提交。

（A）1　（B）3　（C）6　（D）12

3. 管理组织的最基本结构形式是（ B ）。

（A）职能型　（B）直线型　（C）直线职能型　（D）矩阵型

4. 某公司声称其质量管理体系符合 GB/T 19001—2000 标准，以下哪种删减可以作为审核证据被接受？（ D ）

（A）因公司没有设置设计开发部门，故删减了 7.3 条款

（B）因公司引进了国外某公司的产品图纸，无需再做设计故删减了 7.3 条款

（C）因公司将所有的产品设计开发任务都外包给了一家经供方评价的有资质的设计院，故删减了 7.3 条款

（D）因公司是依据顾客提供的图纸、工艺生产，按合同要求提供产品，故删减 7.3 条款

5. 认证中的初次审核是指（ C ）。

（A）现场审核前的初访　（B）预审核

（C）组织提出申请后首次正式审核　（D）以上都不是

6. 审核的目的（ B ）。

（A）寻找不符合项　（B）评价并确定满足审核准则的程度

（C）评价体系的持续适宜性　（D）评价体系的完整性

7. 向受审核方管理者代表定期通报审核进展情况是（ C ）应做的工作。

（A）向导　（B）受审核方部门领导　（C）审核组长　（D）审核员

8. 一个审核组同时对组织的质量管理体系和食品安全管理体系进行审核，这种审核称为（ B ）。

（A）联合审核　（B）结合审核　（C）一体化审核　（D）合并审核

9. 一个组织聘请了两位认证机构的审核员，对其供方的质量管理体系进行审核，这种审核称为（ B ）。

（A）第一方审核　（B）第二方审核

（C）第三方认证审核　（D）以上都不对

10. 以下不属于审核准则的是（ B ）。

（A）顾客的隐含要求　（B）组织产品的检查记录

（C）生产设备维护管理规定　（D）认证产品所执行的产品标准

11. 以下对产品质量特性无直接影响的人员是（ A ）。

（A）产品检验人员　（B）产品制造人员

（C）产品开发人员　（D）工艺设计人员

12. 在审核客户服务部时，该部门负责人介绍了收集和利用顾客满意信息的具体要求和方法，这是（ D ）。

（A）审核准则　（B）审核发现　（C）审核结论　（D）审核证据

13. 针对某一企业制定审核计划是（ C ）的职责。

（A）认证机构　（B）审核委托方　（C）审核组长　（D）受审核方

14. 质量管理体系认证可以（ D ）。

（A）帮助组织实现顾客满意的目标　　（B）提供持续改进的框架

（C）向组织和顾客提供信任　　（D）以上都正确

15. 质量管理体系审核中一般不采用以下哪种方法收集信息（ C ）。

（A）面谈　　（B）查阅文件记录

（C）抽取产品送认可的实验室检测　　（D）现场观察

二、判断题（判断下列各题，正确的写T，错误的写F，填入相应括号内。每题1分，共10分）

16. 合理抽样是减少审核风险、控制审核活动的重要环节之一。（ T ）

17. 监督审核时不必进行文件评审。（ F ）

18. 检查表的内容可以事先展示给受审核部门，以便作好迎审准备。（ F ）

19. 认可是指由认可机构对认证机构、检查机构、实验室以及从事评审、审核等认证活动人员的能力和执业资格，予以承认的合格评定活动。（ T ）

20. 审核范围就是受审核方质量管理体系的范围。（ F ）

21. 审核计划一旦经受审核方事先确认，双方都不得提出更改要求。（ F ）

22. 审核组中应有熟悉受审核方专业的成员。（ T ）

23. 现场审核的首、末次会议应由审核组长主持。（ T ）

24. 现场审核就是要收集受审核方存在的问题，促进其改进。（ F ）

25. 质量管理体系应覆盖所有的职能部门。（ F ）

三、多项选择题（从下面各题选项中选出两个或两个以上最恰当的答案，并将相应的字母填入题后括号内。选错选项时不得分；全选对得2分；少选时每个选项得0.5分。共10分）

26. GB/T 19011—2003标准规定，决定审核组的规模和组成时，应考虑（ ABD ）。

（A）受审核方的文化特点　　（B）审核员应独立于受审核方

（C）审核组长的专业能力　　（D）审核目的

27. 检查表具有以下哪些作用？（ BC ）

（A）可明确审核目的

（B）可确保审核调查的系统性和完整

（C）可保持现场审核的连续性，规范性，也可作为审核的记录

（D）可便于受审核方检查审核组的工作

28. 申请CCAA质量管理体系实习审核员的申请人应满足以下（ ABD ）要求。

（A）教育经历　　（B）工作经历

（C）审核经历　　（D）质量管理工作经历

29. 一般来说，企业是指具有以下（ ABCD ）特点的基本经济单位。

（A）从事生产、流通或服务等活动　　（B）自主经营、自负盈亏

（C）实行独立核算　　（D）具有法人资格

30. 在下列各项所述的工作条件中，哪几项属于GB/T 19001—2000标准6.4条款所述的工作环境？（ ABCD ）

（A）培训机构培训教室的照明　　（B）建筑工地的施工噪声

（C）喷漆车间空气中二甲苯的浓度　　（D）酒店公共场所的温度

四、简答题（每题5分，共15分）

31. 结合GB/T 19001—2000标准7.4条款的要求，简要说明企业对供应商的选择过程通常可分为哪些基本步骤？

答：按7.4.1条中的要求：1）制定准则；2）采用适当方式进行评价（投标、二方审核、试用、资料资质评价）；3）形成合格供方清单；4）当发生变化和定期进行再评价。

32. 请简述监督审核与复评（再认证）审核的目的分别是什么？

答：监督审核的目的是：验证获证方质量管理体系是否持续运行，同时考虑组织运作方面的变化是否对质量体系产生了不利影响，并确定对认证要求的持续符合性。

再认证的目的是：评价获证客户是否持续满足质量管理体系标准要求，确认管理体系作为一个整体的持续符合性和有效性，以及与认证范围的持续相关性和适宜性。

33. 请简要说明审核计划应包括哪些内容。

答：审核计划的内容包括：

1）审核目的。

2）审核准则及任何引用文件。

3）审核范围，包括对受审核方的场所、组织单元、职能部门及产品、过程、取证期限等的描述。

4）现场审核活动进行的日期和地点。

5）现场审核活动的安排（包括会议与沟通的时间安排，人员分工，审核路线，审核的部门和要素安排等）。

6）审核组成员、陪同人员的作用和职责。

7）对审核的关键领域的资源分配。

适当时，审核计划还可包括：

8）此次审核的受审核方代表，必要时，指明工作和报告所使用的语言。

9）有关审核报告的主要信息（内容要求、格式及结构，分发日期、对象）。

10）审核所需的通信、交通等后勤安排。

11）有关保密、公正事项。

五、阐述题（每题10分，共20分）

34. 依据GB/T 19001—2000标准，如何审核“产品防护”过程？

答：主控部门审核：询问主控部门负责人：

1）组织是否在内部处理和交付到预定的地点期间对产品提供适当的防护（包括标识、搬运、包装、贮存和保护）？是如何做的？有何文件规定？

2）防护的范围是否包括了产品的组成部分（半成品和原材料）？

3）是否存在产品防护不当造成的产品不符合？是如何处理的？

在生产车间、原料库和成品库、销售和物流部门验证产品的防护情况。

35. 在审核“顾客满意”时，公司销售部部长告诉审核员：“自体系运行以来，我们没有收到任何顾客投诉，也没有出现过顾客退货的情况，这说明顾客对我们的产品质量很满意，因此，我们没有有关的记录”审核员很满意他们的工作，道谢后就离开了。你认为这种审核是否符合要求？为什么？如果你去审核，你将用什么方法？审核哪些内容？

答：这种审核不符合要求。

因为审核员对销售部的“顾客满意”的审核只询问了有关投诉情况，审核不完整。

如果是我，还将通过以下方法审核相关内容：

1）询问销售科长是否进行过顾客满意调查？查阅相关的调查记录及分析报告。

2）了解公司的市场占有率和销售量变化情况、了解有无顾客的赞扬情况、了解有无顾客提供的有关产品质量的检验结果情况，评价顾客满意程度。

3）如可能，从销售合同中选择一至三个顾客现场打电话询问顾客对该公司的满意情况。

六、案例分析题（每题 6 分，共 30 分）

请对以下场景进行分析，并依据 GB/T 19001—2000 标准判断有无不符合。如有，请写出不符合标准的条款的编号及内容，并写出不符合事实。

36. 某零件表面处理工艺文件中规定：每筐限装该零件 10 件，在 80 摄氏度～90 摄氏度槽液中浸泡 20 分钟，近期因蒸汽不足，槽液温度最高也只能达到 68 摄氏度，工长决定用延长浸泡时间来解决，即浸泡 30 分钟，为保证产量，每筐装 15 件。在蒸汽不足的情况下完成了生产任务。审核员问工艺员是否知道这一工艺更改，工艺员表示不知道。

答：有不符合，不符合 GB/T 19001—2000 标准 7.5.1 中"组织应策划并在受控条件下进行生产和服务提供。适用时，受控条件应包括：……b）必要时，获得作业指导书"的要求。

不符合事实：零件表面处理工艺文件中规定：每筐限装该零件 10 件，在 80 摄氏度～90 摄氏度槽液中浸泡 20 分钟。现场审核却发现，由于近期因蒸汽不足，槽液温度最高也只能达到 68 摄氏度，工长自行决定用延长浸泡时间来解决，即浸泡 30 分钟，为保证产量，每筐装 15 件。但工艺员不知道这一更改。

37. 审核员在办公室看见该办公室使用的"公司管理文件汇编"中，有 15 份文件均为第二版，查阅受控文件清单上表明其中有 8 份文件已是第三版。于是审核员问你们对作废文件怎么处理。办公室文件管理员说："收回销毁或盖作废章"，审核员看了一下 15 份文件上都没有作废章。

答：有不符合，不符合 GB/T 19001—2000 标准 4.2.3g）中"防止作废文件的非预期使用，……对这些文件进行标识。"的要求。

不符合事实：在办公室审核文件管理发现：该办公室使用的"公司管理文件汇编"中，有 15 份文件均为第二版，查阅《受控文件清单》上表明其中有 8 份文件已是第三版，但 15 份文件上都没有作废章。

38. 审核员在物资管理部审核时了解到，近期从 A 化工厂采购了大批生产混凝土外加剂用的化工原料。审核员问对 A 厂是如何评价的，物资管理部长说："A 厂是顾客指定的，我们了解到他们的价格比其他厂便宜，虽然产品质量不太稳定，但有问题时他们也能给换货，所以我们决定今后就用这家了。

答：有不符合，不符合 GB/T 19001—2000 标准 7.4.1 中"组织应根据供方按组织的要求提供产品的能力评价和选择供方。应制定选择、评价和重新评价的准则。评价结果及评价所引起的任何必要措施的记录应予保持"的要求。

不符合事实：在物资审核部审核采购过程发现：没有对用于生产混凝土外加剂用的化工原料的 A 化工厂进行合格供方评价，就直接进行了大批采购。

39. 在机加工车间，某机床后靠墙处放着三个工件，审核员问这是否是合格品，操作者答："不是我的班，可能是夜班的，是否合格我也不知道。"在场搬运工解释说："可能是昨天送库剩下的，等会我就运走。”询问当班检验员，检验员回答说：“这三件产品有些问题要等张技术员处理，这两天他出差了，等他一回来就处理。”

答：有不符合，不符合 GB/T 19001—2000 标准 7.5.3 中“组织应针对监视和测量要求识别产品的状态。”的要求。

不符合事实：在机加工车间审核发现：某机床后靠墙处放着三个工件，但操作者、搬运工都不知道是否是合格品，询问检验员回答说：“这三件产品有些问题要等张技术员处理，这两天他出差了，等他一回来就处理。”

40. 在食品厂车间，审核员发现窗户敞开，窗外是一条市政路，车流量较大，烟尘滚滚。车间主任解释说：“天太热了，车间又没有空调，没办法。只能开窗通风。”

答：有不符合，不符合 GB/T 19001—2000 标准 6.4 中“组织应确定并管理为达到产品符合要求所需的工作环境。”的要求。

不符合事实：在食品厂车间审核：发现车间窗户敞开，而窗外是一条市政马路，车流量较大，烟尘滚滚。针对这一问题车间主任解释说：“天太热了，车间又没有空调，没办法，只能开窗通风。”

2009 年 3 月质量管理体系审核知识考试题及答案

一、单项选择题（从下面各题选项中选出一个最恰当的答案，并将相应字母填入相应括号内。每题 1 分，共 20 分）

1. 现场审核活动开始前，以下说法正确的是（ B ）。
   （A）审核计划无须取得审核委托方同意便可提交给受审核方
   （B）受审核方对审核计划的任何异议应当现场审核前予以解决
   （C）任何经修改的审核计划在继续审核前不必征得各方的同意
   （D）审核计划在审核启动后不能再修改
2. 以下哪一项活动属于第二阶段现场审核时间内发生的活动（ B ）。
   （A）进行文件初审　　（B）召开末次会议
   （C）编写审核报告　　（D）确定纠正措施
3. 以下关于文件评审时间的表述正确的是（ A ）。
   （A）在现场审核前及现场审核时都应进行文件评审
   （B）只在第一阶段审核时进行文件评审，第二阶段审核无需开展文件评审
   （C）只在现场审核前进行文件评审，现场审核时无需开展文件评审
   （D）由组长与受审核方确定文件评审的时机
4. 以下哪项不属于末次会议内容的是？（ C ）
   （A）向受审核方介绍审核情况　　（B）宣布审核发现和审核结论
   （C）验证不符合项的纠正措施　　（D）介绍监督审核的规定
5. 现场审核结论由（ C ）作出。
   （A）认证机构　　（B）审核委托方
   （C）审核组　　（D）审核组根据认证机构的决定
6. 现场审核过程中，当受审核方提出扩大认证范围的要求时，审核组长应该

（ C ）。

（A）宣布中止审核

（B）明确告知受审核方：不能接受此要求，仍按原计划进行审核

（C）与审核委托方和受审核方进行沟通

（D）本着以顾客为关注焦点的原则，同意受审核方的要求

7. 下列说法正确的是（ B ）。

（A）审核中所收集的信息都可作为审核证据

（B）审核证据是指与审核准侧有关的并且能够证实的记录、事实陈述或其他信息

（C）审核证据只能是定量的

（D）现场操作人员的回答不能作为客观证据

8. 我国政府现行负责认证认可的监管部门是哪一个部门？（ A ）

（A）CNCA （B）CCAA （C）CNAS （D）CNASC

9. 审核组长（ D ）。

（A）必须由高级审核员担任

（B）必须由专业审核员担任

（C）可以由实习审核员担任

（D）由具有审核组织管理能力、了解审核程序的审核员担任

10. 审核目的由（ C ）来确定。

（A）审核组长 （B）受审核方 （C）审核委托方 （D）认证机构

11. 审核某机械加工时，可作为质量管理体系审核准则的是（ B ）。

（A）工业企业厂界噪声标准 （B）加工零件的图纸和指导书

（C）生产设备的安全操作规程 （D）生产设备的维修保养记录

12. 某企业在部门设置中有企管办，其职责一般包括了（ C ）。

（A）产品质量检验 （B）协调生产进度

（C）企业管理制度的建立和实施 （D）企业档案管理

13. 集团公司对子公司的审核属于（ B ）。

（A）第一方审核 （B）第二方审核

（C）第三方审核 （D）以上都不正确

14. 关于现场审核的首、末会议，以下描述正确的是（ A ）。

（A）现场审核的首、末次会议必须由审核组长主持

（B）现场审核的首次会议必须由组长主持，末次会议必须由受审核组织的最高管理者主持

（C）现场审核的首、末次会议必须由受审核组织的最高管理者主持

（D）现场审核的首、末次会议可由审核组长和食品安全小组组长共同主持

15. 关于检查表，以下说法正确的是（ A ）。

（A）它是审核员对审核活动进行具体策划的结果

（B）它应提前交给受审核部门的人员认可

（C）它必须经过管理者代表的批准

（D）它有标准规定的统一格式

16. 根据中国认证认可协会《质量管理体系审核员注册准则》（第2版），申请人应具

有至少（　C　）年技术或管理相关的工作经验。

（A）2　　（B）3　　（C）4　　（D）5

17. 根据 GB/T 19011—2003 标准，受审核方在审核中因以下理由提出申请更换审核组的具体成员，其中哪一项不是合理的理由？（　A　）

（A）审核员审核能力不够　　（B）该审核员曾为本公司提供过咨询

（C）该审核员一年前是本公司的雇主　　（D）该审核员有缺乏职业道德的行为

18. 对审核后续活动，下列说法正确的是（　C　）。

（A）如需采取纠正、预防或改进措施，此类措施通常由受审核方确定并商定的期限内实施，不视为审核的一部分

（B）受审核方应当将这些措施的状态告知国家政府相关部门

（C）应当对纠正措施的完成情况及有效性进行验证，但验证不是随后审核的一部分

（D）审核方案可规定由审核组成员进行审核后续活动，通过发挥审核组成员的专长实现增值。在这种情况下，在随后审核活动中不必保持独立性

19. 单件小批生产类型的特点是（　C　）。

（A）产品品种很少　　（B）生产条件稳定

（C）产品品种很多　　（D）专业化程度很高

20. 按（　C　）来划分部门是目前最普遍采用的一种划分方法。

（A）产品　　（B）地区　　（C）职能　　（D）时间

二、判断题（判断下列各题，正确的写 T，错误的写 F，填入相应括号内。每题 1 分，共 15 分）

21. 针对组织机构存在的某些缺陷，通过设立临时性或协调组织实现协调，这种协调方式属于结构协调方式。（　T　）

22. 由于质量管理体系认证规则发生变更，持证组织不能持续符合变更后的要求，认证机构可以撤销该组织的认证资格。（　F　）

23. 所有原材料都必须具有可追溯性。（　F　）

24. 所有认证机构必须经 CNAS 认可后才能从事认证工作。（　F　）

25. 审核员注册时，可接受的审核经历包括第二方审核经历，但应从 CCAA 承认的第二方审核机构获得。（　T　）

26. 审核计划是针对特定时间段所策划，并具有特定目的的一组审核。（　F　）

27. 企业目标为企业决策指明了方向，是企业计划的重要内容，也是衡量企业实际绩效的标准。（　T　）

28. 技术专家是向审核组提供特定知识或技术的人员，可以承担部分审核任务。（　F　）

29. 根据 GB/T 19011—2003 标准能力是指经证实的个人素质以及经证实的应用知识和技能的本领。（　T　）

30. 对质量管理体系符合性和有效性的综合评价是审核计划中的重要内容。（　F　）

31. 对于多场所组织，在认证周期内必须至少一次对总部实施审核。（　F　）

32. 根据 GB/T 19011—2003 标准，对第三方认证审核而言，审核组的审核结论即为是否推荐注册（包括有条件推荐）。（　T　）

33. 第一方审核不必评审受审核方的文件。(　F　)

34. 当审核组长对受审核方提交的不符合报告验证合格时，审核即告结束。(　F　)

35. CCAA《质量管理体系审核员注册准则》(第 2 版) 中所说的审核经历仅指第三方审核经历。(　F　)

三、简答题 (每题 5 分，共 15 分)

36. 以下为一次审核活动中的场景描述 (包括三句话)：

1) 销售科长说："我们 2007 年 1 月至今已处理 39 份顾客抱怨，顾客总体比较满意。"

2) 审核员查阅了 39 份顾客抱怨处理记录，经核对企业的《顾客抱怨管理制度》，认为顾客抱怨的处理确实按要求执行。(认为顾客抱怨的处理确实按要求执行) (39 份顾客抱怨处理记录) (顾客抱怨管理制度)

3) 审核员在与领导层沟通时说：顾客抱怨处理管理较好，但顾客满意数据分析的结论中改进方向不明确，还可以完善。

请指出每一句话中分别含有审核发现、审核证据或审核准则中哪一项或哪几项。

答：1) 审核证据。

2) 依次为审核发现、审核证据、审核准则。

3) 审核发现。

37. 请简要叙述认证范围与审核范围的区别。

答：认证范围用于认证注册的目的，用于表明被认证的受审核方的管理体系所覆盖的范围，通常体现在认证证书上。而审核范围是为具体的审核界定审核要覆盖的内容与界限，用于指导审核的实施。

认证范围通常只是对认证所覆盖的产品、过程与活动、场所以及所依据的标准的概括性描述，而审核范围所涉及信息更加详细与具体，通常包括对受审核方的实际位置、组织单元、活动和过程以及审核所覆盖的时期等的更加全面与详细的信息。

一次具体审核的审核范围与认证范围并不完全一致。

认证范围：表述于证书上。审核范围：表述于审核计划；审核委托方和组长确认。

38. 工厂不合格品控制程序规定，车间返工后的不合格品要由检验科进行重新检验，合格后方可放行或交付。但审核员在检验科没有发现近三个月的重新检验的记录。你会如何继续审核？

答：查是否发生过不合格品？不合格品是否要求返工？如返工，检验科是否重新检验？抽查重新检验的证据。

四、阐述题 (每题 10 分，共 20 分)

39. 如何根据 GB/T 19001—2008 标准对"顾客财产"进行审核？

答：主控部门审核：

1) 了解有哪些顾客财产？组织控制下的、组织使用的、构成产品一部分的？对顾客财产的管理有何规定？

2) 抽查 3 ~ 5 个样本，识别、验证、保护和维护的实施情况？

3) 询问负责人或相关人员是否有顾客财产的丢失或不适用？是否告知顾客？是否保持相关记录？

相关部门验证顾客财产控制的有效性。

40. 查设计和开发更改时，审核员在询问设计和开发更改的有关规定后，抽查了 3 份不同专业组在2008年8~12月间的更改单，都有授权人员的审批，修改发放手续符合文件控制要求。审核员很满意他们的工作，道谢后就离开了。这样的审核是否符合要求？为什么？如果您去审核，您会怎么做？

答：1）不符合要求。

2）因为对7.3.7中的要求没有查全。

3）应继续审核如下内容：

——询问相关设计人员并查阅相关文件，这些更改是否在更改正式实施前进行，更改是否得到了批准？

——询问设计相关人员是否评价了更改对产品及其组成部分的影响？

——是否进行了适当的评审、验证和确认？抽查1~3份相关的记录。

——评价更改的有效性，看是否更改后达到了预期目的（受审核方自己评价的结果）。

在生产车间或现场验证相关情况。

五、案例分析题（每题6分，共30分）

请对以下场景进行分析，写出不符合标准的条款的编号及内容，并写出不符合事实。

41. 审核员在某企业审核时发现有一批产品的绝缘性能达不到标准要求，质检经理解释这是因为一批元件有问题造成的，公司已经查到全部产品的编号，通知生产和销售部门停止销售和使用该批产品，但目前已经发出500台，我们已经决定，只要顾客提出来我们就予以退换。

答：有不符合，不符合GB/T 19001—2008标准8.3中“d）当在交付或开始使用后发现产品不合格时，组织应采取与不合格的影响或潜在影响的程度相适应的措施。”的要求。

不符合事实：对已经交付的发现绝缘性能达不到标准要求的500台不合格品没有采取有效的纠正行动。

42. 审核员在供应部抽查采购合同，抽查到的三份购买钢筋的合同（编号分别为019、011和009）中“产品要求”一栏都写明“按国家标准”，审核员问供应部负责人，国家标准有无具体编号和名称，供应部负责人随即问采购员，采购员说：“不清楚，设计部应该清楚。”供应部负责人立即拨打了设计科电话，但电话无人接听；供应部负责人很抱歉地说，过一会儿我告诉你具体的名称和编号。

答：有不符合，不符合GB/T 19001—2008标准7.4.2中“采购信息应表述拟采购的产品”的要求。

不符合事实：在供应部抽查采购合同发现：编号分别为019、011和009的三份购买钢筋的合同中“产品要求”一栏都写明“按国家标准”，但供应部负责人和采购员都不清楚具体是什么标准。

43. 审核员在成品车间审核时，发现A产品装配后直接包装出厂，检验员一般不做检查。询问检验员，检验员说：按照合同这批产品全部由顾客验收，对不合格的产品顾客当场拒收，因此没必要再制定产品接收准则并实施检验。

答：有不符合，不符合GB/T 19001—2008标准7.1中“在对产品实现进行策划时，组织应确定以下方面的适当内容：……c）产品所要求的验证、确认、监视、测量、检验和试验活动，以及产品接收准则”的要求。

不符合事实：对于合同规定由顾客验收的A产品，没有制定本单位的该产品的接收准则，也没有检验而是直接出厂。

44. 某公司对热处理工序进行了过程确认，审核员在现场审核时看到一份编号为WZ-053标有“受控”标识的作业指导书，规定退火加热温度为（800±20)℃，但退火炉温度控制仪显示为830℃，工人回答说温度高一些，对退火质量有保证。

答：有不符合，不符合GB/T 19001—2008标准7.5.1中“组织应策划并在受控条件下进行生产和服务提供。”的要求。

不符合事实：查热处理工序确认过程发现：退火炉温度控制仪显示的温度830℃与编号为WZ-053标有“受控”标识的作业指导书中规定退火加热温度为（800±20)℃的不符。

45. 车间规定废品率不能大于0.5%。审核员在审核时发现本月前20天，废品率均在0.25%到0.35%上下，但最近连续5天的废品率分别为0.47%、0.48%、0.48%、0.49%和0.49%。审核员就问，你们的废品率已经连续5天接近0.5%了，对此情况车间采取了什么行动？车间主任说：“是吗？有这样情况吗？不过0.49%还在0.5%以下，问题不大。”

答：有不符合，不符合GB/T 19001—2008标准8.4中“数据分析应提供有关以下方面的信息：……c）过程和产品的特性及趋势，包括采取预防措施的机会”的要求。

不符合事实：最近连续5天的废品率分别为0.47%、0.48%、0.48%、0.49%和0.49%，接近车间规定废品率不能大于0.5%的目标，但车间没有对此进行必要的数据分析。

2009年6月质量管理体系审核知识考试题及答案

一、单项选择题（从下面各题选项中选出一个最恰当的答案，并将相应字母填入相应括号内。每题1分，共20分）

1. 与审核准则有关的并且能够证实的记录、事实陈述和其他信息称为（　B　）。
(A) 质量信息　　(B) 审核证据　　(C) 检验记录　　(D) 信息源

2. 以下说法错误的是（　D　）。
(A) 首次会议上应当确认审核计划
(B) 审核组长应当能够指导实习审核员开展审核
(C) 审核方案的目的应当考虑其他相关方的需求
(D) 现场审核过程中，由审核组长确定审核范围

3. 以下哪种情况是审核证据？（　B　）
(A) 销售部长向审核员反映采购部近期采购的原材料质量不好
(B) 采购部长承认近期采购的原材料质量不好
(C) 审核员在采购部发现近期有几次向供应商退回不合格的A材料的记录，审核员认为采购部是在非合格供方处采购的A材料
(D) 以上都是

4. 以下哪一种情况可称为结合审核？（　C　）
(A) 某食品质量认证公司与某质量认证公司对同一组织进行审核时

（B）某食品质量认证公司与某质量认证公司对不同组织进行审核时

（C）对同一组织食品安全管理体系与质量管理体系一起审核时

（D）对两个或以上不同组织的食品安全管理体系与质量管理体系一起审核时

5. 以下哪一项不是首次会议的主要目的？（ B ）

（A）介绍实施审核采用的方法和程序

（B）介绍认证机构的业绩和要求

（C）确认审核计划

（D）确认审核中的沟通渠道并向受审核方提供询问的机会

6. 以下各项中，比较符合 GB/T 27021—2007 标准的要求的表述是（ C ）。

（A）再认证审核的目的是确认管理体系作为一个整体的持续适宜性与有效性

（B）再认证审核的目的是确认管理体系与认证范围的持续相关性和适宜性

（C）再认证审核的目的是确认管理体系作为一个整体的持续符合性与有效性，以及与认证范围的持续相关性和适宜性

（D）（A）+（B）

7. 审核组应对在（ B ）收集的所有信息和证据进行分析，以评审审核发现并就初次认证审核结论达成一致。

（A）第一阶段和第二阶段审核中　（B）第二阶段审核中

（C）文件审核中　（D）初次访问中

8. 审核结论由（ C ）得出。

（A）审核组长　（B）审核组　（C）审核委托方　（D）认证机构

9. 审核方案可以包括（ C ）。

（A）审核的实际位置

（B）审核的目的与准则

（C）策划、组织、协调、指导和控制审核的活动

（D）对一次审核活动的安排

10. 认证机构是指（ B ）。

（A）对产品进行强制认证的机构

（B）对产品、服务、管理体系按照技术法规和标准进行合格评定活动的经营机构

（C）对产品、服务、管理体系进行认证的政府机构

（D）对管理体系按照技术法规和标准进行合格评定活动的经营机构

11. 基于证据的方法是审核原则之一，以下（ B ）符合该审核原则。

（A）报告审核过程中遇到的重大障碍

（B）抽样的合理性与审核结论的可信性密切相关

（C）审核报告真实地反映审核活动

（D）审核员独立于受审核的活动

12. 关于向导和观察员，以下说法正确的是（ D ）。

（A）向导不可以是受审核方人员

（B）观察员必须是受审核方人员

（C）观察员必须是审核委托方人员

（D）向导必须是受审核方人员

13. 关于管理体系审核，下列说法正确的是（　C　）。

（A）公司内部审核可以是第二方审核

（B）审核必须由独立的机构进行

（C）对供方进行的审核可以是第二方审核

（D）审核是对产品的等级评定

14. 供应链有时被称为价值链或需求链，包括（　B　）、供应商、过程、产品以及向最终顾客交付产品和服务有影响的各种资源。

（A）生产　　（B）顾客　　（C）质量　　（D）检验

15. 根据 GB/T 19011—2003 标准，审核报告应当在（　A　）提交。

（A）商定的时间期限内　　（B）现场审核结束后

（C）认证决定后　　（D）纠正措施验证完成后

16. 根据 CCAA 现行的注册准则，实习审核员再注册要求在注册证书到期（　B　）内，向 CCAA 提出申请。

（A）当月　　（B）前 3 个月　　（C）前 1 个月　　（D）当年

17. 第二方审核的审核委托方是（　C　）。

（A）认证机构　　（B）受审核方

（C）相关方（如顾客）　　（D）组织的最高管理者

18. 按照 CCAA 现行有效的《质量管理体系审核员注册准则》，以下关于申请人的工作经历和质量经历描述正确的是（　B　）。

（A）具有大学本科（含）以上学历的申请人应具有至少 4 年全日制（或累计相当于 4 年全日制的兼职）工作经历

（B）具有大专学历的申请人应具有至少 4 年全日制（或累计相当于 4 年全日制的兼职）工作经历

（C）申请人在全部工作经历中应具有至少 1 年与质量有关领域的经历

（D）质量经历必须是在初次申请审核员注册前 4 年内获得的

19. 按照《中华人民共和国认证认可条例》规定，以下不属于设立认证机构应当符合的条件是（　D　）。

（A）有固定的场所和必要的设施

（B）有符合认证认可要求的管理制度

（C）注册资本不得少于人民币 300 万元

（D）有 8 名以上相应领域的专职认证人员

20.（　B　）是由两个或两个以上的个人契约联合经营的企业。

（A）业主制企业　　（B）合伙制企业　　（C）合作制企业　　（D）公司制企业

二、判断题（判断下列各题，正确的写 T，错误的写 F，填入相应括号内。每题 1 分，共 15 分）

21. 组织结构是表现组织各部分排列顺序、空间位置、聚集状态、联系方式以及各要素之间相互关系的一种模式，它是执行管理和经营任务的体制。（　T　）

22. 文件评审是为了对受审核方管理体系文件有效性和适宜性进行确认。（　F　）

23. 受审核方可以依据合理的理由申请更换审核组成员。（　T　）

24. 审核组的独立性是确保审核公正性和客观性的基础。（　T　）

25. 审核组长对审核报告的编制和内容负责并予以批准。（　F　）

26. 审核结论与认证结论表述的内容是一致的，作用也相同。（　F　）

27. 设备操作人员的工作经历可以视为审核员注册时可接受的工作经历。（　F　）

28. 认证结论由审核组长正式发布。（　F　）

29. 取得 CCAA 注册资格的审核员既要接受聘用机构监督，又要接受 CCAA 的监督。（　T　）

30. 根据 CCAA 现行的 QMS 审核员注册准则，审核员注册申请人以实习审核员的身份参加的 QMS 审核，必须具有至少 20 天的现场审核经历。（　F　）

31. 对于多场所的组织，每次监督审核时都应对其总部进行审核。（　T　）

32. 对建筑施工组织进行质量管理审核时，现场审核应包括对施工现场的质量管理活动的审核。（　T　）

33. 第三方认证审核时，对同一受审核方，若其产品和组织机构没有变化，则初次审核和后续监督审核的审核范围是相同的。（　F　）

34. 当审核计划的所有活动已完成，审核即告结束，审核报告的批准和分发可以不视为审核的一部分。（　F　）

35. 不管是否实施 GB/T 19001 标准，组织都存在质量管理体系。（　T　）

三、简答题（每题 5 分，共 15 分）

36. 请简述实施现场审核的主要活动有哪些。

答：现场审核的主要活动有：

1）召开首次会议；2）审核中的沟通（包括小组内部沟通、与组织的管理层沟通）；3）收集和验证信息；4）形成审核发现；5）准备审核结论；6）举行末次会议。

37. 请简述审核计划与审核方案的主要区别是什么。

答：区别如下表所示：

区别	审核方案	审核计划
定义	针对特定时间段策划，并具有特定目的的一组（一次或多次）审核	对一次审核活动和安排的描述
范围	包括特定目的的一组审核，也可包括联合审核和结合审核	针对具体的一次审核
性质	一组审核的总体策划	对一次审核的具体安排
内容	制定、实施、监视、评审和改进审核方案	规定和实施具体审核的活动和安排
责任者	审核方案管理者	审核组长

38. 审核员在某阀门厂检验科审核，检验科负责人提供了阀门检验标准，审核员看到标准上规定：阀门出厂前应逐步进行耐压试验，试验压力 1.2 兆帕（MPa）保压 120 秒。作为审核员你应该如何进行审核，说出你的审核思路。

答：审核思路是：

1）评价阀门检验标准是否符合国家相关标准要求或是否是有效版本？

2）抽查 3 ~ 5 份检验报告，是否按检验标准的规定进行了耐压试验？（8.2.4）

3）经检验是否发现有不合格品？如有抽 3 ~ 5 份不符合报告，并了解对不符合的纠正

及纠正措施？(8.3/8.5.2)

4）进行耐压试验的检验设备是否经过检定或校准？查阅检定或校准记录并现场验证设备的标识。(7.6)

5）与检验人员交谈了解其是否具备相应能力。(6.2.2)

四、阐述题（每题 10 分，共 20 分）

39. 如何依据 GB/T 19001—2008 标准，审核“不合格品控制”过程？

答：在主控部门审核：

1）询问负责人是否在文件化的程序中明确不合格控制以及处置的职责和权限？查阅《不合格品控制程序》。

2）询问负责人对于不合格品的处置是否采用了以下一种或几种方式：

——采取返工等措施，消除不合格。

——当让步使用、放行或接收不合格品时。此时应由授权人员批准，在适用场合下（如合同规定）必须经顾客批准。

——改变使用方式和用途（如降级使用或报废）。

3）不合格品性质以及随后所采取的任何措施的记录（包括所批准的是让步的记录）是否予以保持？查阅相关处置记录 3 ~5 份。

4）是否对不合格品得到纠正之后对其再次进行验证？查阅相关记录 1 ~2 份。

5）对于交付或开始使用后发现产品不合格时，采取的措施是否与不合格的影响或潜在影响的程度相适应？查阅相关记录 1 ~2 份。

在采购部、仓库、车间、成品库、销售部验证不合格的控制情况。

40. 审核员审核“管理评审”时，总经理介绍说根据公司“管理评审控制程序”要求，在今年的内部体系审核后，于上个月召集了公司质量管理委员会全体成员进行了管理评审，质量管理部汇报了内审及其整改情况，质检科还就产品质量目标完成情况进行分析；售后服务部提供了用户意见的反馈情况。会议确定了总体的整改要求，有会议记录，并将会议纪要分发到各个部门。审核员随即查阅了分发记录，非常完整。审核员很满意并结束了对该过程的审核。试问：审核员的审核是否适宜？为什么？如果是您，应如何进行审核？

答：不合适。因为该审核员对管理评审过程的审核不充分。

如果是我，我将继续进行以下审核：

询问总经理，并通过在质量管理部查阅文件和记录验证：

——管理评审是否是最高管理者主持？质量委员会是否包括了公司的最高管理层人员？

——对哪些方面进行了评审？查阅评审计划、会议记录。

——管理评审输入了哪些信息？是否包括了纠正预防措施情况、以往管理评审的跟踪措施情况、过程业绩及产品符合性情况，可能影响体系的变更、改进的建议、方针的适宜性？查阅相关的输入材料。抽查两个部门和两个生产单位的输入材料。

——管理评审对管理体系的适宜性、充分性和有效性评价结论如何？作出了哪些改进决定？查阅相关的评审报告或文件。

在其他部门，验证管理评审措施的落实情况

五、案例分析题（每题6分，共30分）

请对以下场景进行分析，并依据GB/T 19001—2008标准判断有无不符合。如有，请写出不符合标准的条款的编号及内容，并写出不符合事实。

41. 审核员在客户服务部查看今年1季度的用户投诉处理记录，发现其中有75%左右是要求退换A产品的，销售科长说："主要是A产品上使用的一批关键零件质量不太好，我们退的退、换的换、赔的赔，既麻烦又蚀本，但是这种零件买来后只进行抽检，不能保证100%的合格，我们只好认倒霉了。"

答：有不符合，不符合GB/T 19001—2008标准中8.5.2"组织应采取措施，以消除不合格的原因，防止不合格的再发生。纠正措施应与所遇到不合格的影响程度相适应。"的要求。

不符合事实：在销售部审核顾客投诉发现：公司年1季度的用户投诉处理有75%左右是要求退换A产品，销售科只是进行了退、换、赔，没有采取有效的纠正措施。

42. 审核员到某建筑工地审核时，问施工单位的项目负责人是如何对钢筋、水泥进行检验的？项目负责人说："本工程所用的钢筋、水泥各种型号都通过了产品认证，公司也于2007年通过了QMS认证，因此他们的质量是有保证的，我们只是点点数量，直接拿来用就可以了，出了问题供方会负责的"。

答：有不符合，不符合GB/T 19001—2008标准中7.4.3"组织应确定并实施检验或其他必要的活动，以确保采购的产品满足规定的采购要求。"的要求。

不符合事实：在审核钢筋、水泥检验情况时，项目负责人说："本工程所用的钢筋、水泥各种型号都通过了产品认证，公司也于2007年通过了QMS认证，因此他们的质量是有保证的，我们只是点点数量，直接拿来用就可以了，出了问题供方会负责的"。

或：在工地审核发现：项目部不能提供对所采购的钢筋、水泥进行了有效验证的证据。

43. 审核员查合同评审时，销售科长说："本产品均为一般小型家用电器，均在电器城零售，没有什么特殊合同需要评审，因此，我们从未评审过。"这时在场的管理者代表说："供应科对每一份采购合同均评审过，随即打电话到供应科调来评审记录。"

答：有不符合，不符合GB/T 19001—2008标准中7.2.2"组织应评审与产品有关的要求"的要求。

不符合事实：在销售科查合同评审时，销售科长说：本产品均为一般小型家用电器，均在电器城零售，没有什么特殊合同需要评审，因此，我们从未评审过。

44. 某组织的企管部负责管理组织的所有文件，审核员在企管部发现，文件管理员提供的"外来文件清单"上所列的文件中有5份作废版本的文件，由于文件管理人员不知道哪些文件应发放到哪些部门和人员使用，因此，只要其他部门人员来要，文件管理人员就复印一份给他们，也没有相应的发放记录。审核员到技术部和生产部审核时，发现这两个部门都存在作废文件和有效文件混用的现象。

答：有不符合，不符合GB/T 19001—2008标准中4.2.3"f）确保组织所确定的策划和运行质量管理体系所需的外来文件得到识别，并控制其分发；g）防止作废文件的非预期使用，如果出于某种目的而保留作废文件，对这些文件进行适当的标识。"的要求。

不符合事实：在企管部审核文件控制发现：文件管理员提供的"外来文件清单"上所列的文件中有5份作废版本的文件，且文件管理员不清楚文件的发放范围，在技术部和生产部审核时发现这两个部门都存在作废文件和有效文件混用的现象。

45. 对高压电力变压器进行出厂检验时，用高压试验器做耐压试验，最大电压达到100kV。审核员查监视和测量仪器的控制时，要求抽查该试验器的检定或校准证书，计量室主任说：有，每次我们都把表头拆下来送去检定，随后拿来该表头的检定证书，审核员看到均在有效期内。

答：有不符合，不符合GB/T 19001—2008标准中7.6a）“对照能够溯源到国际或国家标准的测量标准，按照规定的时间间隔或在使用前进行校准确和（或）检定（验证）”的要求。

不符合事实：计量室将用于高压电力变压器出厂检验的高压试验器的电压表头拆下来送去检定。

2009年9月质量管理体系审核知识考试题及答案

一、单项选择题（从下面各题选项中选出一个最恰当的答案，并将相应字母填入相应括号内。每题1分，共20分）

1. 生产现场，工人发现有一批玉米原料有霉变现象，经检验员确认后，将这批原料进行了销毁，这种行为是（ C ）。

（A）纠正 （B）让步 （C）报废 （D）纠正措施

2. 在第三方认证审核时，（ C ）不是审核员的职责。

（A）实施审核

（B）确定不符合项

（C）对发现的不符合项制定纠正措施

（D）验证受审核方所采取的纠正措施的有效性

3. 以下哪种情况可作为质量管理体系审核的审核证据？（ A ）

（A）审核员看见某操作工人按作业指导书加工产品

（B）操作人员反映另一车间内噪声太大

（C）向导回答不合格品的处理情况

（D）以上都不是

4. 以下明显属于第二方审核的是（ B ）。

（A）某集团公司内，一个分公司对另一个分公司的审核

（B）认证机构代表集团公司对其供方的审核

（C）集团公司组成审核组对其下属分公司的审核

（D）认证机构代表政府主管部门对其行业内组织的评优审查

5. 以下不属于审核准则的是（ B ）。

（A）顾客的隐含要求 （B）组织产品的检验记录

（C）生产设备维护管理规定 （D）认证产品所执行的产品标准

6. 以下不属于末次会议内容的是（ D ）。

（A）向受审核方介绍审核情况 （B）宣布审核发现和审核结论

（C）验证不符合项的纠正措施 （D）现场观察

7. 依据GB/T 19011—2003标准，以下哪一项属于首次会议的目的？（ C ）

（A）了解受审核方的管理体系 （B）对管理体系文件作出评价

（C）简要介绍审核活动如何实施 （D）双方介绍人员

8. 现场审核时，审核员发现陶瓷卫生洁具的包装工序没有作业指导书，针对这种情况，应当（ D ）。

（A）出具不符合报告 （B）认为不存在不符合

（C）出具观察项报告 （D）不能确定，继续跟踪审核

9. 以下哪种说法是不正确的（ B ）。

（A）审核组可以由一名或多名审核员组成

（B）实习审核员可以独立承担审核任务，但不能独立出具任何报告

（C）向组织和顾客提供信任

（D）审核组中可以没有高级审核员

10. 审核发现是指（ C ）。

（A）审核中观察到的事实

（B）审核中所发现的不合格项

（C）审核中观察到的事实与审核依据比较和评价的结果

（D）审核中的观察项

11. 下列不属于生产工艺技术的是（ D ）。

（A）生产工艺 （B）工艺流程 （C）设备选型 （D）原料来源

12. 我国政府现行部门负责认证认可的监管部门是下列哪个部门（ A ）。

（A）CNCA （B）CCAA （C）CNAS （D）CNASC

13. 审核组应对（ C ）收集的所有信息和证据进行分析，以评审审核发现并就初次认证审核结论达成一致。

（A）初次访问中 （B）文件审核中

（C）第一阶段和第二阶段审核中 （D）审核后续活动中

14. 审核目的由（ C ）来确定。

（A）审核组长 （B）受审核方 （C）审核委托方 （D）认证机构

15. 关于质量管理体系认证审核，以下哪种说法是错误的？（ A ）

（A）审核组长应由高级审核员担任

（B）审核组可以由一名或多名审核员组成

（C）技术专家是审核组的成员

（D）实习审核员不能独立承担审核任务

16. 目前，我国的审核员注册机构是（ C ）。

（A）国家质监督检验检疫总局 （B）中国国家认证认可监督管理委员会

（C）中国认证认可协会 （D）中国合格评定国家认可委员会

17. 管理的对象是（ C ）。

（A）管理者 （B）员工 （C）资源 （D）组织

18. 根据中国认证认可协会《质量管理体系审核员注册准则》（第2版），申请人应具有至少（ C ）年技术或管理岗位的工作经验。

（A）2 （B）3 （C）4 （D）5

19. 根据GB/T 19011—2003标准，以下哪一项不属于审核文件的是（　C　）。

（A）检查表　　（B）记录审核信息的表格

（C）审核方案　　（D）审核抽样计划

20. 根据中国认证认可协会《质量管理体系审核员注册准则》（第2版），申请人应具有至少（　B　）年与质量管理相关的工作经验。

（A）1　　（B）2　　（C）3　　（D）4

二、判断题（判断下列各题，正确的写T，错误的写F，填入相应括号内。每题1分，共15分）

21. 质量管理体系应覆盖所有的职能部门。（　F　）

22. 在对组织的质量管理体系认证时，认证范围由受审核方决定。（　F　）

23. 再认证审核应考虑管理体系认证周期内的绩效，包括调阅以前的监督审核的报告。（　T　）

24. 有季节性生产的企业，现场审核应该安排在正常生产时进行。（　T　）

25. 为保证不符合项纠正措施的有效性，审核员必须去现场进行审核。（　F　）

26. 受审核方在不符合报告上签字是为了确认不符合的事实。（　T　）

27. 现场审核时，审核组应当定期讨论以交换信息，需要时可重新分配审核组成员的工作。（　T　）

28. 审核中所收集到的信息可作为审核证据。（　F　）

29. 企业组织结构的本质是分工合作关系。（　T　）

30. 企业目标为企业决策指明了方向，是企业计划的重要内容，也是衡量企业实际绩效的标准（　T　）

31. 末次会议的结束标志着一次审核活动的结束。（　F　）

32. 监督审核时不必进行文件评审。（　F　）

33. 管理体系认证过程不包括审核过程。（　F　）

34. 根据GB/T 19011—2003标准，对第三方认证审核而言，审核组的审核结论即为是否推荐注册（包括有条件推荐）。（　T　）

35. 审核计划和检查表在实施前应得到受审核方的确认。（　F　）

三、简答题（每题5分，共15分）

36. 试述审核证据、审核发现与审核结论三者的关系。

答：审核证据是和准则有关的记录事实陈述和其他信息，与准则比较就是审核发现，审核发现包括符合或不符合的，审核发现经过审核组共同评审就是审核结论；三者依次是输入输出的关系。

37. 审核员在质管部查最近一次的管理评审材料，发现管理评审报告中针对评审情况，并提出了四项改进决策，审核员只看见其中一项由办公室完成的改进措施的实施情况及其有效性的验证记录。你作为审核员应如何继续审核？

答：查改进措施要求的完成时限，如在时限内，查其余三项改进措施实施的进展情况，如在时限外没有完成则开不合格报告。

38. 工厂不合格品控制规定：车间返工后的不合格品要由检验科进行重新检验，合格后方可放行或交付，但审核员在检验科没发现最近三个月的重新检验记录。你会如何继续审核？

答：1）最近三个月有无不合格品出现？2）如有，是否需要按返工处理？3）如是返工，是否进行了重新检验？4）如重新检验，为何没有进行记录？

四、阐述题（每题10分，共20分）

39. 如何依据GB/T 19001—2008标准，审核“内部审核”过程？

答：在主控部门：

1）查阅《内部审核程序》，了解组织对内审周期、职责、依据、内审方案、方法等方面的规定是否符合要求？

2）组织是否按照程序制定了审核方案，方案是否考虑了不同部门的过程和区域的状况和重要性以及以往审核的结果？查阅《审核方案》。

3）查最近一次完整的内部审核记录，查阅内审计划，评价审核人员的安排是否符合公正性的要求，审核的过程是否安排充分？抽查3～5个部门的检查表及审核记录，评价审核的充分性和记录的完整性和可追踪性。抽查1～3份不符合报告，评价判定标准和正确性、事实描述的准确性。抽查1～3个不符合的整改材料，评价纠正是否到位？原因分析是否准确？纠正措施是否对应？纠正措施是否得到有效实施？效果如何？

4）查阅内部审核报告，评价报告内容的充分性和符合性。

在相关部门：验证内审不符合的纠正措施落实情况。

40. 在审核“顾客满意”时，公司销售部部长告诉审核员：“自体系运行以来，我们没有收到任何顾客投诉，也没有出现过顾客退货的情况，这说明顾客对我们的产品质量很满意，因此，我们没有有关的记录。”审核员很满意他们的工作，道谢后就离开了。你认为这种审核是否符合要求？为什么？如果你去审核，你将用什么方法？审核哪些内容？

答：这种审核不符合要求。

因为审核员对销售部的“顾客满意”的审核只询问了有关投诉情况，审核不完整。

如果是我，还将通过以下方法审核相关内容：

1）询问销售科长是否进行过顾客满意调查？查阅相关的调查记录及分析报告。

2）了解公司的市场占有率和销售量变化情况、了解有无顾客的赞扬情况、了解有无顾客提供的有关产品质量的检验结果情况，评价顾客满意程度。

3）如可能，从销售合同中选择1～3个顾客现场打电话询问顾客对该公司的满意情况。

五、案例分析题（每题6分，共30分）

请对以下场景进行分析，并依据GB/T 19001—2008标准判断有无不符合。如有，请写出不符合标准的条款的编号及内容，并写出不符合事实。

41. 在某仪器制造公司销售科审核时，审核员注意到一份编号为CHN－08－2006拟印合同文本中，有一段手写的文字：“原要求40米长的附件电缆改为50米长”。销售部长说：“您看，这旁边是甲乙双方的签字，我已经关照生产部门了。”审核员在审核仓库时看到一张卡：“××九芯电缆，长40米，共100根，合同号CHN－08－2006。”仓库保管员说：“这100根电缆作为附件随仪器发给客户。”

答：有不符合，不符合GB/T 19001—2008中7.2.2“若产品要求发生变更，组织应确保相关文件得到修改，并确保相关人员知道已变更的要求。”的要求。

不符合事实：销售科未将编号为CHN－08－2006合同客户要求变更附件电缆长度的信息及时传递给生产部门，致使已经入库的该批产品长度不符合顾客要求。

42. 核员在某手机生产厂审核成品试验站时发现有一次手机电磁辐射严重超标，问是为什么？质检站长说，我们查了发现是有两批零件有问题造成的，审核员问知道是哪两批吗？质检站长说，由于该零件是关键零件，我们管理很严格，从电脑上查到了全部产品的编号，而且我们已经通知生产部门和销售部门，停止使用和销售使用这些零件的手机。审核员问发出过吗？质检处说我查过，已经发出300台，我们已决定只要顾客一提出来我们就退换。

答：有不符合，不符合GB/T 19001—2008中8.3“d）当在交付或开始使用后发现产品不合格时，组织应采取与不合格的影响或潜在影响的程度相适应的措施。”的要求。

不符合事实：在质检站审核发现：公司对已经发出的电磁辐射严重超标的300台手机没有采取有效的纠正行动。

43. 某公司对热处理工序进行了过程确认，审核员在现场审核时看到一份编号为WZ－053标有“受控”标识的作业指导书，规定退火加热温度为（800±20）℃，但退火炉温度控制仪显示为830℃，工人回答说温度高一些，对退火质量有保证。

答：有不符合，不符合GB/T 19001—2008中7.5.1“组织应策划并在受控条件下进行生产和服务提供。”的要求。

不符合事实：查热处理工序确认过程发现：退火炉温度控制仪显示的温度830℃与编号为WZ－053标有“受控”标识的作业指导书中规定退火加热温度为（800±20）℃的不符。

44. 车间规定废品率不能大于0.5%。审核员在审核时发现本月前20天，废品率均在0.25%～0.35%，但最近连续5天的废品率分别为0.47%、0.48%、0.48%、0.49%和0.49%。审核员就问，你们的废品率已经连续5天接近0.5%了，对此情况车间采取了什么行动？车间主任说：“是吗？有这样情况吗？不过0.49%还在0.5%以下，问题不大。”

答：有不符合，不符合GB /T 19001—2008中8.4“数据分析应提供有关以下方面的信息：……c）过程和产品的特性及趋势，包括采取预防措施的机会”的要求。

不符合事实：最近连续5天的废品率分别为0.47%、0.48%、0.48%、0.49%和0.49%，接近车间规定废品率不能大于0.5%的目标，但车间没有对此进行必要的数据分析。

45. 审核员到质管科查交付产品的（出厂）检验，从两个月的检验记录中抽查6份，看到检验项目和方法均符合检验规范。审核员问该类产品是否有国家和行业标准？科长说：有。审核员把检验规范与GB 3906—1991标准核对后，发现检验规范中缺少标准要求的出厂试验必做的“操作试验5次”和“绝缘电阻”项目，检验记录表中也无此两项栏目，科长说：“操作试验我们都做的，只是没做记录，至于绝缘电阻，我们一直就没什么问题，所以就免检了。”

答：有不符合，不符合GB/T 19001—2008中7.1.c）。

不符合条款内容：在对产品实现进行策划时，组织应确定产品要求的验证、确认监视、检验和试验活动，以及产品接收准则。

不符合事实：在检测室抽查产品检验报告发现：工厂的检验规程不符合GB 3906—1991的要求，缺少标准要求的出厂试验必做的“操作试验5次”和“绝缘电阻”项目，检验记录表中也无此两项栏目。

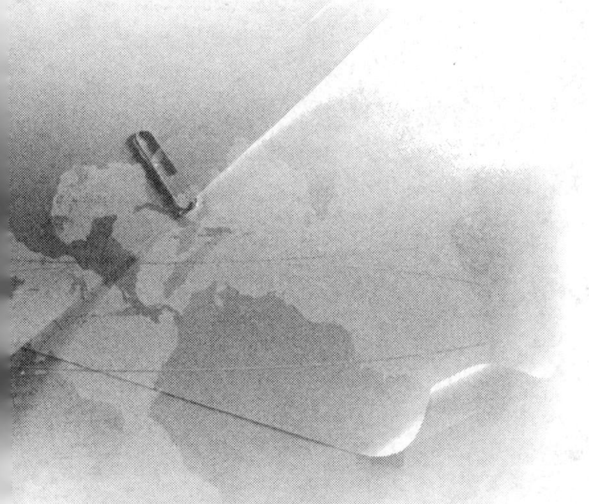

第二部分

CCAA 环境管理体系国家注册审核员考试题详解

一、基础知识部分

2007年6月环境管理体系基础知识考试题及答案

一、单项选择题（从下面各题选项中选出一个最恰当的答案，并将相应字母填入括号内。每题1分，共15分）

1. 活性处理生化法属于（ A ）。

（A）污水处理方法　　（B）固废处理方法

（C）湿式氧化法　　（D）污水处理化学法

2. 我国环境污染防治法规定的承担民事责任的方式是（ A ）。

（A）排除危害、赔偿损失、恢复原状　　（B）排除危害、赔偿损失、支付违约金

（C）具结悔过、赔偿损失、恢复原状　　（D）排除危害、赔礼道歉、恢复原状

3. 按照GB/T 24001—2004标准要求，组织应将其环境方针进行传达，传达范围应为（ C ）。

（A）组织内的所有员工

（B）组织内的所有员工和所有的相关方

（C）组织内的所有员工以及所有代表组织工作的人员

（D）组织所使用的产品或服务所涉及的相关方

4. GB/T 24001—2004标准的“环境”是指（ B ）。

（A）影响人类生存和发展的各种天然的和经过人工改造的自然因素的总体、包括大气、水、海洋、土地、矿藏、森林、草原、野生生物、自然遗迹、人文遗迹、自然保护区、风景名胜区、城市和乡村等

（B）组织运行活动的外部存在，包括空气、水、土地、自然资源、植物、动物、人、以及他们之间的相互关系

（C）影响工作场所内员工、临时工作人员、合同方人员、访问者和其他人员健康和安全的条件和因素

（D）影响工作场所外员工、临时工作人员、合同方人员、访问者和其他人员健康和安全的条件和因素

5. 评价重要环境因素和重大环境影响时，应考虑（ D ）。

（A）环境影响的程度　　（B）适用的法律法规

（C）内、外部相关的关注　　（D）以上全部

6. 省级人民政府依法可以制定严于国家标准的（ B ）。

（A）地方环境质量标准　　（B）地方污染物排放标准

（C）地方环保基础和方法标准　　（D）地方环境基准

7. 建设单位在报批建设项目环境影响报告书前，应当依照有关法律的规定，征求建设项目（ D ）。

（A）所在地环境保护行政主管部门的意见

（B）所在地建设行政主管部门的意见

（C）所在行政区域工商管理主管部门的意见

（D）所在地有关单位专家和公众的意见

8. 我国《固体废物污染环境防治法》对是否可经中华人民国和国过境转移危险废物所作的规定是（ B ）。

（A）可以过境转移危险废物　　（B）禁止过境转移危险废物

（C）经海关同意可以过境转移危险废物　　（D）可以在向环保部门缴纳预防危险费后过境转移危险废物

9. TSP是指（ D ）。

（A）10微米以下粒径的飘尘　　（B）林格曼黑度

（C）非烃类总有机碳　　（D）总悬浮颗粒物

10. 以下哪些措施不属于GB/T 24001—2004标准中污染预防范围（ D ）。

（A）中水回用　　（B）无铅焊锡替换有铅焊锡

（C）利用活性污泥法对城市生活污水处理　（D）购买二氧化碳的排放指标

11～15　有六名审核员（高某、蒋某、李某、王某、徐某、张某）对四家企业（甲、乙、丙、丁）进行审核，并且必须满足以下条件（不必考虑其他任何条件）：

- 每名审核员只审核一家企业，每家企业至少由其中一名审核员进行审核；
- 李某和高某审核同一家企业；
- 蒋某审核企业甲；
- 王某审核企业甲或丁；
- 李某未审核企业丁。

11. 如果张某审核企业丙，以下哪一种说法必然正确？（ C ）

（A）李某审核企业乙　　（B）王某审核企业丙

（C）徐某审核企业甲　　（D）徐某审核企业乙

12. 以下哪种情况出现了张某可能审核的所有企业？（ D ）

（A）企业乙，企业丙

（B）企业甲，企业丙、企业丁

（C）企业乙，企业丙、企业丁

（D）企业甲，企业乙、企业丙、企业丁

13. 以下哪种情况可能正确？（ B ）

（A）高某和蒋某审核企业甲

（B）蒋某和王某审核企业甲

（C）徐某审核企业丁，张某审核企业甲

（C）张某审核企业乙，高某审核企业丙

14. 以下哪一种情况不可能出现？（ B ）

（A）张某和蒋某审核企业甲　　（B）张某和徐某审核企业甲

（C）张某和徐某审核企业乙　　（D）张某和徐某审核企业丙

15. 如果徐某与另一名审核员审核同一企业，以下哪种情况列出此二人可能审核的所有企业？（ D ）

（A）企业甲，企业乙　　（B）企业甲，企业丙

（C）企业乙，企业丙　　（D）企业甲、企业丙、企业丁

二、判断题（判断下列各题，正确的写 T，错误的写 F，填入题后括号内。每题 1 分，共 15 分）

16. 程序可以形成文件，也可以不形成文件。（ T ）

17. 组织应评价采取纠正措施和预防措施的需求，并实施所制定的适当措施。（ F ）

18. 组织应评审所采取纠正措施的有效性。（ T ）

19. GB/T 24001—2004 标准中的信息交流是指组织与相关方的信息交流。（ F ）

20. GB/T 24001—2004 标准是非强制性标准。因此，实施并申请 GB/T 24001—2004 认证的组织不必对标准规定的所有条款予以完全满足。（ F ）

21. 通过压实技术来缩小固体废物的体积，不能称为固体废物处置。（ F ）

22. 在城区施工，因特殊需要必须在夜间作业的，可以视情况公告附近居民。（ F ）

23. 可持续发展是指既满足当代人的需求，又不对后代人满足其需要的能力构成危害的发展。（ T ）

24. 环境因素所产生的环境影响都是有害的，所以都应该想办法加以消减。（ F ）

25. 一个组织只能指定一名管理者代表。（ F ）

26. 根据标准，组织必须对重要环境因素涉及的过程进行策划。（ T ）

27. “谁污染谁治理、谁开发谁保护”是我国环境保护的一项基本原则。（ T ）

28. 根据 GB/T 24001—2004 中 4.5.4 “记录控制”条款，组织应建立并保持必要的记录，但并不要求为此而建立程序。（ F ）

29. 燃油锅炉的烟尘可以用静电除尘器去除。（ F ）

30. 组织必须对应急准备和响应程序定期评审和修订。（ F ）

三、多项选择题（从下面各题选项中选出两个或两个以上最恰当的答案，并将相应的字母填入题后括号内。多选或少选均不得分。每题 2 分，共 20 分）

31. 管理者应提供必要的资源。资源包括（ ABC ）。

（A）人力资源　（B）基础设施

（C）专项技能、技术和财力资源　（D）自然资源

32. 污染防治的手段包括（ ABCD ）。

（A）源消减或消除　（B）过程、产品或服务的更改

（C）资源的有效利用　（D）材料或能源替代

33. 以下描述符合环境因素定义的是（ AC ）。

（A）二氧化硫的排放　（B）水质恶化　（C）噪声排放　（D）空气污染

34. 以下哪些属于环境保护方面的行政许可（ AC ）。

（A）排污许可　（B）食品卫生许可　（C）废物进口许可　（D）建设规划许可

35. 对于组织使用的产品中所确定的重要环境因素，应将适用的程序和要求通报（ AB ）。

（A）供方　（B）合同方　（C）邻居　（D）环保局

36. 管理评审的输入包括（ ABD ）。

（A）内审的结果　（B）合规性评价的结果　（C）环境因素　（D）改进建议

37. 组织在环境方针中应作出哪些承诺？（ ABD ）

（A）持续改进　（B）遵守适用的法律法规　（C）环境绩效　（D）污染预防

38. 组织的最高管理者在环境管理体系中的职责包括哪几项？（ ACD ）

（A）确定环境方针　（B）制定目标指标　（C）提供资源　（D）主持管理评审

39. 组织的环境管理体系文件应包括（ ABCD ）。

（A）环境方针

（B）环境目标和指标

（C）对环境管理体系主要要素及其相互作用的描述

（D）对环境管理体系的覆盖范围的描述

40. 一个组织的相关方可能包括下面哪些团体或个人？（ ABCD ）

（A）政府机构　（B）银行　（C）媒体　（D）投资者

四、填空题（请在下面空缺处填上适当的内容。每题1分，共10分）

41. GB/T 24001—2004 标准名称是<u>环境管理体系 要求及使用指南</u>。

42. GB/T 24001—2004 标准中，要素 4.4.1 的名称是<u>资源</u>、作用、职责和权限。

43. 根据 GB/T 24001—2004 标准，组织对其环境因素进行管理所取得的可测量结果称为<u>环境绩效</u>。

44. GB/T 24001 标准中，不符合的定义是<u>未满足要求</u>。

45. 国家污染物排放标准分为综合性排放标准和行业性排放标准。当综合性排放标准和行业性排放标准同时存在时，应优先执行<u>行业</u>排放标准。

46～50 请对以下场景进行分析，并在括号内写出其所适用的 GB/T 24001—2004 标准条款的编号。必须写出所适用条款的最准确编号，但最多只须写出三位章节号。

46. 组织的环境管理手册的附录包括了一份程序文件清单。（ 4.4.4 ）

47. 某化工厂现场正在对硫酸储罐砌围堰。（ 4.4.7 ）

48. 某物业公司在小区的公告栏上张贴灭虫通知。（ 4.4.3 ）

49. 车间主任在车间员工大会上传达环境方针。（ 4.2 ）

50. 环保科正在对 pH 测定仪进行校准。（ 4.5.1 ）

五、简答题（每题5分，共20分）

51. 如果某组织仅获取了相关的法律法规清单，没有识别具体适用于其环境因素的要求，你认为是否符合 GB/T 24001—2004 标准中 4.3.2 的要求，为什么？

答：不符合，根据 4.3.2 要求组织应识别出与环境因素有关的法律法规和其他要求，并确定这些法规和其他要求是如何应用其环境因素的，识别法规的渠道应建立。

52. 简述化学需氧量（COD）的概念及含义。

答：化学需氧量（COD）是指用化学氧化剂氧化水中有机污染物时所需的氧量，COD 值越高表明水中的污染越严重。

53. 依据 GB/T 24001—2004 标准，环境管理体系文件通常包括哪些文件？

答：环境管理体系文件通常包括：a）环境方针，目标和指标；b）环境管理体系范围的描述；c）对环境管理体系主要要素及其相互作用的描述，以及相关文件的查询途径；d）本标准要求的文件，包括记录；e）组织为确保对涉及重要环境因素的过程进行有效策划、运行和控制所需的文件和记录。

54. 以下内容选自《CCAA 环境管理体系审核员注册准则》（第2版）（2007年6月1日起实施）：

“3.2 知识的考核

3.2.1 笔试考核

实习审核员注册申请人应在注册申请前3年内通过 CCAA 统一组织的笔试，以证实其满足 2. 4. 1 规定的知识要求。审核员注册申请人在申请注册时，如果距离通过 3. 2. 1 规定的笔试时间不超过 4 年，无笔试要求，如超过 4 年，应再次通过笔试。

3. 2. 2　面试考核

高级审核员注册申请人应在申请注册时，参加 CCAA 统一组织的面试考核，以证实其具备 2. 4. 2 规定的高级审核员应具备的知识。”

您正在参加的考试便是“CCAA 统一组织的考试”。

请根据以上内容回答以下问题：

（1）实习审核员注册、审核员注册和高级审核员注册三者是否都有关于笔试的要求？请逐一说明。

答：实习审核员注册申请人应在注册申请前 3 年内通过 CCAA 统一组织的笔试，审核员注册申请人在申请注册时，如果距离通过 3. 2. 1 规定的笔试时间不超过 4 年，无笔试要求，如超过 4 年，应再次通过笔试。高级申请人不参加笔试，参加协会组织的面试。

（2）对注册而言，本次考试合格的有效期是几年？

答：4 年。

六、案例分析及阐述题（每题 10 分，共 20 分）

55. 某金属配件厂的生产工艺如下所示：

下料（剪板）→成型（冲压）→组焊→表面处理（前处理、喷漆）→装配→成品

该工厂靠近冲压设备的一面有一住宅楼，因工厂三班倒，晚班因剪板机及冲压机设备噪声过大，总是遭到住宅楼居民投诉。

根据上述给出的工艺图，请分析剪板机和冲压机噪声治理的措施，以及喷漆工序废气的治理措施。

答：设立隔声设施、采取吸声措施、对设备进行封闭、更换先进噪声小的设备、对设备定期维护保养、避开夜间施工。

设置吸收 、吸附装置等方法治理废气。

56. 审核员在某工厂审核时查阅污水处理记录，发现本月共排水 3253 立方米，又查阅了用水记录，发现自来水供水量仅为 2500 立方米，审核员便向孙处长了解原因，孙处长解释说公司以前还打了一口自用井，现在有时也会用一些自用井的水。经查阅上个月自用井的用水量为 1200 吨。请对此作出评价，并解释理由。

答：1）了解是否生产消耗水？生活需要水？2）了解污水处理技术，物理、化学、生物法是否消耗水？3）了解自用井的取水手续是否齐全？是否符合水法的要求？4）污水是否有直排的现象？

2007 年 9 月环境管理体系基础知识考试题及答案

一、单项选择题（从下面各题选项中选出一个最恰当的答案，并将相应字母填入括号内。每题 1 分，共 15 分）

1. 以下不属于污染预防的是（　C　）。

（A）材料替代　　（B）工业污水处理后循环利用

（C）生活垃圾外运　　（D）固体废弃物分类收集处理

2. 组织建立、实施环境管理体系所依据的标准是（ B ）。

（A）GB/T 24004　　（B）GB/T 24001

（C）GB/T 24020　　（D）GB/T 19011

3. 组织应依据GB/T 24001—2004中哪个要素的要求，定期进行法律法规的符合性评价？（ C ）

（A）4.3.2　　（B）4.5.1　　（C）4.5.2　　（D）4.6

4. 废水检测报告中常出现COD、SS、LAS等污染因子符号，其含义分别代表（ A ）。

（A）化学需氧量、悬浮物含量、阴离子表面活性剂含量

（B）化学需氧量、悬浮物含量、阳离子表面活性剂含量

（C）化学需氧量、浊度、阴离子表面活性剂含量

（D）生化需氧量、浊度、阳离子表面活性剂含量

5. 目前常用于污水处理的活性污泥法属于（ C ）。

（A）物理法　　（B）化学法

（C）生物法　　（D）物理化学法

6. 环境监测的对象有（ A ）。

（A）大气、水体、土壤、生物、噪声

（B）大气、市容、土壤、生物、噪声

（B）大气、交通、土壤、生物、噪声

（D）大气、交通、土壤、生物

7. 我国《水污染防治法》规定，省级以上人民政府对实现水污染达标排放仍不能达到国家规定的水环境质量标准的水体，可以实施重点污染物排放的（ D ）。

（A）限期治理制度　　（B）排放许可制度

（C）浓度控制制度　　（D）总量控制制度

8.《污水综合排放标准》规定排入设置二级污水处理的城镇排水系统的污水，执行（ C ）。

（A）一级标准　　（B）二级标准

（C）三级标准　　（D）根据出水受纳水域功能要求而定

9.《大气污染物综合排放标准》中排放速率的单位是（ A ）。

（A）kg/h　　（B）g/h

（C）kg/d　　（D）mg/m^3

10. GB 3095—1996《环境空气质量标准》将环境空气质量标准分为（ B ）级。

（A）二　　（B）三　　（C）四　　（D）五

11～15　略

二、判断题（判断下列各题，正确的写T，错误的写F，填入题后括号内。每题1分，共15分）

16. 环境方针不但要传达到组织全体员工，还要传达到为组织工作的承包方。（ T ）

17. 对环境因素进行识别和评价的要求，不改变或增加组织的法律责任。（ T ）

18. 凡是来自外部相关方的交流信息都应在接收后形成文件并作出回应。（ F ）

19. 如果受审核方的体系文件中缺少管理手册，则应视为体系文件不完整。（ F ）

20. 管理评审必须形成记录。（ T ）

21. 酸雨是指 pH <6.5 的雨水。（ F ）

22. COD 浓度高，表明水体受有机物污染较为严重。（ T ）

23. 氟利昂和甲烷都是对臭氧层有破坏作用的物质。（ T ）

24. 清洁生产是指对生产过程和产品采取整体预防性的环境策略，以减少其对人类和环境可能的危害。（ F ）

25. 推荐性环境标准被强制性环境标准引用后，则必须强制执行。（ T ）

26. 环境标准共包括环境质量标准和污染物排放标准两大类。（ F ）

27. 限期治理的决定权是地、市级以上的环境保护局。（ F ）

28. 我国《固体废物污染环境防治法》规定，转移固体废物出省、自治区、直辖市行政区域贮存、处置的，应当经固体废物移出地和接受地的省级人民政府环境保护行政主管部门许可。（ T ）

29. 《大气污染物综合排放标准》中说的排气筒高度是指从所在地平面算起的高度。（ T ）

30. 含铬废物是否按危险废物进行管理，还需进一步鉴别。（ T ）

三、多项选择题（从下面各题选项中选出两个或两个以上最恰当的答案，并将相应的字母填入题后括号内。多选或少选均不得分。每题 2 分，共 20 分）

31. GB/T 24001—2004 中的 4.3.2 要素所述的适用于环境因素的其他要求可包括（ ABD ）。

（A）与政府机构的协定　　（B）本组织的要求

（C）业务规范　　（D）行业协会的要求

32. 最高管理者在环境管理体系中的职责是（ ABC ）。

（A）制定本组织的环境方针

（B）指定管理者代表，并为实施环境管理体系提供必要的资源

（C）定期进行管理评审

（D）组织内部审核

33. 环境管理体系文件包括（ ABCD ）。

（A）环境方针、目标和指标

（B）环境管理体系覆盖范围和主要要素及其相互作用的描述，以及相关文件的查询途径

（C）组织为确保对涉及重要环境因素的过程进行有效策划、运行和控制所需的文件

（D）组织为确保对涉及重要环境因素的过程进行有效策划、运行和控制所需的记录

34. 控制重要环境因素的途径包括（ ABC ）。

（A）4.3.3 目标指标和方案　　（B）4.4.6 运行控制

（C）4.4.7 应急设备和响应　　（D）4.4.3 信息交流

35. GB/T 24001—2004 标准中 4.5.1 的主要要求是（ ABCD ）。

（A）监测和测量设备的校准与维护　　（B）监测环境绩效的符合情况

（C）监测适用的运行控制的符合情况　　（D）监测环境目标和指标的符合情况

36. 根据 GB/T 24001—2004，组织应建立、实施并保持一个或多个程序，用于记录的（　ABCD　）。

（A）标识　　（B）存放　　（C）检索　　（D）处置

37. 管理评审可应评审的内容包括（　ABD　）。

（A）合规性评价的结果　　（B）目标指标的实现程度

（C）培训的效果　　（D）改进建议

38. 企业在进行技术改造过程中采取的清洁生产措施包括（　ABD　）。

（A）采用无毒、无害的原料，替代毒性大、危害严重的原料

（B）对生产废水进行综合利用

（C）将生产中的废物交给专业机构填埋

（D）削减包装材料

39.《环境影响评价法》在“建设项目的环境影响评价”一章中提到的“环境影响评价文件”包括下列哪项内容？（　ABC　）

（A）环境影响报告书　　（B）环境影响报告表

（C）环境影响登记表　　（D）建设项目竣工环保验收申请表

40. 下列属于《污水综合排放标准》中一类污染物的有（　ABC　）。

（A）总铬　　（B）总镍　　（C）总银　　（D）总氰化合物

四、填空题（请在下面空缺处填上适当的内容。每题 1 分，共 10 分）

41. 环境管理体系是指组织管理体系的一部分，用来制定和实施其环境方针，并管理其＿环境因素＿。

42. GB/T 24001—2004 标准要求中，4.5.2 条款的标题是＿合规性评价＿。

43. 根据 GB/T 24001—2004 标准，管理评审的目的是确保环境管理体系的持续适宜性、＿充分＿性和有效性。

44. 产品从设计开始到研制、生产、销售、使用、进一步循环利用、回收再生乃至废弃后的整个过程，称为产品的＿生命周期＿。

45. 根据《城市区域环境噪声标准》（GB 3096—1993）的规定，该标准昼间、夜间的时间由当地人民政府按当地习惯和＿季节＿变化划定。

46～50　请对以下场景进行分析，并在括号内写出其所适用的 GB/T 24001—2004 标准条款的编号。必须写出所适用条款的最准确编号，但最多只须写出三位章节号。

46. 某汽车制造厂研发部正在研究并制定新产品中如何降低汽车尾气排放的措施。（　4.4.6　）

47 采购科为配电室购买了灭火器。（　4.4.7　）

48 某电器公司在年初增加了喷涂生产工艺车间，并没有对其所带来的环境影响进行分析。（　4.3.1　）

49. 一名使用氢氟酸（HF）进行在制件清洁作业的工人不了解 HF 的危害。（　4.4.2　）

50. 组织定期检查环境管理体系各要素是否有效实施。（　4.5.1　）

五、简答题（每题 5 分，共 20 分）

51. 请简述环境方针的内容应符合哪些要求。

答：a）适合于组织活动、产品和服务的性质、规模和环境影响；b）包括对持续改进

和污染预防的承诺；c）包括对遵守与其环境因素有关的适用法律法规和其他要求的承诺；d）提供建立和评审环境目标和指标的框架。

52 根据 GB/T 24001—2004 标准，管理评审的输入应包括哪些内容？

答：管理评审的输入应包括：a）内部审核和合规性评价的结果；b）来自外部相关方的信息交流，包括抱怨；c）组织的环境绩效；d）目标和指标的实现程度；e）纠正和防止措施的状况；f）以前管理评审的后续措施；g）客观环境的变化，包括与组织环境因素有关的法律法规和其他要求的发展变化；h）改进建议。

53. 简述国家环境标准分为哪几类？

答：我国的国家环境标准分为：①环境质量标准；②污染物排放标准；③环境保护方法标准；④环境保护标准样品标准；⑤环境保护基础标准；⑥环境保护行业标准。

54. 阅读理解。以下内容选自 CCAA《环境管理体系审核员注册准则》（第 2 版）：

“2. 1　申请要求

2. 1. 1　各级别注册申请人应认真阅读 CCAA - EMS 审核员注册准则，了解各项注册要求。

2. 1. 2　申请人应提供真实、完整的注册信息、资料。申请信息、资料应使用中文或英文，如提供其他语言的信息、资料，应附有经聘用申请人的人证机构确认的中文翻译件。

2. 1. 3　申请人应使用 CCAA 统一的注册申请表格。申请表应填写完整，由申请人亲笔签字，注册担保人、推荐机构负责人签字并盖推荐机构公章，附上所有要求的证明资料，与注册费用一同递交 CCAA。

注：申请表格可以从 CCAA 网站http：//www. ccaa. org. cn下载后填写，同时在该网站的“注册申请”栏完成网上申请。

2. 1. 4　申请人应签署声明，表示同意遵守 CCAA - EMS 审核员注册准则的各项要求，特别是审核中行为规范的要求。

2. 1. 5　申请人提交完整的注册申请资料和注册费用后，CCAA 方可受理申请，开始评价注册程序。注册费用见《认证人员注册收费规则》（详见 CCAA 网站）。”

请根据以上内容回答问题（考生不必在本题中考虑以上未提及的其他任何要求）：

（1）有些人认为，申请资料提交后，即意味着 CCAA 开始受理。请解释这种观点是否正确。

答：不正确，还需要交注册费用。

（2）根据要求，申请资料中的某些项目不能采用打印的形式，而必须有相应的签字或盖章。请指出在申请资料中，哪些必须具备签字或盖章？由谁签字或盖章？

答：由申请人亲笔签字，注册担保人、推荐机构负责人签字并盖推荐机构公章。

六、案例分析及阐述题（每题 10 分，共 20 分）

55. 建筑装饰工程公司承接某室内装饰工程，项目包括：天花吊顶，地面铺瓷砖、内墙乳胶漆、主要工艺流程如下：

木龙骨天花吊顶：下料—涂防火涂料—龙骨制安。

地面铺瓷砖：水泥砂浆坐底—瓷砖切割—瓷砖铺设—场地清理。

内墙乳胶漆：抹灰找平—打磨—喷涂乳胶漆。

请识别流程中环境因素及治理措施。

答：建筑装饰工程公司承接某室内装饰，项目包括：天花吊顶/地面铺瓷砖/内墙乳胶漆。

天花吊顶：下料（切割产生噪声排放/固体废弃物排放）—涂防火涂料—龙骨制安（射钉枪/空压机噪声排放）。

治理方法：在封闭间切割，降低噪声及粉尘扩散；将空压机放在相对封闭的房间降低噪声；避开居民休息时间施工。

地面铺瓷砖：水泥砂浆坐底（产生粉尘/垃圾排放）—瓷砖切割（产生粉尘/噪声排放）—瓷砖铺设（产生固体废弃物）—场地清理（产生粉尘）。

治理方法：垃圾及时清理；在封闭切割间切割，以减少噪声；切割时滴水防止产生粉尘，清理场地前喷水；避开居民休息时间施工。

内墙乳胶漆工序：抹灰找平（产生固体废弃物）—打磨（产生粉尘）—喷涂乳胶漆（产生空压机噪声排放/废气排放/废弃物产生）。

治理方法；垃圾及时清理，清理场地前喷水；将空压机放在相对封闭的房间，以降低噪声，避开居民休息时间施工；选择环保涂料、废弃桶的回收。

56. GB/T 24001—2004 标准要素是如何体现污染预防的？请举例说明。

答：实施环境体系的总体目的是支持环境保护和污染预防：

1）4.2　方针规定对污染预防的承诺；

2）4.3.1　三时态三状态识别环境因素考虑；

3）4.3.3　目标包括对污染预防的承诺；

4）4.4.6　策划运行；

5）4.4.7　预防减少有害的环境影响。

2007年12月环境管理体系基础知识考试题及答案

一、单项选择题（从下面各题选项中选出一个最恰当的答案，并将相应字母填入括号内。每题1分，共15分）

1. GB/T 24001—2004 标准 4.5.1 要求对（　D　）进行例行检测和测量。

（A）污染物的关键特性

（B）可能具有重大环境影响的运行

（C）可能与环境因素有关的活动

（D）可能具有重大环境影响的运行的关键特性

2. 某工厂建于1997年6月，排水口在一般鱼类用水区，根据《污水综合排放标准》（GB 8978—1996），其排水排放应执行标准为（　B　）。

（A）禁排　（B）一级标准　（C）二级标准　（D）三级标准

3. 对含有一类污染物污水的监测，应在（　D　）采样。

（A）车间排放口　（B）车间处理设施排放口

（C）排污单位排放口　（D）（A）或（B）

4. 以下哪一项为“预防措施”？（　C　）

（A）消除已发生的不符合所采取的措施

（B）消除不符合发生的原因所采取的措施

（C）消除潜在不符合的原因所采取的措施

（D）消除内审所发生的不符合、防止再次发生的措施

5.《工业企业厂界噪声标准》中的“昼间”“夜间”由当地什么部门按当地习惯和季节划定（ C ）。

（A）环保局 （B）公安局 （C）人民政府 （D）卫生局

6. 以下关于地方标准的说法正确的是？（ B ）

（A）地方政府负责制定严于国家标准的污染物排放标准和环境质量标准

（B）地方污染物排放标准生效后，该区域内的中央直属企事业单位须执行该标准

（C）地方政府可以制定基础标准和标准样品标准

（D）地方标准中规定的所有项目，应按地方制定的监测方法标准实施监测和分析

7. 下列不属于污染预防内容的是（ B ）。

（A）采用新的清洁能源

（B）污水稀释排放

（C）污水经处理后再用作厕所冲洗用水

（D）纺织印染中碱回收再利用

8. 编制环境影响报告书的建设单位，在报批建设项目环境影响报告书前，应当征求（ D ）。

（A）所在地环境保护行政主管部门的意见

（B）所在地建设行政主管部门的意见

（C）所在行政区域公众的意见

（D）有关单位、专家和公众的意见

9. 从事利用危险废物经营活动的单位，必须向（ C ）申请领取经营许可证。

（A）县级以上人民政府

（B）国务院或省、自治区、直辖市人民政府

（C）县级以上人民政府环境保护行政主管部门

（D）国务院环境保护行政主管部门或省、自治区、直辖市人民政府环境保护行政主管

10. 我国《固体废物污染环境防治法》规定，转移固体废物出省、自治区、直辖市行政区域储存处置的，应当（ C ）。

（A）向固体废物移出地和接受地的省级人民政府环境保护行政主管部门报告

（B）向固体废物移出地的省级人民政府环境保护行政主管部门报告，并经固体废物接受地的省级人民政府环境保护行政主管部门许可

（C）经固体废物移出地和接受地的省级人民政府环境保护行政主管部门许可

（D）经固体废物移出地的省级人民政府环境保护行政主管部门许可，并报固体废物接受地的省级人民政府环境保护行政主管部门备案

11～15 有六名审核员（高某、蒋某、李某、王某、徐某、张某）对四家企业（甲、乙、丙、丁）进行审核，并且必须满足以下条件（不必考虑其他任何条件）：

- 每名审核员只审核一家企业，每家企业至少由其中一名审核员进行审核；
- 李某和高某审核同一家企业；
- 蒋某审核企业甲；

- 王某审核企业甲或丁；
- 李某未审核企业丁。

11. 如果张某审核企业丙，以下哪一种说法必然正确？（　C　）

（A）李某审核企业乙　　（B）王某审核企业丙

（C）徐某审核企业甲　　（D）徐某审核企业乙

12. 以下哪种情况出现了张谋可能审核的所有企业？（　D　）

（A）企业乙，企业丙　　（B）企业甲，企业丙、企业丁

（C）企业乙，企业丙、企业丁　　（D）企业甲，企业乙、企业丙、企业丁

13. 以下哪种情况可能正确？（　B　）

（A）高某和蒋某审核企业甲　　（B）蒋某和王某审核企业甲

（C）徐某审核企业丁，张某审核企业甲　　（D）张某审核企业乙，高某审核企业丙

14. 以下哪一种情况不可能出现？（　B　）

（A）张某和蒋某审核企业甲　　（B）张某和徐某审核企业甲

（C）张某和徐某审核企业乙　　（D）张某和徐某审核企业丙

15. 如果徐某与另一名审核员审核同一企业，以下哪种情况列出此二人可能审核的所有企业。（　D　）

（A）企业甲，企业乙　　（B）企业甲，企业丙

（C）企业乙，企业丙　　（D）企业甲、企业丙、企业丁

二、判断题（判断下列各题，正确的写T，错误的写F，填入题后括号内。每题1分，共15分）

16. 臭氧是一种天蓝色、有臭味的气体，在大气圈平流层中的臭氧层可以吸收和滤掉太阳中大量的紫外线，有效保护地球生物的生存。（　T　）

17. 重金属在水体中不能被微生物降解，只能发生各种形态之间的相互转化。（　T　）

18. 为了保证环境绩效可测量，环境目标、指标必须量化。（　F　）

19. 组织的监测和测量应形成程序，是否文件化，应看具体能否会引起偏离要求而决定。（　F　）

20. 组织的环境记录应包括培训记录、内审和管理评审记录。（　T　）

21. 组织必须确保对策划和运行环境管理体系所需的外来文件作出标识。（　T　）

22. 污染物排放标准按级别分为国家、行业和地方三个级别。（　T　）

23. 记录不属于文件范畴。（　F　）

24. 环境因素识别时，可以不考虑已纳入计划但尚未开始实施的活动。（　F　）

25. 新的规划和建设项目都应进行环境影响评价工作。（　T　）

26. 在酸雨控制区内污染源，其SO_2的排放不仅要执行浓度标准，还要执行总量控制标准。（　T　）

27. 向水体排放污染物，超过国家或地方规定的污染物排放标准的应当按照国家规定缴纳超标准排污费；排放水污染物不超标的便不需要缴纳排污费。（　F　）

28. 清洁生产是指采用清洁的生产过程，不包括使用更清洁的原料、生产更清洁的产品或提供更清洁的服务。（　F　）

29. 建筑施工企业在申请了夜间施工后，可以在夜间不间断进行混凝土浇注作业。

（ T ）

30. 相同规模、生产相同产品的两个企业，其环境因素识别和环境影响评价的结果应该是一样的。（ F ）

三、多项选择题（从下面各题选项中选出两个或两个以上最恰当的答案，并将相应的字母填入题后括号内。多选或少选均不得分。每题 2 分，共 20 分）

31. GB/T 24001—2004，应急准备与响应应（ ABD ）。

（A）建立程序并定期评审

（B）识别潜在的紧急情况和事故

（C）必须定期试验应急程序

（D）预防或减少紧急情况或事故产生的有害环境影响

32. 组织在建立和评审目标指标时，应考虑（ ABCD ）。

（A）法律法规或其他要求　（B）自身的重要环境因素。

（C）技术、财务、运行和经营要求　（D）相关方的观点

33. 以下哪几类区域属于环境敏感区？（ ABC ）

（A）需特殊保护地区　（B）生态敏感与脆弱区

（C）社会关注区　（D）城市新的开发区

34. 以下哪些技术为常用的除尘技术？（ ACD ）

（A）机械式除尘　（B）冷凝式除尘　（C）过滤式除尘　（D）静电式除尘

35. 下述哪些内容是管理评审输入应包括的内容？（ ABD ）

（A）内部审核和合规性评价的结果　（B）来自外部相关方的交流信息

（C）重要环境因素的评价结果　（D）组织的环境绩效

36. GB/T 24001—2004 标准中 4.4.1 条款规定（ ABD ）。

（A）管理者应确保环境管理体系建立、实施、保持和改进提供必要的资源

（B）应对职责和权限作出明确规定并形成文件

（C）资源只包括人力资源、财力资源、基础设施

（D）管理者代表负责提出改进建议的职责

37. 下列哪些说法符合 GB/T 24001—2004 标准中 4.5.5 要素的要求？（ BD ）

（A）组织可根据自身需要，确定是否对环境管理体系进行内部审核

（B）应建立审核的程序

（C）内审的目的是找出不符合项

（D）内审员的选择应确保审核过程的客观性和公正性

38. 生活污水排放产生主要环境影响的污染因子是（ BD ）。

（A）TSP　（B）COD　（C）PM_{10}　（D）SS

39. GB/T 24001—2004 标准中，直接控制重要环境的标准要素有（ BC ）。

（A）4.3.1 环境因素　（B）4.4.6 运行控制

（C）4.4.7 应急准备和响应　（D）4.5.1 监测和测量

40. 下列对有关危险化学品管理描述正确的是（ ABD ）。

（A）危险化学品单位的主要负责人对本单位危险化学品的安全负责

（B）国家对危险化学品经营销售实行许可制度

（C）生产、储存、使用剧毒化学品的单位，应当对本单位生产和储存装置每两年

进行一次安全评审

（D）危险化学品运输企业中的驾驶员、船员、装卸管理人员、押运人员应取得上岗资格方可上岗作业

四、填空题（请在下面空缺处填上适当的内容。每题1分，共10分）

41. GB/T 24001—2004 标准4.5.5 中要求，审核员的选择与审核的实施均应确保审核过程的＿客观＿性和公正性。

42. GB/T 24001—2004 标准，管理体系包括组织结构、策划活动、职责、惯例、程序＿过程＿和资源。

43.《认证及认证培训、咨询人员管理办法》规定，国家公务员不得从事认证、认证咨询和＿认证培训＿活动。

44. 现代工业废水处理技术，按作用原理可分为物理法、化学法、物理化学法和＿生物法＿四大类。

45. 根据 GB/T 24001—2004 标准，持续改进的目的是根据组织的环境方针，实现对＿整体环境绩效＿的改进。

46～50 请对以下场景进行分析，并在括号内写出其所适用的 GB/T 24001—2004 标准条款的编号。必须写出所适用条款的最准确编号，但最多只须写出三位章节号。

46. 申请环境管理体系认证的组织向其雇用的保洁公司员工发放有关环境方针的宣传材料。（ 4.2 ）

47. 某企业的环保处专业人员正在对计划新建的热处理车间是否进行了环评的实施情况进行评价。（ 4.5.2 ）

48. 某市政排水公司正针对夜间抢修设备噪声会给附近居民造成的影响贴出通知。（ 4.4.3 ）

49. 公司设立了降低噪声的目标，但经评审后，认为目前不可行，建议缓行。（ 4.3.3 ）

50. 安全环保科的张工正在向为工厂送汽油的外厂的司机讲解油库的防火要求。（ 4.4.6 ）

五、简答题（每题5分，共20分）

51. GB/T 24001—2004 标准中对建立环境目标和指标有哪些要求？

答：组织应针对其内部有关职能和层次，建立、实施并保持形成文件的环境目标和指标。

如可行，目标和指标应可测量。目标和指标应符合环境方针，包括对污染预防、持续改进和遵守适用的法律法规和其他要求的承诺。

组织在建立和评审目标和指标时，应考虑法律法规和其他要求，以及自身的重要环境因素。此外，还应考虑可选的技术方案，财务、运行和经营要求，以及各相关方的观点。

52. 简述建设项目环境影响评价报告书/表/登记表的上报单位、上报时间。

答：建设项目的环境影响评价文件，由建设单位按照国务院的规定报有审批权的环境保护行政主管部门审批；建设项目有行业主管部门的，其环境影响报告书或者环境影响报告表应当经行业主管部门预审后，报有审批权的环境保护行政主管部门审批。

审批部门应当自收到环境影响报告书之日起六十日内，收到环境影响报告表之日起三十日内，收到环境影响登记表之日起十五日内，分别作出审批决定并书面通知建设单位。

53. 某企业的危险化学品泄漏被评为重要环境因素。请根据 GB/T 24001—2004 标准中 4.4.6 条款“识别和策划与所确定的重要环境因素相关的运行”的要求，识别该重要环境因素的相关运行活动。

答：危险化学品的生产：生产许可证；贮存：专门仓库双人保管，每两年（剧毒每年）进行一次安全评价；销售：经营许可证；运输：运输车辆资质审批，司机押运人员均持证。

54. 阅读理解。以下内容选自 CCAA《环境管理体系审核员注册准则》（第 2 版）（2007 年 6 月 1 日起实施）：

“2.2.4　审核员培训经历

申请人应完成符合 GB/T 19011—2003 标准 7.4 条款相应规定的不少于 40 小时的 EMS 审核员培训；

审核员培训机构应经 CNCA 批准，并提供其培训符合 GB/T 19011 标准 7.4 条款相应规定的证明或通过 CCAA 的课程确认。

CCAA 确认要求和程序详见《CCAA 审核员培训课程确认规则》。

注：申请人参加境外培训机构的培训，按照 CCAA 与相关机构的互认协议处理。”

请根据以上内容回答问题：

（1）目前有许多机构提供各种审核员培训课程，请问在注册申请时 CCAA 接受的培训应满足哪些要求。

答：申请人应完成符合 GB/T 19011—2003 标准 7.4 条款相应规定的不少于 40 小时的 EMS 审核员培训。

审核员培训机构应经 CNCA 批准，并提供其培训符合 GB/T 19011 标准 7.4 条款相应规定的证明或通过 CCAA 的课程确认。

（2）申请人参加境外培训机构培训的，如何确定该培训是否可为 CCAA 所接受？

答：申请人参加境外培训机构的培训，按照 CCAA 与相关机构的互认协议处理。

六、案例分析及阐述题（每题 10 分，共 20 分）

55. GB/T 24001—2004 标准所提出的组织应遵守法律法规的承诺是如何通过体系要素实施的？

答：GB/T 24001—2004 标准所提出的组织应遵守法律法规的承诺有：

1）依据法规和重要环境因素制定方针和目标；

2）4.2 方针体现遵守法规的承诺；

3）4.3.2 识别与环境因素有关法律法规和其他要求；

4）4.3.3 制定目标时应依据法律法规；

5）4.4.6 运行准则中要考虑法律法规要求；

6）4.5.1 监视和测量测量依据要考虑法律法规的要求；

7）4.5.2 对识别出法规并进行评价；

8）4.6 管理评审输入合规性评价。

56. GB/T 24001—2004 标准是如何体现持续改进的？

答：GB/T 24001—2004 标准中体现持续改进的有：

1）4.2 方针体现持续改进的承诺；

2）4.3.3 目标体现持续改进的承诺；

3）4.5.3 对监测的不符合或潜在不符合采取纠正措施和预防措施；

4）4.5.5 内部审核发现问题的薄弱环节并改进；

5）4.6 利用管理评审输入改进的建议输出改进的决定，评价改进的机会和变更的需要。

2008 年 3 月环境管理体系基础知识考试题及答案

一、单项选择题（从下面各题选项中选出一个最恰当的答案，并将相应字母填入相应括号内。每题 1 分，共 15 分）

1. 管理评审的目的是（ C ）。

（A）评价环境管理体系的符合性和有效性

（B）评价环境行为的符合性

（C）评价环境管理体系持续的适宜性、充分性和有效性

（D）评价环境管理体系的绩效

2. 污水三级处理所针对的主要是水中的（ B ）。

（A）较大悬浮物　（B）营养物质和难降解的物质

（C）BOD　（D）胶体态和溶解态有机物

3. 下列不属于废水治理技术的是（ A ）。

（A）稀释法　（B）混凝法　（C）反渗透法　（D）生物膜法

4. 以下说法正确的是（ C ）。

（A）合规性评价只评价与组织重要环境因素相关的法律法规及要求

（B）合规性评价必须有当地环保主管部门参与

（C）合规性评价的结果应输入到管理评审

（D）合规性评价结果必须经当地环保主管部门认可

5. 关于环境管理体系范围的界定，以下说法正确的是（ A ）。

（A）有组织自行确定　（B）由审核组长确定

（C）有审核委托方确定　（D）由审核委托方和受审核方共同确定

6. 排入 GB 3838—2002 标准中 IV、V 类水域和排入 GB 3097—1997 中三类海域的污水，执行（ A ）。

（A）二级标准　（B）三级标准　（C）四级标准　（D）五级标准

7. 无组织排放是指大气污染物（ B ）。

（A）低矮排气筒的排放　（B）不经过排气筒的无规则排放

（C）杂乱无章的排放　（D）未经许可的排放

8. 控制重大环境因素的途径不包括（ D ）。

（A）4.3.3 目标、指标和方案　（B）4.4.6 运行控制

（C）4.4.7 应急准备和响应　（D）4.5.1 监测与测量

9. 从事以下哪些活动的单位必经向县级以上地方人民政府环境保护行政主管部门申请领取经营许可证（ C ）。

（A）从事收集危险废物经营活动

（B）从事处置危险废物活动

（C）从事收集、储存、处置危险废物经营活动

（D）从事收集、储存、处置危险废物活动

10. 硫酸生产企业的废气应执行的污染物排放标准是（ A ）。

（A）《大气污染物综合排放标准》

（B）《炼焦炉大气污染物排放标准》

（C）《锅炉大气污染物排放标准》

（D）《工业炉窑大气污染物排放标准》

11～15 略

二、判断题（判断下列各题，正确的写 T，错误的写 F，填入相应括号内。每题 1 分，共 15 分）

16. 苯是一种气态污染物。（ T ）

17. 环境目标和指标必须是可定量的。（ F ）

18. 环境管理体系标准仅适用用于组织能够控制或能够施加影响的那些重要环境因素的管理。（ F ）

19. GB/T 19001—2000 是 GB/T 24001—2004 的规范性引用文件之一。（ F ）

20. 合规性评价只须定期评价对适用法律法规的遵守情况。（ F ）

21. 发生赤潮说明海洋遭到了污染。（ T ）

22. 对于潜在的不符合都应当采取预防措施以防止不符合的发生。（ F ）

23. 所谓“清洁生产”就是指清洁的生产过程，不包括清洁的产品或服务。（ F ）

24. GB 3838 中Ⅰ、Ⅱ类水域和Ⅲ类水域中划定的保护区，禁止新建排污口。（ T ）

25. 根据 GB/T 24001—2004 标准要求，环境管理体系文件应定期进行评审和更新。（ F ）

26. 环境影响是指组织的活动、产品或服务给环境造成的任何有害的变化。（ F ）

27. 组织应确保被确定为可能具有重大环境影响的工作的人员，都具备相应的能力。（ F ）

28. 组织应定期评审其应急准备和响应程序。（ T ）

29. 环境目标指标应形成文件。（ T ）

30. 《中华人民共和国固体废物污染环境防治法》不适用于液态废物和置于容器中的气态废物的污染防治。（ F ）

三、多项选择题（从下面个体选项中选出两个或两个以上最恰当的答案，并将相应的字母填入题后括号内。多选或少选均不得分。每题 2 分，共 20 分）

31. 依据 GB/T 24001—2004 标准，需要建立并保持程序的要素有（ BC ）。

（A）目标

（B）培训、意识和能力

（C）应急准备和响应

（D）管理评审

32. 关于 GB/T 24001—2004 标准，下面哪些提法是正确的？（ CD ）

（A）标准包含了一些针对其他管理体系的要求

（B）标准可能不适用于个别的地理、文化和社会条件的组织

（C）两个从事类似活动但具有不同环境绩效的组织可能都是符合标准要求的

（D）环境管理提西的详细程度、复杂程度、体系文件的规模及所投入的资源等，取决于多方面因素。如体系覆盖的范围、组织的规模、其活动、产品和服务的性质等

33. 关于建立环境管理体系的体系文件，以下叙述正确的是（　ABC　）。

（A）可以无环境手册

（B）环境手册和质量手册可以合并

（C）环境、质量、职业健康安全手册可以合并

（D）必须单独编制环境手册

34. 下列哪些物质的管理适用于《中华人民共和国固体废物污染环境防治法》?（　ABCD　）

（A）化学分析废液

（B）残存于钢瓶中的失去使用价值的一氧化碳

（C）生化污水工艺产生的剩余活性污泥

（D）浇注报废的混凝土

35. 以下对环境标准执行的叙述中，正确的是（　AC　）。

（A）有地方标准执行地方标准　　（B）必须执行国标

（C）无地方标准执行国标　　（D）组织可自选一种

36. 根据《中华人民共和国环境影响评价法》规定，根据建设项目对环境的影响程度，对建设项目环境影响实行分类管理，编制不同的环境影响评价文件，其中有（　ABD　）。

（A）环境影响报告书　　（B）环境影响报告表

（C）环境影响登记证书　　（D）环境影响登记表

37. 控制 SO_2 排放的重点是控制与能源活动有关的排放，控制的方法有（　ACD　）。

（A）燃料脱硫　　（B）采用清洁能源

（C）烟气脱硫　　（D）燃烧过程脱硫

38. 环境管理体系文件应包括（　ABCD　）。

（A）环境方针　　（B）目标和指标

（C）体系所覆盖范围的描述　　（D）标准所要求的程序

39. 以下哪些气体属于温室气体?（　ABC　）

（A）二氧化碳　　（B）甲烷　　（C）氟利昂　　（D）三氯乙烷

40. GB/T 24001—2004 标准中的 4. 4. 5 文件控制条款要求组织做到（　BD　）。

（A）对于标准中要求文件化的内容全部文件化

（B）对于环境管理体系中的书面和电子形式存放的全部文件和记录加以妥善管理和控制

（C）在重点环境岗位必须配备相应的作业指导书

（D）建立一套控制和管理环境管理体系文件的程序

四、填空题（请在下面空缺处填上适当的内容。每题 1 分，共 10 分）

41. 根据《中华人民共和国水污染防治法》，造成水体严重污染的中央或地方、自治区、直辖市人民政府直接管辖的企业事业单位的限期治理，同省、自治区、直辖市人民政府的环境保护部门提出意见，报＿省、自治区、直辖市人民政府＿决定。

42. 预防措施是指消除＿潜在不合格原因＿所采取的措施。

43. 《城市区域环境噪声标准》中涉及的昼间、夜间的时间由＿当地人民政府＿按当地习惯和季节变化划定。

44. 酸雨通常是指 pH 值小于＿5. 6＿的降水，包括雨、露、霜、雾、雹、雪等。

45. 根据《国家污水综合排放标准》，（GB 8978—1996），油类污染物包括石油类和__动植物油__两项。

46～50 请对以下场景进行分析，并在括号内写出所适用的 GB/T 24001—2004 标准条款的编号。必须写出所适用条款的最准确编号，但最多只须写出三位章节号。

46. 组织的环境管理手册的附录包括了一份程序文件清单。（ 4.4.4 ）

47. 供应商车辆进入公司厂区后被要求按规定关掉发动机以减少废气排放。（ 4.4.6 ）

48. ISO 推进室每年对危险废弃物的控制情况是否符合相应法规有求进行评价。（ 4.5.2 ）

49. 化学品库中的危险化学品大量泄漏，现场员工按应急预案的要求进行紧急处理。（ 4.4.7 ）

50. 某钢铁公司的环境因素和识别清单中没有能耗方面的内容。（ 4.3.1 ）

五、简答题（每题 5 分，共 20 分）

51. 根据 GB/T 24001—2004 标准，内部审核的目的是什么？

答：内审的目的是：

a）判定环境管理体系：

1）是否符合组织对环境管理工作的预定安排和本标准的要求；

2）是否得到了恰当的实施和保持。

b）向管理者报告审核结果。

52. 试说明环境方针、目标、指标和管理方案间的关系。

答：环境方针为制定和评审目标指标提供框架。目标指标应符合环境方针的要求，包括对污染预防、持续改进和遵守适用的法律法规和其他要求的承诺。管理方案是用于实现目标和指标的。

53. 某企业的危险化学品泄露被评为重要环境因素。请根据 GB/T 24001—2004 标准中 4.4.6 条款“识别和策划与所确定的重要环境因素相关的运行”的要求，识别该重要环境因素的相关运行或活动 。

答：危险化学品的生产：生产许可证；贮存：双人保管，每两年（剧毒每一年）进行一次安全评价；销售：经营许可证；运输：运输车辆资质审批，司机押运人员均持证。

54. 阅读理解。以下内容选自 CCAA《环境管理体系审核员注册准则》（第 2 版）（2007 年 6 月 1 日起实施）：

“1.4.1 CCAA－EMS 审核员注册资格分为实习审核员、审核员和高级审核员三个级别（级别依次递增）

1.4.2 CCAA－OHSMS 审核员注册原则上遵循逐级晋升原则。

2.2.5.2 审核员注册申请人 EMS 审核经历要求。

以实习审核员的身份，作为审核组成员在高级审核员的指导和帮助下完成至少 4 次完整地 EMS 审核，总的审核经历不少于 20 天并覆盖 GB/T 24001 标准所有条款，其中现场审核经历不少于 15 天。

所有审核经历应当在申请前 3 年内获得，并完成 3.3.1 所规定的现场见证评价。

2.8.1 各级别审核员应每三年进行一次再注册，以确保持续符合本准则相应注册级别的各项要求

2.8.2 实习审核员再注册要求

- 注册证书到期前3个月内，向CCAA提出再注册申请；
- 注册证书有效期内持续遵守行为规范；
- 已妥善解决任何针对其审核表现的投诉。

3.2.1 笔试考核

实习审核员注册申请人应在注册申请前3年内通过CCAA统一组织的笔试，以证实其满足2.4.1规定的知识要求。

审核员注册申请人在申请注册时，如果距离通过3.2.1规定的笔试时间不超过4年，无笔试要求；如超过4年，应再次通过笔试。

3.6.2.1 对批准注册的申请人，CCAA将予以公告并颁发注册证书，证书有效期3年。对不予注册的申请人，CCAA将通知推荐机构或本人。”

请根据以上的内容回答以下问题：

（1）以上内容中包括了哪几方面的审核员注册要求？请简要概括。

答：1）审核员注册资格分类；2）审核员注册申请人EMS审核经历要求；3）再注册要求；4）实习审核员再注册要求；5）笔试考核要求。

（2）如果王某于2004年8月1日注册为EMS实习审核员，此后未进行任何注册和再注册行为。今年他报名参加本次EMS审核员全国统考（基础知识和审核知识）如果王某两门考试全部通过，随后提交审核员注册申请，请问他是否能成功注册为审核员？为什么？

答：不可以，实习审核员已过期，未进行再注册，所以不能成功注册为审核员。

六、案例分析及阐述题（每题10分，共20分）

55. 请阐述4.3.1要素在整个GB/T 24001—2004标准中的作用。

答：环境因素的识别和评价是建立和实施环境体系的基础。环境因素是环境管理体系主要的管理内容（环境管理体系的定义就是管理环境因素）。对环境因素控制的程度是衡量体系有效性的主要标志（环境绩效的定义就是组织管理环境因素所取得的可测量的结果。实施管理体系的主要目的就是提高组织的环境绩效）。总之，环境因素在环境体系的建立与实施中，具有非常重要的地位，它既是体系建立和实施的基础，又是体系实施运行的核心。

56. GB/T 24001—2004标准要求识别能够施加影响的环境因素，并在相关条款中提出了有关管理要求，请根据下图回答：

（1）根据此图，应至少识别供方中哪类（活动、产品、服务）环境因素？通过标准的哪个条款哪项要求进行管理？并举例说明如何管理。

答：识别供方提供的原材料、设备、服务中的环境因素，通过4.4.6c）控制，对供方提出要求，并通过验收原材料、设备、服务对其进行控制。

（2）产品中重要环境因素可通过标准的哪个条款的哪项要求对消费者施加影响？并举例说明如何对消费者施加影响。

答：通过4.4.3信息交流，在产品说明书中施加影响，如产品包装中的回收标志。对于家电产品说明节约能源的措施；使用中消费资源的产品（如洗衣机说明节水的要求）。

2008年9月环境管理体系基础知识考试题及答案

一、单项选择题（从下面各题选项中选出一个最恰当的答案，并将相应字母填入相应括号内。每题1分，共15分）

1. 社会上的各种传言和议论，有的是无中生有，有的是空穴来风，我们都要善于思考和分析。“空穴来风”的意思是（　B　）。

（A）有洞穴没有风进来，比喻无原由的事

（B）有洞穴就有风进来，比喻事情不是完全没有原由的

（C）好像有洞穴中的风一样飘忽不定，一会儿这样，一会儿那样

（D）好像有洞穴中的一股风，它是朝着某个方向吹去的

2. 根据GB/T 24001—2004标准以下正确的说法是（　B　）。

（A）组织应编制《环境手册》，以描述管理体系核心要素及其相互租用，并提供查询相关文件的途径

（B）组织应当把主要注意力放在对环境管理体系的有效实施及其环境绩效上，而不是放在建立一个繁琐的文件控制系统上

（C）对文件和资料进行定期评审，必要时予以修订

（D）对于重大环境因素有关的运行活动，建立并保持形成文件的程序

3. GB/T 24001—2004标准中条款（　D　）明确了“可追溯性”要求。

（A）4.3.1　（B）4.4.3　（C）4.5.1　（D）4.5.4

4. 根据语言学的顺序，把最先学习并使用的语言叫第一语言，把第一语言之后学习和使用的语言叫第二语言。根据上述定义，下列不属于第二语言学习的是（　B　）。

（A）出生在中国的日本孩子同时学习汉语和日语

（B）中国学生学习了英语之后又开始学习法语

（C）中国学生出国同时学习了英语和法语

（D）外国留学生来华学习汉语

5. 请从所给的四个选择项中，选择最适合的一个填在问号处，使之呈现一定的规律性（　D　）。

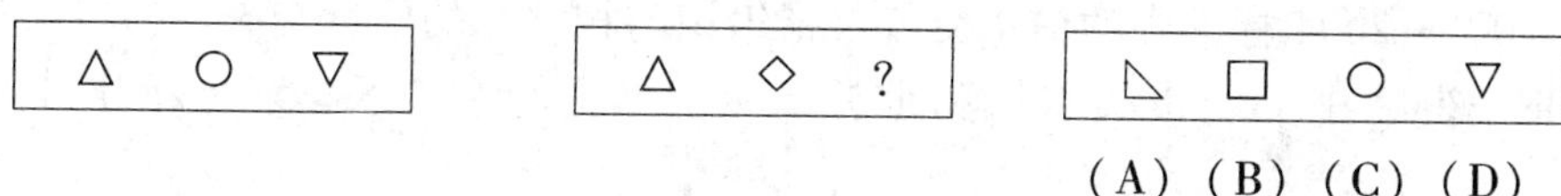

（A）（B）（C）（D）

6. 排入GB 3838—2002标准中Ⅳ、Ⅴ类水域和排入GB 3097—1997中三类海域的污水，执行（　A　）。

（A）二级标准　（B）三级标准　（C）四级标准　（D）五级标准

7. 请根据给出的一对相关的词，在四个备选答案中找出一对与之在逻辑关系上最贴近或相似的词。“二氧化碳：温室效应”，（　C　）。

（A）石油：煤炭　（B）公路：汽车　（C）洪水：水灾　（D）收益：风险

8. 请根据规律选择适当数字填入空格处；1，2，2，4，（　C　），32。

（A）4　（B）6　（C）8　（D）16

9. 请根据规律选择适当数字填入空格处：2，4，12，48，（　C　）。

（A）96　　（B）120　　（C）240　　（D）480

10. 任何目标都必须是实际的、可衡量的，不能只是停留在口号或空话上。制定目标的目的是为了进步。不去衡量，你就无法衡量自己是否取得了进步。所以你必须把抽象的、无法实施的、不可衡量的大目标简化成为实际的、可衡量的小目标。这段话的核心意思是（　D　）。

（A）制定目标后必须付诸实施　　（B）没有小目标就没有大目标

（C）小目标才有实际意义　　（D）目标要能衡量、可实施

11. 省级人民政府依法可以制定严于国家标准的（　B　）。

（A）地方环境质量标准　　（B）地方污染物排放标准

（C）地方环保基础和方法标准　　（D）地方环境标准

12. 污水三级处理所针对的主要是水中的（　B　）。

（A）较大悬浮物　　（B）营养物质和难降解的物质

（C）BOD　　（D）胶体态和溶解态有机物

13. 以下说法正确的是（　C　）。

（A）合格性评价只评价与组织重要环境因素相关的法律法规及要求

（B）合格性评价必须有当地环保主管部门参与

（C）合格性评价的结果应输入到管理评审

（D）合格性评价结果必须经当地环保主管部门认可

14. 以下五个事件在发生时最合乎逻辑的一种顺序是（　B　）

1）到了目的地；　2）给朋友们看照片；　3）在车上听当地人介绍旅游景点；

4）在许多地方拍了纪念照；　5）踏上旅途

（A）1—3—4—5—2　　（B）5—3—1—4—2

（C）1—4—2—3—5　　（D）5—1—4—3—2

15. 组织的 EMS 方针中应包括（　B　）。

（A）环境影响评价的结果　　（B）污染预防的承诺

（C）组织的环境影响　　（D）评价环境目标的要求

二、判断题（判断下列各题，正确的写 T，错误的写 F，填入括号内。每题 1 分，共 15 分）

16. GB/T 24001—2004 标准中的信息交流仅指组织与相关方的信息交流。（　F　）

17. GB 3838—2002 中Ⅰ、Ⅱ类水域和Ⅲ类水域中划定的保护区，禁止新建排污口。（　T　）

18. 不具备法人资格的组织，也能建立环境管理体系。（　T　）

19. 当国家和地方对污染物的排放要求不同时，应按照国家标准执行。（　F　）

20. 发生赤潮说明海洋遭到了污染。（　T　）

21. 根据 GB/T 24001—2004 标准，组织必须对重要环境因素涉及的过程进行策划。（　T　）

22. 环保诉讼的数量可视为一种环境绩效参数。（　T　）

23. 环境管理体系标准仅适用于组织能够控制或能够施加影响的那些重要环境因素的管理。（　F　）

24. 环境目标指标应形成文件。（ T ）

25. 环境影响是指组织的活动、产品或服务给环境造成的任何有害的变化。（ F ）

26. 运行控制程序可以是一个或多个，主要取决于所评价的重要环境因素的控制要求。（ T ）

27. 在城区施工，因特殊需要必须夜间作业的，可以视情况公告附近居民。（ F ）

28. 组织的最高管理者可以不参加管理评审。（ F ）

29. 组织应对所有与重要环境因素有关的运行活动制定形成文件的程序。（ F ）

30. 组织应评价采取预防措施的需求，并实施所制定的适当措施。（ T ）

三、多项选择题（从下面各题选项中选出两个或两个以上最恰当的答案，并将相应的字母填入题后括号内。选错选项时不得分；全选对得2分；少选时每个选项0.5分。共20分）

31. 管理评审的输入应包括（ ABCD ）。

（A）内部审核和合规性评价的结果

（B）来自外部相关方的交流信息，包括抱怨

（C）纠正和预防措施的状况

（D）客观环境的变化

32. 可填写在字符串“1100001111000111111”后并使之符合一定规律的有（ BD ）。

（A）100　（B）0011111111　（C）101　（D）1100

33. 污染防治包括（ ACD ）。

（A）过程的更改　（B）环境因素的识别　（C）回收　（D）再循环

34. 下列哪些物质的管理适用于《中华人民共和国固体废物污染环境防治法》？（ ABCD ）

（A）化学分析废液

（B）残存于钢瓶中的失去使用价值的一氧化碳

（C）生化污水工艺产生的剩余活性污泥

（D）报废的混凝土

35. 下列哪些属于环境保护方面的行政许可？（ ACD ）

（A）排污许可　（B）食品卫生许可

（C）废物进口许可　（D）建设项目环境影响评价批复

36. 以下哪些气体属于温室气体（ ABC ）。

（A）二氧化碳　（B）甲烷　（C）氟利昂　（D）氧气

37. 下列哪些内容是属于GB/T 24001—2004标准4.5.1条款监测、测量要求的范围（ ABC ）。

（A）目标、指标的完成情况　（B）适用的运行情况

（C）水、电消耗的统计　（D）固体废弃物的处置情况

38. 组织对重要环境因素实施运行控制的目的是（ ABCD ）。

（A）管理所确定的重要环境因素

（B）确保遵守法律法规和其他要求

（C）实现目标和指标并确保与环境方针的一致性，包括对污染防治和持续改进的承诺

（D）避免或将环境风险减至最小

39. 《中华人民共和国噪声污染防治法》对噪声管理进行了规定，以下各项属于该法管理的是（ ABC ）。

（A）社会生活噪声（B）铁路运输噪声 （C）工业噪声 （D）机场噪声

40. 组织在环境方针中应作出哪些承诺？（ ABD ）

（A）持续改进 （B）遵守适用的法律法规

（C）环境绩效 （D）污染预防

四、填空题（请在下面空缺处填上适当的内容。每题1分，共10分）

41. “三同时”制度是指建设项目需要配套建设的环境保护设施，必须与主体工程同时设计、同时施工、同时__投入使用__。

42. 《城市区域环境噪声标准》所涉及的昼间夜间的时间由__当地人民政府__按当地习惯和季节变化划定。

43. GB/T 24001—2004标准中4.5.1监测和测量条款要求：程序中应规定将监测环境绩效、适用的运行控制、__目标__和指标符合情况的信息形成文件。

44. 根据《地表水环境质量标准》，地表水域环境功能分为__五__类。

45. 我国环境保护法分为基本法和单行法，基本法是《__中华人民共和国环境保护法__》。

46～50 请对以下场景进行分析，并在括号内写出其所适用的GB/T 24001—2004标准条款的编号。必须写出所适用条款的最准确编号，最多只须写出三位章节号或相应的标题名称。

46. ISO推进室每一年对危险废弃物的控制情况是否符合相应法规要求进行评价。（ 4.5.2 ）

47. 车间主任在车间员工大会上传达环境方针。（ 4.2 ）

48. 环保科长正在对pH测定仪进行校准。（ 4.5.1 ）

49. 供应商车辆进入公司厂区后被要求按规定关掉发动机以减少废气排放。（ 4.4.6 ）

50. 组织的环境管理手册的附录包括了一份程序文件清单。（ 4.4.4 ）

五、简答题（每题5分，共20分）

51. 根据GB/T 24001—2004标准，内部审核的目的是什么？

答：内部审核的目的是：

a）判定环境管理体系：

1）是否符合组织对环境管理工作的预定安排和本标准的要求；

2）是否得到了恰当的实施和保持。

b）向管理者报告审核结果。

52. 简述化学需氧量（COD）的概念和含义 。

答：化学需氧量（COD）是指用化学氧化剂氧化水中有机污染物时所需的氧量，COD值越高表明水中的污染越严重。

53. 请列出我国的环境管理制度（至少列出5条）。

答：环境影响评价制度 、三同时制度 、污染源限期治理制度 、征收排污费制度 、排污申报登记制度。

54. 根据GB/T 24001—2004标准4.4.4的要求，环境管理体系文件通常包括哪些？

答：a）环境方针，目标和指标；b）环境管理体系范围的描述；c）对环境管理体系主要要素及其相互作用的描述，以及相关文件的查询途径；d）本标准要求的文件，包括记录；e）组织为确保对涉及重要环境因素的过程进行有效策划、运行和控制所需的文件和记录。

六、案例分析及阐述题（每题 5 分，共 20 分）

55. 请简述 GB/T 24001—2004 标准中 4.3.1 环境因素这一要素的重要性，并说明与其 4.3.3、4.4.6、4.4.7、4.5.1、4.5.3 的关系。

答：1）环境因素的识别和评价是建立和实施环境体系的基础。

2）环境因素是环境管理体系主要的管理内容（环境管理体系的定义就是管理环境因素）。

3）对环境因素控制的程度是衡量体系有效性的主要标志（环境绩效的定义就是组织管理环境因素所取得的可测量的结果。实施管理体系的主要目的就是提高组织的环境绩效）。

总之，环境因素在环境体系的建立与实施中，具有非常重要的地位，它既是体系建立和实施的基础，又是体系实施运行的核心。

4.3.1——4.3.3——4.3.3/4.4.6/4.4.7——4.5.1——4.5.3。

56. 某金属配件厂的生产工艺如下所示：

下料（剪板）→成型（冲压）→组焊→表面处理（前处理、喷漆）→装配→成品

该工厂的靠近冲压设备一面有一住宅楼，因工厂三班倒，晚班因剪板寄冲压机设备噪声过大，总遭到住宅楼居民投诉。根据上述给出的工艺图，请分析剪板机和冲压机噪声治理的措施以及喷漆工序废气的治理措施。

答：设立隔声设施、采取吸声措施、对设备进行封闭、更换先进噪声小的设备、对设备定期维护保养、避开夜间施工。

设置吸收 、吸附装置等方法治理废气。

2008 年 12 月环境管理体系基础知识考试题及答案

一、单项选择题（从下面各题选项中选出一个最恰当的答案，并将相应字母填入括号内。每题 1 分，共 15 分）

1.《污水综合排放标准》规定排入设置二级污水处理的城镇排水系统的污水，执行（　C　）。

（A）一级标准　　（B）二级标准

（C）三级标准　　（D）根据出水受纳水域功能要求而定

2. GB/T 24001—2004 标准 4.4.5 条款中对文件评审的要求是（　C　）。

（A）定期评审　　（B）定期评审必要时更新

（C）必要时评审和更新　　（D）修订时评审

3. GB/T 24001—2004 标准的总目的是支持环境保护和（　D　）。

（A）污染治理　　（B）社会发展　　（C）经济发展　　（D）污染预防

4. GB/T 24001—2004 标准中 4.5.3 要求组织评审所采取（　C　）的有效性。

（A）纠正措施　　（B）预防措施

（C）纠正措施和预防措施　　（D）信息交流方式

5. GB/T 24001—2004标准中规定应针对哪些运行制定运行控制程序？（　B　）

（A）所有关键环境岗位的运行

（B）与所确定的重要环境因素相关的运行

（C）与环境相关的各部门的运行

（D）以上皆是

6. GB/T 3095—1996《环境空气质量标准》将环境空气质量标准分为（　B　）级。

（A）二　（B）三　（C）四　（D）五

7. TSP是指（　D　）。

（A）10微米以下粒径的飘尘　　（B）林格曼黑度

（C）非烃类总有机碳　　（D）总悬浮颗粒物

8. 对于需要编制环境影响报告书的建设单位，在报批环境影响报告书之前，应当依照有关法律的规定，征求（　D　）的意见。

（A）所在地环境保护行政主管部门　　（B）所在地建设行政主管部门

（C）所在行政区域工商管理主管部门　　（D）有关单位、专家和公众

9. 目前常用于污水处理的活性污泥法属于（　C　）。

（A）物理法　（B）化学法　（C）生化法　（D）物理化学法

10. 所有书写日记的人会被下一代人所了解。这些日记作者中，有一些是真正的生活艺术家；有一些是幽默的生活评论员；还有一些是格格不入的自我主义者，这些人觉得必须记录下自己的每个想法。如果以上叙述正确，则以下哪一项必然正确？（　D　）

（A）并非所有幽默的生活评论员将被下一代所了解。

（B）被下一代所了解的人都是书写日记的人。

（C）下一代既会了解到幽默的生活评论员，也会了解到真正的生活艺术家。

（D）书写日记的人中，有些既不是真正的生活艺术家，又不是幽默的生活评论员，同时也不是格格不入的自我主义者。

11.《中华人民共和国固体废物污染环境防治法》对是否可以经中华人民共和国过境转移危险废物所作的规定是（　B　）。

（A）可以过境转移危险废物

（B）禁止过境转移危险废物

（C）经海关同意可以过境转移危险废物

（D）可以在向环保部门缴纳预防危险费后过境转移危险废物

12. 我国环境污染防治法规定的承担民事责任的方式是（　A　）。

（A）排除危害、赔偿损失、恢复原状

（B）排除危害、赔偿损失、支付违约金

（C）具结悔过、赔偿损失、恢复原状

（D）排除危害、赔礼道歉、恢复原状

13. 下列哪组物质属于现行的《污水综合排放标准》中规定的第一类污染物？（　B　）

（A）Cu、Zn　（B）Cd、Cr　（C）氰化物、甲苯　（D）氨氮、硫化物

14. 以下关于环境管理体系的认识不正确的是（ C ）。

（A）它包括组织结构、策划活动、职责、惯例、程序、过程和资源

（B）它是组织管理体系的一部分

（C）它可使组织取得最优的环境结果

（D）它可用来制定和实施环境方针、管理环境因素

15. 以下可以作为受审核方必须遵守的法律法规和其他要求的文件是（ D ）。

（A）环评报告 （B）建设项目竣工环保验收申请

（C）专家组意见 （D）环评批复

二、判断题（判断下列各题，正确的写 T，错误的写 F，填入题后括号内。每题 1 分，共 15 分）

16. “谁污染谁治理、谁开发谁保护”是我国环境保护的一项基本原则。（ T ）

17. 《大气污染物综合排放标准》中说的排气筒高度是指从所在地平面算起的高度。（ T ）

18. 不同地区的两个组织，如果生产同种产品，其重要环境因素的评价尺度应该是一致的。（ F ）

19. 氟利昂和四氯化碳都是对臭氧层有破坏作用的物质。（ T ）

20. GB/T 24001—2004 中 4.4.2 所指的“为它工作的人员”是指组织的员工。（ T ）

21. 管理评审必须形成记录。（ T ）

22. 国家污染排放标准执行不交叉原则，当行业性标准与综合性标准不一致时，应按较严的执行。（ T ）

23. 清洁生产是指对生产过程和产品采取整体预防性的环境策略，以减少其对人类和环境可能的危害。（ T ）

24. 推荐性环境标准被强制性环境标准引用后，则必须强制执行。（ T ）

25. 污染预防是指废水、废气、固体废弃物的治理。（ F ）

26. 限期治理的决定权是地、市级以上的环境保护局。（ F ）

27. 与重要环境因素有关的关键岗位应制定具体操作的运行标准，可以用文字、图表或样品等表示。（ T ）

28. 在对一个企业进行污染排放行为评价时，不仅要关注其对排放标准的符合性，还应关注其总量控制指标的实现情况。（ T ）

29. 必要时，组织应对可能具有重大环境影响的运行的关键特性进行监测和测量。（ F ）

30. 组织应针对每一重要环境因素制定环境目标和指标。（ F ）

三、多项选择题（从下面各题选项中选出两个或两个以上最恰当的答案，并将相应的字母填入题后括号内。选错选项时不得分；全选对得 2 分；少选时，每个选项得 0.5 分。共 20 分）

31. GB/T 24001—2004 标准可以用于满足组织的哪些愿望？（ ABD ）

（A）使自己确信能符合所声明的环境方针

（B）自我评价

（C）减免污染物排放收费

（D）寻求外部对其自我声明的确认

32. 管理评审的输入包括（　ABD　）。

（A）内审的结果　（B）合规性评价的结果　（C）环境因素　（D）改进建议

33. 环境管理体系内部审核的目的是（　ABC　）。

（A）向管理者报告审核结果

（B）判断环境管理体系是否符合 ISO 14001 标准的要求

（C）判断环境管理体系是否得到了恰当的实施和保持

（D）判断审核方案的适宜性

34. GB/T 24001—2004 标准中 4. 5. 1 监测和测量的主要内容是（　ABC　）。

（A）环境目标、指标的完成情况　（B）运行控制的情况

（C）环境绩效及主要污染物的关键特性　（D）内审和管理评审实施情况

35. 企业在进行技术改造过程中采取的清洁生产措施包括（　ABD　）。

（A）采用无毒、无害的原料，替代毒性大、危害严重的原料

（B）对生产废水进行综合利用

（C）将生产中的废物交给专业机构填埋

（D）削减包装材料

36. 渗滤液是水渗透过垃圾填埋场后形成的溶液，它往往是一种高度污染的溶液。当且仅当超出填埋场的蓄水能力时，才会有渗滤液泄漏至环境中，其数量一般不可预测。必须找到一个处理渗滤的方法。大多数垃圾填埋场的渗滤被直接送到污水处理厂中，但并非所有的污水处理厂都有能力处理高度污染的污水。以下无法从上文中推断出的是（　CD　）。

（A）如果能够预测垃圾填埋场泄漏的渗滤液体积，将有助于解决其处理问题

（B）如果有水样液体从垃圾填埋场中渗透出，则将有渗滤液进入环境

（C）有的渗滤液被送到没有能力处理它的污水处理厂中

（D）如果渗滤液没有从垃圾填埋场泄漏至环境中，则尚未超出该填埋场的蓄水能力

37. 污染预防包括（　ABC　）。

（A）源的削减或消除　（B）过程、产品或服务的更改

（C）资源的有效利用、材料能源的替代等（D）人员聘用程序的改进

38. 下列化学品中属于危险化学品的有（　BCD　）。

（A）水泥　（B）装在钢瓶中的压缩二氧化碳气体　（C）香蕉水　（D）硫磺

39. 以下各项属于工业固体废弃物的有（　ABC　）。

（A）冶金固废　（B）化工固废　（C）尾矿　（D）生活垃圾

40. 影响环境管理体系的详细程度、复杂程度、体系文件规模以及所投入之资源的因素包括（　ABD　）。

（A）体系覆盖的范围　（B）组织的规模、活动

（C）组织的发展规划　（D）组织的产品和服务的性质

四、填空题（请在下面空缺处填上适当的内容。每题 1 分，共 10 分）

41. 根据 GB/T 24001—2004，组织应建立、实施并保持一个或多个程序，使为它或代表它工作的员工都意识到其工作中的重要环境因素和实际或潜在的<u>　环境影响　</u>。

42. 根据 GB/T 24001—2004 标准，组织对其环境因素进行管理所取得的可测量结果称

为___环境绩效___。

43. 略

44. 请根据所给数列的规律在空格处填写适当的数字：1，4，16，49，121，___256___。

45. 酸雨通常是指 pH 值小于___5.6___的降水，包括雨、露、霜、雾、雹、雪等。

46～50 请对以下场景进行分析，并在括号内写出其所最适用的 GB/T 24001—2004 标准条款的编号（最多只须写出三位章节号）或相应的标题名称。

46. 电器公司在年初增加了喷涂生产工艺车间，并没有对其所带来的环境影响进行分析。（ 4.3.1 ）

47. 某公司对电除尘器运行记录进行涂改。（ 4.5.4 ）

48. 某汽车制造厂研发部正在研究并制定新产品中如何降低汽车尾汽排放的措施。（ 4.4.6 ）

49. 某印染厂为了防止污水处理设备事故性停运高浓度污水外排，建了缓冲池。（ 4.4.7 ）

50. 一名使用氢氟酸（HF）进行在制件清洁作业的工作不了解 HF 的危害。（ 4.4.2 ）

五、简答题（每题 5 分，共 20 分）

51. GB/T 24001—2004 标准中，哪几个要素应建立并保持程序？

答：以下条款需要程序文件：

4.3.1/4.3.2/4.4.2/4.4.3/4.4.5/4.4.6/4.4.7/4.5.1/4.5.2/4.5.3/4.5.4/4.5.5。

52. 根据 GB/T 24001—2004 标准，组织应建立程序以处理不符合、采取纠正措施和预防措施。此类程序中应规定哪些内容？

答：程序中应规定以下方面的要求：

a）识别和纠正不符合，并采取措施减少所造成的环境影响；

b）对不符合进行调查，确定其产生原因，并采取措施以避免再度发生；

c）评价采取预防措施的需求；实施所制定的适当措施，以避免不符合的发生；

d）记录采取纠正措施和预防措施的结果；

e）评审所采取的纠正措施和预防措施的有效性。

53. 我国的国家环境标准分为哪几大类？

答：我国的国家环境标准分为①环境质量标准；②污染物排放标准；③环境保护方法标准；④环境保护标准样品标准；⑤环境保护基础标准；⑥环境保护行业标准。

54. 阅读理解。以下内容选自 CCAA《环境管理体系审核员注册准则》（第 2 版）：

“2.1 申请要求

2.1.1 各级别注册申请人应认真阅读 CCAA－EMS 审核员注册准则，了解各项注册要求。

2.1.2 申请人应提供真实、完整的注册信息、资料。申请信息、资料应使用中文或英文，如提供其他语言的信息、资料，应附有经聘用申请人的认证机构确认的中文翻译件。

2.1.3 申请人应使用 CCAA 统一的注册申请表格。申请表应填写完整，由申请人亲笔签字，注册担保人、推荐机构负责人签字并盖推荐机构公章，附上所有要求的证明资料，与注册费用一同递交 CCAA。

注：申请表格可从 CCAA 网站 http：//www.ccaa.org.cn 下载后填写，同时在该网站的“注册申请

"栏完成网上申请。

2.1.4　申请人应签署声明，表示同意遵守 CCAA－EMS 审核员注册准则的各项要求，特别是审核员行为规范的要求。

2.1.5　申请人提交完整的注册申请资料和注册费用后，CCAA 方可受理申请，开始评价注册程序。注册费用见《认证人员注册收费规则》（详见 CCAA 网站）。"

请根据以上内容回答问题（考生不必在本题中考虑以上未提及的其他任何要求）：

1）有些人认为，申请资料提交后，即意味着 CCAA 开始受理。请解释这中观点是否正确。

答：不正确，还要交注册费。

2）根据要求，申请资料中的某些项目不能采用打印的形式，而必须有相应的签字或盖章。请指出在申请资料中，哪些地方必须具备签字或盖章？由谁签字或盖章？

答：由申请人亲笔签字，注册担保人、推荐机构负责人签字并盖推荐机构公章。

六、案例分析及阐述题（每题 10 分，共 20 分）

55. GB/T 24001—2004 标准的要素是如何体现污染预防的？请举例说明，并至少涉及五个要素。

答：1）4.2 环境方针要体系污染预防的原则；

2）4.3.3 目标指标要包括污染预防的内容；

3）4.3.1 识别环境因素并评价出重要环境因素体现了污染预防的思想；

4）4.4.7 应急准备体现污染预防的原则；

5）4.5.3 预防措施的制定和实施体现了污染预防。

56. 请结合 GB/T 24001—2004 标准，分析阐述在环境管理体系中如何考虑法律法规和其他要求？

答：1）制定方针要承诺遵守法律法规要求；2）环境因素识别和评价要考虑法律法规要求；3）目标指标的确定要考虑法律法规要求；4）运行准则要考虑法律法规要求；5）合规性评价要以法律法规为依据。

2009 年 3 月环境管理体系基础知识考试题及答案

一、单项选择题（从下面各题选项中选出一个最恰当的答案，并将相应字母填入括号内。每题 1 分，其 15 分）

1. 组织应依据 ISO 14001 中哪个要素的要求，定期进行法律法规的符合评价？（　C　）

（A）4.3.2　　（B）4.5.1　　（C）4.5.2　　（D）4.6

2. 组织建立、实施环境管理体系所依据的标准是（　B　）。

（A）GB/T 24004　　（B）GB/T 24001　　（C）GB/T 24020　　（D）GB/T 19011

3. 组织的 EMS 方针中应包括（　B　）。

（A）环境影响评价的结果　　（B）污染预防的承诺

（C）组织的环境影响　　（D）评价环境目标的要求

4. 以下五个事件在发生时最合乎逻辑的一种顺序是（　B　）。

（1）到了目的地；（2）给朋友们看照片；（3）在车上听当地人介绍旅游景点；

（4）在许多地方拍了纪念照；（5）踏上旅途

（A）1—3—4—5—2　（B）5—3—1—4—2

（C）1—4—2—3—5　（D）5—1—4—3—2

5. 下列不属于污染预防内容的是（　C　）。

（A）材料替代　（B）工业污染处理后循环利用

（C）生活垃圾外运　（D）固体废弃物分类收集处理

6. 我国《水污染防治法》规定，省级以上人民政府对实现水污染达标排放仍不能达到国家规定的水环境质量标准的水体，可以实施重点污染物排放的（　A　）。

（A）限期治理制度　（B）排污许可制度

（C）浓度控制制度　（D）总量控制制度

7. 社会上的各种传言和议论，有的是无中生有，有的是空穴来风，我们都要善于思索和分辨。“空穴来风”的意思是（　B　）。

（A）有洞穴没有风进来，比喻无原由的事

（B）有洞穴就有风进来，比喻事情不是完全没有原由的

（C）好像洞穴中的风一样飘忽不定，一会这样一会那样

（D）好像洞穴中的一股风，它是朝着某个方向吹去的

8. 请根据规律选择适当的数字填入空格处：1，2，2，4，______，32。（　C　）

（A）4　（B）6　（C）8　（D）16

9. 环境监测的对象有包括（　A　）。

（A）大气、水体、土壤、生物、噪声　（B）大气、市容、土壤、生物、噪声

（C）大气、交通、土壤、生物、噪声　（D）大气、交通、土壤、生物

10. 根据语言学习的顺序，把最先学习并使用的语言叫第一语言，把第一道语言之后学习和使用的语言叫第二语言。根据上述定义，下列不属于第二语言学习的是（　B　）。

（A）出生在中国的日本孩子同时学习汉语和日语

（B）中国学生学习了英语之后又开始学习法语

（C）中国学生出国后同时学习英语和法语

（D）外国留学生来华学习汉语

11. 根据 GB/T 24001—2004 标准，以下说法正确的是（　B　）。

（A）组织应编制《环境手册》，以描述管理体系核心要素及其相互作用，并提供查询相关文件的途径

（B）组织应当把主要注意力放在对环境管理体系的有效实施及其环境绩效上，而不是放在建立一个繁琐的文件控制系统

（C）对文件和资料进行定期评审，必要时予以修订

（D）对于重大环境因素有关的运动活动，应建立并保持形成文件的程序

12. 废水监测报告中常出现 COD、SS、LAS 污染因子符号，其含义分别为（　A　）。

（A）化学需氧量、悬浮物含量、阴离子表面活性剂含量

（B）化学需氧量、悬浮物含量、阳离子表面活性剂含量

（C）化学需氧量、浊度、阴离子表面活性剂含量

（D）生化需氧量、浊度、阳离子表面活性剂含量

13. GB/T 24001—2004 标准中条款（　D　）明确了“可追溯性”要求。

（A）4.3.1　　（B）4.4.3　　（C）4.5.1　　（D）4.5.4

14. 《大气污染物综合排放标准》中排放速率的单位是（　A　）。

（A）kg/h　　（B）g/h　　（C）kg/d　　（D）mg/m^3

15. 请从所给的四个选择项中，选择最适合的一个填在问号处，使之呈现一定的规律性。（　D　）

△　○　▽

△　◇　?

◺　□　○　▽

（A）（B）（C）（D）

二、判断题（判断下列各题，正确的写 T，错误的写 F，填入题后括号内。每题 1 分，共 15 分）

16. 组织应评价采取预防措施的要求，并实施所制定的适当措施。（　T　）

17. 组织的最高管理者可以不参加管理评审。（　F　）

18. 运行控制程序可以是一个或多个，主要取决于所评价的重要环境因素的控制要求。（　T　）

19. 转移固体废物出省、自治区、直辖市行政区域贮存、处置的，应当向固体废物接受地的省、自治区、直辖市人民政府环境保护行政主管部门提出申请，得到批准方可转移。（　T　）

20. 酸雨是指 pH <6.5 的雨水。（　F　）

21. 如果受审核方的体系文件中缺少管理手册，则应视为体系文件不完整。（　F　）

22. 环境方针不但要传达到组织全体员工，还要传达到为组织工作的承包方。（　T　）

23. 环境标准共包括环境质量标准和污染物排放标准两大类。（　F　）

24. 环保诉讼的数量可视为一种环境绩效参数。（　T　）

25. 含铬废物是否按危险废物进行管理，还需进一步鉴别。（　T　）

26. 对环境因素进行识别和评价的要求，不改变或增加组织的法律责任。（　T　）

27. 当国家和地方对污染物的排放要求不同时，应按照国家标准执行。（　F　）

28. 不具备法人资格的组织，也能建立环境管理体系。（　T　）

29. GB/T 24001—2004 标准中的信息交流仅指组织与相关方的信息交流。（　F　）

30. COD 浓度高，表明水体受有机物污染较为严重。（　T　）

三、多项选择题（从下面各题选项中选出两个或两个以上最恰当的答案，并将相应的字母填入题后括号内。选错选项时不得分，全选对得 2 分，少选时，每个选项得 0.5 分。共 20 分）

31. 最高管理者在环境管理体系中的职责是（　ABC　）。

（A）制定本组织的环境方针

（B）指定管理者代表，并为实施环境管理体系提供必要的资源

（C）定期进行管理评审

（D）组织内部审核

32. 制定纠正措施时，哪些是必须考虑的内容？（　BC　）

（A）要减少所造成的环境影响　　（B）需要确定不符合产生原因

（C）需要对不符合进行调查　　（D）要识别不符合

33. 以下哪些气体属于温室气体？（ABC ）

（A）二氧化碳　（B）甲烷　（C）氟利昂　（D）氧气

34. 以下关于管理评审的说法正确的是（　BCD　）。

（A）由最高管理者按固定的时间间隔组织进行

（B）评审的目的是确保环境管理持续适宜性、充分性和有效性

（C）评审应包括环境方针、环境目标和指标的修改需求

（D）管理评审的输出应包括环境方针、目标、指标修改有关的决策和行动

35. 下列属于《污水综合排放标准》中一类污染物的有（　ABC　）。

（A）总铬　（B）总镍　（C）总银　（D）总氰化合物

36. 下列哪些内容属于 GB/T 24001—2004 标准 4.5.1 条款监测、测量要求的范围？（　BD　）

（A）灭火器的定期检查和维护　（B）适用的运行情况

（C）水、电消耗的统计　（D）固体废弃物的处置情况

37. 污染预防包括（ ACD ）。

（A）过程的更改　（B）环境因素的识别　（C）回收　（D）再循环

38. 热污染对水体的主要危害有（　BD　）。

（A）使水体溶解氧浓度增高

（B）加快藻类繁殖，从而加快水体富营养化进程

（C）影响水体动植物的正常生长

（D）加速细菌生长繁殖

39. 控制重要环境因素的途径包括（　ABC　）。

（A）4.3.3 目标指标和方案　（B）4.4.6 运行控制

（C）4.4.7 应急设备和响应　（D）4.4.3 信息交流

40.《环境影响评价法》在“建设项目和环境影响评价”一章中提到的“环境影响评价文件”包括下列哪项内容？（　ABC　）

（A）环境影响报告书　（B）环境影响表

（C）环境影响登记表　（D）建设项目竣工环保验收申请表

四、填空题（请在下面空缺处填上适当的内容。每题 1 分，共 10 分）

41. 通常用来表示水中固体污染物的是悬浮物和<u>　浊度　</u>两个指标。

42. 产品从设计开始到研制、生产、销售、使用、进一步循环利用、回收再生产乃至废弃后的整个过程，称为产品的<u>　生命周期　</u>。

43. GB/T 24001 标准 4.4.6 中要求，应在程序中规定<u>　运行　</u>准则。

44. 根据《地表水环境质量标准》，地表水水域环境功能分为<u>　五　</u>类。

45. GB/T 24001—2004 标准中 4.5.1 监测和测量条款要求，程序中应规定将监测环境绩效、<u>　适用的运行控制　</u>目标和指标符合情况的信息形成文件。

46～50　请对以下场景进行分析，并在括号内写出其所最适用的 GB/T 24001—2004 标准条款的编号（最多只须写出三位章节号）或相应的标题名称。

46. 某公司的 ISO 办公室的人员每年都定期到当地的环保部门了解污染物排放标准的变化情况。（　4.3.2　）

47. 某电器公司在年初增加了喷涂生产工艺车间，并没有对其所带来的环境影响进行

分析。(　4.3.1　)

48. 公司为防止氨罐泄露后造成环境影响，设立了吸收池。(　4.4.7　)

49. 组织的环境管理手册的附录包括了一份程序文件清单。(　4.4.4　)

50. 组织定期检查环境管理体系各要素是否有效实施。(　4.5.5　)

五、简答题（每题 5 分，共 20 分）

51. 请列出我国的环境管理制度（至少列出 5 项）。

答：环境影响评价制度 、三同时制度 、污染源限期治理制度 、征收排污费制度 、排污申报登记制度。

52. 请简述环境方针的内容应符合哪些要求。

答：a）适合于组织活动、产品和服务的性质、规模和环境影响；b）包括对持续改进和污染预防的承诺；c）包括对遵守与其环境因素有关的适用法律法规和其他要求的承诺；d）提供建立和评审环境目标和指标的框架。

53. 简要回答我国环境标准体系由哪几类标准构成？审核员在企业现场审核主要用的是什么标准？

答：我国环境保护标准体系是由环境质量标准、污染物排放标准、方法标准、基础标准、样品标准等组成，审核员在企业现场审核主要用的是环境质量标准和污染物排放标准。

54. 阅读理解：以下内容选自 CCAA《环境管理体系审核员注册准则》(第 2 版)

“1.4.1　CCAA－EMS 审核员注册资格分别为实习审核员、审核员和高级审核员三个级别。(题注：级别依次递增。)……

1.4.2　CCAA－EMS 审核员注册原则上遵循逐级晋升原则。……

2.2.5.2　审核员注册申请人 EMS 审核经历要求

以实习审核员的身份，作为审核组成员在高级审核员的指导和帮助下完成至少 4 次完整的 EMS 审核，总的审核经历不少于 20 天并覆盖 GB/T 24001 标准所有条款，其中现场审核经历不少于 15 天。

所有审核经历应当在申请前 3 年内获得，并完成 3.3.1 所规定的现场见证评价。……

2.8.1　各级别审核员就每 3 年进行一次再注册，以确保持续符合本准则相应注册级别的各项要求。

2.8.2　实习审核员再注册要求

注册证书到期前 3 个月内，向 CCAA 提出再注册申请；

注册证书有效期内持续遵守行为规范；

已妥善解决任何针对其审核表现的投诉。……

3.2.1　笔试考核

实习审核员注册申请人应在注册申请前 3 年内通过 CCAA 统一组织的笔试，以证实其满足 2.4.1 规定的知识要求。

审核员注册申请人在申请注册时，如里距离通过 3.2.1 规定的笔试的时间不超过4 年，无笔试要求；如超过 4 年，应再次通过笔试。……

3.6.2.1　对批准注册的申请人，CCAA 将予以公告并颁发注册证书，证书有效期 3 年，对不予注册的申请人，CCAA 将通知推荐机构或本人。”

请根据以上内容回答以下问题：

(1) 以上内容中包括了哪几点审核员注册的要求？请简要概括。

答：1) 审核员注册资格分类；2) 审核员注册申请人 EMS 审核经历要求；3) 再注册要求；4) 实习审核员再注册要求；5) 笔试考核要求。

(2) 如果王某于 2004 年 8 月 1 日注册为 EMS 实习审核员，此后未进行任何注册和再注册行为。今年他报名参加本次 EMS 审核员全国统考（基础知识和审核知识），如果王某两门考试全部通过，随后提交审核员注册申请，请问他是否能成功注册为审核员？为什么？

答：不可以，实习审核员已过期，未进行再注册，所以不能成功注册为审核员。

六、案例分析及阐述题（每题 10 分，共 20 分）

55. 请阐述 GB/T 24001—2004 标准中的 4.3.1 环境因素这一要素的重要性，并说明其与 4.3.3、4.4.6、4.4.7、4.5.1、4.5.3 的关系。

答：组织识别其活动、产品或服务中环境因素，评价出重要环境因素，其目的在于制定环境目标和指标时，必须考虑组织对重要环境因素进行评价的结果。在此基础上，进一步制定旨在实现目标和指标的环境管理方案，明确规定有关职责和具体实施的方法及时间表。组织应根据其环境方针、目标和指标，确定并控制与评价出的重要环境因素有关的运行和活动，确保这些活动在程序规定的条件下运行（4.4.6）。应急准备和响应是运行控制的特例，其控制的对象是环境因素三种状态中，异常和紧急情况的发生（4.4.7）。组织的运行和活动中，可能具有对环境产生重大影响的关键特性，例行的监测和测量工作必不可少，通过监测组织取得的环境绩效、有关的运行控制和目标指标实现程度，客观反映环境管理体系运行的有效性（4.5.1）。并根据监测结果评价组织法律法规的符合性。针对发现的问题，采取适宜的纠正或预防措施（4.5.3），以达到组织在环境因素的控制上形成一个 PDCA 的循环。

56. 某建筑装饰工程公司承接了一项室内装饰工程，工程内容包括：天花吊顶，地面铺瓷砖，内墙乳胶漆。主要工艺流程为：

木龙骨天花吊顶：下料—涂防火涂料—龙骨制安。

地面铺瓷砖：水泥砂浆坐底—瓷砖切割—瓷砖铺设—场地清理。

内墙乳胶漆：抹灰找平—打磨—喷涂乳胶漆。

请识别各个流程中的环境因素及治理措施。

答：建筑装饰工程公司承接某室内装饰，项目包括：天花吊顶/地面铺瓷砖/内墙乳胶漆。

天花吊顶：下料（切割产生噪声排放/固体废弃物排放）—涂防火涂料—龙骨制安（射钉枪/空压机噪声排放）。

治理方法：在封闭间切割，降低噪声及粉尘扩散；将空压机放在相对封闭的房间降低噪声；避开居民休息时间施工。

地面铺瓷砖：水泥砂浆坐底（产生粉尘/垃圾排放）—瓷砖切割（产生粉尘/噪声排放）—瓷砖铺设（产生固体废弃物）—场地清理（产生粉尘）。

治理方法：垃圾及时清理，在封闭切割间切割，以减少噪声，切割时滴水防止产生粉尘，清理场地前喷水，避开居民休息时间施工。

内墙乳胶漆工序：抹灰找平（产生固体废弃物）——打磨（产生粉尘）——喷涂乳

胶漆（产生空压机噪声排放/废气排放/废弃物产生）。

治理方法：垃圾及时清理，清理场地前喷水；将空压机放在相对封闭的房间，以降低噪声，避开居民休息时间施工；选择环保涂料、废弃桶的回收。

2009年6月环境管理体系基础知识考试题及答案

一、单项选择题（从下面各题选项中选出一个最恰当的答案，并将相应字母填入括号内。每题1分，共15分）

1. 自然界的水因与大气、土壤、岩石等接触，所以含有多种“杂质”，如钙、钾、钠等。现代人趋向于饮用越来越纯净的水，如蒸馏水、纯净水、太空水等。殊不知长期饮用这种超纯净的水，会不利于健康。假设以下各项为真，其中最能支持上述论断的是（ D ）。

(A) 人们对饮食卫生越来越注重，人体的健康就越来越弱

(B) 只有未经处理的自然界的水，才符合人体健康要求

(C) 超纯净水之所以大受欢迎，是因为它更加卫生、口感好

(D) 自然界水中的所谓“杂质”，可能是人体必需微量元素的重要来源

2. 在英语四级考试中小陈的分数比小朱低，但是比小李的分数高；小宋的分数比小朱和小李的分数低；小王的分数比小宋的高，但是比小朱的低。如果上述为真，根据下列哪项能够推出小张的分数比小陈的分数低（ C ）。

(A) 小陈的分数和小王分数一样高

(B) 小王的分数和小张分数一样高

(C) 小王的分数比小张分数高，但比小李的分数低

(D) 小张的分数比小朱的分数低

3. 一个浴缸放满水需要30分钟，排光一浴缸水需要50分钟。假设注水与排水的速度均匀不变，则如果忘记关上出水口，将这个浴缸放满水需要（ B ）分钟。

(A) 60　　(B) 75　　(C) 90　　(D) 100

4. 无组织排放是指大气污染物（ B ）。

(A) 低矮排气筒的排放　　(B) 不经过排气筒的排放

(C) 杂乱无章的排放　　(D) 未经许可的排放

5. 评价重要环境因素和重大环境影响时应考虑（ D ）。

(A) 环境影响的程度　　(B) 适用的法律法规

(C) 内、外相关方的关注　　(D) 以上全部

6. 攀比效应，指社会经济活动中某些相关的经济变量之间或经济利益主体在利益分配方面存在的相互影响，轮番推进的现象。根据以上定义，下列属于攀比效应的一项是（ C ）。

(A) 甲和乙在比谁跑得快，并约定输者请对方喝酒

(B) 甲公司技术人员到乙公司车间参观，并下决心要向乙公司学习

(C) 企业职工在工资收入方面互相对比，并要求本单位上调工资，增加收入

(D) 省公安厅比较两县公安局抓获小偷数量后，认为甲县治安良好

7. 硫酸生产企业的废气应执行的污染物排放标准是（ A ）。

(A)《大气污染综合排放标准》　　(B)《炼焦炉大气污染物排放标准》

（C）《锅炉大气污染物排放标准》　　　　（D）《工业炉窑大气污染物排放标准》

8. 尽管在哮喘的治疗方面取得了进步，该病引起的死亡率在前十年中却达到了之前的两倍。针对这一现象有两种可能的解释：第一，哮喘病死亡记录在前十年中比以前更为完全和精确。第二，城市污染加剧。但是，在某些长期具有完整医疗记录并且污染程度极小或无污染的城市中，哮喘病死亡率也在增加。由此我们可以得出结论，正是哮喘病患者为减轻病状而使用的支气管吸入器导致了死亡率的上升。以下哪一项是以上论断的前提？（　C　）

（A）前十年中城市污染程度并未翻倍

（B）即使按照说明书使用，支气管吸入器也并不安全

（C）使用支气管吸入器将加剧哮喘病患者通常具有的其他症状，而这些病症往往会产生致命的后果，即使哮喘病本身并不致命

（D）引起哮喘病死亡率增长的原因只可能是城市污染的加重、哮喘病死亡率记录的改进或者支气管吸入器的使用

9. 管理评审的目的是（　C　）。

（A）评价环境管理体系的符合性和有效性

（B）评价环境行为的符合性

（C）评价环境管理体系持续的适宜性、充分性和有效性

（D）评价环境管理体系的绩效

10. 关于环境管理体系范围的界定，以下说法正确的是（　A　）。

（A）由组织自行确定　　　　（B）由审核组长确定

（C）由审核委托方确定　　　　（D）由审核委托方和受审核方共同确定

11. 根据 GB/T 24001—2004 标准，环境绩效是指（　C　）。

（A）组织对其环境方针进行管理所取得的可测量结果

（B）组织对其环境影响进行管理所取得的可测量结果

（C）组织对其环境因素进行管理所取得的可测量结果

（D）组织对其环境行为进行管理所取得的可测量结果

12. 飞行员前 4 分钟用半速飞行，后 4 分钟用全速飞行，在 8 分钟内一共飞行了 72 千米，则飞机全速飞行的时速是（　B　）。

（A）360 千米　　（B）720 千米　　（C）540 千米　　（D）840 千米

13. 从事以下哪项活动的单位必须向县以上地方人民政府及环境保护行政主管部门申请领取经营许可证？（　C　）

（A）从事收集危险废弃物经营活动

（B）从事处理危险废物活动

（C）从事收集、贮存、处置危险废物经营活动

（D）从事收集、贮存、处置危险废物活动

14. 按照 GB/T 24001—2004 标准的要求，组织应将其环境方针进行传达的范围应为（　C　）。

（A）组织内的所有员工

（B）组织内的所有员工和所有相关方

（C）组织内的所有员工以及所有代表组织工作的人

（D）组织所使用的产品或服务涉及的相关方

15. GB/T 2401—2004 标准的“环境”是指（ B ）。

（A）影响人类生存和发展的各种天然的和经过人工改造的自然因素的总体，包括大气、水、海洋、土地、矿藏、森林、草原、野生生物、自然遗迹、人文遗迹、自然保护区、风景名胜区、城市和乡村等

（B）组织运行活动的外部存在，包括空气、水、土地、自然资源、植物、人、以及它们之间的相互关系

（C）影响工作场所内所有员工、临时工作人员、合同方人员、访问者和其他人员健康和安全的条件和因素

（D）影响工作场所外所有员工、临时工作人员、合同方人员、访问者和其他人员健康和安全的条件和因素

二、判断题（判断下列各题，正确的写 T，错误的写 F，填入题后括号内。每题 1 分，共 15 分）

16. 组织应确保所有为它或代表它从事被确定为可能具有重大环境影响的工作人员，都具备相应的能力。（ F ）

17. 组织应评价采取预防措施的需求，并实施所制定的适当措施。（ T ）

18. 向大气排放粉尘的排污单位，必须采取除尘措施。（ T ）

19. 燃油锅炉的烟尘可以用静电除尘器去除。（ F ）

20. 环境管理体系策划过程所取得的信息也可用于环境管理体系其他部分（如培训、运行控制、监测和测量）的建立和改进。（ T ）

21. GB/T 24001—2004 标准对环境绩效提出了绝对要求，因此实施标准能使组织取得最好的环境绩效。（ F ）

22. GB/T 24001—2004 标准不要求给企业供货的相关方受到适当的管理，只要求将要求告之就可以了。（ F ）

23. 根据 GB/T 24001—2004 中 4.5.4 记录控制条款，组织应建立并保持必要的记录，但并不要求为此而建立程序。（ F ）

24. 根据 GB/T 24001—2004 标准，组织应定期评审其应急准备和响应程序。（ T ）

25. 地表水环境质量标准中将水体环境共分为三类功能区。（ F ）

26. 程序可以形成文件，也可以不形成文件。（ T ）

27. GB/T 24001—2004 标准中的信息交流是指组织与相关方的信息交流。（ F ）

28. GB/T 19001—2000 标准是 GB/T 24001—2004 标准的规范性引用文件之一。（ F ）

29. 甲、乙二人练习跑步，且速度均固定不变。若甲让乙先跑 10 米，则甲跑 5 秒可以追上乙，若乙比甲先跑 2 秒，则甲跑 4 秒能追上乙。由此可知，甲的速度为每秒 6 米。（ T ）

30. 《中华人民共和国固体废物污染防治法》不适用于液态废物和置于容器中的气态废物的污染防治。（ F ）

三、多项选择题（从下面各题选项中选出两个或两个以上最恰当的答案，并将相应的字母填入题后括号内。选错选项时不得分，全选对得 2 分，少选时，每个选项得 0.5 分。共 20 分）

31. 在环境管理体系中，可通过下列哪些要素对重要环境因素进行控制？（ AD ）

（A）4.3.3 （B）4.4.3 （C）4.4.5 （D）4.4.6

32. 以下描述符合环境因素定义的是（　AC　）。

（A）二氧化硫的排放　（B）水质恶化　（C）噪声排放　（D）空气污染

33. 依据 GB/T 24001—2004 标准，需要建立并保持程序的因素有（　BC　）。

（A）目标　（B）培训、意识和能力

（C）应急准备和响应　（D）管理评审

34. 选言推理是指前提中有一句选言判断，然后根据选言判断及选言之间的关系推出结论的推理。以下属于选言推理的是（　ABCD　）。

（A）因为宇宙间的一切物质都处于不断运动变化过程中，所以太阳也是在运动的

（B）所有 A 都属于 B，所有的 C 都属于 A，所以所有的 C 都属于 B

（C）要么社会存在决定社会意识，要么社会意识决定社会存在。社会发展史充分证明，绝不是社会意识决定社会存在，所以一定是社会存在决定社会意识

（D）如果一个企业采用了科学的管理方法，那么它的劳动生产率就会提高。最近某发电公司的劳动生产率提高了，所以，该公司一定采用了科学的管理方法

35. 下列关于《大气污染物综合排放标准》说法中正确的是？（　AB　）

（A）任何一个排气筒必须同时遵守最高允许排放浓度和最高允许排放速率两项指标，超过其中任何一项均为超标排放

（B）在 1997 年 1 月 1 日前后设立的污染源所执行的标准值不同

（C）在 1997 年 1 月 1 日前设立的污染源为新污染源，后设立的为现有污染源

（D）关于排放速率，现有污染源分为二、三级，新污染源分为一、二、三级

36. 《污水综合排放标准》中规定的第一类污染物，一律在车间或车间处理设施排口取样。以下属于第一类污染物的有（　AD　）

（A）铅和银　（B）苯胺类污染物

（C）铜、锌污染物　（D）铬、砷污染物

37. 环境管理体系文件应包括（　ABCD　）。

（A）环境方针　（B）目标和指标

（C）体系所覆盖范围的描述　（D）标准所要求的程序

38. 关于 GB/T 24001—2004 标准，下面哪些提法是正确的？（　CD　）

（A）标准包含了一些针对其他管理体系的要求

（B）标准可能不适用于个别的地理、文化和社会条件的组织

（C）两个从事类似活动但具有不同环境绩效的组织可能都是符合标准要求的

（D）环境管理体系的详细程度、复杂程度、体系文件的规模及所投入的资源等，取决于多方面因素，如体系覆盖的范围、组织的规模、其活动、产品和服务的性质等

39. 对于组织使用的产品中所确定的重要环境因素，应将适用的程序和要求通报给（　AB　）。

（A）供方　（B）合同方　（C）邻居　（D）行政主管部门

40. 《中华人民共和国环境影响评价》规定，根据建设项目对环境影响程度，对建设项目的环境影响实行分类管理，编制不同的环境影响评价文件，其中有（　ABD　）。

（A）环境影响报告书　（B）环境影响报告表

（C）环境影响登记证书　（D）环境影响登记表

四、填空题（请在下面空缺处填上适当的内容。每题 1 分，共 10 分）

41. 我国的《污水综合排放标准》GB 8978—1996 将排放的污染物按性质及控制方式分为__二__类。

42. 某人坐车上班，且车以均匀速度行驶。若车速比原来降低 20%，则其路上的时间将增加__25__%。

43. 根据《中华人民共和国水污染防治法》，造成水体严重污染的中央或者省、自治区、直辖市人民政府直接管辖的企业事业单位的限期治理，由省、自治区、直辖市人民政府的环境保护部门提出意见，报__省、自治区、直辖市人民政府__决定。

44. 持续改进的目的是根据组织的环境方针实现对__整体环境绩效__的改进。

45. GB/T 24001—2004 标准中 4.5.4 条款要求，组织应建立、实施并保持一个或多个程序，用于记录的标识、存放、__保护__、检索、留存和处理。

46～50　请对以下场景进行分析，并在括号内写出其所最适用的 GB/T 24001—2004 标准条款的编号（最多只须写出三位章节号）或相应的标题名称。

46. 组织定期检查环境管理体系各要素间的衔接是否合理、是否有效实施。（ 4.5.1 ）

47. 某物业公司在小区的公告栏上张贴灭虫通知。（ 4.4.3 ）

48. 某化工厂现场正在对硫酸的储罐砌围堰。（ 4.4.7 ）

49. 位于长江的某集团工业港，按其文件查询系统查不到有关保护长江的任何法律法规及其他要求。（ 4.3.2 ）

50. 某钢铁公司的环境因素识别清单中没有能耗方面的内容。（ 4.3.1 ）

五、简答题（每题 5 分，共 20 分）

51. 试说明环境方针、目标、指标和管理方案间的关系。

答：方针为目标提供框架；目标要遵守方针的要求，是方针的具体化；管理方案是实现目标的措施。

52. 如果某组织仅获得相关的法律法规清单，没有识别具体适用于其环境因素的要求，你认为是否符合 GB/T 24001—2004 中 4.3.2 的要求，为什么？

答：不符合标准要求，没有识别与其重要环境因素有关的法律法规和评审其适用性；没有明确获取法律法规的渠道；没有明确更新的要求，也没有说明如何在环境管理体系中应用法律法规和其他要求。

53. 根据 GB/T 24001—2004 标准简述“污染预防”的概念，并说明在采用污染防治方法时的优先顺序原则。

答：根据 GB/T 24001—2004 标准简述“污染预防”，采用污染防治方法时的优先顺序是根本上消除源——工程控制——末端治理。

54. 简述建设项目中环境保护设施竣工验收的申请者、申请时间及接收申请的部门。对于需要进行试生产的建设项目，对申请时间有何要求？

答：《建设项目环境保护条例》第 20 条规定：

建设项目竣工后，建设单位应当向审批该建设项目环境影响报告书、环境影响报告表或者环境影响登记表的环境保护行政主管部门，申请该建设项目需要配套建设的环境保护设施竣工验收。

环境保护设施竣工验收，应当与主体工程竣工验收同时进行。需要进行试生产的建设项目，建设单位应当自建设项目投入试生产之日起 3 个月内，向审批该建设项目环境影响报告书、环境影响报告表或者环境影响登记表的环境保护行政主管部门，申请该建设项目需要配套建设的环境保护设施竣工验收。

六、案例分析及阐述题（每题 10 分，共 20 分）

55. 请阐述 4.3.1 因素在整个 GB/T 24001—2004 标准中的作用。

答：4.3.1 环境因素是环境管理体系的龙头。组织识别其活动、产品或服务中环境因素，评价出重要环境因素，其目的在于制定环境目标和指标时，必须考虑组织对重要环境因素进行评价的结果。在此基础上，进一步制定旨在实现目标和指标的环境管理方案，明确规定有关职责和具体实施的方法及时间表。组织应根据其环境方针、目标和指标，确定并控制与评价出的重要环境因素有关的运行和活动，确保这些活动在程序规定的条件下运行（4.4.6）。应急准备和响应是运行控制的特例，其控制的对象是环境因素三种状态中，异常和紧急情况的发生（4.4.7）。组织的运行和活动中，可能具有对环境产生重大影响的关键特性，例行的监测和测量工作必不可少，通过监测组织取得的环境绩效、有关的运行控制和目标指标实现程度，客观反映环境管理体系运行的有效性（4.5.1）。并根据监测结果评价组织法律法规的符合性。针对发现的问题，采取适宜的纠正或预防措施（4.5.3），以达到组织在环境因素的控制上形成一个 PDCA 的循环。

56. 某金属配件厂的生产工艺如下所示：

下料（剪板）→成型（冲压）→组焊→表面处理（前处理、喷漆）→装配→成品

该工厂的靠近冲压机一面有一住宅楼，因工厂三班倒，晚班因剪板机及冲压机设备噪声过大，总是遭到住宅楼居民投诉。根据上述给出的工艺图，请分析剪板机和冲压机噪声治理的措施以及喷漆工序废气的治理措施。

答：设立隔声设施、采取吸声措施、对设备进行封闭、更换先进噪声低的设备、对设备定期维护保养、避开夜间施工。

设置吸收 、吸附装置等方法治理废气。

2009 年 9 月环境管理体系基础知识考试题及答案

一、单项选择题（从下面各题选项中选出一个最恰当的答案，并将相应字母填入括号内。每题 1 分，共 15 分）

1. 组织未定期评价适用法律法规的遵循情况，这不符合 GB/T 24001—2004 标准哪一条款的要求？（ C ）

（A）4.5.1　（B）4.3.2　（C）4.5.2　（D）4.6

2. 在环境空气质量功能区分类中，三类区是指（ D ）。

（A）一般工业区和农村地区　（B）城镇规划中确定的居民区

（C）工业区和农村地区　（D）特定工业区

3. 因环境因素而导致的环境变化是指（ A ）。

（A）环境影响　（B）环境改善　（C）环境改造　（D）环境发展

4. 许多上了年纪的老北京都对小时候庙会上看到的各种绝活念念不忘。如今，这些绝活有了更为正式的称呼——民间艺术。然而，随着社会现代化进程加快，中国民俗文化面临前所未有的生存危机。城市环境不断变化，人民兴趣爱好快速分流和转移，加上民间

艺术人才逐渐流失，这一切都使民间艺术发展面临困境。这段文字的含义是（ B ）。

（A）市场化是民间艺术的出路　（B）民俗文化需要抢救性保护

（C）城市建设应突出文化特色　（D）应提高民间艺术人才的社会地位

5. 下列哪组物质属于现行的《污水综合排放标准》中规定的第一类污染物？（ B ）

（A）Cu、Zn　（B）Cd、Cr　（C）氰化物、甲苯　（D）氨氮、硫化物

6. 下列不属于废水治理技术的是（ A ）。

（A）稀释法　（B）混凝法　（C）反渗透法　（D）生物膜法

7. 污染防治不包括（ B ）。

（A）更改过程、产品或服务　（B）污染工序外包

（C）采用替代能源　（D）污染源的减少或消除

8. 危险化学品的生产、储存、使用单位，应当在生产、储存和使用场所设置（ B ），并保证在任何情况下处于适用状态。

（A）消防栓和灭火器　（B）通信、报警装置

（C）国家规定的标识　（D）监测装置

9.《危险废弃物转移联单管理办法》规定，危险废弃物转移联单的保存期限不应少于（ C ）。

（A）一年　（B）三年　（C）五年　（D）六年

10. 请根据规律选择适当的数据填入空缺处。12，13，15，18，22，（ B ）。

（A）25　（B）27　（C）30　（D）34

11. 国际旅游人员，是指进入我国国境在我国旅行、访问、考察、探亲，以及从事贸易、体育、学术技术交流活动的人员（包括外国人、华侨、港澳台同胞）。下列属于国际旅游人员的是（ D ）。

（A）驻华使领馆人员及其家属　（B）国际轮船临时上岸的海员

（C）来到我国定居的外国侨民　（D）来到我国进行文艺表演的国外艺术团体

12. 关于GB/T 24001—2004标准，下面哪一种说法是正确的？（ C ）

（A）标准包含了一些针对其他管理体系的要求

（B）标准可能不适用于个别的地理、文化和社会条件

（C）两个从事类似活动但具有不同环境绩效的组织可能都是符合标准要求的

（D）以上说法都正确

13. 根据环境管理体系的定义，以下哪种说法是不正确的？（ C ）

（A）环境管理体系包括组织结构、策划活动、职责、惯例、程序、过程和资源

（B）环境管理体系是组织管理体系的一部分

（C）环境管理体系可以确保组织取得最优的环境结果

（D）环境管理体系可用来制定和实施环境方针

14. 某剧院有25排座位，后一排均比前一排多2个座位，最后一排有70个座位。则该剧院一共有多少个座位？（ B ）

（A）1125　（B）1150　（C）1170　（D）1280

15. 甲车每小时行驶100公里，乙车每小时行120公里，但乙车每行驶1小时需要休息10分钟。两车一起出发，同向行驶，3.5小时后两车相距（ B ）公里。

（A）5　（B）10　（C）60　（D）70

二、判断题（判断下列各题，正确的写 T，错误的写 F，填入题后括号内。每题 1 分，共 15 分）

16. 组织应确保所有为它或代表它从事被确定为可能具有重大环境影响的工作的人员都要接受环境培训。（ F ）

17. 转移固体废弃物出省、自治区、直辖市行政区域贮存、处置的、应当向固体废弃物接受地的省、自治区、直辖市人民政府环境保护行政主管部门提出申请，得到批准方可转移。（ T ）

18. 污染物排放标准、环境基础标准、样品标准和方法标准统称为环境质量标准，是我国环境法律法体系的一个重要组成部分。（ F ）

19. 排污单位只要缴纳排污费便可免除缴费者应当承担的治理污染、赔偿损失的责任和法律法规的其他责任。（ F ）

20. 水、电等资源的节约和有效利用是污染预防的一种方式。（ T ）

21. 可以根据 BOD_5 和 CODcr 的比值来判断污水的污染物是否容易被生化降解。（ T ）

22. 环境目标和指标必须是可定量的。（ F ）

23. 合规性评价只须定期评价对适用法律法规的遵守情况。（ F ）

24. 根据 GB/T 24001—2004 标准的要求，环境管理体系文件应定期进行评审和更新。（ F ）

25. 组织必须就其重要环境因素与外界进行信息交流。（ F ）

26. 对于潜在的不符合都应当采取预防措施以防止不符合的发生。（ F ）

27. 当国家和地方环境标准中对污染物排放要求不同时，一般应按照国家标准执行。（ F ）

28. 酸雨是 $pH < 5.6$ 的降水。（ T ）

29. GB/T 24001—2004 标准是非强制性标准。因此，实施申请 GB/T 24001—2004 认证的组织不必对标准规定的所有规定的所有条款予以满足。（ F ）

30. GB/T 24001—2004 标准 4.3.2 条款所要求的是组织应遵守适用法律法规和其他要求。（ F ）

三、多项选择题（从下面各题选项中选出两个或两个以上最恰当的答案，并将相应的字母填入题后括号内。选错选项时不得分；全选对得 2 分；少选时，每个选项得 0.5 分。共 20 分）

31. 组织在其环境方针中应作出以下哪些承诺？（ BCD ）

（A）环境绩效　（B）污染预防　（C）遵守适用的法律法规　（D）持续改进

32. 制定纠正措施时，哪些是必须考虑的内容？（ BC ）

（A）要减少所造成的环境影响　（B）需要确定不符合产生原因

（C）需要对不符合进行调查　（D）要识别不符合

33. 在管理评审中应评审的内容包括（ ABD ）。

（A）合规性评价的结果　（B）目标指标的实施程度

（C）培训效果　（D）改进建议

34. 以下对环境标准执行的叙述中，正确的是（ AC ）。

（A）有地方标准执行地方标准　（B）必须执行国标

（C）无地方标准执行国标　　（D）组织可自选一种

35. 下列哪些物质是对臭氧层有破坏作用的物质？（　ABC　）

（A）哈龙（$CBrClF_2$）　（B）二氧化碳　（C）四氯化碳　（D）二氧化硫

36. 下列哪些内容是属于 GB/T 24001—2004 标准 4.5.1 条款监测、测量要求的范围？（　BC　）

（A）灭火器的维护　　（B）运行控制

（C）水、电消耗的统计　　（D）固体废弃物的处置情况

37. 燃煤电厂的主要大气污染包括（　ABC　）。

（A）氮氧化物　（B）二氧化硫　（C）烟尘　（D）碳氢化合物

38. 对于含有一类污染物污水的监测采样可选择的排水口是（　AC　）。

（A）车间排放口　　（B）工厂总排放口

（C）车间处理设施排放口　　（D）工业区污水排出口

39. GB 3095—1996《环境空气质量标准》规定污染项目包括（　BCD　）。

（A）总汞　（B）臭氧　（C）一氧化碳　（D）二氧化硫

40. GB/T 24001—2004 标准中的 4.4.5 文件控制条款要求组织做到（　BD　）。

（A）对于标准中要求文件化的内容全部文件化

（B）对于环境管理体系中的书面和电子形式存放的全部文件和记录加以妥善保管和控制

（C）在重点环境岗位必须配备相应的作业指导书

（D）建立一套控制和管理环境管理体系文件的程序

四、填空题（请在下面空缺处填上适当的内容。每题 1 分，共 10 分）

41. 预防措施是为了消除__潜在不符合__所采取的措施。

42. 通常用来表示水中固体污染物的是悬浮物和__浊度__两个指标。

43. 根据 GB/T 24001—2004 标准，管理评审的目的是确保环境管理体系的适宜性、__充分性__和有效性。

44. 根据《地表水环境质量标准》，地表水域环境功能分为__五__类。

45. GB/T 24001—2004 标准要求，组织应使为它或代表它工作的人员都愿意识别他们工作中的重要环境因素和实际或潜在的__重大影响__，以及个人工作的改进所能带来的环境效益。

46～50　请对以下场景进行分析，并在括号内写出其所最适用的 GB/T 24001—2004 标准条款的编号（最多只须写出三位章节号）或相应的标题名称。

46. 某公司召开年度的管理评审会议，管理层正在听取合规性评价的结果。（　4.6　）

47. 化学品库中的危险化学品大量泄漏，现场员工按应急预案的要求进行紧急处理。（　4.4.7　）

48. 安环部的老张向公司雇用的保洁人员讲解垃圾分类方法。（　4.4.2　）

49. 某公司的 ISO 办公室的人员每年都定期到当地的环保部门了解污染物排放标准的变化情况。（　4.3.2　）

50. 某电器公司在年初增加了喷涂生产工艺车间，并未对其所带来的环境影响进行分析。（　4.3.1　）

五、简答题（每题5分，共20分）

51. 简要回答我国环境标准体系有哪几类标准构成？审核员在企业现场审核主要用的是什么标准？

答：我国环境保护标准体系是由环境质量标准、污染物排放标准、方法标准、基础标准、样品标准等组成，审核员在企业现场审核主要用的是环境质量标准和污染物排放标准。

52. 根据GB/T 24001—2004标准，管理评审的输入应包括哪些内容？

答：管理评审的输入应包括：a）内外部审核和符合性评价的结果；b）外部相关方的交流、包括投诉；c）组织的环境绩效；d）目标指标实现程度；e）纠正预防措施的状况；f）以往管理评审的后续措施；g）外界条件的变化，包括有关法律法规和其他要求的发展变化；h）持续改进的建议。

53. 请简述组织识别环境因素时应考虑的范围？

答：识别组织的环境因素应考虑的范围：组织环境管理体系覆盖的产品、活动（过程）、服务中可控制的、有可能施加影响的环境因素。

54. 阅读理解。以下内容选自CCAA《环境管理体系审核员注册准则》（第2版）：

“2.1 申请要求

2.1.1　各级别注册申请人应认真阅读CCAA－EMS审核员注册准则，了解各项注册要求。

2.1.2　申请人应提供真实、完整的注册信息、资料。申请信息、资料应使用中文或英文，如提供其他语言的信息、资料，应附有经聘用申请人的认证机构确认的中文翻译件。

2.1.3　申请人应使用CCAA统一的注册申请表格。申请表应填写完整，由申请人亲笔签字，注册担保人、推荐机构负责人签字并盖推荐机构公章，附上所有要求的证明资料，与注册费用一同递交CCAA。

注：申请表格可从CCAA网站http：//www.ccaa.org.cn下载后填写，同时在该网站的“注册申请“栏完成网上申请。

2.1.4　申请人应签署声明，表示同意遵守CCAA－EMS审核员注册准则的各项要求，特别是审核员行为规范的要求。

2.1.5　申请人提交完整的注册申请资料和注册费用后，CCAA方可受理申请。开始评价注册程序。注册费用见《认证人员注册收费规则》（详见CCAA网站）。”

请根据以上内容回答问题（考生不必在本题中考虑以上未提及的其他任何要求）：

1）有些人认为，申请资料提交后，即意味着CCAA开始受理。请解释这中观点是否正确。

答：不正确，申请人提交完整的注册申请资料和注册费用后，CCAA方可受理申请。

2）根据要求，申请资料中的某些项目不能采用打印的形式，而必须有相应的签字或盖章。请指出在申请资料中，哪些地方必须具备签字或盖章？由谁签字或盖章？

答：申请人应使用CCAA统一的注册申请表格。申请表应填写完整，由申请人亲笔签字，注册担保人、推荐机构负责人签字并盖推荐机构公章。

六、案例分析及阐述题（每题10分，共20分）

55. 试分析阐述ISO 14001标准本身从哪些方面体现污染预防的思想。

答：标准要求环境方针包括对污染预防的承诺；整个体系以事先识别和评价出的重要

环境因素为控制对象是为了有针对性地管理组织的环境行为；目标指标的确定要包括污染预防的要求；对为组织工作的员工和代表组织工作的人员要通过培训，具备相应的能力和意识，以防止因人员的能力不足造成不利的环境影响；强调如果没有文件规定就可能导致偏离环境方针和目标的要制定成文的程序；对可能出现的异常和紧急情况要制定应急准备和响应程序，以减少伴随的环境影响；对出现的不符合要分析原因采取纠正措施和预防措施等，都体现了预防为主的思想。

56. GB/T 24001—2004标准要求识别能够施加影响的环境因素，并在相关条款中提出了有关管理要求，请根据下图回答：

供　方 ⟶ 组织产品中的环境因素 ⟶ 消费者

（1）根据此图，应至少识别供方中哪类（活动、产品、服务）环境因素？通过标准的哪个条款哪项要求进行管理？并举例说明如何管理。

答：识别供方提供的原材料、设备、服务中的环境因素，通过4.4.6c）控制，对供方提出要求，并通过验收原材料、设备、服务对其进行控制。

（2）产品中重要环境因素可通过标准的哪个条款的哪项要求对消费者施加影响？并举例说明如何对消费者施加影响。

答：通过4.4.3信息交流，在产品说明书中施加影响，如产品包装中的回收标志。对于家电产品说明节约能源的措施；使用中消费资源的产品（如洗衣机说明节水的要求）。

二、审核知识部分

2007 年 6 月环境管理体系审核知识考试题及答案

一、单项选择题（从下面各题选项中选出一个最恰当的答案，并将相应字母填入相应括号内。每题 1 分，共 15 分）

1. 申请人在申请 CCAA 注册资格时，需满足（ D ）要求。

（A）培训经历 （B）教育和工作经历 （C）环境工作经历 （D）以上全部

2. 监督审核的目的（ A ）。

（A）是确定体系是否持续满足要求，是否保持证书

（B）是采取纠正措施、预防措施

（C）同初审的目的一样

（D）是验证上次审核纠正措施的有效性

3. 审核组织环境管理体系所必要的资源时，应关注（ D ）。

（A）人力资源和专项技能 （B）基础设施

（C）技术和财力资源 （D）以上全部

4. 环境管理体系审核用来确定（ C ）。

（A）管理的效率

（B）环境现状符合国家法规和标准的情况

（C）环境管理体系的符合性和有效性

（D）环境手册和程序的存在

5. “将收集到的审核证据与审核准则进行比较所得到的评价结果”是（ B ）。

（A）审核证据 （B）审核发现 （C）审核结论 （D）观察结果

6. 当质量管理体系、环境管理体系、职业健康安全管理体系被一起审核时，称为（ D ）。

（A）整合审核 （B）一体化审核 （C）联合审核 （D）结合审核

7. 现场审核活动前应评审受审核方的文件，以确定文件所述的体系与（ D ）的符合性。

（A）GB/T 24001—2004 标准 （B）适用环境法律法规和其他要求

（C）相关方的要求 （D）审核准则

8. 下列哪一点与管理的内涵不符？（ C ）

（A）管理是任何组织集体劳动所必需的活动

（B）管理的对象是组织所拥有的各种规模资源

（C）管理是一个为组织目标服务的有意识的行为过程，但与机制无关

（D）管理的过程是由一系列相互关联、连续进行的活动构成

9. 第二阶段审核的内容不包括（ B ）。

（A）重要环境因素是否受到有效的控制

（B）组织确定的环境管理体系范围的合理性

（C）目标指标、方案是否按照预定的计划安排实施或完成

（D）体系监测及内审程序的实施，以及管理评审的实施情况

10. 组织对其材料供应商的审核属于（　B　）。

（A）第一方审核　（B）第二方审核　（C）第三方审核　（D）以上都有可能

11. 首次会议的主要目的包括（　C　）。

（A）为审核指定计划

（B）确定实施审核所需的资源和审核员人数

（C）介绍实施审核采用的方法和程序

（D）以上全部

12. 根据 2007 年 6 月 1 日起实施的 CCAA《环境管理体系审核员注册准则》，申请人必须（　D　）。

（A）具有大学本科（含）以上高等教育学历，并具有至少 5 年技术或管理岗位的工作经历

（B）具有大专（含）以上高等教育学历，并具有至少 5 年技术或管理岗位的工作经历

（C）具有大学本科（含）以上高等教育学历，并具有至少 4 年技术或管理岗位的工作经历

（D）具有大专（含）以上高等教育学历，并具有至少 4 年技术或管理岗位的工作经历

13. 审核范围通常包括对（　B　）的描述。

（A）实际位置、产品、活动和过程以及所覆盖的时期

（B）实际位置、组织单元、活动和过程以及所覆盖的时期

（C）实际位置、产品、活动和过程以及所覆盖的时期

（D）实际位置、组织单元、产品、活动和过程

14. 下述关于实习审核员的正确描述是（　C　）。

（A）必要时可以单独成组，但不能独立开具不符合报告

（B）不能单独成组，也不能单独提供涉及审核现场的专业技术支持

（C）不能单独成组，但有可能单独提供涉及审核现场的专业技术支持

（D）以上都不对

15. 刚性较强的组织形式是（　A　）。

（A）简单式结构　（B）职能式结构　（C）分部式结构　（D）矩阵结构

二、判断题（判断下列各题，正确的写 T，错误的写 F，填入相应括号内。每题 1 分，共 10 分）

16. 一名实习审核员可在一名技术专家的指导或帮助下共同实施审核。（　F　）

17. 在监督审核前不必进行文件审核。（　T　）

18. 审核准则应当包括 GB/T 24001—2004 标准的附录内容。（　F　）

19. 审核组长现场确认受审核方环境影响较小，可将环境管理体系的第一阶段和第二阶段审核合并进行。（　F　）

20. 认证结论的最后正式发布由审核组长决定。（　F　）

21. 环境管理体系审核主要是判断环境管理体系是否符合法律、法规的要求。（　F　）

22. 审核员必须到现场跟踪验证纠正措施的有效性。(F)

23. 第三方认证审核中的初次审核、监督审核和复评都是完整体系审核。(F)

24. 注册审核员既要接受聘用机构的监督，又要接受 CCAA 的监督。(T)

25. 在第三方审核中，重要的是要收集不合格的信息。(F)

三、多项选择题（从下面各题选项中选出两个或两个以上最恰当的答案，并将相应的字母填入题后括号内。多选或少选均不得分。每题 2 分，共 10 分）

26. 对某纺织厂进行环境管理体系审核的审核准则可包括（ ABD ）。

（A）GB/T 24001—2004 标准　　（B）组织的运行控制程序

（C）认证认可条例　　（D）纺织印染工业适用的法律法规

27. 《CCAA 审核员行为规范》要求 CCAA 注册审核员（ ABC ）。

（A）努力提高个人的专业能力和声誉

（B）不介入冲突或利益竞争，不向任何委托方或聘用机构隐瞒任何可能影响公正判断的关系

（C）不讨论或透露任何与工作任务相关的信息，除非应法律要求或得到委托方和或聘用单位的书面授权

（D）向受审核方提供增值服务

28. GB/T 19011—2003/ISO 19011：2002《质量和（或）环境管理体系审核指南》适用于（ ABCD ）。

（A）需要实施质量和（或）环境管理体系内部审核的所有组织

（B）需要实施质量和（或）环境管理体系外部审核的所有组织

（C）需要管理审核方案的所有组织

（D）可适用于其他领域的审核

29. 以下哪些方面是企业制定方针目标的主要依据？(ABCD)

（A）市场需求和顾客　　（B）竞争对手情况

（C）社会发展动向　　（D）政府管理要求

30. 职能式结构特别适合于（ AC ）的组织。

（A）外部环境比较稳定　　（B）对顾客适应能力要求高

（C）采用常规技术　　（D）规模不大

四、简答题（每题 5 分，共 15 分）

31. 请简述第一阶段审核的目的。

答：第一阶段审核的目的有：1）了解受审核方的基本情况；2）确定第二阶段审核的可行性；3）确定第二阶段审核的重点。

32. 请简述与审核有关的审核原则。

答：与审核有关的原则是：独立性、基于证据的方法。

33. 某公司的喷漆作业产生的废气通过活性炭吸附装置进行处置，但审核组发现企业最近的自我监测报告中二甲苯废气严重超标，请就上述情况谈谈审核思路（至少说出 GB/T 24001—2004标准中的三个条款的有关内容）。

答：审核思路：

1）4. 5. 3　是否立即采取纠正和纠正措施，确保问题不再发生？

2）4. 4. 6　运行采取的措施，如对活性炭吸附装置进行改造、设施更新、改良等。

3）4.5.1 重新检测二甲苯废气是否达标？

五、阐述题（每题 10 分，共 20 分）

34. 某城市工业区内一汽车制造厂涂漆车间的生产工艺为：清洗除油→水清洗→磷化→水清洗→涂漆→水清洗→干燥→中涂→烘干→喷面漆→烘干；清洗除油采用 NaOH 和合成洗涤剂，磷化使用磷酸锌、硝酸镍，涂底漆使用不含铅的水溶性涂料，中漆和面漆含甲苯、二甲苯，烘干采用热空气加热方式。生产过程中产生的废气经过吸附处理后由 30 米高的排气筒排放；产生的废水排入汽车制造厂污水综合处理站处理达标后排入城市污水处理厂。

（1）该涂漆车间的主要环境因素有哪些？

答：污水排放、废气排放 、危险废弃物的排放 、噪声排放、资源能源消耗、产品自身污染。

（2）请给出喷漆废水的主要污染因子，评价污水处理方式的合规性。

答：NaOH 和合成洗涤剂，磷化使用、硝酸镍；处理方式不合规，因为硝酸镍含有镍，是一类污染物，废水应在车间处理，并采样在车间排污口检验合格才能排入污水综合处理站，再排入城市污水处理厂。

（3）与该生产过程有关的固体废弃物是否属于危险废物，为什么？

答：是危险废物，因为列入了危险废物名录。

35. 请编制审核某污水处理站的检查表。

答：1）列出 8 个要素（4.4.1、4.4.2、4.3.1、4.3.3、4.4.6、4.4.7、4.5.1、4.5.3）。

2）4.3.1 应列出污水处理站的环境因素：污水排放、水的消耗、噪声等。

3）4.4.6 应列出污水的处理方法：如物理法、化学法、生物法等。

4）4.5.1 应列出监测的污水的关键特性如：BOD、COD、SS、pH 值等 。

5）要列出审核方法和抽样数量。

六、案例分析题（每题 6 分，共 30 分）

请对以下场景进行分析，并依据 GB/T 24001—2004 标准判断有无不符合。如有，请写出不符合标准条款的编号及内容，并写出不符合事实。

36. 在公司的化学品仓库中发现贮存有大量的金属表面处理剂，其 MSDS 上写有：“……本品如发生意外泄漏，应迅速用水稀释或黄沙混合后，并以熟石灰中和处理。”审核员问，这里有上述物资吗？仓管员说，这个仓库时半年前才建好使用的，还未来得及配置上述物资，但是我们这里可是从来没有发生过化学品泄漏的事情。

答：1）有不符合。

2）不符合 GB/T 24001—2004 标准中 4.4.7“组织应建立、实施并保持一个或多个程序，用于识别可能对环境造成影响的潜在的紧急情况和事故，并规定响应措施。”的要求。

3）不符合事实：在公司的化学品仓库中发现贮存有大量的金属表面处理剂，其 MSDS 上写有：“……本品如发生意外泄漏，应迅速用水稀释或黄沙混合后，并以熟石灰中和处理。”审核员问，这里有上述物资吗？仓管员说，这个仓库时半年前才建好使用的，还未来得及配置上述物资。

37. 查看某分厂“环境管理方案”中写明建立空压机房，以降低噪声排放，现场发现空压机仍露天放着，厂长解释说，现在环保局已将分厂所在区域由住宅区改为工业区，我们的噪声排放现在是达标的，因此也就没有再建。

答：1）有不符合。

2）不符合 GB/T 24001—2004 标准中 4.3.3“组织应制定、实施并保持一个或多个用于实现其目标和指标的方案，其中应包括：a）规定组织内各有关职能和层次实现目标和指标的职责；b）实现目标和指标的方法和时间表。”的要求。

3）不符合事实：分厂“环境管理方案”中写明建立空压机房，以降低噪声排放，但现场发现空压机仍露天放着，厂长解释说：“现在环保局已将分厂所在区域由住宅区改为工业区，我们的噪声排放现在是达标的，因此也就没有再建。”

38. 2006 年 6 月审核员在某厂发现，公司制造车间在 3 个月前引入了新的喷漆生产线，查阅该车间的环境因素识别和评价记录得知是在 2006 年 1 月填写的，之后并没有增加或修改，询问车间环境管理负责人，他说将在 2006 年 12 月管理评审时再进行新设备的环境因素识别和评价。

答：1）有不符合。

2）不符合 GB/T 24001—2004 标准 4.3.1 中“组织应将这些信息形成文件并及时更新。”的要求。

3）不符合事实：公司制造车间在 3 个月前引入了新的喷漆生产线，但没有进行新设备的环境因素识别和评价。

39. 某食品加工企业，负责环境管理体系策划和总体实施的总务部提供的当地环境监测部门提供的监测报告显示连续两次污水排放 COD 超标，审核员到公司内污水处理站现场发现，内部监测记录显示污水处理后 COD 均未超标，因此没有采取任何措施。

答：1）有不符合。

2）不符合 GB/T 24001—2004 标准 4.5.3 中“组织应建立、实施并保持一个或多个程序，用来处理实际或潜在的不符合，采取纠正措施和预防措施。”

3）不符合事实：总务部提供的环境监测部门提供的监测报告显示连续两次污水排放 COD 超标，而在污水处理站现场发现其内部监测记录显示污水处理后 COD 均未超标，且企业没有采取任何措施。

40. 审核员在某电镀公司审核，看到电镀车间内的含铬废水流向一地下管道，便问水流向哪里了，车间主管表示不太清楚，找来动力处的孙处长了解情况，孙处长说我们公司有文件规定，各个车间的废水，包括公司所有废水均没有直接排放，而是流到综合处理池去了，经处理达标后才排放。

答：1）有不符合。

2）不符合 GB/T 24001—2004 标准 4.4.6“组织应根据其方针、目标和指标，识别和策划与所确定的重要环境因素有关的运行，以确保其通过下列方式在规定的条件下进行：a）建立、实施并保持一个或多个形成文件的程序，以控制因缺乏程序文件而导致偏离环境方针、目标和指标的情况；”的要求。

3）不符合事实：在某电镀公司审核发现：含铬废水流向一地下管道，询问水流向哪里，车间主管表示不太清楚，动力处孙处长说我们公司有文件规定，各个车间的废水，包括公司所有废水均没有直接排放，而是流到综合处理池去了，经处理达标后才排放。

2007年9月环境管理体系审核知识考试题及答案

一、单项选择题（从下面各题选项中选出一个最恰当的答案，并将相应字母填入相应括号内。每题1分，共15分）

1. 下列哪一项描述最适宜作为环境目标？（ C ）

(A) 火灾事故为0　　(B) 降低能源的消耗

(C) 今年排放的COD总量比去年下降5%　　(D) 加强员工的环境技能培训

2. 以下哪种信息不可以作为审核证据？（ C ）

(A) 现场看到机油有泄漏

(B) 监测报告显示废水排放超标

(C) 车间主任说危险废物交给了有资质的处置方

(D) 内审检查表

3. 以下哪项工作不属于审核组长的职责？（ C ）

(A) 编制审核计划　　(B) 指导编写审核报告

(C) 制定审核方案　　(D) 主持首次会议

4. (A) 是对一次审核活动和安排的描述。

(A) 审核计划　　(B) 审核方案　　(C) 审核范围　　(D) 审核准则

5. 审核范围最终是由（ B ）确定。

(A) 审核组长　　(B) 审核委托方　　(C) 顾客　　(D) 认证机构

6. 关于审核组的组成，以下论述中错误的是（ A ）。

(A) 一、二阶段审核组的组成应是相同的

(B) 受审核方可以对审核组的组成提出异议

(C) 审核组中可以包括技术专家

(D) 审核组长由认证机构指定

7. 检查表应（ B ）。

(A) 对现场审核的人员分工及时间进行安排

(B) 策划对审核对象的审核思路

(C) 使用时严格按检查表提问

(D) 提交委托方确认

8. 关于审核中的沟通，以下说法正确的是（ A ）。

(A) 审核组应当定期讨论以交换信息

(B) 审核组长必须定期向受审核方通报审核进展及相关情况

(C) 审核组长必须定期向审核委托方通报审核进展及相关情况

(D) 当审核证据显示有紧急的和重大的风险（如安全、环境或质量方面）时，应当及时向审核委托方报告，但不需报告受审核方

9. 末次会议的主要目的是（ C ）。

(A) 与受审核方领导沟通　　(B) 颁发认证证书

(C) 宣布审核结果和结论　　(D) 以上皆是

10. 现场审核中的技术专家（ C ）。

（A）不是审核组成员　　（B）应当在审核员的指导下进行工作

（C）不能单独成组实施审核　　（D）应当指导审核员工作

11. 第三方认证审核的审核报告应提交给（ A ）。

（A）审核委托方　　（B）受审核方

（C）受审核方的上级主管部门　　（D）认可机构

12. 一次审核的结束是指（ B ）。

（A）末次会议结束　　（B）分发了经批准的审核报告之时

（C）对不符合项纠正措施进行验证后　　（D）监督审核之后

13. 组织应在认证证书有效期满前（ C ）个月向认证机构提出复评申请。

（A）1　　（B）2　　（C）3　　（D）4

14. 第三方认证审核时，审核的委托方是（ B ）。

（A）认证委托机构　　（B）认证机构　　（C）受审核方　　（D）CNAS

15. 根据中国认证认可协会《环境管理体系审核员注册准则》（第2版），申请人应具有至少（ B ）年与环境管理相关的工作经验。

（A）1　　（B）2　　（C）3　　（D）4

二、判断题（判断下列各题，正确的写T，错误的写F，填入相应括号内。每题1分，共10分）

16. 审核组中的技术专家如果技术能力具备要求可以单独进行审核。（ F ）

17. 审核组长并不是必须由高级审核员担任。（ T ）

18. 因为在初评时已经实施了文件评审工作，所以在监督审核及复评时无需再开展文件评审工作。（ F ）

19. 对于审核中开具的严重不符合项，审核组通常选择现场验证的方式验证其纠正措施实施的有效性。（ T ）

20. 审核员在审核中为了找到更多的不符合项可以加大抽样量。（ F ）

21. 根据不符合项的性质或程度，可采用不同的纠正措施跟踪验证方式。（ T ）

22. 第一阶段审核发现的不符合，可以在第二阶段审核后与二阶段不符合一并纠正。（ F ）

23. 经CCAA批准注册的审核员拥有所获得的注册证书和证卡的所有权。（ F ）

24. 根据审核员行为规范的要求，审核员在任何情况下都不得透露与工作任务相关的信息。（ F ）

25. 组织的管理活动包括计划、组织领导和控制。（ T ）

三、多项选择题（从下面各题选项中选出两个或两个以上最恰当的答案，并将相应的字母填入题后括号内。多选或少选均不得分。每题2分，共10分）

26. 环境管理体系审核阶段的活动包括（ BCD ）。

（A）合同评审　　（B）审核的启动

（C）文件评审　　（D）现场审核准备与实施

27. 年度监督审核实施时，至少包含（ ABCD ）。

（A）对负责环境管理体系的运行和维护的管理层和主管部门的审核

（B）针对上次审核中确定的不符合所采取的纠正措施

（C）对投诉所采取的措施

（D）认证证书和标志的使用

28. 申请CCAA环境管理体系实习审核员的申请人，应满足以下（　ABD　）要求。

（A）教育经历　（B）工作经历　（C）审核经历　（D）环境管理工作经历

29. 一般来说，企业是指具有以下（　ABCD　）特点的基本经济单位。

（A）从事生产、流通或服务等活动　（B）自主经营、自负盈亏

（C）实行独立核算　（D）具有法人资格

30. 采购产品的验证方法可以是（　AB　）。

（A）检验或实验　（B）查验供方提供的合格证明

（C）供方的口述　（D）组织管理层的认可

四、简答题（每题5分，共15分）

31. 审核员在企业的办公室审核时，发现连续三项对该企业噪声扰民提出投诉。询问办公人员，“该信息是否已转给有关部门”处理，回答：“以电话通知”，审核员问：“解决的怎样”，回答说：“不清楚”。请简述上述事实中可能存在的问题及对应的标准要素。

答：不符合4.4.3b)。外部信息的回复处理响应不到位。

32. 阐述在进行环境管理体系审核时，对ISO 14001标准4.3.2条款要求的审核要点。

答：1）对主控部门：是否建立了相应程序文件？建立了获取相关法律法规和其他要求的渠道？是否识别了适用的法律法规和其他要求？在方针制定、目标和指标确定、环境因素识别和评价、运行控制准则确定、应急方案制定、监视和测量、合规性评价和内审、管理评审中是否充分考虑了法律法规的要求？

2）对其他部门：主要是审核是否获取了相关的法律法规和其他要求，文本是否有效？如何将法律法规要求运用于相关的环境管理工作和相关的环境因素？

33. 可以将第一、二阶段审核合并进行的条件是什么？

答：1）组织规模及现场范围很小，环境因素简单；2）审核组长已充分了解受审核方的现场及其环境因素与影响，认为具备认证审核的条件；3）审核组有充分的资源保证，在受审核方的配合下，可确保一个阶段的审核能满足审核准则的全部要求。

五、阐述题（每题10分，共20分）

34. 监督审核时，某审核员在B经理陪同下来到某公司二期工程厂房。经询问审核员了解到，一期工程及配套污水处理厂是1996年投产的，持有“三同时”、“环评”等批文，当时的设计生产能力是年产50万台。审核员紧接着问：“二期工程何时投产？”……“现在全公司三班年产多少台？”B经理回答说：“2002年4月，三班年产100万台！”但当问到1996年后是否兴建新的污水处理装置（或厂）时，回答没有。在磷化装置前发现未处理的含镍的污水直接排入流向污水处理厂的下水道。现场工程师告诉审核员，污水处理是公司污水厂的职责，我们只管生产。请描述你的审核思路。（至少回答出四个要素）

答：1）4.3.1：该公司2002年扩建了二期工程，审核是否针对项目扩建进行了环境因素识别评价。

2）4.3.2：含镍污水为一类污染物，应确认法规是否识别。

3）4.4.6：对扩建项目的重要环境因素的控制措施是否充分，含镍废水应在车间排放口或装置排放口进行监测，达标后再排入污水处理厂，一期污水处理能力50万吨，实际产量100万吨，对污水处理厂的处理能力进行审核。

4）4.5.1：对废水排放情况进行定期监测，检查车间排放口和总排放口的监测数据是否满足相应的要求。

5）4.5.2：查合规性评价记录，对二期工程环境影响评价和三同时验收等相关法规是否评价？结果不符合，查4.5.3采取的措施。

35. 审核组到某一木制家具厂进行审核。公司将喷漆废气的排放作为公司的重要环境因素之一。请针对该厂喷漆废气的排放这一重要环境因素编写检查表。

答：1）是否明确了与喷漆废气排放相关的职责？(4.4.1)

2）是否获取了与喷漆废气排放有关的法律及其他要求？抽查相关的文件评价有效性，了解是否将相关要求应用在管理体系中？(4.3.2)

3）查阅相关文件，是否确定与这一重要环境因素有关的目标指标及其管理方案？如有方案，是否得到有效实施？(4.3.3)

4）与环保科相关人员及喷漆车间负责人交流，了解是否清楚喷漆废气对环境的危害？是否清楚油漆的MSDS？有哪些控制措施？(4.4.2)

5）是否对与喷漆废气排放有关的过程控制进行了识别与策划，并制定了相应控制程序？文件中规定了控制准则？是否对油漆供方施加了环境影响？抽查相关文件及合同或施加影响的其他记录？是否按程序规定进行了实施？现场查阅相关3个月的控制记录？现场有无油漆和稀料的MSDS？有无废气处理设施？是否正常运行（如活性炭的更换）？查阅运行记录？操作人员是否佩带防毒防护用品？(4.4.6)

6）是否制定了《应急响应程序》和防止火灾或中毒的应急预案？现场有无消防设施，日常是否进行检查和维护，有无记录？询问相关人员是否清楚应急预案的内容和要求？公司是否对相关预案进行过评审和演练？查阅相关的评审和演练记录。(4.4.7)

7）公司是否对与喷漆废气排放有关的运行和活动进行过检查？对喷漆车间废气排放口进行过定期的环境监测？查阅相关报告和抽查1～3个月的日常检查记录。(4.5.1)

8）是否出现过不符合？是否曾针对不符合采取了有效的纠正措施？抽查1～2份不符合及纠正措施记录。(4.5.3)

六、案例分析题（每题6分，共30分）

请对以下场景进行分析，并根据GB/T 24001—2004标准判断有无不符合。如有，请写出不符合标准条款的编号及内容，并写出不符合事实。

36. 企业的环境监测站负责对本企业排放的污水进行监测，审核员查阅相关污水监测数据，其结果均符合相关污水排放标准。审核员又发现该监测站使用的仪器超过检定周期仍在使用。

答：1）有不符合。

2）不符合GB/T 24001—2004标准中4.5.1“组织应确保所使用的监视和测量设备经过校准和验证，并予以妥善维护，且应保存相关的记录。”的要求。

3）不符合事实：企业的环境监测站使用的仪器超过检定周期仍在使用。

37. 2006年6月，审核员在对某厂进行审核时发现，公司在3个月前新建了喷漆生产线，查阅该公司的环境因素识别和评价记录，发现在2006年1月更新了环境因素。环境因素没有喷漆生产线的环境因素。审核员询问环境管理体系负责人，他说将在2006年12月管理评审时，再进行环境因素的更新。

答：1）有不符合。

2）不符合 GB/T 24001—2004 标准中 4.3.1“组织应将这些信息形成文件并及时更新。”的要求。

3）不符合事实：公司在 3 个月前新建了喷漆生产线，查阅环境因素识别和评价记录发现：在 2006 年 1 月更新了环境因素，但环境因素没有喷漆生产线的环境因素。询问环境管理体系负责人，他说将在 2006 年 12 月管理评审时，再进行环境因素的更新。

38. 审核员在参观某公司锅炉房时，发现锅炉的烟尘是通过一级旋风除尘后进入烟囱的，司炉工介绍说该除尘器是当地环保部门指定产品，装上一年多了从未出现过问题，审核员问万一设备出现故障时该如何操作？是否继续工作时，司炉工回答道他从未想过。

答：1）有不符合。

2）不符合 GB/T 24001—2004 标准中 4.4.6“组织应根据其方针、目标和指标，识别和策划与所确定的重要环境因素有关的运行，以确保其通过下列方式在规定的条件下进行：a）建立、实施并保持一个或多个形成文件的程序，以控制因缺乏程序文件而导致偏离环境方针、目标和指标的情况”的要求。

3）不符合事实：在锅炉房审核时发现锅炉的烟尘是通过一级旋风除尘后进入烟囱的，司炉工介绍说该除尘器是当地环保部门指定产品，装上一年多了从未出现过问题，当询问其万一设备出现故障时该如何操作和是否继续工作时，司炉工回答道他从未想过。

39. 公司的“XYE002－12 材料安全数据（MSDS）控制程序”中规定：“MSDS 应妥善保管，避免破损缺失。”审核员在化学品库发现所使用的 MSDS 已破损，上面有许多污渍，有些字迹模糊难以辨认。

答：1）有不符合。

2）不符合 GB/T 24001—2004 标准中 4.4.5“组织应建立、实施并保持一个或多个程序，以规定：……e）确保文件字迹清楚，易于识别”的要求。

3）不符合事实：编号为 XYE002－12 的《材料安全数据（MSDS）控制程序》中规定：“MSDS 应妥善保管，避免破损缺失。”但在化学品库发现所使用的 MSDS 已破损，上面有许多污渍，有些字迹模糊难以辨认。

40. 审核员在 5 月份审核时要求综合管理处长提供上次内审（2 月份）不符合项报告的原因分析及纠正措施以及验证记录，审核员发现 7 号、10 号不符合项的纠正措施规定在 2 月 20 日前完成，但处长提供不出是否实施及是否验证有效的证据。

答：1）有不符合。

2）不符合 GB/T 24001—2004 标准中 4.5.3“组织应建立、实施并保持一个或多个程序，用来处理实际或潜在的不符合，采取纠正措施和预防措施。程序中应规定以下方面的要求：……b）对不符合进行调查，确定其产生原因，并采取措施以避免再度发生”的要求。

3）不符合事实：查阅内审不符合整改材料发现：编号为 7 号、10 号的不符合项的纠正措施规定在 2 月 20 日前完成，但综合管理处长提供不出是否实施以及是否验证了有效的证据。

2007年12月环境管理体系审核知识考试题及答案

一、单项选择题（从下面各题选项中选出一个最恰当的答案，并将相应字母填入相应括号内。每题1分，共15分）

1. 以下可以作为环境管理体系审核的审核证据的是（ B ）。

（A）油压车间的工人反应车间噪声太大，引起听力下降

（B）企管部向审核员提供的市环境检测部门的厂界噪声检测报告

（C）审核员听见土石方施工过程中噪声很大，认为厂界噪声超标

（D）以上都可以

2. 认证结论最终由（ D ）正式发布。

（A）审核组长　（B）审核组经充分讨论后

（C）认证机构技术委员会　（D）认证机构

3. 第一阶段审核时对文件的审查主要评价（ A ）。

（A）文件对GB/T 24001—2004标准的符合性

（B）文件在实际过程中的执行程度

（C）通过文件化体系的运行，环境绩效如何

（D）文件所描述管理方法的适宜程度

4. 在监督审核中缩小审核范围的条件不包括（ C ）。

（A）获证组织的主要区域、主要生产线、主要过程等不再继续符合认证标准和其他附加要求

（B）获证组织的认证范围内部分产品范围、现场、区域、生产线、主要过程等不愿再保持认证资格，但不能将不可分开的环境风险较大的部分去掉

（C）获证组织将某污染较重的工序承包给相关方

（D）获证组织不再生产某类产品或不再提供某种服务

5. 向导的作用及职责不包括（ D ）。

（A）确保审核组成员了解和遵守有关场所的安全规则和安全程序

（B）安排对场所或组织特定的特定部分的访问

（C）代表受审核方对审核进行见证

（D）收集审核证据

6. 确定审核范围时应考虑（ D ）。

（A）组织的管理权限　（B）组织的产品范围

（C）组织的活动范围和现场区域　（D）以上都应考虑

7. 下列对于审核计划描述不正确的是（ A ）。

（A）审核计划应当在现场审核活动开始前，经审核委托方评审和接受，并在现场审核活动开始后及时提交受审核方

（B）受审核方对审核计划的任何异议应通知审核组长，受审核方和审核委托方之间予以解决

（C）任何经修改的审核计划应当在继续审核前征得各方的同意

（D）可以包括审核工作和审核报告所用的语言、审核后的活动等内容

8. 下列哪一项不是首次会议必须包括的内容？（　C　）

（A）确认审核目的、范围、准则　　（B）确认有关保密事项

（C）对不符合及采取纠正措施的要求　　（D）确认向导的安排、作用和身份

9. 由行业协会对组织进行的审核是（　B　）。

（A）第一方审核　（B）第二方审核　（C）第三方审核　（D）联合审核

10. 验证受审核方建设项目是否能立项的环保证明是（　C　）。

（A）环评报告书（表）　　（B）环保局对环评大纲的批复

（C）环保局对环评报告的批复　　（D）环境检测站的检测报告

11. 现场审核准备阶段的工作内容主要是（　B　）。

（A）组建审核组，任命审核组长　　（B）编制审核计划和检查表

（C）确定审核的可行性　　（D）与受审核方建立初步联系

12. 末次会议应该由谁主持（　B　）。

（A）审核委托方负责人　　（B）审核组长

（C）受审核方负责人　　（D）双方协商确定或共同主持

13. 审核报告的所有权归（　A　）所有。

（A）审核委托方　　（B）审核组长

（C）受审核方　　（D）受审核方的上级主管机构

14. 以下哪些活动不是审核组长的职责？（　D　）

（A）编制审核计划　　（B）文件评审

（C）审核组工作分配　　（D）审核方案的评审

15. 根据中国认证认可协会《环境管理体系审核员注册准则》（第二版），申请人应具有至少（　C　）年技术或管理岗位的工作经验。

（A）2　（B）3　（C）4　（D）5

二、判断题（判断下列各题，正确的写T，错误的写F，填入相应括号内。每题1分，共10分）

16. 受审核方未签字确认的不符合报告不能生效。（　F　）

17. CCAA对所有注册申请人都将进行技能方面的考核。（　T　）

18. 根据CCAA《环境管理体系审核员注册准则》（第二版）的规定，申请人在申请资格扩展时，无需参加所申请扩展之注册领域的笔试。（　F　）

19. 一个组织有多个现场，审核员可以对多个现场进行随机抽样。（　F　）

20. 一阶段审核时，受审核方应该进行了内审和管理评审。（　T　）

21. 审核结论是指收集的审核证据对照审核准则进行评价的结果。（　F　）

22. 对任一组织，第一阶段和第二阶段的现场审核都是必备的程序。（　F　）

23. 环境管理体系认证审核时，如果出现了达不到审核目的的情况，审核组长可以决定终止审核。（　F　）

24. 认证审核的审核计划必须得到受审核方的同意。（　T　）

25. 审核组中必须配备熟悉受审核方专业的人员。（　T　）

三、多项选择题（从下面各题选项中选出两个或两个以上最恰当的答案，并将相应的字母填入题后括号内。多选或少选均不得分。每题2分，共10分）

26. 对违反审核员行为规范，不满足注册要求的审核员，经调查核实后可能受到的处罚包括（ ABCD ）。

（A）警告 （B）暂停注册资格 （C）降低注册级别 （D）撤销注册资格

27. 审核计划的内容应包括（ ABC ）。

（A）审核目的 （B）审核准则 （C）审核范围 （D）审核检查表

28. 第一阶段审核的目的有（ ABD ）。

（A）确定第二阶段的可行性 （B）确定第二阶段的审核重点

（C）确定环境管理体系是否可推荐认证通过（D）确定审核范围

29. 以下哪种情况将构成不符合？（ AD ）

（A）某企业污水处理作业指导书中没有说明pH值的具体控制指标

（B）两位管理者之间提供不出内部交流的记录

（C）生产现场某过程没有该过程的安全规程

（D）两位管理者没有按规定作内部信息交流记录

30. 审核计划应当（AD）。

（A）经审核委托方评审和接受

（B）现场审核时提交给受审核方

（C）一经批准，在现场审核中不应变动

（D）任何修改均应当经过受审核方同意

四、简答题（每题5分，共15分）

31. 请简述EMS监督审核时应关注哪些方面。

答：1）内部审核和管理评审情况；2）对上次审核中确定的不符合采取的措施的有效性；3）投诉的处理性情况；4）管理体系在实现客户目标方面的有效性情况；5）为持续改进而策划的活动进展；6）任何变更；7）标志的使用和任何对认证资格的引用情况。

32. 一般来说，企业的组织结构及职责划分是相似的，请针对一个上千人的大型生产型企业，说出一般设有哪些关键的中层部门以及这些部门的职责（至少说出六个）。职责请用GB/T 24001—2004标准中的条款编号表示（例如：部门：生产部；职责：4.4.6）。

答：安全环保部是主控部门：4.3.1、4.3.2、4.3.3、4.4.6、4.4.7、4.5.1、4.5.2、4.5.5，重点查该企业的环境因素辨识、法规的收集、合规性评价、内审；

生产部：重点车间管理，4.3.1、4.4.6、4.4.7，车间重要环境因素的控制；

人力资源部：4.4.2；

采购部：4.3.1、4.4.6；

基建部：关注相关方，4.3.1、4.4.6、4.4.7；

化学品库：关注泄漏的应急控制，4.3.1、4.4.6、4.4.7。

33. 某公司在“环境因素识别和评价程序”中规定，“……以评分值表明环境因素的重要性。评分时主要考虑一下因素：发生的频次、造成的后果、持续的时间、为消除影响可能要发生的费用（费用越高评分值越低）……”。请简要说明上述规定是否适当并说明理由。

答：不适当，评价准则可包括环境事务、法律法规、内外部相关方的关注等方面的问题，费用越高分值越低不客观，要考虑法规和相关方关注，不应只关注治理费用。这样容易造成重要环境因素的漏识。

五、阐述题（每题 10 分，共 20 分）

34. 请针对某燃煤热水锅炉房（额定功率大于等于 14MW）编制检查表。

答：燃煤热水锅炉房的检查表如下：

1）4.4.1　和动力车间负责人交谈：职责是什么？锅炉房的锅炉类型、容量、压力、台数、烟囱高度、除灰情况；鼓风机、引风机、排风扇等情况；软化水系统情况及锅炉清洗情况、水压表等的检定校准情况等。

2）4.3.1　查锅炉房《环境因素清单》，识别是否充分？有否充分考虑八个方面、三种状态、三种时态？有否关注产品、相关方、异常和紧急情况的环境因素识别？查《重要环境因素清单》，评价是否客观、科学、合理？

3）4.3.3　查与锅炉房运行有关的目标、指标；抽查目标、指标制定是否合理？抽查 1 ~2 项目标指标完成情况、更新情况。

4）4.4.6　围绕目标和指标、重要环境因素等，了解锅炉定期清洗情况、锅炉日常运用控制情况，水压表、水位计的有效情况、定期的检测情况；煤质控制情况、除尘器的运行情况、废水的控制情况、检修过程中废弃物控制情况。

5）4.4.7　查应急准备和响应程序中有关锅炉房的内容？锅炉爆炸和除尘设施故障的应急预案内容。

6）4.5.1/4.5.2　对锅炉房的监测项目、监测频次规定和要求是否明确？是否按国家法律法规要求定期进行锅炉的安全装置检测？废气排放监测？煤质检验？查阅有关检测报告，并对报告中提出的问题了解是如何处理的？查锅炉房持续遵守法律法规评价情况。

35. 某审核员于 2007 年 6 月 5 日对某组织进行现场审核时发现，该组织 5 月份的污水检测报告中 COD 的监测结果为 150mg/L，经查具执行的标准为 100mg/L。请针对此现象写出审核思路。

答：需要审核：4.5.3、4.3.2、4.4.6、4.5.1。

1）是不针对污水超标排放采取了纠正措施？2）执行的标准是否获取？3）是否对污水排放相关过程实施了有效控制？4）监视测量过程是否受控？监测设备是否符合规定要求？是否校准？

六、案例分析题（每题 6 分，共 30 分）

请对以下场景进行分析，并依据 GB/T 24001—2004 标准判断有无不符合。如有，请写出不符合标准条款的编号及内容，并写出不符合事实。

36. 办公室主任对审核员介绍说："对于各方抱怨，我们有严格的规定，接到有关的抱怨信件、电话都记录下来，然后马上派人去处理。"审核员查看记录"抱怨事项"一栏中有几次写道，车辆运渣撒到马路上，在纠正措施一栏中写道"马上派人清扫"。

答：1）有不符合。

2）不符合 GB/T 24001—2004 标准 4.5.3"b）对不符合进行调查，确定其产生原因，并采取措施以避免再度发生；"的要求。

3）不符合事实：办公室主任说："对于各方抱怨，我们有严格的规定，接到有关的抱怨信件、电话都记录下来，然后马上派人去处理。"查看记录"抱怨事项"一栏中有几次写道，车辆运渣撒到马路上，在纠正措施一栏中写道"马上派人清扫"。

37. 审核员在某印刷厂固废堆放区审核时发现，该区域分为三个区，分别张贴“生活垃圾”、“一般工业固废”、“危险废物”（公司将危险废物的废弃评价为重要环境因素）的标志。在“生活垃圾”区域中有快餐盒、茶叶、玻璃杯及苹果核等，在“一般工业固废”区域中有塑料包装膜、木托盘、废润滑油桶、废纸等，在“危险废物”区中有废油漆桶、废油抹布、废油等。

答：1）有不符合。

2）不符合 GB/T 24001—2004 标准中 4. 4. 6 “组织应根据其方针、目标和指标，识别和策划与所确定的重要环境因素相关的运行，以确保其通过下列方式在规定的条件下进行：a）建立、实施并保持一个或多个程序，以控制因缺乏程序文件而导致偏离环境方针、目标和指标的情况”的要求。

3）不符合事实：在固废堆放区审核时发现：该区域分为三个区，分别张贴“生活垃圾”、“一般工业固废”、“危险废物”（公司将危险废物的废弃评价为重要环境因素）的标志。在“一般工业固废”区域中有废润滑油桶、废纸等，在“危险废物”区中有废油漆桶、废油抹布、废油等。

38. 审核员与一名用三氯乙烯进行清洗作业的员工进行交谈，当询问他三氯乙烯的危害及预防措施时，他说他刚调来该岗位并且不具备管理化学品的责任，所以不甚了解。

答：1）有不符合。

2）不符合 GB/T 24001—2004 标准中 4. 4. 2 “组织应确保所有为它或代表它从事被确定为可能具有重大环境影响的工作的人员，都具备相应的能力。”的要求。

3）不符合事实：当询问进行清洗作业的员工是否知道三氯乙烯的危害及预防措施时，他说他刚调来该岗位并且不具备管理化学品的责任，所以不甚了解。

39. 某审核员在工厂进行审核，当他巡视到西边厂界时，发现一个大的储罐，审核员问是装什么的，陪同的经理回答说用来装硫酸，审核员记得公司将硫酸储罐的潜在泄漏定为公司的重大环境因素，于是问针对此种情况，工厂采取了哪些措施，经理说储罐一直很坚固，也从来未出现任何事故，最近公司比较忙，未将此事列在议事日程上。

答：1）有不符合。

2）不符合 GB/T 24001—2004 标准中 4. 4. 7 “组织应建立、实施并保持一个或多个程序，用于识别可能对环境造成影响的潜在的紧急情况和事故，并规定响应措施。”的要求。

3）不符合事实：公司将硫酸储罐的潜在泄漏定为公司的重大环境因素，但没有制定相应的应急措施。经理说储罐一直很坚固，也从来未出现任何事故，最近公司比较忙，未将此事列在议事日程上。

40. 2006 年 12 月在对某企业进行审核时发现，该公司生产车间在 8 月份引进了一条新的加工生产线，并已投入生产，查阅该车间环境因素和评价记录得知是在 2006 年 1 月份填写的，此后并没有修改和补充。询问车间有关负责人，他说将在 2007 年 1 月份进行新的生产线的环境因素识别和评价。

答：1）有不符合。

2）不符合 GB/T 24001—2004 标准 4. 3. 1 中：“组织应建立、实施并保持一个或多个程序，用来：a）识别其环境管理体系覆盖范围内的活动、产品和服务中能够控制、或能够施加影响的环境因素，此时应考虑到已纳入计划的或新的开发、新的或修改的活动、产品和服务等因素；”的要求。

3）不符合事实：公司生产车间在8月份引进了一条新的加工生产线，并已投入生产，查阅该车间环境因素和评价记录得知是在2006年1月份填写的，此后并没有修改和补充。询问车间有关负责人，他说将在2007年1月份进行新的生产线的环境因素识别和评价。

2008年3月环境管理体系审核知识考试题及答案

一、单项选择题（从下面各题选项中选出一个最恰当的答案，并将相应字母填入相应括号内。每题1分，共15分）

1. 某公司的环境管理体系认证书有效期是2007年12月18日，公司重新向原来认证机构提出申请，该认证机构受理了申请，对该公司进行的再次审核成为（ B ）。

（A）复审 （B）复评（再认证） （C）监督审核 （D）预审核

2. 环境管理体系第一阶段审核的目的包括（ A ）。

（A）确定审核范围

（B）确定受审核方是否具备认证注册的条件

（C）评价受审核方的EMS是否已建立并得到有效实施

（D）以上都正确

3. 顾客委托认证机构对其供方的管理体系进行的审核是（ C ）。

（A）认证审核 （B）第一方审核 （C）第二方审核 （D）第三方审核

4. 受审核方建设项目是否能正式生产的环境依据是（ C ）。

（A）环境监测站的竣工验收监测报告 （B）受审核方建设项目竣工验收申请

（C）环保局对竣工验收的批复 （D）环保专家的验收意见

5. 下列关于内审的要求不准确的是（ A ）。

（A）应每年进行一次

（B）可以制定一个或多个审核方案

（C）向管理者报告审核结果

（D）审核员的选择须确保审核过程的客观、公正性

6. 关于实习审核员，以下说法正确的是（ C ）。

（A）如具有专业能力，可以独立实施审核

（B）工作量不能计入审核人日，因此不作为审核组成员

（C）必须在审核员或高级审核员指导下实施审核

（D）可以在高级审核员指导和帮助下，作为实习审核组长领导审核组完成审核任务

7. 审核的启动可涉及到以下哪一方面的工作？（ A ）

（A）确定审核目的、范围和准则 （B）评审文件的适宜性和充分性

（C）编制审核检查表 （D）制定审核计划

8. 一般来说，检查表由（ B ）编制。

（A）受审核方 （B）审核员 （C）审核方案管理人员 （D）技术专家

9. 以下哪种情况可构成不符合？（ D ）

（A）宾馆餐厅没有处理泔水的作业指导书

(B) 两位管理者之间提供不出内部交流的记录

(C) 生产现场某过程没有该过程的安全规程

(D) 两位管理者没有按规定作内部信息交流的记录

10. 在审核中发现了正在使用的某个文件，这是（ C ）。

(A) 审核准则　(B) 审核发现　(C) 审核证据　(D) 审核结论

11. 企业在进行内审时，所选择的内部审核员应该是（ D ）。

(A) 企业内部专职人员　(B) 企业内部兼职人员

(C) 允许聘请外部人员　(D) 只要是有能力实施审核的人员，以上均可

12. 管理的主体是（ D ）。

(A) 最高管理者　(B) 高层管理者　(C) 全体员工　(D) 管理者

13. 事业部式的组织结构主要优点（ B ）。

(A) 灵活性和适应性强　(B) 对外界环境变化反应快

(C) 适应性和稳定性强　(D) 结构简单、权力集中

14. CCAA 现行 EMS 审核员注册准则的实施日期为（ D ）。

(A) 2006 年 1 月 1 日　(B) 2007 年 1 月 1 日

(C) 2007 年 5 月 1 日　(D) 2007 年 6 月 1 日

15. 以下行为中，未违反审核员行为规范要求的是（ C ）。

(A) 未获取审核证据，雇他人窃取受审核方文件资料

(B) 在现场审核时，指出受审核方管理体系存在的不符合并促使其在审核结束前改正

(C) 审核完成后。接受审核方给予的表彰锦旗

(D) 审核完成后，与未参加本次审核的审核员讨论受审核方的产品工艺配方

二、判断题（判断下列各题，正确的写 T，错误的写 F，填入相应括号内。每题 1 分，共 10 分）

16. 不同社会制度的国家中，管理也具有共性。（ T ）

17. 某建筑公司施工项目部出示了公司统一下发的“适宜环境法规和其他要求”目录清单和相关光盘（均为法律法规的原文），这表明其已确定了适用的环境法律法规要求。（ F ）

18. 技术专家作为审核组的成员，为审核组提供专业技术支持。（ T ）

19. 对已通过认证的组织进行监督审核时不需要进行文审。（ F ）

20. 组织的环境管理体系覆盖范围应与认证机构协商确定。（ F ）

21. 根据 CCAA 现行审核员注册准则，环境管理体系实习审核员申请人应具有至少 3 年技术或管理岗位的工作经历。（ F ）

22. 审核组评价审核证据得出审核发现，综合评价审核发现得出审核结论。（ F ）

23. 第一阶段已审核过的要素，在第二阶段审核计划中可不作安排。（ F ）

24. 组织环境管理体系覆盖的范围可与认证审核范围不一致。（ T ）

25. 获证组织的复评（再认证）周期为四年。（ F ）

三、多项选择题（从下面各题选项中选出两个或两个以上最恰当的答案，并将相应的字母填入题后括号内。多选或少选均不得分。每题 2 分，共 10 分）

26. 一个组织的状况应当包括（ ACD ）。

（A）组织的文化和社会习俗

（B）组织采用新技术、开辟新市场的能力

（C）组织的规模、结构、职能和关系

（D）组织的运营过程和相关术语

27. 可以作为环境管理体系审核证据的是（　AD　）。

（A）审核员看见污水处理站的操作工人没有按作业指导书添加铝碱

（B）审核员发现操作工人加工的零件不符合要求，认为该操作工没有经过培训

（C）操作工告诉审核员，机加工车间的噪声太大，很多工人的听力都下降了

（D）操作工告诉审核员，附近居民对车间的噪声有抱怨，审核员查看了抱怨记录

28. 根据 GB/T 19011—2003 标准，审核员应具备的个人素质包括（　ABC　）。

（A）有道德　（B）善于观察　（C）适应性强　（D）了解受审核方所在地语言

29. 涉及审核范围的文件可包括（　AD　）。

（A）审核计划　（B）专业审核作业指导书　（C）检查表　（D）审核报告

30. 确定不符合原则是（　AC　）。

（A）必须以客观事实为基础　　（B）必须不能引起对涉及不符合员工的处罚

（C）必须以审核准则为依据　　（D）必须经受审核方同意

四、简答题（每题 5 分，共 15 分）

31. 组织建立的环境管理体系的有效性体现在哪些方面？

答：1）体系能保证实现组织的环境方针和目标指标；2）对重要环境因素能实施有效控制；3）形成一套自我完善的机制；提高环境保护意识；4）遵守与有关的程序或作业指导书的规定；5）污染预防；降低能源和资源消耗；改进产品的性能、降低产品使用中对环境的影响；环境绩效的改善。

32. 简述现场审核的实施包括哪些活动。

答：现场审核实施包括以下活动：首次会议、审核中的沟通、信息的收集和验证、形成审核发现、准备审核结论、举行末次会议。

33. 简述认证过程的主要步骤。

答：认证的过程主要有：1）委托方或受审核方提出申请；2）受理申请；3）组建审核组；4）制定审核方案；5）审核启动；6）文件评审与第一阶段现场审核；7）第二阶段现场审核；8）编制审核报告；9）纠正措施的跟踪、验证；10）认证评定；11）颁发认证证书；12）证后监督审核；13）再认证。

五、阐述题（每题 10 分，共 20 分）

34. 2007 年 12 月 31 日审核员在行政管理部审核，查阅公司 2007 年 12 月 15 日管理评审报告中提出了五项改进要求，但审核员只看见到了其中两项改进要求的实施情况及其验证的证据，没有看见另外三项改进要求的实施情况及其验证证据。请针对上述现象阐述审核思路。

答：1）与最高管理者交谈：管理评审报告中改进的决定及措施规定的实施期限。

2）如果在时限内，了解另外三项改进要求的进展情况。

3）如果在时限外开具不合格报告，不符合 4.6 的要求，请其采取纠正措施并提交审核组验证。

35. 举例说明对标准“4.5.2 合规性评价”的符合性和有效性进行审核时应取得哪些

证据？

答：1）是否建立一个或多个程序？

2）是否定期评价？

3）抽对识别的与环境因素有关的法律法规的评价记录，抽3～5个环境因素对应的法规，查评价的证据，查是否符合，不符合采取了哪些纠正和纠正措施。

4）抽对识别的与环境因素有关的其他要求的评价记录，抽3～5个环境因素对应的法规，查评价的证据，查是否符合，不符合采取了哪些纠正和纠正措施。

六、案例分析题（每题6分，共30分）

请对以下场景进行分析，并依据GB/T 24001—2004标准判断有无不符合。如有，请写出不符合标准条款的编号及内容，并写出不符合事实。

36. 审核员2007年8月在品质部审核，查看了《法律法规和其他要求遵循情况评价程序》，程序中规定："品质部每年6月和12月对公司承诺的法律法规和其他要求的遵守情况进行一次全面评价，并保存评价记录。"审核员要求查看该年度6月份的评价记录，品质部负责人说："公司今年5月中旬才开始实施环境管理体系，我们品质部的工作量很大，加上这几个月一直在为迎接认证审核做准备，所以6月份没有对守法情况进行评价，等忙过这一段再做也不迟。"

答：1）有不符合。

2）不符合GB/T 24001—2004标准4.5.2.1中"为了履行遵守法律法规要求的承诺，组织应建立、实施并保持一个或多个程序，以定期评价对适用法律法规的遵守情况。"的要求。

3）不符合事实：2007年8月在品质部审核合规性评价发现：公司没有按《法律法规和其他要求遵循情况评价程序》规定的"每年6月和12月对公司承诺的法律法规和其他要求的遵守情况进行一次全面评价"的要求进行合规性评价。

37. 针对工业污水超标的重大环境因素，公司制订了在3个月内实现污水达标的目标指标和具体的环境管理方案并实施至今。为此，公司内部尽了最大努力，但3个月后目标指标仍未实现。调查原因时发现，公司产生的工业污水在3个月内实现达标几乎是不可能的，因为环境管理体系人员制定完目标、指标后，三个车间调整了工作时间，由同时排污改成分别排污，导致排放污水性质差别较大，一直不稳定。

答：1）有不符合。

2）不符合GB/T 24001—2004标准4.3.3中"组织在建立评审目标和指标时……，还应考虑可选的技术方案，财务、运行和经营的要求"的要求。

3）不符合事实：公司制订了在3个月内实现污水达标的目标指标和具体的环境管理方案并实施至今，但3个月后目标指标仍未实现，调查原因时发现是三个车间调整了工作时间，由同时排污改成分别排污所致。

38. 六月某日审核组长在某纸厂监督审核时发现，该厂新增了废纸脱墨生产线，目前正在施工，预计下月投入使用。审核员问陪同的技术科长，此项活动是否对环境因素进行了识别与控制？技术科长说，因为《环境因素识别和评价程序》中规定每年12月进行因素的更新识别和评价，到时候就进行更新，而且引进的脱墨设备非常先进，污水排放不会超标。

答：1）有不符合。

2）不符合 GB/T 24001—2004 标准 4. 3. 1 中“组织应建立、实施并保持一个或多个程序，用来：a）识别其……，此时应考虑到已纳入计划的或新的开发、新的或修改的活动、产品和服务等因素；”的要求。

3）不符合事实：监督审核时发现：该厂新增了废纸脱墨生产线，目前正在施工，预计下月投入使用。当问及是否对环境因素进行了识别与控制？技术科长说，因为《环境因素识别和评价程序》中规定每年 12 月进行因素的更新识别和评价，到时候就进行更新。

39. 营销部涉及的运输公司等单位是与公司有业务关系的单位，审核员询问部门负责人以什么方式向业务关系单位提供组织的管理方针、目标及实施重要环境因素的有关规定，部门负责人回答都是老合作伙伴了，提供不提供问题不大。

答：1）有不符合；

2）不符合 GB/T 24001—2004 标准中 4. 4. 6c）“对于组织使用的产品和服务中所确定的重要环境因素，应建立、实施并保持程序，并将适用的程序和要求通报供方及合同方。”的要求。

3）不符合事实：营销部没有对其涉及的运输公司等与公司有业务关系的单位提供组织的管理方针、目标及实施重要环境因素的有关规定。

40. 在某公司审核内审材料时发现，2007 年 5 月 15 日第一次内审时，共有 20 个不符合项，其中生产部占 15 项，审核时间为 3 小时；办公室没有不符合项审核时间为 2 小时。查公司 2007 年 8 月 25 日第二次内审记录，在生产部审核的时间为 2 小时，办公室为 3 小时。

答：1）有不符合。

2）不符合 GB/T 24001—2004 标准中 4. 5. 5“组织应策划、制定、实施和保持一个或多个审核方案，此时，应考虑到相关运行的环境重要性和以往的审核结果。”的要求。

3）不符合事实：审核内审材料时发现：2007 年 5 月 15 日第一次内审时，共有 20 个不符合项，其中生产部占 15 项，审核时间为 3 小时；办公室没有不符合项审核时间为 2 小时。查公司 2007 年 8 月 25 日第二次内审记录，在生产部审核的时间为 2 小时，办公室为 3 小时。

2008 年 9 月环境管理体系审核知识考试题及答案

一、单项选择题（从下面各题选项中选出一个最恰当的答案，并将相应字母填入相应括号内。每题 1 分，共 15 分）

1. 一次审核的结束是指（　B　）。

（A）末次会议结束　　（B）分发了经批准的审核报告之时

（C）对不符合项纠正措施进行验证后　　（D）监督检查之后

2. 现场审核过程中，当受审核方提出扩大认证范围的要求时，审核组长应该（　C　）。

（A）宣布中止审核

（B）明确告知受审核方：不能接受此要求，仍按原计划进行审核

（C）与受审核委托方和受审核方进行协商

（D）本着以顾客为关注焦点的原则，同意受审核方的要求

3. 一个认证机构的审核组对组织同时进行质量管理体系和环境管理体系审核，这是

（ D ）。

（A）联合审核　　（B）整合审核　　（C）合并审核　　（D）结合审核

4. 审核方案是（ A ）。

（A）一组审核的策划与安排　（B）审核管理　（C）审核计划　（D）审核准则

5. 环境管理体系审核用来确定（ C ）。

（A）管理的效率

（B）环境现状符合国家法规和标准的情况

（C）环境管理体系的符合性和有效性

（D）环境手册和程序的适宜性

6. 组织对其材料供应商的审核属于（ B ）。

（A）第一方审核　　（B）第二方审核

（C）第三方审核　　（D）第二方或第三方审核都有可能

7. 审核发现是指（ B ）。

（A）审核中观察到的客观事实

（B）审核中客观事实与审核准则比较的结果

（C）审核的不合格项

（D）审核中的观察项

8. 下列哪些不是审核员的职责？（ A ）

（A）按计划要求，收集与受审核区域特征的相关信息，做好审核准备

（B）按分工进行现场审核，收集并记录审核证据，对照准则形成审核发现

（C）确定不符合报告

（D）向审核组长报告审核发现，并在组内进行沟通

9. 现场审核活动前应评审收审核方的文件，以确定文件所述的体系与（ D ）的符合性。

（A）环境管理体系手册　　（B）适用环境法律法规和其他要求

（C）相关方的要求　　（D）审核准则

10. 以下哪种情况可构成不符合？（ D ）

（A）宾馆餐厅没有处理泔水的作业指导书

（B）两位管理者之间提供不出内部交流的记录

（C）生产现场某过程没有该过程的安全规程

（D）两位管理者没有按规定作内部信息交流的记录

11. 下面哪一种情况是审核证据？（ B ）

（A）陪同人员质检科长向审核员反映：供应科从非合格供方 A 处采购部件

（B）供应科长承认从非合格供方 A 处采购部件

（C）因为在合格供方名录中找不到部件供应商 A，所以审核员认为供应科从非合各供方 A 处采购部件

（D）以上都是

12. 审核后续活动不包括（ A ）。

（A）审核组提出纠正、预防措施的建议

（B）受审核方纠正、预防或改进措施的确定及实施

（C）受审核方向审核委托方报告实施情况

（D）审核委托方的评审与验证

13. 从发生的时间顺序看，下列四种管理职能的排列方式，那一种更符合逻辑？（　D　）

（A）计划、控制、组织、领导　　（B）计划、领导、组织、控制

（C）计划、组织、控制、领导　　（D）计划、组织、领导、控制

14. 按（　C　）来划分部门是目前最普遍采用的一种划分方法。

（A）产品　　（B）地区　　（C）职能　　（D）时间

15. 流水线生产对下列哪一种情况最为适宜？（　A　）

（A）生产技术较为稳定、品种较少、批量大的产品生产

（B）多品种、小批量产品的生产

（C）技术简单、品种较多、批量较大的产品生产

（D）单件小批量产品生产

二、判断题（判断下列各题，正确的写 T，错误的写 F，填入相应括号内。每题 1 分，共 10 分）

16. 审核范围就是认证范围。（　F　）

17. 认证范围是认证证书的必要内容。（　T　）

18. 获得认证的组织应按期接受监督审核，时间间隔不得超过 12 个月。（　T　）

19. 有的组织可能没有重要环境因素，如没有生产的贸易公司。（　F　）

20. 审核准则包括 GB/T 24001—2004 标准的附录内容。（　F　）

21. 组织环境管理体系覆盖的范围可与认证审核范围不一致。（　T　）

22. 在审核过程中实习审核员可以担任技术专家的角色。（　T　）

23. 一个组织有多个现场，审核组可以对多个现场随机抽样。（　F　）

24. 某建筑公司施工项目部经理出示了公司统一下发的“适用环境法规和其他要求”目录清单和相关光盘（均为法律法规的原文），这表明其已确定了适用的环境法律法规要求。（　F　）

25. 收集可观证据时，最好由受审核方管理资料的人帮你选择样本，因为他们对情况了解。（　F　）

三、多项选择题（从下面各题选项中选出两个或两个以上最恰当的答案，并将相应的字母填入题后括号内。多选或少选均不得分。每题 2 分，共 10 分）

26. 每次监督审核时必查的内容包括（　AC　）。

（A）内部审核和管理评审　　（B）设计和开发过程

（C）证书和标志的使用情况　　（D）相关满意的情况

27. 以下哪些说法是错误的（　ACD　）。

（A）复评时可以不进行文件评审

（B）认证机构根据复评的结果，做出受审核方是否能够再次认证注册并换发认证证书的决定

（C）复评和监督审核都不是完整体系审核

（D）复评和初次审核的审核目的和方法是相同的

28. 对某纺织厂进行环境管理体系审核的审核准则可包括（　ABD　）。

（A）GB/T 24001—2004　　（B）组织的运行控制程序
（C）产品质量法　　（D）纺织染整工业适用的法律法规

29. 可以作为环境管理体系审核证据的是（　AD　）。
（A）审核员看见污水处理站的操作工人没有按作业指导书添加铝碱
（B）审核员发现操作工人加工的零件不符合要求，认为该操作工没有经过培训
（C）操作工人告诉审核员机加工车间的噪声太大，很多工人的听力都下降了
（D）操作工人告诉审核员附近居民对车间的噪声有抱怨，审核员查看了抱怨记录

30. 扁平结构的优点是（　ABD　）。
（A）缩短了上下级关系　　（B）信息纵向流通快
（C）宜于横向协调　　（D）管理费用低

四、简答题（每题5分，共15分）

31. 组织建立的环境管理体系的有效性体现在哪些方面？

答：组织建立的环境管理体系的有效性体现在：

1）体系能保证实现组织的环境方针和目标指标；

2）对重要环境因素能实施有效控制；

3）形成一套自我完善的机制；提高环境保护意识；

4）遵守与有关的程序或作业指导书的规定；

5）污染预防；降低能源和资源消耗；改进产品的性能、降低产品使用中对环境的影响；环境绩效的改善。

32. 请根据GB/T 19011—2003标准，简述与审核有关的审核原则。

答：与审核有关的原则：独立性、基于证据的方法。

33. 简述CCAA审核员行为规范要求的主要内容，至少写出六条。

答：三要七不要：

1）遵纪守法、敬业诚信、客观公正；

2）努力提高个人的专业能力和声誉；

3）帮助所管理的人员拓展其专业能力；

4）不承担本人不能胜任的任务；

5）不介入冲突或利益竞争，不向任何委托方或聘用机构隐瞒任何可能影响公正判断的关系；

6）不讨论或透露任何与工作任务相关的信息，除非应法律要求或得到委托方和/或聘用单位的书面授权；

7）不接受受审核方及其员工或任何利益相关方的任何贿赂、佣金、礼物或任何其他利益，也不应在知情时允许同事接受；

8）不有意传播可能损害审核工作或人员注册过程的信誉的虚假或误导性信息；

9）不以任何方式损害CCAA及其人员注册过程的声誉，与针对违背本准则的行为而进行的调查进行充分的合作；

10）不向受审核方提供相关咨询。

五、阐述题（每题10分，共20分）

34. 2007年12月31日审核员在行政管理部审核，查阅公司2007年12月15日管理评审的资料，看见管理评审报告中提出了五项改进要求，但审核员只看到了其中两项改进要

求的实施情况及验证证据。请针对上述现象阐述审核思路。

答：审核思路是：1）查管理评审报告要求其余三项措施的实施期限；2）如在期限内了解实施进展情况；3）如已经超过开具不合格报告。

35. 请编制审核某污水处理站的检查表。

答：审核某污水处理站的检查表如下：

1）4.4.1　与污水处理站和站长交谈，询问其职责。

2）4.3.1　查《环境因素和重要环境因素清单》，现场确认重要环境因素有无遗漏。

3）4.3.3　查该站目标指标文件，是否合适？实现情况如何？管理方案的内容是否合适？是否评审？实施情况如何？

4）4.4.6　现场观察，查看运行记录，询问操作程序，确认运行是否按文件操作？

5）4.4.7　查有无文件规定，询问操作人员设备发生故障如何处理？是否经过应急培训？是否经过应急训练？

6）4.5.1　询问对好些环境因素进行测量？环境因素如何测量？查看文件有无规定？抽查近 6 个月的监测记录，了解是否有超标排放？抽查监测仪器是否经过校准，查看记录。

7）4.5.3　有无不符合？是否针对日常检查出现的不符合分析原因并采取纠正和预防措施？

六、案例分析题（每题 6 分，共 30 分）

请对以下场景进行分析，并根据 GB/T 24001—2004 标准判断有无不符合。如有，请写出不符合标准条款的编号及内容，并写出不符合事实。

36. 某食品加工企业，负责环境管理体系策划和总体实施的总务部提供的当地环境监测部门提供的监测报告显示连续两次污水排放 COD 招标，审核员到公司内污水处理站发现，内部监测记录显示污水处理后 COD 均未超标，因此没有采取任何措施。

答：1）有不符合。

2）不符合 GB/T 24001—2004 标准 4.5.3 “组织应建立、实施并保持一个或多个程序，用来处理实际或潜在的不符合，采取纠正措施和预防措施。”的要求。

3）不符合事实：总务部提供的当地环境监测部门提供的监测报告显示连续两次污水排放 COD 招标，到公司内污水处理站发现，内部监测记录显示污水处理后 COD 均未超标，因此没有采取任何措施。

37. 营销部涉及的运输公司等单位是与公司有业务关系的单位，审核员询问部门负责人是以什么方式向业务关系单位提供组织的管理方针、目标及实施重要环境因素的有关规定的，部门负责人回答都是老合作伙伴了，提供不提供问题不大。

答：1）有不符合。

2）不符合 GB/T 24001—2004 标准中 4.4.6 “c）对于组织使用的产品和服务中所确定的重要环境因素，应建立、实施并保持程序，并将适用的程序和要求通报供方及合同方。”的要求。

3）不符合事实：营销部涉及的运输公司等单位是与公司有业务关系的单位，审核员询问部门负责人是以什么方式向业务关系单位提供组织的管理方针、目标及实施重要环境因素的有关规定的，部门负责人回答都是老合作伙伴了，提供不提供问题不大。

38. 在公司的化学品仓库中发现储存有大量的金属表面处理剂，其 MSDS 上写有

"……本品如发生意外泄漏，应迅速用水稀释或黄沙混合后，并以熟石灰中和处理。"审核员问：这里有上述物资吗，仓库员说：这个仓库是半年前才建好使用的，还未来得及配置上述物资，但是我们这里可是从来没有发生过化学品泄漏的事情。

答：1）有不符合。

2）不符合 GB/T 24001—2004 标准中 4. 4. 7 中"组织应建立、实施并保持一个或多个程序，用于识别可能对环境造成影响的潜在的紧急情况和事故，并规定响应措施。"的要求。

3）不符合事实：在公司的化学品仓库中发现：储存有大量的金属表面处理剂，其 MSDS 上写有"……本品如发生意外泄漏，应迅速用水稀释或黄沙混合后，并以熟石灰中和处理。"当问及是否有水稀释或黄沙资、熟石灰时，仓库员说：这个仓库是半年前才建好使用的，还未来得及配置上述物资，但是我们这里可是从来没有发生过化学品泄漏的事情。

39. 8 月某日审核组长在某纸厂监督审核发现，该厂新增了废纸脱墨生产线，目前正在施工，预计下月投入使用。审核员问陪同的技术科长，此项活动是否对环境因素进行识别与控制？技术科长说因为《环境因素识别与评价程序》中规定每年 12 月进行因素的更新识别和评价，到时候就进行更新，而且引进的脱墨设备非常先进，污水排放不会超标。

答：1）有不符合。

2）不符合 GB/T 24001—2004 标准中 4. 3. 1 中"组织应将这些信息形成文件并及时更新。"的要求。

3）不符合事实：8 月某日在某纸厂监督审核发现：该厂新增了废纸脱墨生产线，目前正在施工，预计下月投入使用。当问及技术科长此项活动是否对环境因素进行识别与控制？技术科长说因为《环境因素识别与评价程序》中规定每年 12 月进行因素的更新识别和评价，到时候就进行更新，而且引进的脱墨设备非常先进，污水排放不会超标。

40. 2008 年 7 月 A 审核员到公司行政部，查看有关环境目标实现情况，发现 2007 年年初公司分配到该部的节约用纸目标是：每半年节约 50 包纸，在第一、二个半年均实现了，但第三个半年未实现。部长助理说：我们是严格按照环境管理方案"加强纸张发放管理"中的方法实现的去年目标，但今年任务量大就不行了。这时 A 审核员看到复印机旁边有个废纸箱，装着只有单面用过的废纸。部长助理说："我们注意保护资源，这些纸将交给回收站。"

答：1）有不符合。

2）不符合 GB/T 24001—2004 标准中 4. 3. 3 中"组织应制定、实施并保持一个或多个用于实现其目标和指标的方案，其中应包括：a）规定组织内各有关职能和层次实现目标和指标的职责；b）实现目标和指标的方法和时间表。"的要求。

3）不符合事实：在行政部查看有关环境目标实现情况发现：2007 年年初公司分配到该部的节约用纸目标是：每半年节约 50 包纸，在第一、二个半年均实现了，但第三个半年未实现。部长助理说：我们是严格按照环境管理方案"加强纸张发放管理"中的方法实现的去年目标，但今年任务量大就不行了。此时还看到复印机旁边有个废纸箱，装着只有单面用过的废纸。部长助理说："我们注意保护资源，这些纸将交给回收站。"

2008 年 12 月环境管理体系审核知识考试题及答案

一、单项选择题（从下面各题选项中选出一个最恰当的答案，并将相应字母填入括号内。每题 1 分，共 15 分）

1. （ A ）是对一次审核活动和安排的描述。

（A）审核计划 （B）审核方案 （C）审核范围 （D）审核准则

2. 根据中国认证认可协会《环境管理体系审核员注册准则》（第 2 版），申请人应具备至少（ B ）年与环境管理相关的工作经验。

（A）1 （B）2 （C）3 （D）4

3. 关于审核组的组成，以下错误的是（ A ）。

（A）一、二阶段审核组的构成应是相同的

（B）受审核方可以对审核组的组成提出异议

（C）审核组中可以包括技术专家

（D）审核组长由认证机构制定

4. 关于现场审核中的技术专家，以下说法正确的是（ C ）。

（A）不是审核组成员 （B）应当在审核员的指导下进行工作

（C）不能单独成组实施审核 （D）应当指导审核工作

5. 环境管理体系文件中必不可少的内容是（ B ）。

（A）环境手册 （B）环境管理体系覆盖范围的描述

（C）管理评审程序 （D）污染物控制程序

6. 审核范围的描述通常应包括（ B ）。

（A）实际位置、产品、活动和过程以及所覆盖的时期

（B）实际位置、组织单元、产品、活动和过程以及所覆盖的时期

（C）实际位置、产品、活动和过程

（D）实际位置、组织单元、活动和过程

7. 审核目的最终是由（ B ）确定。

（A）审核组长 （B）审核委托方 （C）顾客 （D）认证机构

8. 审核组织制定的环境目标和指标时应判定（ C ）。

（A）目标和指标是否全部分解

（B）目标和指标是否全部量化

（C）是否包括了持续改进的承诺

（D）所有重要环境因素必须制定目标指标

9. 首次会议的主要目的是（ B ）。

（A）为审核制定计划

（B）介绍审核组成员以及实际审核所采用的方法和程序

（C）确定实施审核所需的资源和审核人数

（D）以上都是

10. 下列哪种文件应在现场审核前通知受审核方（ A ）。

（A）审核计划 （B）检查表 （C）审核工作文件和表式 （D）以上都通知

11. 现场审核准备阶段的工作内容主要是（ B ）。

（A）组建审核组，任命审核组长 （B）编制审核计划和检查表

（C）确定审核的可行性 （D）与受审核方建立初步联系

12. 一次审核的结束是指（ B ）。

（A）末次会议结束 （B）分发了经批准的审核报告之时

（C）对不符合项纠正措施进行验证后 （D）督查之后

13. 以下哪项工作不属于审核组长的职责？（ C ）

（A）编制审核计划 （B）指导编写审核报告

（C）做出认证结论 （D）主持首次会议

14. 以下哪种情况可作为环境管理体系审核的审核证据？（ B ）。

（A）质检员按检验规程的要求对某产品进行检验

（B）审核员看见某操作者正在处理危险废料

（C）审核员看到一台 pH 值测定仪没有贴检定标签

（D）审核员认为废气处理应编制作业指导书

15. 在对某纺纱厂进行 EMS 审核时，以下属于审核准则的是（ D ）。

（A）GB/T 24001—2004 标准 （B）组织的作业文件

（C）纺织染整工业污染物排放标准 （D）以上都是

二、判断题（判断下列各题，正确的写 T，错误的写 F，填入题括号内。每题 1 分，共 10 分）

16. 根据不符合项性质或程度，审核员可采用不同的纠正措施跟踪验证方式。（ T ）

17. 根据审核员行为规范要求，审核员在任何情况下都不得透露与工作任务相关的信息。（ F ）

18. 经 CCAA 批准注册的审核员拥有所有获得的注册证书和证卡的所有权。（ F ）

19. 某企业请一个认证机构以该企业的名义对其供方进行的审核可以称为第三方审核。（ F ）

20. 审核组应当根据需要在审核的适当阶段共同评审审核发现。（ T ）

21. 审核组中至少有一名具有相关专业能力的成员。（ T ）

22. 受审核方污染预防的情况是审核组对受审核方环境管理体系实施效果进行评价的重要内容之一。（ T ）

23. 现场审核中发现受审核方有违规现象，审核组长可决定终止审核。（ F ）

24. 在第二阶段审核中，对第一阶段已审核过的要素可以不再做出审核安排。（ F ）

25. 在审核过程中实习审核员同时可以担任技术专家的角色。（ T ）

三、多项选择题（从下面各题选项中选出两个或两个以上最恰当的答案，并将相应的字母填入题后括号内。选错选项时不得分；全选对得 2 分；少选时，每个选项得 0.5 分。共 10 分）

26. 关于监督审核，以下说法正确的是（ AC ）。

（A）其所依据的管理体系标准要求与初次审核相同

（B）每年进行一次，并应征得受审核方同意

（C）其现场审核程序与初次审核基本相同

（D）可以代替复评（再认证）审核

27. 申请 CCAA 职业健康安全管理体系实习审核员的申请人应满足以下哪些方面的要求？（　ABD　）

（A）教育经历　　（B）工作经历

（C）审核经历　　（D）职业健康安全管理工作经历

28. 下列属于完整体系审核的有（　AD　）。

（A）初次审核　（B）跟踪审核　（C）监督审核　（D）复评（再认证）审核

29. 下列哪几项属于对环境因素的描述？（　BD　）

（A）浓硫酸　　（B）生活污水的排放

（C）电子产品中的铅　　（D）危险固废物的储存

30. 以下符合标准 4.5.1 中要求监测的内容是（　ABD　）。

（A）对运行控制程序文件执行情况的检查

（B）对监测、测量设备的校准、维护

（C）对锅炉的定期年检

（D）对环境管理方案完成情况的检查

四、简答题（每题 5 分，共 15 分）

31. 某企业设置了生产部、安全环保部、人力资源部、基建部、化学品仓库等五个部门，请结合其常规职能分别说明在各部门审核时的重点。

答：生产部：4.4.6/4.4.7；

安全环保部：4.3.1/4.3.2/4.3.3/4.4.6/4.4.6/4.5.1/4.5.2/4.5.3/4.5.5；

人力资源部：4.4.2；

基建部：4.4.6；

化学品库：4.4.6/4.4.7。

32. 阐述在进行环境管理体系审核时，对 ISO 14001 标准 4.3.2 条款要求的审核要点？

答：4.3.2 的审核要点有：

1）组织是否建立、实施了相应的程序？

2）组织是否已充分识别适用于环境因素的法律法规要求，所识别的法律法规要求的内容应足够具体，从而有助于环境管理体系的建立和实施，并为进行法律法规符合性评价提供充分的依据；

3）组织是否建立了获取这些适用法律法规要求的渠道；

4）组织在环境管理体系的建立和实施中，是否已经将这些法律法规要求运用于环境因素的控制，是否已充分地将法律法规要要求求转换为适宜的环境管理体系要求。

33. 简述认证过程的主要步骤。

答：1）委托方或受审核方提出申请，认证机构受理申请；2）组建审核组，制定审核方案；3）审核启动；4）文件评审及第一阶段现场审核；5）第二阶段现场审核；6）编制审核报告；7）纠正措施的跟踪、验证；8）认证评定，颁发认证证书；9）证后监督审核；10）再认证审核。

五、阐述题（每题 10 分，共 20 分）

34. 审核员到化学品库进行审核。在距离化学品库不远处，审核员看到空地上堆放着许多化学品空桶和空盒，有些空盒上写着“有毒物质”。审核员发现其中一个盒里放着半袋粉末状物质，便问陪同的库管员这是什么东西？库管员说“不太清楚，可能是过期的化学原料吧。”请根据以上描述阐述审核思路。

答：审核思路是：

1）是否将化学品空桶和空盒、袋粉末状物质识别为环境因素，并确定为重要环境因素？（4.3.1）

2）是否确定了相关的管理方案？（4.3.3）

3）是否针对这一重要环境因素制定了控制措施？是否获取了袋粉末状物质的化学性能表？是否按控制措施对化学品空桶和空盒、袋粉末状物质进行控制？（4.4.6）

4）是否对化学品空桶和空盒、袋粉末状物质的控制情况进行日常检查？（4.5.1）

5）如果出现不符合，是如何进行处置的？是否采取了纠正措施？（4.5.3）

35. 审核组到某一木制家具厂进行审核。公司将喷漆废气的排放作为公司的重要环境因素之一。请针对该厂喷漆废气的排放这一重要环境因素编写检查表。

答：1）是否明确了与喷漆废气排放相关的职责？（4.4.1）

2）是否获取了与喷漆废气排放有关的法律及其他要求？抽查相关的文件评价有效性，了解是否将相关要求应用在管理体系中？（4.3.2）

3）查阅相关文件，是否确定与这一重要环境因素有关的目标指标及其管理方案？如有方案，是否得到有效实施？（4.3.3）

4）与环保科相关人员及喷漆车间负责人交流，了解是否清楚喷漆废气对环境的危害？是否清楚油漆的 MSDS？有哪些控制措施？（4.4.2）

5）是否对与喷漆废气排放有关的过程控制进行了识别与策划，并制定了相应控制程序？文件中规定了控制准则？是否对油漆供方施加了环境影响？抽查相关文件及合同或施加影响的其他记录？是否按程序规定进行了实施？现场查阅相关 3 个月的控制记录？现场有无油漆和稀料的 MSDS？有无废气处理设施？是否正常运行（如活性炭的更换?）查阅运行记录？操作人员是否佩戴防毒防护用品？（4.4.6）

6）是否制定了《应急响应程序》和防止火灾或中毒的应急预案？现场有无消防设施，日常是否进行检查和维护，有无记录？询问相关人员是否清楚应急预案的内容和要求？公司是否对相关预案进行过评审和演练？查阅相关的评审和演练记录。（4.4.7）

7）公司是否对与喷漆废气排放有关的运行和活动进行过检查？对喷漆车间废气排放口进行过定期的环境监测？查阅相关报告和抽查 1 ~ 3 个月的日常检查记录。（4.5.1）

8）是否出现过不符合？是否曾针对不符合采取了有效的纠正措施？抽查 1 ~ 2 份不符合及纠正措施记录。（4.5.3）

六、案例分析题（每题 6 分，共 30 分）

请对以下场景进行分析，并依据 GB/T 24001—2004 标准判断有无不符合。如有请写出不符合标准条款的编号及内容，并写出不符合事实。

36. 2008 年 7 月 30 日审核员在空压机房看见一台编号为 E - 002 的 MB 型噪声测试仪，审核员请提供该设备的校准合格证，工程师说：“这台仪器是 2007 年 6 月份购置的，使用前由市计量局检定过。”审核员看见该设备的校准合格证上写明“校准日期是 2007 年 6 月 12 日，有效期 1 年。审核员请工程师提供 2008 年的校准合格证，工程师说：“今年还没有送去检定，不过这台仪器很先进，测试的数据很准确，不会有什么问题。”

答：1）有不符合。

2）不符合 GB/T 24001—2004 标准 4.5.1“组织应确保所使用的监视和测量设备经过校准或验证，并予以妥善维护，且应保存相关的记录。”的要求。

3）不符合事实：在空压机房审核发现：一台编号为 E-002 的 MB 型噪声测试仪的校准合格证上写明“校准日期是 2007 年 6 月 12 日，有效期 1 年”；工程师说：“今年还没有送去检定，不过这台仪器很先进，测试的数据很准确，不会有什么问题。”

37. 2008 年 6 月审核员在某厂发现，公司在 3 个月前新建了新的喷漆生产线，查阅该车间的环境因素识别和评价记录，发现在 2008 年 1 月更新了环境因素。环境因素中没有喷漆生产线的环境因素。审核员询问环境管理体系负责人，他说将在 2008 年 12 月管理评审时，再进行环境因素的更新。

答：1）有不符合。

2）不符合 GB/T 24001—2004 标准中 4.3.1“组织应将这些信息形成文件并及时更新。”的要求。

3）不符合事实：公司在 3 个月前新建了新的喷漆生产线，查阅该车间的环境因素识别和评价记录发现：在 2008 年 1 月更新了环境因素，但环境因素中没有喷漆生产线的环境因素。环境管理体系负责人解释说将在 2008 年 12 月管理评审时，再进行环境因素的更新。

38. 公司的“XYE002-12 材料安全数据（MSDS）控制程序”中规定：“MSDS 应妥善保管，避免破损缺失。”审核员在化学品库发现所使用的 MSDS 已破损，上面有许多污渍，有些字迹模糊难以辨认。

答：1）有不符合。

2）不符合 GB/T 24001—2004 中 4.4.5 中“e）确保文件字迹清楚，易于识别；”的要求。

3）不符合事实：在化学品库发现所使用的 MSDS 已破损，上面有许多污渍，有些字迹模糊难以辨认。

39. 企业短短半个月内就收到数次厂区附近居民联名要求停止夜间推土施工的抱怨信，当审核员询问此问题时，管理者代表胸有成竹地回答：“我已过问此事，只要总经理出国考察一回来就可以研究，给居民一个满意的答案。”

答：1）有不符合。

2）不符合 GB/T 24001—2004 标准 4.4.3 中“组织应建立、实施并保持一个或多个程序，用于有关其环境因素和环境管理体系的：……b）与外部相关方联络的接收、形成文件和回应。”的要求。

3）不符合事实：短短半个月内企业就收到数次厂区附近居民联名要求停止夜间推土施工的抱怨信，公司没有及时处理，对此管理者解释说：“我已过问此事，只要总经理出国考察一回来就可以研究，给居民一个满意的答案。”

40. 审核组在某企业审核时，就危险废弃物的处置合同中未包含有关储存、运输的要求和其他注意事项一事向环安科科长询问，对方回答：我们很重视危险废弃物的合法处置问题，专门委托一家有资质的环保公司进行处理，并签署了相关的合同。由于对方是一家专业的处理公司，又出具了环保部门认可的资质，我们就仅在合同中注明危险废弃物的类别、数量和价格，不再对处理中的环境问题提出具体要求，他们应该知道有关的规定，不用我们再专门强调了。

答：1）有不符合。

2）不符合 GB/T 24001—2004 标准 4.4.6c）“对于组织使用的产品和服务中所确定的重要环境因素，应建立、实施并保持程序，并将适用的程序和要求通报供方及合同方。”的要求。

3）不符合事实为：公司没有在与某环保公司签订的《危险废弃物的处置合同》中对有关储存、运输的要求和其他注意事项提出具体要求。

2009 年 3 月环境管理体系审核知识考试题及答案

一、单项选择题（从下面各题选项中选出一个最恰当的答案，并将相应字母填入括号内。每题 1 分，共 15 分）

1. 在监督审核中缩小审核范围的条件不包括（　C　）。

（A）获证组织的主要区域、主要生产线、主要过程等不再继续符合认证标准和其他附加要求

（B）获证组织的认证范围内部分产品范围、现场、区域、生产线、主要过程等不愿再保持认证资格，但不能将不可分开的环境风险较大的部分去掉

（C）获证组织将某污染较重的工序承包给相关方

（D）获证组织不再生产某类产品或不再提供某种服务

2. 以下哪一项属于与审核有关的原则？（　C　）

（A）道德行为　（B）公正表达　（C）独立性　（D）职业素养

3. 以下可以作为环境管理体系审核的审核证据的是（　B　）。

（A）冲压车间的工人反映间噪声太大，引起听力下降

（B）企管部向审核员提供的市环境检测部门的厂界噪声检测报告

（C）审核员听见土石方施工过程中噪声很大，认为厂界噪声超标

（D）以上都可以

4. 下列哪项不是审核员的职责？（　A　）

（A）按计划要求，收集与受审核区域特征的相关信息，做好审核准备

（B）按分工进行现场审核，收集并记录审核证据，对照准则形成审核发现

（C）确认不符合报告

（D）向审核组长报告审核发现，并在组内进行沟通

5. 文件审核的主要目的是（　A　）。

（A）评价组织的体系文件与认证标准要求的符合性

（B）评价组织文件运行的有效性

（C）评价组织文件管理的合理性

（D）评价组织是否编写了环境管理手册

6. 以下四项中，最适宜实施文件审核的时间为（　B　）。

（A）合同评审时　（B）现场审核活动前

（C）一阶段审核完成后　（D）二阶段审核时进行

7. 审核方案是（　A　）。

（A）一组审核的策划与安排　　（B）审核管理程序
（C）审核计划　　（D）审核准则

8. 审核发现是指（　B　）。
（A）审核中观察到的客观事实　　（B）审核中客观事实与审核准则比较的结果
（C）审核的不合格项　　（D）审核中的观察项

9. 认证结论最终由（　D　）正式发布。
（A）审核组长　　（B）审核组经充分讨论后
（C）认证机构技术委员会　　（D）认证机构

10. 确定审核范围时应考虑（　D　）。
（A）组织的管理权限　　（B）组织的产品范围
（C）组织的活动范围和现场区域　　（D）以上都应考虑

11. 末次会议应该由谁主持（　B　）。
（A）审核委托方负责人　　（B）审核组长
（C）受审核方负责人　　（D）双方协商确定或共同主持

12. 检查表应（　B　）。
（A）对现场审核的人员分工及时间进行安排
（B）策划对审核对象的审核思路
（C）使用时严格按检查表提问
（D）提交委托方确认

13. 关于不符合，以下描述错误的是（　D　）。
（A）对于审核来说，不符合指不符合审核准则的要求
（B）不符合报告应该以书面形式提交给受审核方
（C）应该与受审核方一起评审不符合以确认审核证据的准确性
（D）如果受审核方与审核组就审核证据或审核发现有分歧，审核组应该撤销不符合

14. 下述关于实习审核员的正确描述是（　C　）。
（A）必要时可以单独成组，但不能独立开具不符合报告
（B）不能单独成组，也不能单独提供涉及审核现场的专业技术支持
（C）不能单独成组，但有可能单独提供涉及审核现场的专业技术支持
（D）以上都不对

15. 根据中国认证认可协会《环境管理体系审核员注册准则》（第 2 版），申请人应具有至少（　C　）年技术或管理岗位的工作经验。
（A）2　　（B）3　　（C）4　　（D）5

二、判断题（判断下列各题，正确的写 T，错误的写 F，填入题后括号内。每题 1 分，共 10 分）

16. 在审核过程中，实习审核员可以同时担任技术专家的角色。（　T　）

17. 一阶段审核时，受审核方应该进行了内审和管理评审。（　T　）

18. 收集可观证据时，最好由受审核方管理资料的人帮你选择样本，因为他们对情况了解。（　F　）

19. 实习审核员和技术专家都是审核组的正式成员。（　T　）

20. 审核组中至少有一名具有相关专业能力的成员。（ T ）

21. 审核组应根据实施审核结果作出受审核方是否能通过认证注册的审核结论。（ F ）

22. 认证证书必须包含对认证范围的描述。（ T ）

23. 环境管理体系认证审核时，如果出现了达不到审核目的的情况，审核组长可以决定终止审核。（ F ）

24. 根据 CCAA《环境管理体系审核员注册准则》（第二版）的规定，申请人在申请资格扩展时，无需参加所申请扩展之注册领域的笔试。（ F ）

25. CCAA 对所有注册申请人都将进行技能方面的考核。（ T ）

三、多项选择题（从下面各题选项中选出两个或两个以上最恰当的答案，并将相应的字母填入题后括号内。选错选项时不得分；全选对得 2 分；少选时，每个选项得 0.5 分。共 10 分）

26. 以下属于环境管理体系审核准则的有（ BCD ）。

（A）GB/T 19011—2003 标准　　（B）GB/T 24001—2004 标准

（C）适用的法律法规和其他要求　　（D）受审核方的环境管理体系文件

27. 以下哪种情况将构成不符合（ AD ）。

（A）某企业污水处理作业指导书中没有说明 pH 值的具体控制指标

（B）两位管理者之间提供不出内部交流的记录

（C）生产现场某过程没有该过程的安全规程

（D）两位管理者没有按规定作内部信息交流记录

28. 审核结论是审核组考虑了（ AC ）后得出的审核结果。

（A）审核目的　（B）不符合项　（C）审核发现　（D）审核证据

29. 审核计划应当（ ABD ）。

（A）经审核委托方评审和接受

（B）在现场审核前提交给受审核方

（C）一经批准，在审核过程中不应变动

（D）任何修改均应当通过受审核方同意

30. 对违反审核员行为规范，不满足注册要求的审核员，经调查核实后可能受到的处罚包括（ ABCD ）。

（A）警告　（B）暂停注册资格　（C）降低注册级别　（D）撤销注册资格

四、简答题（每题 5 分，共 15 分）

31. 针对 GB/T 24001—2004 标准 4.4.7 条款，常见的审核证据有哪些？

答：常见的审核证据有《应急准备和响应程序》、针对异常和紧急情况的应急计划或称《应急预案》、应急演练（试验）的记录和其他证据（如照片）、对应急计划或预案评审的记录及预案的修订情况。

32. 一般来说，企业的组织结构及职责划分是相似的，请针对一个上千人的大型生产型企业，说出一般设有哪些关键的中层部门以及这些部门的职责（至少说出六个）。职责请用 GB/T 24001—2004 标准中的条款编号表示（例如：部门：生产部；职责：4.4.6）。

答：安全环保部是主控部门：4.3.1、4.3.2、4.3.3、4.4.6、4.4.7、4.5.1、4.5.2、4.5.5，重点查该企业的环境因素辨识、法规的收集与体系中的应用、合规性评价、内审；

人力资源部：4.4.2；

采购部：4.3.1、4.4.6；

销售部：4.3.1、4.4.6；

基建部：关注相关方，4.3.1、4.4.6、4.4.7；

污水处理站：4.3.1、4.4.6、4.4.7；

化学品库：关注泄漏的应急控制，4.3.1、4.4.6、4.4.7。

33. 请简述 EMS 监督审核时应关注哪些方面。

答：按 GB/T 27021—2007 的要求，监督审核要关注以下问题：1）内审和管理评审；2）对上次审核中确定的不符合采取的措施；3）投诉的处理；4）管理体系在实现获证客户目标方面的有效性；5）为持续改进而策划的活动的进展；6）持续的运作机制；7）任何变更；8）标志的使用和（或）任何其他对认证资格的引用是每次监督必查项目。

五、阐述题（每题 10 分，共 20 分）

34. 请针对某燃煤热水锅炉房（额定功率大于或等于 14MW）编制检查表。

答：燃煤热水锅炉房的检查表如下：

1）4.4.1　和动力车间负责人交谈：职责是什么？锅炉房的锅炉类型、容量、压力、台数、烟囱高度、除灰情况；鼓风机、引风机、排风扇等情况；软化水系统情况及锅炉清洗情况、水压表等的检定校准情况等。

2）4.3.1　查锅炉房《环境因素清单》，识别是否充分？有否充分考虑八个方面、三种状态、三种时态？有否关注产品、相关方、异常和紧急情况的环境因素识别？查《重要环境因素清单》，评价是否客观、科学、合理？

3）4.3.3　查与锅炉房运行有关的目标、指标；抽查目标、指标制定是否合理？抽查 1～2 项目标指标完成情况、更新情况。

4）4.4.6　围绕目标和指标、重要环境因素等，了解锅炉定期清洗情况、锅炉日常运用控制情况，水压表、水位计的有效情况、定期的检测情况；煤质控制情况、除尘器的运行情况、废水的控制情况、检修过程中废弃物控制情况。

5）4.4.7　查应急准备和响应程序中有关锅炉房的内容？锅炉爆炸和除尘设施故障的应急预案内容。

6）4.5.1/4.5.2　对锅炉房的监测项目、监测频次规定和要求是否明确？是否按国家法律法规要求定期进行锅炉的安全装置检测？废气排放监测？煤质检验？查阅有关检测报告，并对报告中提出的问题了解是如何处理的？查锅炉房持续遵守法律法规评价情况。

35. 某审核员于 2007 年 6 月 5 日对某组织进行现场审核时发现，该组织 5 月份的污水检测报告中 COD 的监测结果为 150mg/L，经查其执行的标准为 100mg/L。请针对此现象写出审核思路。

答：本题属于追踪审核题：

1）是否针对 COD 的监测结果超标分析了原因并采取了纠正措施？（4.5.3）

2）废水排放的指标确定是否合理？（4.3.3）

3）监测报告是否准确？监测设备是否在有效的校准或检定期内？监测过程是否符合要求？（4.5.1）

4）相关的污水排放标准是否适宜，且有效？（4.3.2）

5）是不针对污水排放进行了合规性评价？（4.5.2）

六、案例分析题（每题6分，共30分）

请对以下场景进行分析，并依据 GB/T 24001—2004 标准判断有无不符合。如有请写出不符合标准条款的编号及内容，并写出不符合事实。

36. 某审核员在工厂进行审核，当他巡视到西边厂界时，发现一个大的储罐，审核员问是装什么的，陪同的经理回答说用来装硫酸，审核员记得公司将硫酸储罐的潜在泄漏定为公司的重大环境因素，于是问针对此种情况，工厂采取了哪些措施，经理说储罐一直很坚固，也从来未出现任何事故，最近公司比较忙，未将此事列在议事日程上。

答：1）有不符合。

2）不符合 GB/T 24001—2004 中4.4.7标准中"组织应建立、实施并保持一个或多个程序，用于识别可能对环境造成影响的潜在的紧急情况和事故，并规定响应措施。"的要求。

3）不符合事实：公司没有针对硫酸储罐泄漏这一重大环境因素制定应急响应措施。

37. 工人污水处理站沉淀下来的污泥是委托当地的华成公司统一运送到市污泥处理厂的，审核员问污水处理站站长："你们是否对华成公司清运污泥提出管理要求或与华成公司签订合同?"站长说："华成公司是我们的老关系，一直替我们清运污泥，我们之间没有签订什么合同，况且清运污泥是华成公司的事，我们没必要对他们进行管理。"

答：1）有不符合。

2）不符合 GB/T 24001—2004 标准中4.4.6中"c）对于组织使用的产品和服务中所确定的重要环境因素，应建立、实施并保持程序，并将适用的程序和要求通报供方及合同方。"的要求。

3）不符合事实：公司没有与承担污水处理站沉淀下来的污泥处理的华成公司签订合同；也没有对此明确要求和建立、实施并保持程序。

38. 办公室主任对审核员介绍说："对于各方抱怨，我们有严格的规定，接到有关的抱怨信件、电话都记录下来，然后马上派人去处理。"审核员查看记录"抱怨事项"一栏中有几次写道，车辆运渣撒到马路上，在纠正措施一栏中写道"马上派人清扫"。

答：1）有不符合。

2）不符合 GB/T 24001—2004 标准中4.5.3b）中"对不符合进行调查，确定其产生原因，并采取措施以避免再度发生；"

3）不符合事实：在办公室审核有关相关方抱怨记录时发现："抱怨事项"一栏中有几次写道"车辆运渣撒到马路上"在纠正措施一栏中写道"马上派人清扫"。

39. 2008年7月A审核员到公司行政部，查看有关环境目标实现情况，发现2007年年初公司分配到该部的节约用纸目标是：每半年节约50包纸，在第一、二个半年均实现了，但第三个半年未实现。部长助理说：我们是严格按照环境管理方案"加强纸张发放管理"中的方法实现的去年目标，但今年任务量大就不行了。这时A审核员看到复印机旁边有个废纸箱，装着只有单面用过的废纸。部长助理说："我们注意保护资源，这些纸将交给回收站。"

答：1）有不符合。

2）不符合 GB/T 24001—2004 标准中4.3.3中"组织应制定、实施一个或多个用于实现目标和指标的方案，其中应包括：……b）实现目标和指标的方法和时间表。"的要求。

3）不符合事实：在行政部查看有关环境目标实现情况发现：2007年年初公司分配到

该部的节约用纸目标是每半年节约50包纸，但第三个半年未实现该目标。对此部长助理解释说：我们是严格按照环境管理方案“加强纸张发放管理”中的方法实现的去年目标，但今年任务量大就不行了；同时在现场复印机旁边看到有个废纸箱装着只有单面用过的废纸。部长助理说：“我们注意保护资源，这些纸将交给回收站。”

40. 2008年12月审核员在某厂发现，公司制造车间在8月份引入了新的加工生产线，查阅该车间的环境因素识别和评价记录得知是在2008年1月填写的，之后并没有增加或修改，询问车间环境管理负责人，他说将在2009年1月进行新的生产线的环境因素识别评价。

答：1）有不符合。

2）不符合GB/T 24001—2004标准中4.3.1“组织应建立、实施并保持一个或多个程序，用来：a）识别其环境管理体系范围内……的环境因素，此时应考虑到已纳入计划的或新的开发的、新的或修改的活动、产品和服务等因素”的要求。

3）不符合事实：公司制造车间在8月份引入了新的加工生产线，2008年1月填写的该车间的环境因素识别和评价记录发现没有对环境因素进行增加或修改；车间环境管理负责人解释说将在2009年1月进行新的生产线的环境因素识别评价。

2009年6月环境管理体系审核知识考试题及答案

一、单项选择题（从下面各题选项中选出一个最恰当的答案，并将相应字母填入括号内。每题1分，共15分）

1. 以下行为中，未违反审核员行为规范要求的是（　C　）。

（A）为获取审核证据，雇他人窃取受审核方文件资料

（B）在现场审核时，指出受审核方管理体系存在的不符合并促进使其在审核结束时前改正

（C）审核完成后，接受审核方给予的表彰锦旗

（D）审核完成后，与未参加本次审核的审核员受审核方的产品工艺配方

2. 以下哪种说法是正确的？（　B　）

（A）再认证时可以不进行文件审核

（B）认证机构根据再认证的结果，作出受审核方是否能够再次认证注册并换发认证证书的决定

（C）再认证和监督审核都不是完整体系审核

（D）再认证审核和初次审核的审核内容和方法是相同的

3. 以下关于实习审核员的描述正确的是（　C　）。

（A）必要时可以单独成组，但不能独立开具不符合报告

（B）不能单独成组，也不能单独提供涉及审核现场的专业技术支持

（C）不能单独成组，但有可能单独提供涉及审核现场的专业技术支持

（D）以上都不对

4. 下列关于内部审核的要求不准确的是（　A　）。

（A）应每年进行一次

（B）可以制定一个或多个审核方案

（C）向管理者报告审核结果

（D）审核员的选择需确保审核过程的客观、公正性

5. 受审核方建设项目是否能正式生产的环境依据是（　C　）。

（A）环境监测站的竣工验收监测报告

（B）受审核方建设项目竣工验收申请

（C）环保局对竣工验收的批复

（D）环保专家的验收意见

6. 首次会议的主要目的中包括（　C　）。

（A）为审核制定计划

（B）确定实施审核所需的资源和审核员人数

（C）介绍实施审核所采用的方法和程序

（D）以上都是

7. 事业部式的组织结构的主要优点是（　B　）。

（A）灵活性和适应性强　（B）对外界环境变化反应快

（C）适应性和稳定性　（D）结构简单，权力集中

8. 市场营销以（　A　）为出发点和回归点。

（A）顾客需求　（B）购买动机　（C）企业发展战略　（D）企业形象

9. 某公司的环境管理体系认证证书有效期是2007年12月18日，公司重新向原来的认证机构提出申请，该认证机构受理了申请，并对该公司进行的认证活动称为（　B　）。

（A）复审　（B）再认证（复评）（C）监督审核　（D）预审核

10. 根据中国认证认可协会现行的注册准则，实习审核员再注册要求在注册证书到期（　B　）内，向中国认证认可协会提出申请。

（A）当月　（B）前3个月　（C）前1个月　（D）当年

11. 根据2007年6月1日起实施的中国认证认可协会《环境管理体系审核员注册准则》，申请人必须（　D　）。

（A）具有大学本科（含）以上高等教育学历，并具有至少5年技术或管理岗位的工作经历

（B）具有大学大专（含）以上高等教育学历，并具有至少5年技术或管理岗位的工作经历

（C）具有大学本科（含）以上高等教育学历，并具有至少4年技术或管理岗位的工作经历

（D）具有大学大专（含）以上高等教育学历，并具有至少4年技术或管理岗位的工作经历

12. 第二阶段审核的内容一般不包括（　B　）。

（A）重要环境因素是否受到有效控制

（B）组织确定的环境管理体系范围的合理性

（C）目标指标、方案是否按照预定的计划安排实施完成

（D）体系监测及内审程序的实施，以及管理评审的实施情况

13. 当质量管理体系、环境管理体系、职业健康安全管理体系被一起审核时，称为（　D　）。

（A）整合审核　　（B）一体化审核　　（C）联合审核　　（D）结合审核

14. 当要进行注册资格的扩展时，应以实习审核员的身份，作为审核组员在体系高级审核员的指导和帮助下，完成至少（　C　）次完整的该体系审核。

（A）2　　（B）3　　（C）4　　（D）5

15. 层次划分主要解决组织的（　A　）。

（A）纵向结构问题　　（B）横向结构问题

（C）纵向协调问题　　（D）横向协调问题

二、判断题（判断下列各题，正确的写 T，错误的写 F，填入题后括号内。每题 1 分，共 10 分）

16. 分公司是总公司下属的直接从事业务经营活动的分支机构或附属机构。分公司可以有企业法人资格、独立的法律地位，可以独立承担民事责任。（　F　）

17. 第一阶段已审核过的要素在第二阶段审核计划中可不再安排。（　F　）

18. 第三方认证审核中的初次审核、监督审核和再认证都是完整体系审核。（　F　）

19. 制造业生产类型按生产稳定性和重复性可分为大量生产、成批生产与单件小批生产。（　T　）

20. 在监督审核前不必进行文件审核。（　T　）

21. 第三方认证审核中，重要的是收集不合格的信息。（　F　）

22. 审核组评价审核证据得出审核发现，综合评价审核发现得出审核结论。（　F　）

23. 审核准则应当包括 GB/T 24001—2004 标准的附录内容。（　F　）

24. 审核员必须到现场跟踪验证纠正措施的有效性。（　F　）

25. 认证结论的最后正式发布由审核组长决定。（　F　）

三、多项选择题（从下面各题选项中选出两个或两个以上最恰当的答案，并将相应的字母填入题后括号内。选错选项时不得分；全选对得 2 分；少选时，每个选项得 0.5 分。共 10 分）

26. 审核过程中每天举行的审核组沟通会议的目的包括（　AB　）。

（A）回顾一天中的审核发现和审核进展情况

（B）就下一步审核组需要关注的重点问题进行沟通

（C）与被审核方就纠正行动达成协议

（D）编制审核报告

27. 确定不符合的原则是（　AC　）。

（A）必须以客观事实为基础

（B）必须不能引起对涉及不符合员工的处罚

（C）必须以审核准则为依据

（D）必须经受审核方同意

28. 监督审核方案必须包括的内容有（　ACD　）。

（A）组织的内部审核和管理评审实施情况

（B）组织所有职能层次的活动

（C）组织对投诉的处理

（D）组织对认证证书的使用情况

29. 关于不符合报告，以下描述正确的有（　AB　）。

（A）不符合事实必须是可确认的客观事实

（B）违反法律法规的事项也应形成不符合报告

（C）如工厂的墙壁上有人书写："工作环境极其恶劣"，则对此可以直接出具不符合报告

（D）不能遵守法规即是违背了标准 4.2.3 条款

30. 对某纺织厂进行环境管理体系审核的审核准则可包括：（　ABD　）。

（A）GB/T 24001—2004 标准　　（B）组织的运行控制程序

（C）认证认可条例　　（D）纺织染整工业适用的法律法规

四、简答题（每题 5 分，共 15 分）

31. 为满足 GB/T 24001—2004 标准 4.3.1 环境因素条款要求，请简述组织应从哪些方面提供证据以证实其符合性。

答：需要提供以下证据：1）《环境因素识别和评价控制程序》；2）《环境因素清单》及识别过程记录；3）《重要环境因素清单》及评价过程的证据；4）环境因素动态更新的证据；5）在建立和保持环境体系时对重要环境因素进行了考虑的证据，如体系文件。

32. 某公司的喷漆作业生产的废气通过活性碳吸附装置进行处理，但审核组发现企业最近的自我检测报告中二甲苯废气严重超标，请就上述情况谈谈审核思路（至少说出标准中 3 个条款的有关内容）。至少答出 3 个要素的有关内容，且逻辑合理、思路清晰。

答：1）4.5.3　是否立即采取纠正和纠正措施，确保问题不再发生？

2）4.4.6　运行采取的措施，如对活性炭吸附装置进行改造、设施更新、改良等。

3）4.5.1　重新检测二甲苯废气是否达标？

33. 简述现场审核的实施包括哪些活动。

答：现场审核的实施包括：首次会议、审核中的沟通、信息的收集和验证、形成审核发现、准备审核结论、举行末次会议。

五、阐述题（每题 10 分，共 20 分）

34. 某城市工业区内一汽车制造厂涂漆车间的生产工艺为：

清洗除油—水清洗—磷化—涂漆—水清洗—干燥—中涂—烘干—喷面漆—烘干。

清洗除油采用 NaOH 和合成洗涤剂，磷化使用磷酸锌、硝酸镍，涂底漆使用不含铅的水溶性涂料，中涂和面漆含甲苯、二甲苯，烘干采用热空气加热方式。生产过程中产生的废气经过吸附处理后由 30 米高的排气筒排放；产生的废水排入汽车制造厂污水处理站处理达标后排入城市污水处理厂。请问：

（1）该涂漆车间的主要环境因素有哪些？

答：污水排放、废气排放、危险废弃物的排放、噪声排放、资源能源消耗、产品自身污染。

（2）请给出喷漆废水的主要污染因子，评价污水处理方式的合规性。

答：NaOH 和合成洗涤剂，磷化使用、硝酸镍；处理方式不合规，因为硝酸镍含有镍，是一类污染物，废水应在车间处理，并采样在车间排污口检验合格才能排入污水综合处理站，再排入城市污水处理厂。

（3）与该生产过程有关的固体废弃物是否属于危险废物，为什么？

答：是危险废物，因为列入了危险废物名录。

35. 举例说明对标准“4.5.2合规性评价”的符合性和有效性进行审核时，应取得哪些证据？

答：符合性证据有：1)《合规性评价控制程序》；

2）针对不同的重要环境因素适用的法律法规和其他要求的合规性评价和记录。

有效性证据：依据程序文件进行了合规性评价的记录或报告。如对废水排放合规性评价要审核组织是否针对《水污染防治法》、《污水综合排放标准》的要求，从《废水控制程序》文件的符合性、对与废水有关的运行过程的控制情况、污水处理设施的能力及运行、应急措施与应急设施、日常监测结果等符合进行了评价。

六、案例分析题（每题6分，共30分）

请对以下场景进行分析，并依据GB/T 24001—2004标准判断有无不符合。如有请写出不符合标准条款的编号及内容，并写出不符合事实。

36. 在某公司审核内审材料时发现：2007年5月15日第一次内审时，共有20个不符合项其中生产占15项，审核时间为3小时；办公室没有不符合项审核时间2小时。查公司2008年8月25日第二次内审的记录，在生产部审核的时间为2小时办公室为3小时。

答：1）有不符合。

2）不符合GB/T 24001—2004标准中4.5.5“组织应策划、制定、实施和保持一个或多个审核方案，此时，应考虑到相关运行的环境重要性和以往的审核结果。”的要求。

3）不符合事实：审核内审材料时发现：2007年5月15日第一次内审时，共有20个不符合项，其中生产部占15项，审核时间为3小时；办公室没有不符合项审核时间为2小时。查公司2007年8月25日第二次内审记录，在生产部审核的时间为2小时，办公室为3小时。

37. 审核员在某电镀公司审核，看到电镀车间内含铬废水流向一地下管道，便问水流到哪里了，车间主管表示不大清楚，找来动力处的孙处长了解情况，孙处长说，我们公司有文件规定，各车间的废水，包括所有废水均没有直接排放，而是流到综合处理池了，经处理达标后才排放。

答：1）有不符合。

2）不符合GB/T 24001—2004标准4.4.6中“组织应根据其方针、目标和指标，识别和策划与所确定的重要环境因素相关的运行，以确保其通过下列方式在规定的条件下运行”的要求。

3）不符合事实：在电镀车间审核发现：车间内含铬废水流向一地下管道，动力处孙处长解释说：“我们公司有文件规定，各车间的废水，包括所有废水均没有直接排放，而是流到综合处理池了，经处理达标后才排放”。

38. 审核员2007年8月在品质部审核，查看了《法律法规和其他要求遵守情况评价程序》，程序中规定：“品质部每年6月和2月对公司承诺的法律法规和其他要求的遵守情况进行一次全面评价，并保存评价记录。”审核员要求查看该年度6月份的评价记录，品质部负责人说：“公司今年5月中旬才开始实施环境管理体系，我们品质部的工作量很大，加上这几个月一直在为迎接认证审核作准备，所以6月份没有对守法情况进行评价，等忙过这一段后再做也不迟。”

答：1）有不符合。

2）不符合 GB/T 24001—2004 标准 4. 5. 2. 1 中“为了履行遵守法律法规要求的承诺，组织应建立、实施并保持一个或多个程序，以定期评价对适用法律法规的遵守情况。”的要求。

3）不符合事实：2007 年 8 月在品质部审核合规性评价发现：公司没有按《法律法规和其他要求遵循情况评价程序》规定的“每年 6 月和 12 月对公司承诺的法律法规和其他要求的遵守情况进行一次全面评价”的要求进行合规性评价。

39. 第一阶段审核时，审核员发现工厂内审已经完成，在查看不符合报告时，发现其中有一项是关于机加工车间漏油的，工厂对此已采取了纠正措施，但在第二阶段审核时，审核员发现机加工车间漏油现象仍很严重。

答：1）有不符合。

2）不符合 GB/T 24001—2004 标准 4. 5. 3 中“c）评价采取预防措施的需求；实施所制定的适当措施，以避免不符合的发生；”的要求。

3）不符合事实：一阶段审核内审的不符合报告发现：其中有一项是关于机加工车间漏油的，工厂对此已采取了纠正措施，但在第二阶段审核时机加工车间漏油现象仍很严重。

40. 2008 年 6 月审核员在某厂发现，公司制造车间在 3 个月前引入了新的加工生产线，查阅该车间的环境因素识别和评价记录得知是在 2008 年 1 月填写的，之后并没有增加或修改，询问车间环境管理负责人，他说将在 2008 年 12 月管理评审时再进行新设备的环境因素识别评价。

答：1）有不符合。

2）不符合 GB/T 24001—2004 标准 4. 3. 1 中“组织应建立、实施并保持一个或多个程序，用来：a）识别其环境管理体系覆盖范围内的活动、产品和服务中能够控制、或能够施加影响的环境因素，此时应考虑到已纳入计划的或新的开发、新的或修改的活动、产品和服务等因素；”的要求。

3）不符合事实：公司生产车间在 8 月份引进了一条新的加工生产线，并已投入生产，查阅该车间环境因素和评价记录得知是在 2006 年 1 月份填写的，此后并没有修改和补充。询问车间有关负责人，他说将在 2007 年 1 月份进行新的生产线的环境因素识别和评价。

2009 年 9 月环境管理体系审核知识考试题及答案

一、单项选择题（从下面各题选项中选出一个最恰当的答案，并将相应字母填入括号内。每题 1 分，共 15 分）

1. 在审核中发现了组织正在使用的某个文件，这是（ C ）。

（A）审核准则　（B）审核发现　（C）审核证据　（D）审核结论

2. 以下哪种信息不可以作为审核证据？（ C ）

（A）现场看到机油有泄漏

（B）检测报告显示废水排放超标

（C）车间主任说危险废弃物交给了有资质的处置方

（D）内审检查表

3. 根据GB/T 19011—2003标准，关于审核的沟通，以下说法正确的是（　A　）。

（A）审核组长应当定期讨论以交换信息

（B）审核组长必须定期向受审核方通报审核进展及相关情况

（C）审核组长必须定期向审核委托方通报审核进展及相关情况

（D）当审核证据显示有紧急的和重大的风险（如安全、环境或质量方面）时，应当及时向审核委托方报告，但不需要报告受审核方

4. 下列哪一项描述最适宜作为环境目标？（　C　）

（A）火灾事故为零　（B）降低能源的消耗

（C）今年排放的COD总量比去年下降5%　（D）加强员工的环境技能培训

5. 审核的启动可涉及到以下哪一方面的工作？（　A　）

（A）确定审核目的、范围和准则　（B）评审文件的适宜性和充分性

（C）编写审核检查表　（D）制定审核计划

6. 监督审核的目的是（　A　）。

（A）确定管理体系是否持续满足要求，是否能保持认证注册资格

（B）确定管理体系是否存在不合格

（C）验证上次审核时发现的不合格的纠正措施的有效性

（D）复评管理体系，以确定能否换发认证证书

7. 检查表应（　B　）。

（A）对现场审核的人员分工及时间进行安排

（B）策划对审核对象的审核思路

（C）使用时严格按检查表提问

（D）提交委托方确认

8. 监督审核中出现下列哪种情况时应考虑认证暂停（　D　）。

（A）相应管理体系进行了重大更改，并影响到认证资格

（B）证书持有者对证书和标志的使用不符合规定

（C）证书持有者未按期交纳认证费用且未纠正

（D）以上情况都应考虑认证暂停

9. 环境管理体系第一阶段审核的目的包括（　A　）。

（A）确定审核范围

（B）确定受审核方是否具备认证注册条件

（C）评价受审核方的EMS是否建立并得到有效实施

（D）以上都正确

10. 管理的主体是（　D　）。

（A）最高管理者　（B）高层管理者　（C）全体员工　（D）管理者

11. 关于不符合，以下描述错误的是（　D　）。

（A）对审核员来说，不符合指不符合审核准则的要求

（B）不符合报告应该以书面的形式提交给受审核方

（C）应该与受审核方一起评审不符合以确认审核证据的准确性

（D）如果受审核方与审核组就审核证据或审核发现有分歧，审核组应该撤销不符合

12. 根据中国认证认可协会《环境管理体系审核员注册准则》(第2版),申请人应具有至少(D)年技术或管理岗位的工作经验。

(A) 1　　(B) 2　　(C) 3　　(D) 4

13. 第三方认证审核时,审核的委托方是(B)。

(A) 认证委托机构　(B) 认证机构　(C) 审核员注册机构 (D) 认可机构

14. CCAA 现行 EMS 审核员注册准则的实施日期为(D)。

(A) 2006年1月1日　(B) 2007年1月1日

(C) 2007年5月1日　(D) 2007年6月1日

15. 认证证书的认证范围最终由(B)。

(A) 申请人决定　(B) 认证机构决定

(C) 受审核方决定　(D) 认证机构和申请人协商决定

二、判断题(判断下列各题,正确的写T,错误的写F,填入题后括号内。每题1分,共10分)

16. 组织的环境管理体系覆盖范围应与认证机构协商确定。(F)

17. 审核组中至少应有一名具备专业能力的级别审核员。(T)

18. 审核组中的技术专家如果技术能力具备要求可以单独进行审核。(F)

19. 根据 CCAA 现行审核员注册准则,环境管理体系实习审核员申请人应至少4年技术或管理岗位的工作经历。(T)

20. 审核组应根据实施审核的结果作出受审核方是否通过认证注册的审核结论。(F)

21. 审核员在审核中为了找到更多的不符合项可以加大抽样量。(F)

22. 对于审核中开具的严重不符合项,审核组通常选择现场验证的方式验证其纠正措施实施的有效性。(T)

23. 获证组织的再认证周期为4年。(F)

24. 当获证方发生影响相应管理体系运行与活动的重大事故时,认证机构应提前进行监督审核。(F)

25. 初次认证后的第一次监督审核应在第一阶段审核最后一天起12个月内进行。(F)

三、多项选择题(从下面各题选项中选出两个或两个以上最恰当的答案,并将相应的字母填入题后括号内。选错选项时不得分;全选对得2分;少选时,每个选项得0.5分。共10分)

26. 再认证审核包括关注下列(ABC)方面的现场审核。

(A) 整个管理体系的有效性

(B) 经证实的对保持管理体系有效性并改进管理体系,以提高整体绩效的承诺

(C) 获证管理体系的运行是否促进了组织方针和目标的实现

(D) 获证企业是否重新向上一个认证周期内对其颁发认证证书的认证机构提出申请

27. 以下属于环境管理体系审核准则的有(BCD)。

(A) GB/T 19011—2003 标准　(B) GB/T 24001—2004 标准

(C) 适用的法律、法规和其他要求　(D) 受审核方的环境管理体系文件

28. 一个组织的状况应当包括（　ACD　）。

（A）组织的文化和社会习俗

（B）组织采用新技术、开辟新市场的能力

（C）组织的规模、结构、职能和关系

（D）组织的运营过程和相关术语

29. 企业对采购产品的验证方法一般包括（　AB　）。

（A）检验或试验　　（B）查验供方提供的合格证明

（C）供方的口述　　（D）组织管理层的认可

30. 对违反审核员行为规范，不满足注册要求的审核员，经调查核实后可能受到 CCAA 的处罚包括（　BCD　）。

（A）罚款　　（B）警告　　（C）暂停注册资格　　（D）撤销注册资格

四、简答题（每题 5 分，共 15 分）

31. 针对 GB/T 24001—2004 标准 4.4.7 条款，常见的审核证据有哪些？

答：1）常见的审核证据有《应急准备和响应程序》；2）针对异常和紧急情况的应急计划或称《应急预案》；3）应急演练（试验）的记录和其他证据（如照片）；4）对应急计划或预案评审或修改的记录。

32. 审核员在企业的办公室审核时，发现连续三项对该企业噪声扰民提出的控诉。询问办公人员，“该信息是否已转给有关部门处理”，回答：“以电话通知”，审核员问：“解决怎样”，回答说：“不清楚”。请简述上述实施中可能存在的问题及对应的标准要素。

答：1）没明确信息沟通的渠道和方式。（4.4.3）

2）解决问题的职责不明确。（4.4.1）

3）没有针对问题采取有效的纠正措施。（4.5.3）

33. 某企业将废水排放作为其重要环境因素，请根据标准 4.4.6 要素的要求简述审核思路。

答：审核部门：环境主管部门和相关车间、污水处理站。

审核内容：1）是否制定了《废水控制程序》；2）程序中是否规定了与废水排放相关的运行准则？3）是否涉及相关方，如涉及，如何对其施加影响，是否对其施加有效的影响？4）是否按程序文件的规定对与废水排放有关的过程实施了有效的控制？废水处理设施是否正常运行？

审核方法：查阅文件的相关记录，现场观察并与相关人员进行沟通。

五、阐述题（每题 10 分，共 20 分）

34. 监督审核时，某审核员在 B 经理陪同下来到某公司二期工程厂房。经询问审核员了解到，一期工程及配套污水处理厂是 1996 年投产的，持有“三同时”、“环评”等批文，当时的设计生产能力是年产 50 万台。审核员紧接着问：“二期工程何时投产？”……“现在全公司三班年产多少台？”B 经理回答说：“2002 年 4 月，三班年产 100 万台！”但当问到 1996 年后是否兴建新的污水处理装置（或厂）时，回答没有。在磷化装置前发现未处理的含镍的污水直接排入流向污水处理厂的下水道。现场工程师告诉审核员，污水处理是公司污水厂的职责，我们只管生产。请描述你的审核思路。（至少回答出四个要素）

答：1）询问二期工程是否进行了环境影响评价？（4.4.6、4.3.2、4.5.2）

2）2002 年 4 月，三班年产 100 万台生产能力超过了设计能力一倍，污水处理站是否

具备相应的能力？是否考虑按环保“三同时”制度兴建相应的污水处理设施？（4.4.6、4.3.2、4.5.1）

3）针对“磷化装置前发现未处理的含镍的污水直接排入流向污水处理厂的下水道”，询问企业相关人员是否了解这样的废水要经过处理后才可排入污水处理厂的下水道？（4.4.6、4.4.2）

4）针对“现场工程师告诉审核员，污水处理是公司污水厂的职责，我们只管生产”询问和追踪环境管理职责是否清楚？（4.4.1）

35. 审核员在污水处理场审核。在查阅监测记录后，发现连续5天出现排污超标的情况。审核员问这种情况如何处理，工人回答说：“出现超标时多加点要就行了。”审核员又问污水处理厂日处理能力是多少。工作人员说：“100立方米/日，现在设备运转很好，每天生产产生的废水量也是100立方米/日，污水处理设备的处理能力没有问题”。审核员问当环保设备出现问题时有何措施，工作人员回答：“正在筹建应急池，我们的设备是新建的，不会有问题。”审核员现场看后证实该设备的确是刚投入运行的。如果你是审核员应当如何开展审核？

答：从题目给出的场景看，污水处理厂的实际处理能力与日产生的污水能力是一致的。企业没有考虑一旦污水处理设施出现异常情况时的应急设施；应急池只是在筹建。因此我要从连续五天污水排放超标追踪审核：

1）询问污水处理站负责人，是否事先知道发现连续5天出现排污超标的情况？针对这种情况公司是否有文件规定应该如何处理？（4.4.7）

2）连续5天出现排污超标是什么原因？是否采取纠正和相应的纠正措施？（4.5.3）

3）是否制定的应急预案？并按预案配置了相应的设施？（4.4.7）

4）应急池的建设是否制定了管理方案？现进展如何？（4.3.3）

六、案例分析题（每题6分，共30分）

请对以下场景进行分析，并依据GB/T 24001—2004标准判断有无不符合。如有请写出不符合标准条款的编号及内容，并写出不符合事实。

36. 针对工业污水超标的重大环境因素，公司制订了在3个月内实现污水达标的目标指标和具体的环境管理方案并实施至今。为此，公司内部尽了最大努力，但3个月后目标指标仍未实现。调查原因时发现，公司产生的工业污水在3个月内实现达标几乎是不可能的，因为环境管理体系人员制定完目标、指标后，三个车间调整了工作时间，由同时排污改成分别排污，导致排放污水性质差别较大，一直不稳定。

答：1）有不符合。

2）不符合GB/T 24001—2004标准4.3.3中“组织在建立和评审目标和指标时……，还应考虑可选的技术方案，财务、运行和经营的要求”

3）不符合事实：公司制订了在3个月内实现污水达标的目标指标和具体的环境管理方案并实施至今，但3个月后目标指标仍未实现，调查原因时发现是三个车间调整了工作时间，由同时排污改成分别排污所致。

37. 审核员在车间外发现散落的石棉，审核员问陪同人员：“你们对石棉是如何控制的？”陪同人员说：“我们知道石棉对土壤是有影响的，因此，工程部好像也把它列入环境影响因素清单中，并规定了控制程序和要求。而撒落的石棉是由委托的清运公司负责回收处理，可能在运输途中不小心撒落在地上，只是现在还没明确由哪个部门与清运公司沟通，并对其执行要求的情况进行监督，我们应尽快落实此事。”事后审核员在有关部门验证了陪同人员的回答是真实的。

答：1）有不符合。

2）不符合GB/T 24001—2004标准4.4.6中“c）对于组织使用的产品和服务中所确定的重要环境因素，应建立、实施并保持程序，并将适用的程序和要求通报供方及合同方。”的要求。

3）不符合事实：公司没有将对石棉控制的要求通报给负责石棉清运的外包公司，以致现场审核发现在车间外发现散落的石棉没人处理。

38. 企业的环境监测站负责对本企业排放的污水进行监测。审核员查阅相关污水监测数据，其结果均符合污水排放标准。审核员又发现该检测站使用的仪器超过检定周期仍在使用。

答：1）有不符合。

2）不符合GB/T 24001—2004标准中4.5.1中“组织应确保所使用的监测和测量设备经过校准或验证，并予以妥善维护，且应保存相关的记录。”的要求。

3）不符合事实：负责对本企业排放的污水进行监测的检测站使用的仪器超过了检定周期仍在使用。

39. 工厂污水处理站沉淀下来的污泥是委托当地的华成公司统一运送到市污泥处理厂的，审核员问污水处理站站长：“你们是否对华成公司清运污泥提出管理要求或与华成公司签订合同?”站长说：“华成公司是我们的老关系，一直替我们清运污泥，我们之间没有签订什么合同，况且清运污泥是华成公司的事，我们没必要对他们进行管理。”

答：1）有不符合。

2）不符合GB/T 24001—2004标准中4.4.6中“c）对于组织使用的产品和服务中所确定的重要环境因素，应建立、实施并保持程序，并将适用的程序和要求通报供方及合同方。”的要求。

3）不符合事实：公司没有与承担污水处理站沉淀下来的污泥处理的华成公司签订合同，也没有对此明确要求和建立、实施并保持程序。

40. 在某企业的一个车间里审核员嗅到了一股氨气味，进一步观察，发现原来以液氨为制冷剂的冷冻系统发生了意外泄漏。审核员看了该车间的重大环境因素台账，其中一项为“氨的潜在泄漏。”当审核员问车向主任问及“氨的泄漏有什么对策”时，车间主任回答：“以前从来没有发生过这种事情，因此没有制定针对这种情况的措施”。

答：1）有不符合。

2）不符合GB/T 24001—2004标准中4.4.7中“组织应建立、实施并保持一个或多个程序，用于识别可能对环境造成影响的潜在的紧急情况和事故，并规定响应措施。”的要求。

3）不符合事实：车间里以液氨为制冷剂的冷冻系统发生了意外泄漏，但车间没有针对已经识别的这一紧急情况制定应急措施。

2009年12月环境管理体系审核知识考试题及答案

一、单项选择题（从下面各题选项中选出一个最恰当的答案，并将相应字母填入括号内。每题1分，共15分）

1. 一次审核的结束是指（　B　）。

（A）末次会议结束　（B）分发了经批准的审核报告之时

（C）对不符合项纠正措施进行验证后　（D）监督检查之后

2. 现场审核中，当受审核方提出扩大认证范围的要求时，审核组长应该（　C　）。

（A）宣布中止审核

（B）明确告知受审核方：不能接受此要求，仍按原计划进行审核

（C）与审核委托方和受审核方进行沟通

（D）本着以顾客为关注焦点的原则，同意受审核方的要求

3. 一个认证机构的审核组对组织同时进行质量管理体系和环境管理体系审核，这是（　D　）。

（A）联合审核　（B）整合审核　（C）合并审核　（D）结合审核

4. 审核方案是（　A　）。

（A）针对特定时间段所策划的一次或多次的审核　（B）审核管理程序

（C）审核计划　（D）审核的准

5. 环境管理体系审核用来确定（　C　）。

（A）管理的效率

（B）环境现状符合国家法规和标准的情况

（C）环境管理体系的符合性和有效性

（D）环境手册和程序的适宜性

6. 组织对其材料供应商的审核属于（　B　）。

（A）第一方审核　（B）第二方审核

（C）第三方审核　（D）第二方或第三方审核都有可能

7. “将收集到的审核证据与审核准则进行比较所得到的评价结果”是（　B　）。

（A）审核证据　（B）审核发现　（C）审核结论　（D）观察结果

8. 中国认证认可协会（CCAA）EMS审核员注册准则要求申请人应具备哪些知识、技能和个人素质（　D　）。

（A）环境管理方法和技术　（B）有道德、有感知力

（C）有关环境法律法规和相关方的要求　（D）以上全部

9. 下列哪项不是审核员的职责？（　C　）

（A）按计划要求，收集与受审核区域特征的相关信息，做好审核准备

（B）按分工进行现场审核，收集并记录审核证据，对照准则形成审核发现

（C）确定不符合报告

（D）向审核组长报告审核发现，并在组内进行沟通

10. 现场审核活动前应评审审核方的文件，以确定文件所述的体系与（　D　）的符

合性。

（A）GB/T 24001—2004 标准　　（B）适用环境法律法规和其他要求

（C）相关方的要求　　（D）审核准则

11. 以下哪种情况可构成不符合？（　D　）

（A）宾馆餐厅没有处理泔水的作业指导书

（B）两位管理者之间提供不出内部交流的记录

（C）生产现场某过程没有该过程的安全规程

（D）两位管理者没有按规定作内部交流的记录

12. 以下哪一种情况是审核证据？（　B　）

（A）陪同人员质检科长向审核员反映：供应科长从非合格供方 A 处采购部件

（B）供应科长承认从非合格供方 A 处采购部件

（C）因为在合格供方名录中找不到部件供应商 A，所以审核员认为供应商从非合格供方采购部件

（D）以上都是

13. 审核后续活动不包括（　A　）。

（A）审核组织提出纠正、预防措施的建议

（B）受审核方纠正、预防措施的确定及实施

（C）受审核方想审核委托方报告实施情况

（D）审核委托方的评审与验证

14. 审核方法不包括下列哪一项？（　C　）

（A）面谈　（B）查阅文件　（C）与相关方核对　（D）查看现场情况

15. 纠正措施追踪验证的方式不包括（　B　）。

（A）文件、资料验证（B）电话验证　（C）现场验证　（D）监督审核

16. 现场审核中，以下哪一项不是向导的作用：（　C　）。

（A）建立沟通与联系　（B）审核线路引导

（C）帮助回答审核中的提问　（D）现场证实审核员发现的审核证据

17. 以下哪一项属于与审核有关的原则？（　C　）

（A）道德行为　（B）公正表达　（C）独立性　（D）职业素养

18. （　A　）是对一次审核活动和安排的描述。

（A）审核计划　（B）审核方案　（C）审核范围　（D）审核准则

19. 确定审核范围时可以考虑以下哪个方面？（　A　）

（A）组织的管理权限和产品范围

（B）组织的活动范围和现场区域

（C）组织自己确定的区域

（D）A + B

20. 按（　C　）来划分部门是目前最普遍采用的一种划分方法。

（A）产品　（B）地区　（C）职能　（D）时间

二、判断题（判断下列各题，正确的写 T，错误的写 F，填入题后括号内。每题 1 分，共 10 分）

21. 审核范围就是认证范围。（　F　）

22. 认证范围是认证证书的必要内容。（ T ）

23. 获得认证的组织应按期接受监督审核，时间间隔不得超过 12 个月。（ F ）

24. 有的组织可能没有重要环境因素，如没有生产活动的贸易公司。（ F ）

25. 审核准则包括 GB/T 24001—2004 标准的附录内容。（ F ）

26. 组织环境管理体系覆盖的范围可与认证审核范围不一致。（ T ）

27. 在审核过程中实习审核员可以担当技术专家的角色。（ T ）

28. 一个组织有多个现场，审核组可以对多个现场随机抽样。（ F ）

29. 某建筑公司施工项目部经理出示了公司统一下发的“适用环境法规和其他要求”目录清单和相关光盘（均为法律法规的原文），这表明其已确定了适用的环境法律法规要求。（ F ）

30. 收集客观证据时，最好有受审核方管理资料的人帮你选择样本，因为他们对情况了解。（ F ）

31. 审核员必须去现场验证才能确保不符合纠正措施的有效性。（ F ）

32. 注册审核员应同时接受 CCAA 和执业机构的监督。（ T ）

33. 《中华人民共和国认证认可条例》第 15 条规定：认证人员不得同时在两个以上认证机构执业。（ T ）

34. CCAA EMS 审核员注册遵循逐级晋升的原则。（ T ）

35. 一阶段现场发现的不符合，可在二阶段审核后一并纠正。（ F ）

三、简答题（每题 5 分，共 15 分）

36. 请根据 GB/T 19011—2003 标准，简述与审核有关的审核原则。

答：与审核有关的原则是：1）独立性；2）基于证据的方法。

37. 请简述 GB/T 24001—2004 标准中哪些条款和遵守法律法规相关，并简述相关要求。至少列举 8 个条款。

答：4.2 要求：方针包括对遵守与其环境因素有关的适用法律法规和其他要求的承诺；

4.3.1 识别环境因素要考虑法律法要求；

4.3.2 要求：识别适用于其活动、产品和服务中环境因素的法律法规要求和其他要求并建立获取这些要求的渠道；确保在建立、实施和保持环境管理体系时，对这些适用的法律、法规要求和其他环境要求加以考虑；

4.3.3 要求：组织在建立和评审环境目标时，应考虑法律、法规要求和其他应遵守的要求；

4.4.6 要求：组织要在程序中规定运行准则；运行准则包括了法律法规要求；

4.5.2 要求：为了履行遵守法律法规的承诺，组织应建立、实施并保持一个或多个程序，以定期评价对适用法律法规的遵循情况；

4.5.5 法律法规是内部审核的依据之一；

4.6 要求：管理评审输入包括内部审核和合规性评价的结果。

38. 请简述从哪些方面评价组织的环境管理体系的有效性。

答：可从三个方面评价环境管理体系的有效性：

1）环境管理体系文件与 GB/T 24001 标准的符合性；

2）环境管理体系运行与管理体系文件的符合性；

3）管理体系运行结果（环境绩效）与环境管理目标的符合性，包括：守法性、环境目标的达成、管理方案的实施、运行准则的符合、与重要环境因素有关的运行活动的关键特性与标准要求的符合性。

四、阐述题（每题10分，共20分）

39. 请针对某燃煤热水锅炉（额定功率大于等于14MW）编制检查表。至少答7个条款。

答：燃煤热水锅炉房的检查表如下表所示：

序号	要素	审核项目	审核要点和方法	记录
1	4.4.1	了解锅炉房的概况。	和动力车间负责人交谈： 1）职责是什么？ 2）锅炉房的锅炉类型、容量、压力、台数、烟囱高度、除灰情况；鼓风机、引风机、排风扇等情况；软化水系统情况及锅炉清洗情况、水压表等的检定校准情况等。	
2	4.3.1	锅炉房有哪些环境因素和重要环境因素？	1）查锅炉房《环境因素清单》，识别是否充分？有否充分考虑八个方面、三种状态、三种时态？有否关注产品、相关方、异常和紧急情况的环境因素识别？ 2）查《重要环境因素清单》，评价是否客观、科学、合理？	
3	4.3.2	锅炉房有哪些相关的法律、法规？	1）查锅炉房相关的法律、法规清单（可含在总清单内）。 2）抽样查是否获取《锅炉大气污染物排放标准》？	
4	4.3.3	是否已建立了与锅炉房相关的目标和指标，执行和完成情况如何？	1）查与锅炉房运行有关的目标、指标。 2）抽查目标、指标制定是否合理？ 3）抽查1~2项目标指标完成情况、更新情况。	
5	4.3.3	查环境管理方案。	1）查单位方案中与锅炉房有关的有哪些？ 2）如有，抽1~2项查相关的措施、资金、职责是否落实？ 3）查方案完成情况。	
6	4.4.2	查锅炉房的工作人员的工作能力及对本岗位的环境管理重要性的认识。	1）询问动力车间对环境方针的认识。 2）查锅炉房工人的上岗证。（特种工人） 3）查锅炉房水质化验员的上岗证。（特种工人） 4）查锅炉房司炉工人对本岗位环境管理责任的认识。 5）查询1名锅炉房值班人员的环保知识及实际操作中控制重要环境因素的技能。	
7	4.4.3	查和锅炉房有关的信息交流和协商情况。	1）抽查2~3份“信息交流单”。 2）查询锅炉房有无异常情况，如有，是否已进行交流？ 3）是否要求对相关的重要环境因素与外部相关方进行交流？有无交流的记录？	

续表

序号	要素	审核项目	审核要点和方法	记录
8	4.4.5	查文件控制情况。	1）查阅受控文件清单中和锅炉房有关的内容。 2）抽查锅炉房作业指导书及2～3项法律、法规和其他要求，是否有效受控？	
9	4.4.6	查运行控制情况，是否控制有效？	围绕目标和指标、重要环境因素等，了解锅炉定期清洗情况、锅炉日常运用控制情况，水压表、水位计的有效情况、定期的检测情况；煤质控制情况、除尘器的运行情况、废水的控制情况、检修过程中废弃物控制情况。	
10	4.4.7	是否有锅炉房相关的应急准备和响应措施？	1）查应急准备和响应程序中有关锅炉房的内容？ 2）锅炉爆炸和除尘设施故障的应急预案内容。	
11	4.5.1 4.5.2	查锅炉房有关监测的情况和合规性评价情况	1）对锅炉房的监测项目、监测频次规定和要求是否明确？是否按国家法律法规要求定期进行锅炉的安全装置检测？废气排放监测？煤质检验？查阅有关检测报告，并对报告中提出的问题了解是如何处理的？ 2）查锅炉房持续遵守法律法规评价情况。	
12	4.5.3	查不合格、纠正措施、预防措施情况	1）查不合格处理记录，发生不合格时有未按程序及时处置？产生了哪些环境影响？ 2）查采取纠正措施、预防措施记录。	
13	4.5.5	查内审情况	有未对锅炉房实施内审？有无发现不合格？是否已对不符合项目纠正措施实施验证？	
14	其他要素	查记录控制、管理评审有关情况	1）环境管理记录是否清晰、完整？是否有效控制？ 2）如有重大问题，是否已作为管理评审输入？	

40. 审核员2009年8月在皮革厂审核时发现，工厂已将含六价铬废水的排放评价为重要环境因素，并针对此制定了目标、指标及方案，但查2009年7月当地环境监测站出具的监测报告结果发现六价铬仍然是超标排放。请写出审核思路。至少答4个条款。

答：审核思路是：

1）是否针对六价铬仍然是超标排放进行了原因分析，并采取了有效的纠正和纠正措施？(4.5.3)

2）监测报告及判断标准是否正确？取样是否合理？监视设备是否在有效的校准期？(4.5.1)

3）是否对与含六价的废水排放相关的运行活动实施了有效控制？(4.4.6)

4）是否针对含六价的废水排放制定了目标指标和方案？目标是否合理？方案是否得到实施？(4.3.3)

5）含六价的废水排放是否识别和环境因素和确定了重要环境因素？(4.3.1)

五、案例分析题（每题6分，共30分）

请对以下场景进行分析，写出不符合标准条款的编号及内容，并写出不符合事实。

41. 六月某日审核组长在某纸厂监督审核时发现，该厂新增了废纸脱墨生产线，目前正在施工，预计下月投入使用。审核员向陪同的技术科长，对此项活动是否对环境因素进行了识别和控制？技术科长说因为《环境因素识别和评价程序》中规定每年12月进行因素更新识别和评价，到时侯就进行更新，而且引进的脱墨设备非常先进，污水排放不会超标。

答：1）有不符合。

2）不符合GB/T 24001标准4.3.1中“组织应建立、实施并保持一个或多个程序，用来：a）识别其环境管理体系覆盖范围内的活动、产品和服务中能够控制、或能够施加影响的环境因素，此时应考虑到已纳入计划的或新的开发、新的或修改的活动、产品和服务等因素”的要求。

3）不符合事实：在某纸厂监督审核时发现：工厂新增了废纸脱墨生产线，目前正在施工，预计下月投入使用，但没有识别和评价与这一新增生产线的关的环境因素。

42. 针对工业污水超标的重大环境因素，公司制订了在3个月内实现污水达标的目标指标和具体的环境管理方案并实施至今。为此，公司内部尽了最大努力，但3个月后目标指标仍未实现。调查原因时发现，公司产生的工业污水在3个月内实现达标几乎是不可能的，因为环境管理体系人员制定完目标、指标后，三个车间调整了工作时间，由同时排污改成分别排污，导致排放污水性质差别较大，一直不稳定。

答：1）有不符合。

2）不符合GB/T 24001标准4.3.3中“组织在建立和评审目标和指标时，应考虑法律法规和其他要求，以及自身的重要环境因素。此外，还应考虑可选的技术方案，财务、运行和经营要求，以及相关方的观点。”的要求。

3）针对工业污水超标的重大环境因素，公司制订了在3个月内实现污水达标的目标指标和具体的环境管理方案，但3个月后目标指标仍未实现。其原因是制定完目标、指标后，三个车间调整了工作时间，由同时排污改成分别排污，导致排放污水性质差别较大，一直不稳定。

43. 工厂污水处理站沉淀下来的污泥是委托当地的华成公司统一运送到市污泥处理厂的，审核员问污水处理站站长：“你们是否对华成公司清运污泥提出管理要求或与华成公司签订合同？”站长说：“华成公司是我们的老关系，一直替我们清运污泥，我们之间没有签订什么合同，况且清运污泥是华成公司的事，我们没必要对他们进行管理。”

答：1）有不符合。

2）不符合GB/T 24001标准中4.4.6“c）对于组织使用的产品和服务中所确定的重要环境因素，应建立、实施并保持程序，并将适用的程序和要求通报供方及合同方。”的要求。

3）不符合事实：公司没有与负责工厂污水处理站沉淀下来的污泥处理的华成公司签订合同，污水处理站站长解释说：“华成公司是我们的老关系，一直替我们清运污泥，况且清运污泥是华成公司的事，我们没必要对他们进行管理。”

44. 某审核员在工厂进行审核，当他巡视到西边厂界时，发现一个大的储罐，审核员问是装什么的，陪同的经历回答说用来装硫酸，审核员记得公司将硫酸罐的潜在泄漏定为公司的重要环境因素，于是问针对此情况，工厂采取了哪些措施，经理说储罐一直很坚固，也从未出现任何事故，最近公司比较忙，未将此事列在议事日程上。

答：1）有不符合。

2）不符合 GB/T 24001 标准 4.4.7 中“组织应建立、实施并保持一个或多个程序，用于识别可能对环境造成影响的潜在的紧急情况和事故，并规定响应措施。”的要求。

3）不符合事实：公司将硫酸罐的潜在泄漏定为公司的重要环境因素，但没有规定相应措施，经理解释说：储罐一直很坚固，也从未出现任何事故，最近公司比较忙，未将此事列在议事日程上。

45. 审核员对建筑公司某一工地进行环境管理体系审核，就附近居民关心的运送渣土的车辆遗撒问题，抽查了多份信息交流单发现居民有多次投诉，经理解释说：“每次投诉后我们均及时派员清扫了。”

答：1）有不符合。

2）不符合 GB/T 24001 标准 4.4.3 中“组织应建立、实施并保持一个或多个程序，用于有关其环境因素和环境管理体系的 ：……b）与外部相关方联络的接收、形成文件和回应。”的要求。

3）不符合事实：在建筑公司××工地审核发现：附近居民就运送渣土的车辆遗撒问题有多次投诉，经理解释说：“每次投诉后我们均及时派员清扫了”。

第三部分

CCAA 职业健康安全管理体系国家注册审核员考试题详解

一、基础知识部分

2007年6月职业健康安全管理体系基础知识考试题及答案

一、单项选择题（从下面各题选项中选出一个最恰当的答案，并将相应字母填入相应括号内。每题1分，共15分）

1. “三同时”原则是指新建、改建、扩建工程的安全生产设施必须与主体工程（ B ）。

（A）同时规划、同时建设、同时安装

（B）同时设计、同时施工、同时投入生产和使用

（C）同时设计、同时制造、同时使用

（D）同时设计、同时制造、同时安装

2. 《危险化学品安全管理条例》规定的危险化学品，包括（ D ）、压缩气体、易燃液体、易燃固体、自然物品和遇湿易燃物品、氧化剂和有机过氧物、有毒和腐蚀品等。

（A）炸药　（B）雷管　（C）导爆索　（D）爆炸品

3. 对于拟定的纠正措施和预防措施，在实施前应先进行（ C ）。

（A）向相关方通报　（B）预评审　（C）风险评价　（D）协商交流

4. 进行危险源识别与风险评价时（ A ）。

（A）应覆盖组织的常规和非常规活动

（B）不需要辨识进入作业场所的组织以外的人员活动

（C）只需辨识工作场所中本组织的设施

（D）无需辨识组织的非常规活动

5. 建立和实施职业健康安全管理体系的根本目的是（ C ）。

（A）将组织的所有风险彻底消灭，确保绝对安全

（B）将所有与职业健康安全有关的过程形成文件

（C）是组织能够控制职业健康安全风险，并持续改进其绩效

（D）制定健康安全方针和目标，并依照执行

6. 《中华人民共和国劳动法》规定，禁止安排女职工从事矿山井下、国家规定的第（ D ）级体力劳动强度的劳动和其他禁忌从事的劳动。

（A）一　（B）二　（C）三　（D）四

7. 故障树分析中概率重要度是指（ D ）。

（A）基本事件在故障树结构中位置的重要性

（B）顶事件发生概率与基本事件发生概率的偏差之比

（C）顶事件发生概率与基本事件发生概率的相对变化率之比

（D）顶事件发生概率与基本事件发生概率之比

8. D = LEC打分方法属于（ A ）风险评价方法。

（A）定性　（B）相对　（C）概率　（D）故障树

9. 从根本上消除或降低职业健康安全风险的措施可以是（ B ）。

（A）对于风险有关的活动制定程序，并保持实施

（B）建立并保持程序，用于工作场所、过程、装置、机械、运行程序和工作组织的设计

（C）建立应急准备与响应计划和程序

（D）对职业健康安全绩效进行常规监视和测量

10. 被动性的绩效测量可指（　D　）。

（A）是否符合运行标准的测量

（B）对过程、工作场所进行常规安全行为的检查

（C）对设备、设施的安全检查

（D）对事故、事件等的统计分析

11～15　略

二、判断题（判断下列各题，正确的写T，错误的写F，填入相应括号内。每题1分，共15分）

16. 持续改进和遵守职业健康安全法规是组织职业健康方针应包含的内容。（　T　）

17. 管理评审不必形成文件。（　F　）

18. 可允许风险包括在自然状态下无须控制或无法控制也不违反法律法规、方针目标要求的风险。（　T　）

19. 体系文件越多，越能充分体现符合标准要求。（　F　）

20. 职业病的分类和目录由国务院规定、调整并公布。（　F　）

21. 职工在工作时间和工作岗位，突发急病死亡的，可以认定为工伤。（　F　）

22. 爆炸是物质的一种急剧的物理、化学变化，在变化过程中伴有物质所含能量的快速释放。（　T　）

23. 组织部分作业分包，危险源辨识不包含分包方的活动。（　F　）

24. 组织在进行运行控制时，不但要对自身的风险予以控制，而且对相关方的所有风险也要进行控制。（　F　）

25. 事件是导致或可能导致事故的情况。（　T　）

26. 内部的审核主要是判断是否符合职业健康安全法律、法规的要求。（　F　）

27. 组织在确定其职业健康安全目标时，应考虑其风险评价和控制情况。（　T　）

28. 职业健康安全培训应一视同仁，不管谁都应经过相同的培训。（　F　）

29. 制定职业健康安全管理方案得目的是为了实现目标；方案必须形成文件。（　T　）

30. 危险化学品生产企业必须为危险化学品事故应急救援提供技术指导和必要的协助。（　T　）

三、多项选择题（从下面各题选项中选出两个或两个以上最恰当的答案，并将相应的字母填入题后括号内。多选或少选均不得分。每题2分，共20分）

31. 被动性的绩效测量包括（　AC　）。

（A）事故统计分析　　（B）职业健康安全目标完成情况分析

（C）职业病统计分析　　（D）安全检查

32. 组织在建立和评审职业健康安全目标时应考虑（　ABCD　）。

（A）法规和其他要求　　（B）职业健康安全危险源和风险

（C）可选择的技术方案　　（D）财务、运行和经营要求

33. 根据《安全生产许可条例》，国家对以下哪些企业实行安全生产许可？（ ABCD ）

（A）矿山　（B）建筑施工　（C）危险化学品　（D）烟花爆竹生产

34. GB/T 28001—2001 标准适用于任何下列愿望的组织（ BCD ）。

（A）将标准作为具体的职业健康安全绩效准则

（B）建立职业健康安全管理体系，消除或减小因组织的活动而使员工和其他相关方可能面临的职业健康安全风险

（C）实施、保持和持续改进职业健康安全管理体系

（D）使自己确信能符合所声明的职业健康安全方针

35. 职业健康安全记录应（ BCD ）。

（A）经主管领导批准　（B）字迹清楚

（C）标识明确　（D）可追溯相关的活动

36. 关于职业健康体检，下列说法正确的是（ AC ）。

（A）职业健康体检的项目由国家主管部门统一规定

（B）职业健康体检的周期由体检机构根据用人单位的实际情况决定

（C）体检机构不能及时告知体检结果，特殊情况需要延长的，应说明理由并告知用人单位

（D）体检机构应统计年度职业健康检查结果，报告用人单位和所在劳动行政部门

37. 依据 GB/T 28001—2001 标准，针对事故、事件和不符合而拟定和采取的纠正措施和预防措施，应（ BCD ）。

（A）必须向相关方通报

（B）在实施前通过风险评价过程进行评审

（C）与问题的严重性和面临的职业健康安全风险相适应

（D）因纠正和预防措施需要对形成文件的程序进行更改时，组织应予以更改并记录

38. 风险评价的含义是（ AC ）。

（A）评估风险大小　（B）识别危险源的存在

（C）确定风险是否可允许　（D）确定危险源的特性

39. GB/T 28001—2001 标准中 4.3.2 条款强调的是（ BC ）。

（A）组织应建立获得适用法律法规和其他要求的渠道

（B）组织要及时更新有关法规和其他要求

（C）组织应有获得法规和其他要求的程序

（D）组织应该执行相应的法规要求

40. 组织在确定员工职业健康安全培训需求时，应考虑（ ABCD ）。

（A）员工能力　（B）员工的职责

（C）员工所承受的风险　（D）员工的文化程度

四、填空题（请在下面空缺处填上适当的内容。每题 1 分，共 10 分）

41. GB/T 28001—2001 标准的名称是<u>职业健康安全管理体系　规范</u>。

42. GB/T 28001—2001 标准，可能导致伤害或疾病、财产损失、工作环境破坏或这些情况组合的根源或状态称为<u>危险源</u>。

43. GB/T 28001—2001 标准中，4.4.2 条款的名称是<u>培训</u>、意识和能力。

44. GB/T 28001—2001 标准中。事件的定义是导致或可能导致＿事故＿的情况。

45. 火灾发生的三要素是指可燃物，＿助燃物＿、着火源。

46～50　请对以下场景进行分析，并在括号内写出所适用的 GB/T 28001—2001 标准条款的编号。必须写出所适用条款的最准确编号，但最多只须写出三位章节号。

46. 某企业正在召开员工代表会议，讨论新建锅炉房的有关事宜。（　4.4.3　）

47. 某企业安全检查制度规定：班组安全员每班要实施安全检查；车间安全管理人员要每天检查；安全处人员不定期巡查；企业每周进行综合大检查。（　4.5.1　）

48. 某建筑施工单位将其职业健康安全方针公示在每个施工项目现场的围墙上。（　4.2　）

49. 公司安全检查员正按照《消防器材管理规定》对灭火器是否有效进行检查。（　4.5.1　）

50. 组织向供方索取组织购买的化学品物质安全数据表（MSDS）。（　4.4.6　）

五、简答题（每题 5 分，共 20 分）

51.《中华人民共和国安全生产法》对生产经营单位将其生产经营项目、场所、设备进行发包和出租时有何要求 。

答：生产经营单位不得将生产经营项目、场所、设备发包或者出租给不具备安全生产条件或者相应资质的单位或者个人。

生产经营项目、场所有多个承包单位、承租单位的，生产经营单位应当与承包单位、承租单位签订专门的安全生产管理协议，或者在承包合同、租赁合同中约定各自的安全生产管理职责；生产经营单位对承包单位、承租单位的安全生产工作统一协调、管理。

52. 请说明运行控制程序中运行准则的作用。

答：运行控制程序中的运行准则是为了控制运行和活动的有关风险，防止事故发生而在程序中作出的规定和要求。在运行和活动中只有按运行准则去操作，就能控制风险、防止事故发生。如用砂轮机打磨工件时，为了防止操作人员受到砂轮叶片及砂轮破裂后的碎片伤害，必须在运行控制程序中规定检测砂轮叶片的强度、厚度及更换要求、砂轮防护罩设置要求、打磨的位置及操作要领等运行准则。

53. 简述组织在建立与评审职业健康安全目标时应考虑哪些因素。

答：在建立与评审职业健康安全目标时应考虑：1）法律、法规及其他要求；2）职业健康安全危险源和风险；3）可选技术方案；4）财务、运行和经营要求；5）相关方的意见。

54. 阅读理解。以下内容选自 CCAA《职业健康安全管理体系审核员注册准则》（第 2 版）（2007 年 6 月 1 日起实施）：

“3.2 知识的考核

3.2.1 笔试考核

实习审核员注册申请人应在注册申请前 3 年内通过 CCAA 统一组织的笔试，以证实其满足 2.4.1 规定的知识要求。审核员注册申请人在申请注册时，如果距离通过 3.2.1 规定的笔试的时间不超过 4 年，无笔试要求，如果超过 4 年，应再次通过笔试。

3.2.2 面试考核

高级审核员注册申请人应在申请注册时，参加 CCAA 统一组织面试考试，以证实其具备 2.4.2 规定的高级审核员应具备的知识”。

您正在参加的考试便是 CCAA 统一组织的笔试。请根据以上的内容回答以下问题：

1）实习审核员注册、审核员注册和高级审核员注册三者是否都有关于笔试的要求？请逐一说明。

答：实习审核员注册申请人应在注册申请前 3 年内通过 CCAA 统一组织的笔试。审核员注册申请人在申请注册时，如果距离通过规定的笔试的时间不超过 4 年，无笔试要求，如果超过 4 年，应再次通过笔试。高级审核员注册无笔试要求。

2）对注册而言，本次考试合格的有效期是几年？

答：本次考试合格的有效期是 3 年。

六、案例分析及阐述题（每题 10 分，共 20 分）

55. 如何理解“组织应将员工参与和协商的安排形成文件，并通相关方？”

答：1）目的和意义：OHS 涉及员工利益、资源保证、法规要求；

2）安排形成文件的作用：可以沟通意图、统一行动、便于操作；

3）通报相关方的原因：获得支持、便于监督。

56. 建筑工地经常出现各类事故，从脚手架上坠落是施工现场发生较为频繁、后果严重的事故。这里假设建筑工地不包括搭、拆脚手架，同时“从脚手架上坠落”也不包括脚手架倒塌坠落。在对施工现场、作业情况、机械设备、人员配备了解清楚以后，画出“施工人员从脚手架上坠落死亡”的故障树。

答：故障树如下图所示：

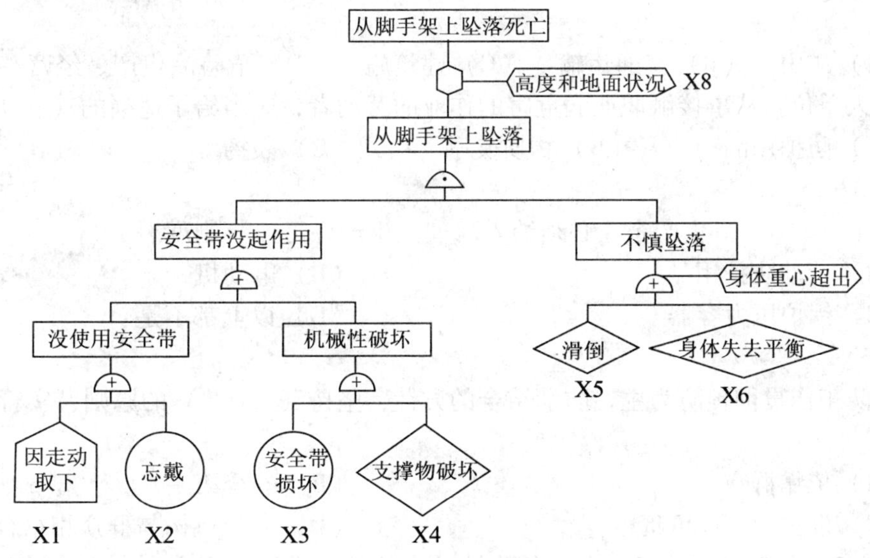

2007年9月职业健康安全管理体系基础知识考试题及答案

一、单项选择题（从下面各题选项中选出一个最恰当的答案，并将相应字母填入相应括号内。每题1分，共15分）

1. 组织员工应（　D　）。

（A）了解谁是OHSMS管理者代表

（B）表明其对OHS绩效持续改进的承诺，理解组织的职业健康安全方针、目标

（C）参与OHS方面的事务

（D）以上都对

2. 组织建立并保持应急准备和响应的计划和程序的目的是（　D　）。

（A）对危险源进行全面的辨识和评价

（B）彻底消除各种事故

（C）对所识别出风险实施有效的控制

（D）为了预防和减少潜在的事件或紧急情况可能引发的疾病和伤害

3. 略

4. 以下除（　B　）单位以外，都必须设置安全生产管理机构或者配备专职安全生产管理人员。

（A）矿山　（B）交通运输　（C）建筑施　（D）危险品生产、经营、储存

5. 用人单位对从事接触职业病危害的作业的劳动者，应当给予适当的（　D　）。

（A）防护用品　（B）物质奖励　（C）表扬　（D）岗位津贴

6. 略

7. 以下（　C　）生产企业必须纳入《安全生产许可证》制度。

（A）劳动防护用品　（B）电动机

（C）锅炉压力容器　（D）以上都不是

8. 略

9. 消防工作贯彻预防为主，防消结合的方针，坚持（　D　）的原则，实行防火安全责任制。

（A）依靠群众　（B）安全第一

（C）谁主管、谁负责　（D）专门机构与群众相结合

10.《安全生产法》对安全生产危险性较大的行业进行了规定，“矿山、建筑施工单位和危险物品的生产、经营、储存单位（　D　）。”

（A）应当配备兼职安全生产管理人员

（B）应当配备专职或兼职安全生产管理人员

（C）必须设置安全生产管理机构

（D）应当设置安全生产管理机构或者配备专职安全生产管理人员

11～15　略

二、判断题（判断下列各题，正确的写 T，错误的写 F，填入相应括号内。每题 1 分，共 15 分）

16. GB/T 28001—2001 标准不但可用于认证，还可用于企业的自我鉴定和声明。（ T ）

17. 风险是指某一特定危险情况发生的可能性。（ F ）

18. 组织在建立和评审职业健康安全目标时，应考虑相关方的意见。（ T ）

19. 最高管理者应在管理者中指定一名成员作为管理者代表。（ F ）

20. 职业健康安全管理体系文件应在保证活动的有效性和效率的前提下尽可能少。（ T ）

21. 组织确定与所认定的风险有关的需要采取控制措施的运行与活动，都要确保在文件化的程序规定的条件下进行。（ F ）

22. 用于对职业健康安全绩效进行监视和测量的设备应校准。（ T ）

23. 在机械设备的传动带、转动轴、皮带轮、飞轮、砂轮和电锯等危险部位，视需要可以选择装设或不装设防护装置。（ F ）

24. 为了安全和便于管理，企业电压等级宜少不宜多。（ T ）

25. 在火灾和爆炸危险场所，静电火花是十分危险的，静电电压可以达到数万至数十万伏。（ T ）

26. 所有生产企业都应建立安全管理机构或配备专职安全员。（ F ）

27.《中华人民共和国安全生产法》规定，任何生产经营单位，只要其从业人员超过 300 人，就必须设置安全生产管理机构或配备专职安全生产管理人员。（ T ）

28. 未经上岗前职业健康检查的职工可以先从事接触职业病危害的作业，但应在 3 日内进行职业健康检查。（ F ）

29. 高毒作业场所应当设置黄色区域警示线、警示标识和中文警示说明。（ F ）

30. 依法进行安全评价的企业，才可能取得安全生产许可证。（ T ）

三、多项选择题（从下面各题选项中选出两个或两个以上最恰当的答案，并将相应的字母填入题后括号内。多选或少选均不得分。每题 2 分，共 20 分）

31. 关于 GB/T 28001—2001 标准，以下说法正确的是？（ BD ）

（A）其所有要求不必在任何一个职业健康安全管理体系中均要纳入

（B）其针对的是职业健康安全

（C）其针对的是产品和服务安全

（D）其所有要求意在纳入任何一个职业健康安全管理体系

32. 职业健康安全管理体系方针中包括（ BC ）。

（A）组织对提供的产品和服务安全的整体目标和改进的承诺

（B）对持续改进的承诺

（C）对遵守实行职业健康安全法律、法规和其他要求的承诺

（D）对员工职业健康安全的承诺

33. 组织在选择危险源辨识和风险评价方法时（ BD ）。

（A）可以根据自己的爱好任意选择，不必考虑任何其他因素

（B）应依据风险的范围、性质和时限进行确定

（C）应尽可能选择复杂、精确度高且只有专家才能操作的方法

（D）应能确定风险级别并与运行经验和所采取的风险控制措施的能力相适应

34. 略

35. “绩效测量和监视”包括（　ABCD　）。

（A）对职业健康安全目标的满足程度的监视

（B）对是否符合职业健康安全管理方案运行准则的监视

（C）对是否符合适用的法规要求的监视

（D）对事故、疾病、事件和其他不良职业健康安全绩效的监视

36. 组织为消除实际和潜在的不符合原因而采取的任何纠正或预防措施，应当(　AC　)。

（A）与问题的严重性相适应　（B）与组织的经济实力相适应

（C）与面临的职业健康安全风险相适应　（D）作业者的能力相适应

37. 特种作业人员包括（　ABC　）。

（A）电工　（B）金属焊接切割工

（C）矿山通风操作人员　（D）锅炉水质化验工

38. 下列灭火剂中，适用于扑灭带电火灾的有（　BD　）。

（A）水　（B）二氧化碳泡沫　（C）泡沫　（D）干粉

39. 以下属于危险化学品的有（　ABD　）。

（A）TNT　（B）乙炔　（C）聚乙烯　（D）白磷

40. 按照安全生产法的规定，应当建立应急救援组织的生产经营单位是指（　ABC　）。

（A）矿山　（B）危险物品的生产、经营、储存单位

（C）建筑施工单位　（D）交通运输单位

四、填空题（请在下面空缺处填上适当的内容。每题 1 分，共 10 分）

41. 根据 GB/T 28001—2001 标准，组织应及时更新有关法规和其他要求的信息，并将这些信息传达给员工和其他有关的<u>　相关方　</u>。

42. GB/T 28001—2001 标准要求，员工应意识到在工作活动中实际的或潜在的职业健康安全后果，以及个人工作的改进所带来的职业健康安全<u>　效益　</u>。

43. GB/T 28001—2001 标准中，4.4.6 条款中的标题是<u>　运行控制　</u>。

44. 根据《劳动防护用品监督管理规定》的要求，特种劳动防护用品实行<u>　安全　</u>标志管理。

45. 三级安全教育是指：厂级教育、<u>　车间教育　</u>、班组教育。

46～50　请对以下场景进行分析，并在括号内写出所适用的 GB/T 28001—2001 标准条款的编号。必须写出所适用条款的最准确编号，但最多只须写出三位章节号。

46. 顾客打电话询问化工厂的职业健康安全方针，办公室主任回答：已印成宣传单，可以来取。(　4.2　)

47. 车间在每个班组设置兼职安全员。(　4.4.1　)

48. 某公司新办了一个名叫“安全生产园地”的黑板报，其中包括“事故通报”、“公司安全生产制度建设”等栏目，深受大家的喜爱。(　4.4.3　)

49. 某化工厂每年进行一次消防演习。(　4.4.7　)

50. 根据同类企业所发生的触电事故的教训，本企业已对其内部的所有电器和用电安全进行了全面的检查。(　4.5.2　)

五、简答题（每题 5 分，共 20 分）

51. 请简述组织进行危险源辨识、风险评价及风险控制策划的步骤。

答：危险源辨识、风险评价及风险控制策划的步骤是：1）划分作业单元；2）辨识危险源；3）确定风险；4）评价是否可允许的风险；5）制定风险控制计划。

52. 员工应参与哪些协商活动？

答：员工应参与：1）参与风险管理方针和程序的拟订和评审；2）参与商讨影响工作场所职业健康安全的变化；3）参与职业健康安全事务；4）了解谁是职业健康安全代表和管理者代表。

53. 试说明火灾形成的要素以及控制火灾的基本原则。

答：要素：着火源、可燃物、空气（助燃物）。

必须遵循："先控制后消灭，救人第一，先重点后一般"的原则。

54. 阅读理解。以下内容选自 CCAA《职业健康安全管理体系审核员注册准则》（第 2 版）：

"2.1 申请要求

2.1.1 各级别注册申请人应认真阅读 CCAA－OHSMS 审核员注册准则，了解各项注册要求。

2.1.2 申请人应提供真实、完整的注册信息、资料。申请信息、资料应使用中文或英文，如提供其他语言的信息、资料，应附有经聘用申请人的认证机构确认的中文翻译件。

2.1.3 申请人应使用 CCAA 统一的注册申请表格。申请表应填写完整，由申请人亲笔签字，注册担保人、推荐机构负责人签字并盖推荐机构公章，附上所有要求的证明资料，与注册费用一同递 CCAA。

注：申请表格可从 CCAA 网站 http：//www.ccaa.org.cn 下载后填写，同时在该网站的"注册申请"栏完成网上申请。

2.1.4 申请人应签署声明，表示同意遵守 CCAA－OHSMS 审核员注册准则的各项要求，特别是审核员行为规范的要求。

2.1.5 申请人提交完整的注册申请资料和注册费用后，CCAA 方可受理申请，开始评价这册程序。注册费用见《认证人员注册收费规则》（详见 CCAA 网站）。"

请根据以上内容回答问题（考生不必在本题中考虑以上未提及的其他任何要求）：

1）有些人认为，申请资料提交后，即意味着 CCAA 开始受理。请解释这种观点是否正确。

答：不正确，必须交纳注册费后才能受理。

2）根据要求，申请资料中的某些项目不能采用打印的形式，而必须有相应的签字或盖章。请指出在申请资料中，哪些地方必须具备签字或盖章？由谁签字或盖章？

答：申请表中的申请人由本人签名；担保人由提保人本人签名；推荐机构负责人由其本人签字；推荐机构盖其公章。

六、案例分析及阐述题（每题 10 分，共 20 分）

55. 略

56. 2006 年 7 月 10 日，某用户将一只液氯钢瓶送到某电化厂充装液氯。该用户在生产设备与液氯钢瓶连接管路上没有安装逆止阀、缓冲罐或其他防倒罐装置，致使氯化石蜡倒罐入液氯钢瓶中。用户在将该液氯钢瓶送至电化厂时未说明这一情况，埋下了重大事故隐患。与此同时，电化厂液氯工段操作人员违章操作，在充装液氯前没有按照操作规程对钢瓶进行装前检查和清理。充装时，钢瓶内的氯化石蜡和液氯发生化学反应，温度压力升高，致使该钢瓶发生爆炸，并引发周围钢瓶相继爆炸，造成8名工人死亡，周围居民数千人中毒。对事故原因进行调查时发现，双方工人均未经特种作业人员培训和考核，工厂也没有事故应急预案和措施。请根据上述材料，分析该起事故的直接原因和间接原因。

答：直接原因：液氯钢瓶在充装时瓶内氯化石蜡与氯气发生反应，温度升高，致使钢瓶发生爆炸，并引发周围钢瓶相继爆炸。

间接原因：1）用户在生产设备与液氯钢瓶连接管路上没有安装逆止阀、缓冲罐或其他防倒罐装置，致使氯化石蜡倒入液氯钢瓶中；2）电化厂液氯工段操作人员违章操作，在充装液氯前没有按照操作规程对钢瓶进行充装前检查；其进一步的原因是该特种作业人员没有经过培训和考核；3）工厂没有事故应急预案和措施，导致周围居民数以千人中毒。

2007年12月职业健康安全管理体系基础知识考试题及答案

一、单项选择题（从下面各题选项中选出一个最恰当的答案，并将相应字母填入相应括号内。每题1分，共15分）

1. 组织应定期开展内审的目的，是确定职业健康安全评价体系是否（　D　）。

（A）符合策划安排，包括满足GB/T 28001—2001标准的要求
（B）得到了正确实施和保持
（C）有效地满足组织的方针和目标
（D）以上都正确

2. 以上不能担任职业健康安全管理体系管理者代表的是（　B　）。

（A）董事会执委会成员　　（B）安全科长
（C）董事会成员　　（D）董事身份的总经理

3. 在GB/T 28001—2001标准中，明确提出应“定期并且在计划的时间间隔内进行评审”的是（　D　）。

（A）职业健康安全管理体系文件　　（B）职业健康安全方针
（C）职业健康安全管理体系　　（D）职业健康安全方案

4. “三同时”的原则是指新建、改建、扩建工程的安全生产设施必须与主体工程（　B　）。

（A）同时规划、同时建设、同时使用
（B）同时设计、同时施工、同时投入生产和使用
（C）同时计划、同时购买、同时使用
（D）同时设计、同时制造、同时安装

5.《中华人民共和国安全生产法》的规定，生产经营单位不得使用国家明令淘汰、禁止使用的危及生命安全的（　B　）。

（A）原材料、设备　（B）工艺、设备　（C）工具、设备　（D）设施、设备

6.《中华人民共和国安全生产许可证条例》的规定，需要取得安全生产许可证的企业

是（ C ）。

（A）食品加工企业 （B）家具生产企业

（C）建筑施工企业 （D）以上都需要

7. 制定职业健康安全管理方案的目的是为了（ D ）。

（A）识别和评价组织的危险源 （B）便于组织实施内部审核

（C）便于组织实施纠正和预防措施 （D）实现组织的职业健康安全目标

8. 根据 GB/T28001—2001 标准，职业健康安全方针应（ D ）。

（A）包含持续改进的承诺 （B）遵守法规和其他要求的承诺

（C）形成文件 （D）以上都正确

9. 制定职业健康安全方针的目的之一是（ C ）。

（A）指导组织建立预防为主、持续改进的管理模式

（B）确保并促进员工对职业健康安全管理工作的参与

（C）阐明整体职业健康安全目标和改进职业健康安全绩效的承诺

（D）便于组织宣传职业健康安全管理体系

10. 风险控制策划时原则上应首先考虑（ B ）

（A）降低风险 （B）消除危险源 （C）现场监督 （D）实现无人操作

11～15 略

二、判断题（判断下列各题，正确的写 T，错误的写 F，填入相应括号内。每题 1 分，共 15 分）

16. 管理评审不必形成文件。（ F ）

17. GB/T 28001—2001 标准 4.5.2a）中所述的事故处理是使同类事故不重复发生的主要手段。（ F ）

18. 对组织已识别的与风险有关的活动，都应建立形成文件的程序加以控制。（ F ）

19. 组织在确定其职业健康安全目标时，都考虑其风险评价的结果和控制的效果。（ T ）

20. 导致能量或危险物质约束或限制措施破坏或失效的各种因素称作第一类危险源。（ F ）

21. 企业要取得安全生产许可证，必须依法进行安全评价。（ T ）

22. 组织在进行运行控制时，既要控制自身的风险，又应该控制相关方的所有风险。（ F ）

23. 风险是指某一特定危险情况发生的可能性和后果的组合。（ T ）

24. 运输易燃易爆的汽车罐车，必须装设可靠的防静电装置。（ T ）

25. 碳酸氢钠干粉灭火器和磷酸铵盐干粉灭火器都不能用于扑灭固体类物质火灾。（ T ）

26. 内部审核的结果是管理评审的输入之一。（ T ）

27. 不同组织的可接受的风险可以是不同的，哪怕是同属一个行业的两个规模相似的企业。（ T ）

28. 某高速旋转的砂轮碎片突然飞出，幸好未伤及操作者，我们可把它认为发生一次“事件”。（ T ）

29. 组织编制的职业健康安全管理体系文件必须包括手册、程序文件和作业指导书等。（　F　）

30. 组织必须评审应急准备和响应的计划和程序并在可行时进行测试。（　T　）

三、多项选择题（从下面各题选项中选出两个或两个以上最恰当的答案，并将相应的字母填入题后括号内。多选或少选均不得分。每题2分，共20分）

31.《中华人民共和国安全生产法》要求生产经营单位的主要负责人对本单位安全生产工作负有下列责任（　ABD　）。

（A）建立、健全本单位安全生产责任制

（B）保证本单位安全生产投入的有效实施

（C）组织安全评价

（D）及时、如实报告事故

32. 建立和实施职业健康安全管理体系的根本目的是（　AC　）。

（A）使组织能够控制职业健康安全风险　（B）保证产品安全

（C）持续改进其绩效　（D）消灭安全事故

33. 按消防法规规定，下列单位中需要建立专职消防队承担本单位的火灾扑救工作的是（　ABD　）。

（A）北京首都国际机场　（B）燕山石化　（C）工人体育馆　（D）天津深水港

34. 职业健康安全方针的内容包括（　BC　）。

（A）以人为本

（B）对持续改进的承诺

（C）对遵守现行职业健康安全法规和组织接受的其他要求的承诺

（D）对保护环境的承诺

35. 根据《中华人民共和国劳动法》的规定，以下哪些说法是正确的？（　AB　）

（A）未成年工指年满16周岁，未满18周岁的劳动者

（B）未成年工不能从事国家规定的第四级体力劳动强度的劳动

（C）用人单位禁止使用未成年工

（D）用人单位不得安排女职工从事高处、低温、冷水作业

36. 根据GB/T 28001—2001标准，需要建立并保持程序的要素有（　BC　）。

（A）目标　（B）培训、意识和能力

（C）应急准备和响应　（D）管理评审

37. 根据我国《特种设备安全监察条例》，特种设备是指涉及生命安全、危险性较大的（　ABCD　）。

（A）锅炉　（B）压力容器和压力管道

（C）电梯和起重机械　（D）客运索道和大型游乐设施

38. 根据GB/T 28001—2001标准，员工应参与和了解的协商和沟通活动（　ACD　）。

（A）参与职业健康安全事务

（B）参与危险源辨识

（C）了解谁是职业健康安全的员工代表

（D）了解谁是职业健康安全的管理者代表

39. 常用的工厂防尘措施有（　ABC　）。

（A）湿式作业　　　　　　　　　　（B）密闭、通风、除尘系统

（C）带防尘口罩　　　　　　　　　（C）尘肺病诊断和治疗

40.《中华人民共和国安全生产法》中规定的从业人员的义务包括（　ABCD　）。

（A）对本单位安全生产中存在的问题提出批评

（B）正确佩戴和使用劳动防护用品

（C）了解其作业场所和工作岗位存在的危险因素、防范措施及事故应急措施

（D）发现事故隐患，立即向现场安全生产管理人员或者本单位负责人报告

四、填空题（请在下面空缺处填上适当的内容。每题1分，共10分）

41. 锅炉的三大安全附件是安全阀、＿压力表＿和水位表。

42. 绝缘电阻值是直流电压与流经绝缘体表面的＿泄漏＿电流之比。

43. 根据GB/T 28001—2001标准，对于其工作可能影响工作场所内职业健康安全的人员，应有相应的工作能力。在＿教育＿、培训（和）或经历方面，组织应对其能力作出适当的规定。

44. 我国的职业病防治方针是预防为主，＿防治结合＿。

45. 重大危险源是指长期地或者临时地生产、搬运、使用或者存储危险物品，且危险物品的数量等于或者超过＿临界量＿的单元。

46～50　请对以下场景进行分析，并在括号内写出所适用的GB/T 28001—2001标准条款的编号。必须写出所适用条款的最准确编号，但最多只须写出三位章节号。

46. 根据同类企业所发生的高空作业坠落事故的教训，本企业对其内部的所有高空作业防护措施进行了全面的重新评审，将原有的保险带措施改为保险带加防护网的双保险措施。（　4.5.2　）

47. 宾馆的设备管理人员正在对电梯进行常规检修和保养。（　4.4.6　）

48. 某宾馆的危险源辨识及风险评价和控制计划未包括对控制火灾和食品卫生的要求。（　4.3.1　）

49. 喷漆车间从未对油漆散发的有毒气体的浓度进行测量。（　4.5.1　）

50. 在化学品仓库见到管理员没有经过培训就进行操作。（　4.4.2　）

五、简答题（每题5分，共20分）

51. 如何理解“对于所有拟定的纠正和预防措施，在其实施前应先通过风险评价过程进行评审”？

答：因为纠正或预防措施可能涉及人员的行为、设备和资源的变动、管理措施，往往会增加新的危险源和风险，在实施前进行评审有利于采取措施，减少或避免新的危害。

52. 什么是主动性的绩效测量和被动性的绩效测量？请举出三种常见的绩效测量方法。

答：主动性绩效测量：根据确定的标准检查危害和风险预防与控制措施，以及为实现职业健康安全管理体系所进行的活动。是监测职业健康安全管理活动和结果的符合性。如组织定期对作业场所噪声和有害物资浓度的监测；组织对管理方案实施情况的检查和对运行准则执行情况的检查。

被动性绩效测量：对危害和风险的预防与控制措施、职业健康安全管理体系中的不足，如伤亡、疾病和事件等进行检查、识别的过程。是一种事故发生后的统计分析活动。如组织对一个月发生的安全隐患的统计。

53. 举例说明运行控制程序中运行准则的作用。

答：运行控制程序中的运行准则是为了控制运行和活动的有关风险，防止事故发生而在程序中作出的规定和要求。在运行和活动中只有按运行准则去操作，就能控制风险、防止事故发生。如用砂轮机打磨工件时，为了防止操作人员受到砂轮叶片及砂轮破裂后的碎片伤害，必须在运行控制程序中规定检测砂轮叶片的强度、厚度及更换要求、砂轮防护罩设置要求、打磨的位置及操作要领等运行准则。

54. 阅读理解。以下内容选自 CCAA《职业健康安全管理体系审核员注册准则》（第 2 版）（2007 年 6 月 1 日起实施）：

“2. 2. 4 审核员培训经历

申请人应完成符合 GB/T 19011—2003 标准 7. 4 条款相应规定的不少于 40 小时的 OHSMS 审核培训。

审核员培训机构应经 CNCA 批准，并提供其培训符合 GB/T 19011 标准 7. 4 条款相应规定的证明或通过 CCAA 的课程确认。

CCAA 确认要求要求和程序详见《CCAA 审核员培训课程确认规则》。

注：申请人参加境外培训机构的培训，按照 CCAA 与相关机构的互认协议处理。”

请根据以上内容回答问题：

（1）目前有许多机构提供各种审核员培训课程，请问在注册申请时 CCAA 接受的培训应满足哪些要求

答：申请人应完成符合 GB/T 19011—2003 标准 7. 4 条款相应规定的不少于 40 小时的 OHSMS 审核培训。审核员培训机构应经 CNCA 批准，并提供其培训符合 GB/T 19011 标准 7. 4 条款相应规定的证明或通过 CCAA 的课程确认。

（2）申请人参加境外培训机构培训的，如何确定该培训是否可为 CCAA 所接受？

答：申请人参加境外培训机构的培训，按照 CCAA 与相关机构的互认协议处理。

六、案例分析及阐述题（每题 10 分，共 20 分）

55. 请阐述绩效测量与监视（4. 5. 1）、内审（4. 5. 4）、管理评审（4. 6）三要素各自以何种方式实现对管理体系实施“检查”

答：职业健康安全管理体系是严谨的、系统的管理体系，它具有自我调节、自我完善的功能。其监控机制，具有实施、检查、纠错、验证、评审和提高的能力。包含检查与纠正措施（4. 5）和管理评审（4. 6）两大要素的所有内容，其中监测和测量（4. 5. 1），内部审核（4. 5. 5）和管理评审（4. 6）三个条款均具有独立发现问题、解决问题的功能，其内容包括日常操作监督管理，职业健康安全状况和体系要素评价，也包括根据组织外部要求和经营状况的总体判断，从而形成了比较严密的三级监控机制。

首先，监测和测量（4. 5. 1）构成第一级监控措施。它通过主动测量和被动测量，对生产操作和基层管理进行监督、检查，也对组织职业健康安全绩效和目标的实现程度进行监测，如生产线操作、锅炉房运行、施工管理、化学品库管理等，还包括对事件及其他不良的职业健康安全绩效的历史证据的测量。它解决问题的方法是按程序要求及时解决。

第二级监控措施为内部审核（4. 5. 5），由企业的职业健康安全管理者代表组织企业内部审核员进行，可对组织的职业健康安全管理体系的运行状况做出评价。审核的内容则包括所有作业活动、人员的活动以及设施，包括职业健康安全管理涉及到的所有部门、责任人、操作层等方面，也可以包含部分决策层的职业健康安全管理要求。职业健康安全管理

体系审核是集中发现问题、并集中解决问题的一种有效手段。内审完成后应对组织的职业健康安全管理体系是否按计划有效实施，是否符合职业健康安全管理体系标准的要求做出结论。

第三级监控措施为管理评审（4.6）。管理评审由最高管理者进行，可将一些管理层解决不了的问题、关系组织大政方针的问题集中在一起，由决策层加以解决。其内容包括内审的结果、目标的实现程度以及持续改进的承诺等。管理评审应对体系的持续适用性、有效性和充分性做出判断，一般不涉及操作层的问题。

这三级监控措施并不是各自独立的，在监控的内容上有所交叉，互为补充，构成完整的监控机制以保证组织职业健康安全管理体系的持续有效。

56. 在故障树的定性分析中，通过基本事件结构重要度的分析，对系统危险源的控制带来哪些帮助?

答：1. 什么是故障树分析，其作用是什么

对较复杂系统的风险评价，常用系统安全分析法，例如属于归纳法（由原因而结果）的事件树分析和属于演绎法（由结果而原因）的故障树分析。这两种方法既可用于定性评价，也可用于定量评价。

故障树分析从故障、失败、事故、损失开始，以逻辑推理的方式分析、找出全部可能的原因因素——失效状态及其逻辑关系。被作为故障、事故等的事件称为顶上事件，其前导事件中是其他事件的结果的事件称为中间事件，不能或不必再继续分解的事件称为基本事件。

2. 故障树分析的步骤

故障树分析的步骤是：（1）选择合理的顶上事件；（2）资料收集准备；（3）建造故障树；（4）简化或者模块化；（5）定性分析；（6）定量分析。

3. 基本事件结构重要度分析及作用

基本事件概率的增减对顶上事件发生概述影响的敏感度称为概率重要度，概率重要度是顶上事件发生的概率与基本事件发生的概率之比，通过基本事件结构重要度的分析，能够帮助找出主要危险源并有利于风险分析。

2008年3月职业健康安全管理体系基础知识考试题及答案

一、单项选择题（从下面各题选项中选出一个最恰当的答案，并将相应字母填入相应括号内。每题1分，共15分）

1. 根据GB/T 28001—2001标准，组织员工可以不参与的活动是（　C　）。

（A）风险管理方针和程序的制定和评审

（B）商讨影响工作场所职业健康安全的任何变化

（C）生产调度及质量考核会议

（D）职业健康安全事务

2. 根据GB/T 28001—2001标准，职业健康安全方针应包括（　A　）。

（A）持续改进的承诺　　（B）外部相关的健康与安全的所有要求

（C）组织对供方的要求　　（D）以上全部

3. 进行危险源识别要考虑（ D ）。

（A）组织常规的和非常规的活动　（B）所有进入作业现场所有人员的活动

（C）作业场所内的一切设施　（D）以上全部

4. 根据《危险化学品安全管理条例》规定，生产、储存、使用剧毒化学品的单位，应对本单位的生产、储存装置每隔多少时间进行一次安全评价（ A ）。

（A）一年　（B）两年

（C）三年　（D）根据危险化学品种类和数量确定

5. 故障树分析首先要确定（ B ）。

（A）初始事件　（B）顶上事件　（C）基本事件　（D）危险事件

6. 组织在确定风险的可接受性时，应考虑（ C ）。

（A）所识别出危险源的数量　（B）组织所采用的风险评价方法

（C）相关法律义务与职业安全卫生方针要求　（D）是否能够通过认证

7. 对（ B ）的人员应有相应的工作能力要求，并对其能力作出规定。

（A）从事 OHSMS 工作有影响　（B）其工作可能影响工作场所内 OHS

（C）其他工作可能影响 OHSMS　（D）以上全部

8. 内审的审核准则包括（ D ）。

（A）GB/T 28001—2001 标准　（B）适用的法律法规要求

（C）程序文件　（D）以上全部

9. 我国第一部关于安全生产的综合性法律法规是（ B ）

（A）劳动法　（B）安全生产法

（C）矿山安全法　（D）道路交通安全法

10. 以下属于职业健康安全危险源的是（ A ）

（A）可能导致伤害或疾病、财产损失、工作环境破坏或这些情况组合的根源或状态

（B）污染环境的风险

（C）造成死亡、疾病、伤害、损坏或其他损失的意外情况

（D）（A）和（C）

11～15　某机构聘用了七名审核员：（参考答案，CCAA 不再考此类题）

- 其中三名为女性，四名为男性；
- 每名女性审核员的注册资格为 QMS 或 EMS；
- 每名男性审核员的注册资格为 QMS、EMS、OHSMS 或 FSMS；
- 每名审核员只有一个注册资格；
- 所有女性审核员为专职审核员，所有 QMS 审核员为专职审核员，其他审核员为兼职审核员；
- 共有 4 名专职。

11. 以下哪种说法必然正确？（ D ）

（1）至少有一名 EMS 审核员；（2）至少有一名 FSMS 审核员；（3）至少有一名 QMS 审核员

（A）只有（1）　（B）只有（2）　（C）只有（3）　（D）只有（1）和（3）

12. 如果男性审核员中有两名为 OHSMS 审核员，则以下哪种说法必然正确？（ A ）

（A）至少有一名男性审核员为 EMS　（B）只有一名男性审核员为 FSMS

（C）男性审核员都不是 EMS 审核员　　　（D）最多有一名男性审核员为 FSMS

13. 如果 QMS 审核员、EMS 审核员、OHSMS 和 FSMS 审核员至少各有一名，则以下哪一种说法必然错误？（　A　）

（A）共有四名 QMS 审核员

（B）共有三名 EMS 审核员

（C）共有两名 EMS 审核员，两名 FSMS 审核员

（D）共有两名 FSMS 审核员，两名 OHSMS 审核员

14. 如果共有三名 QMS 审核员和一名 FSMS 审核员，则以下哪种说法必然错误？（　B　）

（A）没有 EMS 审核员　　　（B）共有三名 EMS 审核员

（C）没有 OHSMS 审核员　　　（D）共有两名 OHSMS 审核员

15. 如果专职审核员中，有一半为 EMS 审核员，则以下哪一种说法必然错误？（　A　）

（A）EMS 审核员的数量多于 QMS 审核员

（B）共有三名 EMS 审核员

（C）共有三名 QMS 审核员

（D）FSMS 审核员的数量与 OHSMS 审核员的数量相同

二、判断题（判断下列各题，正确的写 T，错误的写 F，填入相应括号内。每题 1 分，共 15 分）

16. GB/T 28001—2001 标准 4. 5. 2 “事故、事件、不符合、纠正和预防措施” 条款中，没有写 “纠正措施”，因为预防措施包括纠正措施。（　F　）

17. 所有已辨识的危险源都需要制定形成文件的运行程序来实施风险控制。（　F　）

18. 危险源辨识、风险评价和风险控制的策划只须在职业健康安全体系建立之时进行。（　F　）

19. GB/T 28001—2001 标准 4. 3. 2 条款强调组织应遵守适用法规和其他职业健康安全要求。（　F　）

20. 相同规模、生产相同产品的两个企业，其危险源辨识和风险评价的结果应该是一样的。（　F　）

21. 应根据受审核活动的状况和重要性以及以往审核的结果安排内部审核。（　F　）

22. 在上下班途中受到机动车事故伤害的，不认定为工伤。（　F　）

23. GB/T 28001—2001 标准提出了设计管理体系的具体规定。（　F　）

24. 组织的职业健康安全管理者代表应是最高管理层中的一员。（　T　）

25. 我国的安全生产方针是 “安全第一，预防为主”。（　T　）

26. 组织在确定其职业健康安全目标时，应考虑其风险评价结果。（　T　）

27. 触电事故是由电流的能量造成的，电流对人体的伤害可以分为电击和电伤，通常所说的触电事故基本上是指电击而言的。（　T　）

28. 组织在制定目标时应考虑相关方的意见。（　T　）

29. 组织的职业健康安全的最终职责应由职业健康安全主管部门负责人承担。（　F　）

30. 在事件或紧急情况发生后，组织应评审其应急准备和响应的计划和程

序。（ T ）

三、多项选择题（从下面各题选项中选出两个或两个以上最恰当的答案，并将相应的字母填入题后括号内。多选或少选均不得分。每题2分，共20分）

31. 职业中毒可分为哪几类？（ ABD ）

（A）急性中毒　（B）慢性中毒　（C）呼吸中毒　（D）亚急性中毒

32. 根据GB/T 28001—2001标准，管理评审应根据（ ACD ），指出可能需要修改的职业健康安全管理体系方、目标和其他要求。

（A）OHSMS审核的结果　（B）产品的符合性

（C）持续改进的承诺　（D）环境变化

33. 组织的培训程序应考虑不同层次的（ ABCD ）。

（A）职责　（B）能力　（C）文化程度　（D）风险

34. 用人单位应当建立职业健康监护档案。职业健康监护档案应包括（ ACD ）

（A）劳动者职业病史、既往史和职业病危害接触史

（B）劳动者亲属的职业病史

（C）相应作业场所职业病危害因素监测结果

（D）职业健康检查结果及处理情况

35. 根据生产性粉尘的性质可分为（ BCD ）。

（A）小颗粒粉尘　（B）无机性粉尘　（C）有机性粉尘　（D）混合性粉尘

36. 危险源辨识的含义是（ AC ）。

（A）识别危险源的存在

（B）评价风险大小及确定风险是否可容许的过程

（C）确定危险源的特性

（D）确定危险源的风险控制措施

37. 组织的职业健康安全方针从内容上应（ BCD ）。

（A）包括组织对提供的产品和服务安全的整体目标和改进的承诺

（B）包括对持续改进的承诺

（C）包括对遵守现行职业健康安全法律法规和组织接受的其他要求的承诺

（D）适合组织的职业健康安全风险的性质和规模

38. 以下机械设备中哪些属于起重机械？（ ABCD ）

（A）千斤顶　（B）电葫芦　（C）卷扬机　（D）升降机

39. 特种设备的（ ABCD ）应符合国家标准或者行业标准。

（A）设计、制造　（B）安装、使用　（C）检测、维修　（D）改造、报废

40. 根据GB/T 28001—2001标准4.4.3条款的要求，组织员工应（ AC ）。

（A）了解谁是OHSMS管理者代表

（B）表明其对OHSMS绩效持续改进的承诺，理解组织的职业健康安全方针、目标

（C）参与OHSMS方面的事务

（D）提供资源、确保管理方案的实施

四、填空题（请在下面空缺处填上适当的内容。每题1分，共10分）

41. 根据GB/T 28001—2001标准，职业健康安全是指影响工作场所内员工、临时工作人员、合同方人员、访问者和其他人员健康和安全的__条件__和__因素__。

42. 危险化学品，包括爆炸品、自燃物品和遇湿易燃物品、__氧化剂__和有机过氧化物、有毒品和腐蚀品等。

43.《安全生产法》规定，生产经营单位的__主要负责人__对本单位的安全生产工作全面负责。

44. 按风险量化处理的方式的不同，定量风险评价方法可分为相对风险评价方法和__概率__风险评价方法。

45. 根据《安全生产法》，生产、经营、储存、使用危险物品的车间、商店、仓库不得与__员工宿舍__在同一座建筑物内。

46～50 请对以下场景进行分析，并在括号内写出所适用的 GB/T 28001—2001 标准条款的编号。必须写出所适用条款的最准确编号，但最多只须写出三位章节号。

46. 某地质勘探公司为保证安全生产无事故，新成立了独立的安全管理办公室，安全管理办公室主任正在组织编制和修改新的应急响应预案。（ 4.4.7 ）

47. 操作工认为天气太热，防护用具一天不戴也没多大影响，就将其防护用具放在一旁。（ 4.4.6 ）

48. 化学品仓库的管理员没有收到更新后的材料安全数据特性表（MSDS）。（ 4.4.5 ）

49. 某企业定期对其火灾预警设备进行校准和维护并保持记录。（ 4.5.1 ）

50. 企业除尘器改造更新计划在 2007 年 5 月 8 日前实施完成。（ 4.3.4 ）

五、简答题（每题 5 分，共 20 分）

51. GB/T 28001—2001 标准中明确提出的文件要求有哪些？

答：1）明确提出要求程序文件的有：4.3.1/4.3.2/4.4.2/4.4.3/4.4.5/4.4.6/4.4.7/4.5.1/4.5.2/4.5.3/4.5.4；

2）要求形成文件，如 4.2/4.3.3/4.3.4/4.4.1/4.4.3/4.6。

52. 请列举五种危险源辨识方法。

答：危险源辨识方法有：基本分析法；工作安全分析（JSA）；安全检查表（SCL）；预先风险分析（PHA）；危害与可操作性研究（HAZOP）；故障类型和影响分析（FMEA）。

53. 根据《安全生产法》简述什么是重大危险源，并列举说明。

答：《安全生产法》中的重大危险源，是指长期地或者临时地生产、搬运、使用或者储存危险物品，且危险物品的数量等于或者超过临界量的单元（包括场所和设施）。如企业的燃油库。

54. 阅读理解。以下内容选自 CCAA《职业健康安全管理体系审核员注册准则》（第 2 版）（2007 年 6 月 1 日起实施）：

"1.4.1 CCAA－OHSMS 审核员注册资格分为实习审核员、审核员和高级审核员三个级别（级别依次递增）。

1.4.2 CCAA－OHSMS 审核员注册原则上遵循逐级晋升原则。

2.2.5.2 审核员注册申请人 OHSMS 审核经历要求。

以实习审核员的身份，作为审核组成员在高级审核员的指导和帮助下完成至少 4 次完整地 OHSMS 审核总的审核经历不少于 20 天并覆盖 GB/T 28001 标准所有条款，其中现场审核经历不少于 15 天。

所有审核经历应当在申请前 3 年内获得，并完成 3.3.1 所规定的现场见证评价。

2.8.1 各级别审核员应每三年进行一次再注册，以确保持续符合本准则相应注册级别的各项要求。

2.8.2 实习审核员再注册要求

- 注册证书到期前3个月内，向CCAA提出再注册申请；
- 注册证书有效期内持续遵守行为规范；
- 已妥善解决任何针对其审核表现的投诉。

3.2.1 笔试考核

实习审核员注册申请人应在注册申请前3年内通过CCAA统一组织的笔试，以证实其满足2.4.1规定的知识要求。

审核员注册申请人在申请注册时，如果距离通过3.2.1规定的笔试时间不超过4年，无笔试要求；如超过4年，应再次通过笔试。

3.6.2.1 对批准注册的申请人，CCAA将予以公告并颁发注册证书，证书有效期3年。对不予注册的申请人，CCAA将通知推荐机构或本人。”

请根据以上的内容回答以下问题：

（1）以上内容中包括了哪几方面的审核员注册要求？请简要概括。

答：包括：1）注册审核员级别分类及晋升原则；2）审核员注册申请人OHSMS审核经历要求；3）再注册时间要求；4）实习审核员注册要求；5）笔试考核要求。

（2）如果王某于2004年8月1日注册为OHSMS实习审核员，此后未进行任何注册和再注册行为。今年他报名参加本次OHSMS审核员全国统考（基础知识和审核知识）如果王某两门考试全部通过，随后提交审核员注册申请，请问他是否能成功注册为审核员？为什么？

答：不能，因为他超过三年没有再注册。

六、案例分析及阐述题（每题10分，共20分）

55. GB/T 28001—2001标准中包含“事故”和“事件”术语，在我国的安全生产管理中常用“事故”与“未遂事故”这样的相应术语，请分析阐述上述术语的区别和联系。

答：事件是导致或可能导致事故的事件；事故是造成死亡、疾病、伤害、损坏或其他损失的意外情况。未遂事故就是出现隐患和事件但没造成死亡、伤害、损坏或其他损失的意外情况。

事件是事故的前提，可以说是原因或是危险源；事故是结果，可以说是风险，且是不可承受的风险。未遂事故就是事件，意思相近，但有可能是有隐患已及时发现并排除没有发生事件。

56. 举例说明GB/T 28001—2001标准中4.5.2条款“b）采取措施减小因事故、事件不符合产生的影响”、“c）采取纠正措施和预防措施，并予以完成”的含义。

答：条款b）是纠正，如已经发生了火灾，进行灭火以减少损失和伤害，并对伤员进行及时救治，减少死亡。条款c）是纠正措施和预防措施，是针对原因而言的，是为了防止事故发生或再发生。如针对火灾原因采取消防教育，更新设备、更换引起火灾的电缆。

2008年9月职业健康安全管理体系基础知识考试题及答案

一、单项选择题（每题的备选项中，只有1个最符合题意。每题1分，共15分）

1. 以下属于职业健康安全危险源的是（ A ）。

（A）可能导致伤害或疾病、财产损失、工作环境破坏或这些情况组合的根源或状态

（B）污染环境的风险

（C）造成死亡、疾病、伤害、损坏或其他损失的意外情况

（D）A+C

2. 根据GB/T 28001—2001标准，职业健康安全方针应包含（ A ）。

（A）持续改进的承诺　　（B）外部相关方的健康与安全的所有要求

（C）组织对供方的要求　　（D）以上全部

3. GB/T 28001—2001标准4.4.4条款对于文件管理描述正确的是（ B ）。

（A）组织应编制《职业健康安全手册》，以描述管理体系核心要素及其相互租用，并提供查询相关文件的途径

（B）组织应按有效性和效率要求，使文件数量尽可能少

（C）必要时，对文件和资料进行评审，并予以修订

（D）对于重大风险有关的运行活动，建立并保持形成文件的程序

4. 根据GB/T 28001—2001标准，从根本上消除或降低职业健康安全风险的措施可以是（ B ）。

（A）对与风险有关的活动制定程序，以保持实施

（B）建立并保持程序，用于工作场所、过程、装置、机械、运行程度和工作组织的设计

（C）建立应急准备与响应计划和程序

（D）对职业健康安全绩效进行常规监视和测量

5. D=LEC打分方法属于（ A ）风险评价方法。

（A）定性　　（B）相对　　（C）概率　　（D）故障树

6. 故障树分析首先确定（ B ）。

（A）初始事件　　（B）顶上事件　　（C）基础事件　　（D）危险事件

7. 请根《危险化学品安全管理条例》规定，生产、储存、使用剧毒化学品的单位，应当对本单位的生产、储存装置每隔多少时间进行一次安全评价？（ A ）

（A）一年　　（B）两年

（C）三年　　（D）根据危险物品种类和数量确定

8. 请从所给的四个选择项中，选择最适合的一个填在问号处，使之呈现一定的规律性（ D ）

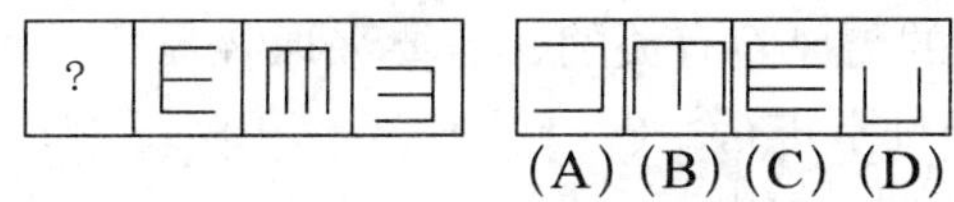

9. 夏日雷雨过后，人们会感到空气特别清晰，其主要原因是（　C　）。

（A）雷雨过后，空气湿度增加

（B）雷雨过程中气温快速下降

（C）雷雨过程中雷电导致空气中的臭氧分子增加

（D）雷雨过程中空气的灰尘随雨水降落到地面

10. 一家饭店有这样一副对联：为名忙，为利忙，忙中偷闲，且喝一杯茶去；劳心苦，劳力苦，苦中作乐，再斟两壶酒来，这幅对联意在强调（　D　）。

（A）现代人争名夺利，沉迷于物质　　（B）人们生活艰辛，幸福来之不易

（C）现代人应适当放慢生活节奏　　（D）人们应劳逸结合，会享受生活

11. 世界遗产公约规定，世界遗产所在地国家必须保证遗产的真实性和完整性。世界遗产的功能，第一层是科学研究，第二层是教育功能，最后才是旅游功能。目前很多地方都在逐步改正，但还有诸多不尽人意的地方。从这段文字我们不难推出的是（　A　）。

（A）很多世界遗产所在国家都过分注重其旅游功能

（B）世界遗产所在地国家应该妥善保护世界遗产

（C）世界遗产最宝贵的价值就是其科学研究价值

（D）目前仍有不少违反世界遗产公约的行为存在

12. 请根据规律选择适当数字填入空格处；1，3，3，9，（　B　），243。

（A）12　　（B）27　　（C）124　　（D）169

13. 请根据规律选择适当数字填入空格处：2，4，12，48，（　C　）。

（A）96　　（B）120　　（C）240　　（D）480

14. 根据给出的一对相关的词，在四个备选答案中找出一对与之在逻辑关系上最为贴近或相似的词：“电脑：鼠标”（　C　）。

（A）水壶：茶杯　　（B）手机：短信　　（C）船：锚　　（D）录音机：磁带

15. 物证是指能够证明案件真实情况的物质痕迹和物品。物证的特征是它的外形、质量、特征和所在的位置等，反映了某些案件真实，人们可以此来证明案件的事实真相。根据以上定义，下列属于物证的是（　C　）。

（A）高速公路上发生一起交通事故，交通警察勘测现场时拍照的现场照片

（B）在审理一起恶性杀人案件中，因目击证人担心遭到报复，不愿出庭作证，而提供的记录证言的录音带

（C）某地警方在打击盗窃机动车的行动中追缴回来的被盗车辆

（D）根据警方在盗窃现场提取的指纹，鉴定人员做的指纹鉴定报告

二、判断题（判断下列各题，正确的写 T，错误的写 F，填入括号内。每题 1 分，共 15 分）

16. 相同规模、生产相同产品的两个企业，其危险源辨识和风险评价的结果应该是一样的。（　F　）

17. 对持续改进和遵守职业健康安全法规的承诺是组织职业健康方针应包含的内容。（　T　）

18. 组织确定与所认定的与风险有关的、需要采取控制措施的运行与活动，都要确保他们在成文的程序规定的条件下进行。（　F　）

19. 组织进行危险源辨识时，可以不考虑外单位提供的设备设施带来的危险源。（　F　）

20. 对于职业健康安全绩效测量和监视的设备，必须进行校准和维护。（ T ）

21. 职业健康安全目标应形成文件，且必须予以量化。（ F ）

22. 组织在确定其职业健康安全目标时，应考虑其风险评价结果。（ T ）

23. 制定并实施职业健康安全管理方案的目的是为了实现目标，方案必须形成文件。（ T ）

24. 最高管理者对本组织的职业健康安全工作负最终责任。（ T ）

25. GB/T 28001—2001 标准 4.5.2 “事故、事件、不符合、纠正和预防措施”条款中没有写“纠正措施”，因为预防措施包括纠正措施。（ F ）

26. 事件是导致或可能导致事故的情况。（ T ）

27. 内部审核主要是判断是否符合职业健康安全法律、法规的要求。（ F ）

28. 管理评审不必形成文件。（ F ）

29. 我国的安全生产方针是“安全第一，预防为主”。（ T ）

30. 可容许风险包括在自然状态下无须控制或无法控制也不违反法律法规、方针目标要求的风险。（ T ）

三、多项选择题（从下面各题选项中选出两个或两个以上最恰当的答案，并将相应的字母填入题后括号内。选错选项时不得分；全选对得 2 分；少选时每个选项 0.5 分。共 20 分）

31. GB/T 28001—2001《职业健康安全管理体系 规范》4.3.2 条款所指的“其他职业健康安全要求”可以包括以下哪些方面的要求（ AD ）？

（A）行业规范　（B）企业内部标准

（C）企业内部的操作规程　（D）相关方的要求

32. 下列哪些情况应由有关部门按有关规定追究有关领导和直接责任者的责任，并给与必要的行政、经济处罚？（ ABCD ）

（A）对事故隐瞒不报、谎报　（B）对事故故意迟延不报

（C）故意破坏事故现场　（D）无正当理由拒绝接受调查

33. 职业中毒可分为哪几类？（ ABD ）

（A）急性中毒　（B）慢性中毒　（C）呼吸中毒　（D）亚急性中毒

34. 根据生产性粉尘的性质可将其分为（ BCD ）。

（A）小颗粒粉尘　（B）无机性粉尘　（C）有机性粉尘　（D）混合性粉尘

35. 常用的工厂防尘措施有（ ABC ）。

（A）湿式作业　（B）密闭、通风、除尘系统

（C）戴防尘口罩　（D）尘肺病诊断和治疗

36. 关于职业健康体检，下列说法正确的是（ AC ）。

（A）职业健康体检的项目由国家主管部门统一规定

（B）职业健康体检的周期由体检机构根据用人单位的实际情况决定

（C）体检机构不能及时告知体检结果，特殊情况需要延长的，应说明理由并告知用人单位

（D）体检机构应当统计年度职业健康检查结果，报告用人单位和所在地劳动行政部门

37. 根据《安全生产许可证条例》，企业取得安全生产许可证应当具备的安全生产条件的是（ ABCD ）。

（A）建立、健全安全生产责任制，制定完备的安全生产规章制度和操作规程

（B）设置专门的安全生产管理部门

（C）安全投入符合安全生产要求

（D）主要负责人和安全生产管理人员经考核合格

38. 生产经营单位的主要负责人对本单位安全生产工作负有哪些职责？（ ACD ）

（A）建立、健全本单位安全生产责任制

（B）组织本单位安全生产培训的有效实施

（C）督促、检查本单位的安全生产工作，及时消除生产安全事故隐患

（D）组织制定并实施本单位的生产安全事故应急救援预案

39. 根据《安全生产许可证条例》国家对以下哪些企业实行安全生产许可？（ ABCD ）

（A）矿山 （B）建筑施工 （C）危险化学品生产（D）烟花爆竹生产

40. 55个苹果分给甲、乙、丙三人。若甲得到的苹果个数是乙得到的2倍，则丙有可能得到的苹果个数为（ AD ）。

（A）10个 （B）15个 （C）20个 （D）25个

四、填空题（请在下面空缺处填上适当的内容。每题1分，共10分）

41. "职业健康安全"是指影响工作场所内员工、临时工作人员__合同方人员__、访问者和其他人员健康和安全的条件和因素。

42. 组织的职业健康安全管理方案应包含实现目标的方法和__时间表__。

43. 起重工作速度一般指起升、__变幅__、回转、运行四种工作速度。

44. 组织应建立并保持程序，对职业健康安全绩效进行__常规__监视和测量。

45. 我国劳动法规定，不得安排女职工在经期从事高处、低温、冷水作业和国家规定的第__三__级体力劳动强度的劳动。

46～50 请对以下场景进行分析，并在括号内写出其所适用的GB/T 28001－2001标准条款的编号。必须写出所适用条款的最准确编号，最多只须写出三位章节号或相应的标题名称。

46. 操作工人认为天气太热，防护用具一天不戴也没太大影响，就将其防护用具放在一旁（ 4.4.6a) ）

47. 企业除尘器改造更新计划在2008年5月8日前实施完成。（ 4.3.4b) ）

48. 某企业正在召开员工代表会议，讨论新建锅炉房的有关事宜。（ 4.4.3 ）

49. 某企业安全检查制度规定：班组安全员每班要实施安全检查：车间安全管理人员要每天检查：安全处人员不定期巡检：企业每周进行综合大检查。（ 4.5.1 ）

50. 组织向供方索取组织购买的化学品物质安全数据表（MSDS）。（ 4.4.6c) ）

五、简答题（每题5分，共20分）

51. 如何理解"对于所有拟定的纠正和预防措施，在其实施前应先通过风险评价过程进行评审？"

答：一方面，由于拟定的纠正和预防措施可能涉及人员、设施和活动，这样会形成新的危险源和产生新的风险，为了确保其得到识别的控制，必须先通过风险评价过程确定其附加风险；另一方面，拟定的纠正和预防措施是否能完全消除和降低风险，也需要通过风险评价过程确定其残余风险，以便确定措施实施后的后续措施。

52. GB/T 28001—2001标准中明确提出的文件要求有哪些？

答：1）明确要求建立并保持程序；如4.3.1/4.5.1等；

2）明确要求形成文件，如职业健康安全方针、目标、管理方案、结构和职责、管理评审等；

3）要求将活动结果形成文件，如要求将危险源辨识和风险评价的信息形成文件。

53. 选择风险控制措施时应考虑哪些原则？

答：按如下顺序选择控制措施：

1. 消除风险

如：用无毒、非可燃物代替高毒、高燃溶剂。

2. 降低风险

（1）用低毒、低燃物替代高毒、高燃物。（2）将风险源与接受者隔离。如：机器防护装置，防手触锯床之刃；幕状物以防眼触焊弧之光；局部排风系统把工人呼吸区的有毒蒸气抽走。（3）限制风险。如，工程技术措施：刨床的自动喂料装置。（4）管理措施。轮班制以减少暴露时间；某些过程在现场无人时进行。

3. 使用个体防护装置

仅当无立即可行的其他方式，作为临时暂且措施，才使用个体防护装置。因为个体防护装置有如下缺点：（1）不能消除或降低风险；（2）如因任何原因装置失效，则工人完全暴露于危害中；（3）如装置妨碍了工人完成工作任务的能力，则会形成新的问题。

54.《中华人民共和国安全生产法》对生产经营单位将其生产经营项目、场所、设备进行发包和出租时有何要求？

答：1）生产经营单位不得将生产经营项目、场所、设备发包或者出租给不具备安全生产条件或者相应资质的单位或者个人。

2）生产经营项目、场所有多个承包单位、承租单位的，生产经营单位应当与承包单位、承租单位签订专门的安全生产管理协议，或者在承包合同、租赁合同中约定各自的安全生产管理职责。

3）生产经营单位对承包单位、承租单位的安全生产工作统一协调、管理。

六、案例分析及阐述题（每题5分，共20分）

55. 如何理解"组织应将员工参与和协商的安排形成文件，并通报相关方？

答：1）目的和意义：OHS涉及员工利益、资源保证、法规要求；

2）安排形成文件：文件的作用、沟通意图、统一行动、便于操作；

3）通报相关方的原因：获得支持、便于监督。

56. 请阐述您对GB/T 28001—2001标准4.5.2条款中b）"采取措施减小因事故、事件或不符合而产生的影响"和c）"采取纠正和纠正措施，并予以完成"的理解，并举例说明。

答：条款b）是对事故、事件和不符合的本身的纠正，如发生食物中毒后对中毒人员进行及时救治；条款c）是针对事故、事件和不符合的原因所采取的措施，是为了防止再发生事故和事件。如对发生食物中毒的原因分析后确定是生冷食物没有分开造成的，纠正措施是购买冰箱，将生冷食物分别存放。

2008年12月职业健康安全管理体系基础知识考试题及答案

一、单项选择题（从下面各题选项中选出一个最恰当的答案，并将相应字母填入括号内。每题1分，共15分）

1.（ A ）是综合规范安全生产法律制度的法律，它适用于所有产经营单位，是我国安全生产法律体系的核心。

（A）《安全生产法》 （B）《宪法》 （C）《行政许可法》 （D）《劳动法》

2.“为消除实际和潜在不符合原因而采取的任何纠正或预防措施，应与问题的严重性和面临的职业健康安全风险相适应”是（ D ）的要求。

（A）对危险源辨识、风险评价和风险控制的策划

（B）法规及其他要求

（C）运行控制

（D）事故、事件、不符合、纠正和预防措施

3. 建立和实施职业健康安全管理体系的根本目的是（ A ）。

（A）使组织能够控制职业健康安全风险，并持续改进其绩效

（B）将组织的所有风险彻底消灭，做到绝对安全

（C）制定健康安全方针和目标，并依照执行

（D）将所有与职业健康安全有关的过程形成文件

4. 如下对于“可容许风险”描述正确的是（ B ）。

（A）满足法律义务的风险一定是可容许风险

（B）满足法律义务，但不满足职业健康安全方针要求的风险一定是不可容许风险

（C）满足职业健康安全方针要求的风险不是可容许风险

（D）不满足法律义务的风险不一定是不可容许风险

5. 所有书写日记的人会被下一代人所了解。这些日记作者中，有一些是真正的生活艺术家；有一些是幽默的生活评论员；还有一些是格格不入的自我主义者，这些人觉得必须记录下自己的每个想法。如果以上叙述正确，则以下哪一项必然正确？（ B ）

（A）并非所有幽默的生活评论员将被下一代所了解

（B）被下一代所了解的人都是书写日记的人

（C）下一代既会了解到幽默的生活评论员，也会了解到真正的生活艺术家

（D）书写日记的人中，有些既不是真正的生活艺术家，又不是幽默的生活评论员，同时也不是格格不入的自我主义者

6. 危险源辨识的含义是（ C ）。

（A）识别危险源的存在 （B）评估风险大小

（C）识别危险源的存在并确定危险源的特性 （D）确定风险是否可容许

7. 危险源是可能造成人员伤害、疾病、财产损失、作业环境破坏或其他损失的根源或（ C ）。

（A）过程 （B）物质 （C）状态 （D）设施

8. 下列哪种物品不适用于扑灭电气火灾？（ A ）

（A）水　（B）干粉剂灭剂　（C）砂子　（D）石屑

9. 以下哪一项不属于主动的绩效测量？（　C　）

（A）法律、法规的遵守情况的监测

（B）对职业健康安全管理方案实施情况的测量

（C）对职业病发生情况信息的收集

（D）对运行准则执行情况的测量

10. 引起煤气中毒的主要原因是超量吸入（　B　）。

（A）二氧化碳　（B）一氧化碳　（C）一氧化氮　（D）硫化氢

11. 运行控制所控制的对象是（　C　）。

（A）与所识别的风险无关的运行与活动

（B）与所识别的风险有关但无需加以控制的运行与活动（包括维护活动）

（C）与所识别的风险有关并需加以控制的运行与活动（包括维护活动）

（D）以上都不正确

12. （　B　）含义是使人们注意可能发生危险。

（A）禁止标志　（B）警示标志　（C）指示标志　（D）警告标志

13. 在有职业病危害的工作场所，用人单位应该建立健全（　D　）制度。

（A）职业卫生管理　（B）职业病危害因素监测

（C）职业病危害因素评价　（D）以上都对

14. 制定职业健康安全管理方案的目的是（　B　）。

（A）辨识和评价组织的危险源　（B）实现组织的职业健康安全目标

（C）推动组织实施纠正措施　（D）满足相关方的要求

15. 组织建立并保持应急准备和响应的计划和程序的目的是（　D　）。

（A）对危险源进行全面的辨识和评价

（B）彻底消除各种事故

（C）对所识别出风险实施有效的控制

（D）为了预防和减少潜在的事件或紧急情况可能引发的疾病和伤害

二、判断题（判断下列各题，正确的写 T，错误的写 F，填入题后括号内。每题 1 分，共 15 分）

16. 一个管理十分严谨、设备先进并经安全监督主管部门检查检验合格的锅炉车间，在加强日常管理的情况下，可以不对其进行危险源的辨识。（　F　）

17. GB/T 28001—2001 标准既是对职业健康安全的要求，也是对产品和服务安全的要求。（　F　）

18. 采取控制噪声的根本性技术措施中，消声是指防止辐射或反射的声波。（　F　）

19. 按照《中华人民共和国认证认可条例》，认证人员从事认证活动，只能在一个认证机构执业，不得同时在两个以上认证机构执业。（　T　）

20. 依法进行安全评价的企业，才可能取得安全生产许可证。（　T　）

21. 高毒作业场所应当设置黄色区域警示线、警示标识和中文警示说明。（　F　）

22. 管理评审必须形成记录。（　F　）

23. 可能导致事故后果大的危险源的风险程度一定大于可能导致事故后果小的危险源的风险程度。（　F　）

24. 所有承担管理职责的人员都应表明其对职业健康安全绩效持续改进的承诺。（ T ）

25. 同一行业中同性质的两个企业，其职业健康安全管理水平及职业健康安全绩效存在差异，但有可能 都符合 GB/T 28001—2001 标准的要求。（ T ）

26. 危险源辨识和风险评价需要考虑作业场所内所有的设施和人员的活动。（ T ）

27. 为了安全和便于管理，企业电压等级宜少不宜多。（ T ）

28. 由于组织中不同层次人员的职责、能力、文化程度及面临的风险不完全相同，因此，对他们进行培训的内容也会有所不同。（ T ）

29. 职业健康安全是指影响组织内部人员的健康和安全的条件和因素。（ F ）

30. 只要组织的风险降至法律法规的要求以下，既可认为是可容许风险。（ F ）

三、多项选择题（从下面各题选项中选出两个或两个以上最恰当的答案，并将相应的字母填入题后括号内。选错选项时不得分；全选对得 2 分；少选时，每个选项得 0.5 分。共 20 分）

31. 按照安全生产法的规定，应当建立应急救援组织的生产经营单位是指（ ABC ）。

（A）矿山　（B）危险物品的生产、经营、储存单位

（C）建筑施工单位　（D）交通运输单位

32. 对职业健康体检结果正确的说法是（ ACD ）。

（A）体检机构自体检结束之日起 30 天内将检查结果书面告知用人单位

（B）发现健康损害，体检机构可以不告知劳动者本人

（C）放射性作业劳动者的健康检查也应当填写在《职业健康检查表》上

（D）劳动者不仅有权查阅、而且还可复印其本人职业健康监护档案

33. 国家对以下（ ABD ）生产企业实行安全生产许可证制度。

（A）建筑施工和烟花爆竹　（B）矿山和危险化学品

（C）家用电器　（D）民用爆破器材

34. 渗滤液是水渗透过垃圾填埋场后形成的溶液，它往往是一种高度污染的溶液。当且仅当超出填埋场的蓄水能力时，才会有渗滤液泄漏至环境中，其数量一般不可预测。必须找到一个处理渗滤液的方法。大多数垃圾填埋场的渗滤液被直接送到污水处理厂中，但并非所有的污水处理厂都有能力处理高度污染的污水。以下无法从上文中推断出的是（ ACD ）。

（A）如果能够预测垃圾填埋场泄漏的渗滤液体积，将有助于解决其处理问题

（B）如果有水样液体从垃圾填埋场中渗透出，则将有渗滤液进入环境

（C）有的渗滤液被送到没有能力处理它的污水处理厂中

（D）如果渗滤液没有从垃圾填埋场泄漏至环境中，则尚未超出该填埋场的蓄水能力

35. 危险源辨识与风险评价应覆盖（ ABC ）。

（A）组织的常规和非常规活动

（B）所有进入作业场所的人员（包括合同方人员和访问者）的活动

（C）工作场所的设施（无论由本组织还是由外界所提供）

（D）供方场所的设施

36. 以下哪几项属于 4.4.6 运行控制的范畴？（ ABD ）

（A）作业方法的确定和批准

（B）危险化学品、原料和物质的采购和运输的审批

（C）对用于绩效测量和监测的设备的校准

（D）评估和定期重新评估承包方 OHS 的能力

37. 以下属于特种劳动防护用品的有（　ABCD　）。

（A）安全帽　（B）安全带　（C）护肤膏　（D）防辐射防护服

38. 以下属于危险化学品的有（　ABD　）。

（A）TNT　（B）乙炔　（C）聚乙烯　（D）白磷

39. 职业健康安全记录应（　BCD　）。

（A）经主管领导批准　（B）字迹清楚

（C）标识明确　（D）可追溯相关的活动

40. 组织在进行风险评价时，根据具体情况，可采用（　ACD　）方法。

（A）定性风险评价　（B）后果分析

（C）相对风险评价　（D）概率风险评价

四、填空题（请在下面空缺处填上适当的内容。每题 1 分，共 10 分）

41. GB/T 28001—2001 标准 4.4.7 要求，组织应建立并保持计划和程序，以识别潜在的事件或__紧急情况__，并作出响应。

42. 根据 GB/T 28001—2001 标准，职业健康安全的最终责任由__最高管理者__承担。

43. 根据 GB/T 28001—2001 标准 4.5.4 条款，审核方案应基于组织活动的__风险评价__结果和以往审核的结果。

44. 某企业对 100 名员工进行调查，每人从散步、旅游和购物中至少选择一种喜欢的活动。其中 58 人喜欢散步，38 人喜欢购物，52 人喜欢旅游，既喜欢散步又喜欢购物的有 18 人，既喜欢旅游又喜欢购物的有 16 人，三种都喜欢的有 12 人，则只喜欢旅游的有__22__人。

45. 请根据所给数列的规律在空格处填写适当的数字：1，4，16，49，121，__256__。

46～50　请对以下场景进行分析，并在括号内写出其所最适用的 GB/T 28001—2001 标准条款的编号（最多只须写出三位章节号）或相应的标题名称。

46. 附近学校电话询问公司的职业健康安全方针办公室主任回答：已印成宣传单，可以来取。（　4.2　）

47. 公司要求危险化学品仓库管理员要经过培训持证上岗。（　4.4.2　）

48. 某纸品厂的门卫向外来的人员传达入厂安全须知。（　4.4.6　）

49. 审核员发现某公司的主要负责人和管理者代表不知道国家已经新发布了《生产安全事故报告和调查处理条例》。（　4.3.2　）

50. 在危险化学品使用现场提供不出 MSDS，车间主任说供方未向我们提供。（4.4.5）

五、简答题（每题 5 分，共 20 分）

51. 根据 GB/T 28001 标准 4.4.1 条款，组织的管理者代表应当承担的特定职责是什么？

答：1）确保按本标准的要求建立、实施和保持职业健康安全管理体系要求；

2）确保向最高管理者提交职业健康安全管理体系的绩效报告，以供评审，并为改进职业健康安全管理体系提供依据。

52. 请简述火灾形成的要素以及控制火灾的基本原则。

答：火灾的三要素：可燃物资、助燃物、着火源。

必须遵循："先控制后消灭，救人第一，先重点后一般"的原则。

53. 员工应参与哪些职业健康安全协商与沟通？

答：员工应：1）参与风险管理方针和程序的制定和评审；2）参与商讨影响工作场所职业安全健康的任何变化；3）参与职业安全健康事务；4）了解谁是职业健康安全的员工代表和指定的管理者代表。

54. 阅读理解。以下内容选自 CCAA《职业健康安全管理体系审核员注册准则》（第 2 版）：

"2. 1 申请要求

2. 1. 1 各级别注册申请人应认真阅读 CCAA – OHSMS 审核员注册准则，了解各项注册要求。

2. 1. 2 申请人应提供真实、完整的注册信息、资料。申请信息、资料应使用中文或英文，如提供其他语言的信息、资料，应附有经聘用申请人的认证机构确认的中文翻译件。

2. 1. 3 申请人应使用 CCAA 统一的注册申请表格。申请表应填写完整，由申请人亲笔签字，注册担保人、推荐机构负责人签字并盖推荐机构公章，附上所有要求的证明资料，与注册费用一同递 CCAA。

注：申请表格可从 CCAA 站http：//www. ccaa. org. cn 下载后填写，同时在该网站的"注册申请"栏完成网上申请。

2. 1. 4 申请人应签署声明，表示同意遵守 CCAA – OHSMS 审核员注册准则的各项要求，特别是审核员行为规范的要求。

2. 1. 5 申请人提交完整的注册申请资料和注册费用后，CCAA 方可受理申请，开始评价注册程序。注册费用见《认证人员注册收费规则》（详见 CCAA 网站）。"

请根据以上内容回答问题（考生不必在本题中考虑以上未提及的其他任何要求）：

1）有些人认为，申请资料提交后，即意味着 CCAA 开始受理。请解释这种观点是否正确。

答：不正确，因为还要交注册费用后，CCAA 方可受理申请。

2）根据要求，申请资料中的某些项目不能采用打印的形式，而必须有相应的签字或盖章。请指出在申请资料中，哪些地方必须具备签字或盖章？由谁签字或盖章？

答：申请表应填写完整，由申请人亲笔签字，注册担保人、推荐机构负责人签字、盖认证机构章。

六、案例分析及阐述题（每题 10 分，共 20 分）

55. GB/T 28001—2001 规定："审核方案，包括日程安排，应基于组织活动的风险评价结果和以往审核的结果"。请阐述您对此要求的理解。

答：1）审核方案是对审核活动的策划结果，策划要考虑不同区域的实际情况；

2）风险评价的结果之一是各区域的是否存在不可容许的风险，不同区域不可容许的风险的多少及风险类型和实际情况不一样，在审核时间、审核重点、人员配备上是不一样的；

3）以往审核的结果能够说明不同区域管理体系运行情况和对不可容许的风险的控制情况；过去审核发现问题一直较少的区域可以在策划时少安排一些时间；过去审核问题多的区域应多安排审核时间。

56. 一般认为，对危险源辨识、风险评价和风险控制策划在职业健康安全管理体系的实施过程中有着非常重要的作用。请阐述您对此的理解。

答：职业健康安全管理体系实施目的在于控制危害因素，改善组织的职业健康安全绩效。因而全面识别危险源、进行风险评价成为职业健康安全管理体系建立与保持的基础。对评价出的不可承受风险的控制与管理成为职业健康安全管理体系的管理核心。

组织围绕危险源的辨识、风险评价，提出风险控制计划，制定职业健康安全目标、管理方案，并按要求实施、执行控制程序，检查、落实完成情况，一步步按照职业健康安全管理体系要素递次展开。这些管理要素包括危险源辨识、风险评价和风险控制计划、目标、职业健康安全管理方案、运行控制、应急预案与响应和绩效测量和监测等。这一类要素的直接作用对象是与危害因素相关的行为、设施或环境，以改变风险对组织职业健康安全状况的影响为目的，改善组织的职业健康安全绩效。

从这一系列要素的逻辑关系看，危险源辨识与评价的结果，对于不可承受的风险将作为制定目标的输入，通过制定管理方案实现目标，并明确实现目标的方法和时间表；运行控制和应急准备与响应的目的是对所识别的风险有关的、需采取控制措施的运行与活动以及针对潜在的事件和紧急情况，使这些活动在规定的条件下进行；绩效测量与监测这一条款的要求是针对于可能影响组织职业健康安全状况的运行与活动，监测的内容包括组织的职业健康安全绩效、目标和有关的运行控制等内容，并对出现的各类问题加以纠正，采取预防措施。这样，在危害因素的管理上就构成了一个 PDCA 循环，成为职业健康安全管理体系的主线。

其他职业健康安全管理体系要素也同样对风险的有效控制发挥作用，如协商和沟通的重点是控制危险源及与职业健康安全管理体系有关的信息；记录和记录管理的重点为记录实施与运行体系所需的信息；法律、法规和其他要求是控制组织的危害因素所适用的法律法规和其他要求等。这样，辨识出的危险源一旦并被评价为不可承受的风险因素，则成为职业健康安全管理体系中的管理核心，对该风险的管理就可从 17 个要素出发全面考查。

2009 年 3 月职业健康安全管理体系基础知识考试题及答案

一、单项选择题（从下面各题选项中选出一个最恰当的答案，并将相应字母填入括号内。每题 1 分，共 15 分）

1. 组织员工应（ D ）。

(A) 了解谁是 OHSMS 管理者代表　　(B) 理解组织的职业健康安全方针

(C) 参与 OHSMS 方面的事务　　(D) (A) + (B) + (C)

2. 以下五个事件在发生时最合乎逻辑的一种顺序是（ B ）。

(1) 到了目的地；(2) 给朋友们照相；(3) 在车上听当地人介绍旅游景点；

(4) 在许多地方拍了纪念照；(5) 踏上旅途

(A) 1—3—4—5—2　　(B) 5—3—1—4—2

(C) 1—4—2—3—5　　(D) 5—1—4—3—2

3. 以下除（ B ）单位以外，都必须设置安全生产管理机构或者配置专职安全生产管理人员。

（A）矿山　（B）交通运输　（C）建筑施工　（D）危险品生产、经营、储存

4. 以下不属于《危险化学品安全管理条例》危险化学品分类中的危险化学品是（　C　）。

（A）氧化剂和有机过氧化物　（B）有毒品　（C）放射性物质　（D）腐蚀品

5. 以下那种生产企业必须纳入《安全生产许可证》制度？（　C　）

（A）劳动保护用品　（B）电动机　（C）锅炉压力容器　（D）以上都不是

6. 一般来说，生产单位在采用新技术、新工艺、新设备、新材料时首先应对与其相关的作业过程进行相应的（　A　）。

（A）危险源的识别和风险评价　（B）操作规程交底

（C）安全生产教育策划　（D）治安防范教育培训

7. 消防工作贯彻预防为主、防消结合的方针，坚持（　D　）的原则，实行防火安全责任制。

（A）依靠群众　（B）安全第一

（C）谁主管、谁负责　（D）专门机构与群众相结合

8. 下列哪种措施不可用于防止直接电击伤害事故？（　C　）

（A）保护接地　（B）绝缘

（C）使用50伏的低压电　（D）安装漏电保护器

9. 社会上的各种传言和议论，有的是无中生有，有的是空穴来风，我们都要善于思考和分析。“空穴来风”的意思是（　B　）。

（A）有洞穴没有风进来，比喻无原由的事

（B）有洞穴就有风进来，比喻事情不是完全没有原由的

（C）好像有洞穴中的风一样飘忽不定，一会儿这样，一会儿那样

（D）好像有洞穴中的一股风，它是朝着某个方向吹去的

10. 请根据规律选择适当数字填入空格处；1，2，2，4，（　C　），32。

（A）4　（B）6　（C）8　（D）16

11. 关于GB/T 28001—2001标准，以下说法正确的是（　D　）。

（A）该标准提出了具体的职业健康安全绩效准则

（B）该标准作出了设计职业健康安全管理体系的具体规定

（C）该标准提出了具体的职业健康安全的要求

（D）以上都不正确

12. 根据语言学的顺序，把最先学习并使用的语言叫第一语言，把第一语言之后学习和使用的语言叫第二语言。根据上述定义，下列不属于第二语言学习的是（　A　）。

（A）出生在中国的日本孩子同时学习汉语和日语

（B）中国学生学习了英语之后又开始学习法语

（C）中国学生出国同时学习了英语和法语

（D）外国留学生来华学习汉语

13. 根据GB/T 28001—2001标准的4.4.5条款，以下文件管理的描述正确的是（　C　）。

（A）组织应编制《职业健康安全手册》以描述管理体系核心要素及其相互租用，并提查询相关文件的途径

（B）组织应按有效性和效率要求，使文件数量尽可能少

（C）对文件和资料进行定期评审，必要时予以修订

（D）对于重大风险有关的运行情况，建立并保持形成文件的程序

14.《安全生产法》对安全生产危险性较大的行业作出了规定，即“矿山、建筑施工单位和危险物品的生产、经营、存储单位，（　D　）。

（A）应当配置兼职安全生产管理人员

（B）应当配置专职或兼职安全生产管理人员

（C）必须设立安全生产管理机构

（D）应当设置安全生产管理机构或配置专职安全生产管理人员

15. 请从所给的四个选择项中，选择最适合的一个填在问号处，使之呈现一定的规律性。（　D　）

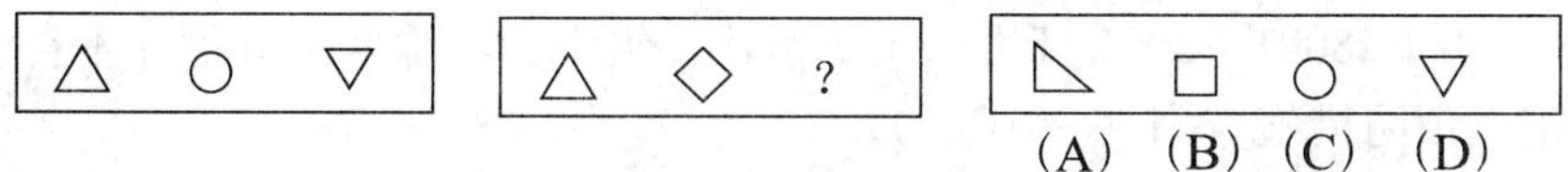

二、判断题（判断下列各题，正确的写 T，错误的写 F，填入题后括号内。每题 1 分，共 15 分）

16. 最高管理者应在管理者中指定一名成员作为管理者代表。（　F　）

17. 最高管理者应对本组织的职业健康安全工作负最终责任。（　T　）

18. 组织确定与所认定的风险有关的、需要采取控制措施的运行活动，都要确保他们在成文的程序规定条件下进行。（　F　）

19. 组织进行危险源辨识时可以不考虑外单位提供的设备设施带来的危险源。（　F　）

20. 职业健康安全管理体系文件应在保证活动的有效性和效率的前提下尽可能少。（　T　）

21. 在机械设备的传动带、转动轴、皮带轮、飞轮、砂轮和电锯等危险部位，视需要可以选择装设或不装防护装置。（　F　）

22. 在火灾和爆炸危险场所，静电火花是十分危险的，静电电压可以达到数万至数十万伏。（　T　）

23. 用于对职业健康安全绩效进行监视和测量的设备应校准。（　T　）

24. 所有生产企业都应建立安全管理机构或配备专职安全员。（　F　）

25. 纠正措施在实施前应进行评审。（　T　）

26. 风险是指某一特定危险情况发生的可能性。（　F　）

27. GB/T 28001—2001 标准不但可用于认证，还可用于企业的自我鉴定和声明。（　T　）

28. GB/T 28001—2001 标准 4. 3. 3 规定，职业健康安全目标应形成文件，并以量化。（　F　）

29. GB/T 28001—2001 标准 4. 3. 2 条款强调组织应遵守适用法规和其他职业健康安全要求。（　F　）

30.《中华人民共和国安全生产法》规定任何生产经营单位，只要其从业人员超过 300 人，就必须设置安全生产管理机构或配备专职安全管理人员。（　T　）

三、多项选择题（从下面各题选项中选出两个或两个以上最恰当的答案，并将相应的字母填入题后括号内。选错选项时不得分；全选对得2分；少选时，每个选项得0.5分。共20分）

31. 组织在选择危险源辨识和风险评价方法时（　BD　）。

（A）可以根据自己的爱好任意选择，不必考虑任何其他因素

（B）应依据风险的范围、性质和时限进行确定

（C）应尽可能选择复杂、精确度高且只有专家才能操作的方法

（D）应能确定风险级别并与运行经验和所采取的风险控制措施的能力相适应

32. 以下属于系统安全分析方法的是（　ABCD　）。

（A）预先危害分析　（B）故障树分析

（C）危险性和可操作性研究　（D）对照分析

33. 根据GB/T 28001—2001标准4.5.2条款，组织为消除实际和潜在不符合原因而采取的任何纠正或预防措施应当（　AC　）。

（A）与问题的严重性相适应　（B）与组织的经济实力相适应

（C）与面临的职业健康安全风险相适应　（D）与作业者的能力相适应

34. 下列灭火剂中适用于扑灭带电火灾的有（　BD　）。

（A）水　（B）二氧化碳　（C）泡沫　（D）干粉

35. 生产经营单位的主要负责人对本单位安全生产工作负有那些职责？（　ACD　）

（A）建立、健全本单位安全生产责任制度

（B）组织本单位安全生产培训的有效实施

（C）督促、检查本单位的安全生产工作，及时消除生产安全事故隐患

（D）组织制定并实施本单位的生产安全事故应急预案

36. 关于GB/T 28001—2001标准，以下说法正确的是（　BD　）。

（A）其所有要求不必在任何一个职业健康安全管理体系中均要纳入

（B）其针对的是职业健康安全

（C）其针对的是产品和服务安全

（D）其所有要求意在纳入任何一个职业健康安全管理体系

37. 根据GB/T 28001—2001标准4.2条款，职业健康安全管理体系方针中包括（　BC　）。

（A）组织对提供的产品和服务安全的整体目标和改进的承诺

（B）对持续改进的承诺

（C）对遵守现行职业健康安全法律、法规和其他要求的承诺

（D）对员工身心健康的承诺

38. 根据GB/T 28001—2001标准4.5.1条款，“绩效测量和监视”包括（　ABD　）。

（A）对职业健康安全目标的满足程度的监视

（B）对是否符合职业健康安全管理方案和运行准则的监视

（C）对伤亡事故发生的原因分析

（D）对事故、疾病、事件和其他不良职业健康安全绩效的监视

39. 根据《安全生产许可条例》，企业取得安全生产许可证应当具备的安全生产条件的是（　ACD　）。

（A）建立、健全安全生产责任制，制定完备的安全生产规章制度和操作规程

（B）经过“三同时“验收

（C）安全投入符合安全生产要求

（D）主要负责人和安全生产管理人员经考核合格

40. 表述故障树中事件的符号有（　BCD　）方法。

（A）三角形符号　（B）矩形符号　（C）菱形符号　（D）圆形符号

四、填空题（请在下面空缺处填上适当的内容。每题 1 分，共 10 分）

41. 我国劳动法规定，不得安排女职工在经期从事高空、低温冷水作业和国家规定的第__三__级体力劳动强度的劳动。

42. 管理者应为实施、控制和改进职业健康安全管理体系提供必要的资源，__人力资源、专项技能__技术和财力资源。

43. 根据 GB/T 28001—2001 标准，风险是指某一特定危险情况发生的__可能性__和后果的组合。

44. GB/T 28001—2001 标准中，4. 4. 6 条款的标题是__运行控制__。

45. “职业健康安全”是指影响工作场所内员工、临时工作人员、__合同方人员__、访问者或其他人员健康和安全的条件和因素。

46 ~ 50　请对以下场景进行分析，并在括号内写出其所最适用的 GB/T 28001—2001 标准条款的编号（最多只须写出三位章节号）或相应的标题名称。

46. 组织在制定和评审风险管理方针与程序时，应考虑员工的意见。（　4. 4. 3　）

47. 某企业安全检查制度规定：班组安全员每班要实施安全检查；车间安全管理人员每天检查；安全处人员的不定期巡检；企业每周的综合大检查。（　4. 5. 1　）

48. 某化工厂每年进行一次消防演习。（　4. 4. 7　）

49. 顾客打电话询问化工厂的职业健康安全方针，办公室主任回答，已印成宣传单，可以来取。（　4. 2　）

50. 车间每个班组设置兼职安全员。（　4. 4. 1　）

五、简答题（每题 5 分，共 20 分）

51. 请简要叙述选择风险控制措施时应考虑哪些原则？

答：选择风险控制措施时应考虑哪些原则有：

1）尽可能采取措施消除风险，如：用无毒、非可燃物代替高毒、高燃溶剂。

2）现有技术的条件不能消除则采取措施降低风险。如用低毒、低燃物替代高毒、高燃物。将风险源与接受者隔离，如：机器防护装置，防手触锯床之刃；幕状物以防眼触焊弧之光；局部排风系统把工人呼吸区的有毒蒸气抽走。或采取工程技术措施限制风险，如刨床的自动喂料装置；或采取管理措施：如轮班制以减少暴露时间；某些过程在现场无人时进行。

3）如既不能消除，也不能降低则使用个体防护装置。

52. 根据 GB/T 28001—2001 标准，员工应参与哪些协商活动？

答：员工应参与：1）参与风险管理方针和程序的拟订与评审；2）参与商讨影响工作场所职业健康安全的变化；3）参与职业健康安全事务；4）了解谁是职业健康安全代表。

53. 根据《中华人民共和国安全生产法》的要求生产经营单位的生产经营项目场所有多个承租、承包单位时，应如何进行安全生产管理？

答：生产经营单位不得将生产经营项目、场所、设备发包或者出租给不具备安全生产条件或者相应资质的单位或者个人。

生产经营项目、场所有多个承包单位、承租单位的，生产经营单位应当与承包单位、承租单位签订专门的安全生产管理协议，或者在承包合同、租赁合同中约定各自的安全生产管理职责；生产经营单位对承包单位、承租单位的安全生产工作统一协调、管理。

54. 阅读理解。以下内容选自CCAA《职业健康安全管理体系审核员注册准则》（第2版）：

“2.1 申请要求

2.1.1 各级别注册申请人应认真阅读CCAA－OHSMS审核员注册准则，了解各项注册要求。

2.1.2 申请人应提供真实、完整的注册信息、资料。申请信息、资料应使用中文或英文，如提供其他语言的信息、资料，应附有经聘用申请人的认证机构确认的中文翻译件。

2.1.3 申请人应使用CCAA统一的注册申请表格。申请表应填写完整，由申请人亲笔签字，注册担保人、推荐机构负责人签字并盖推荐机构公章，附上所有要求的证明资料，与注册费用一同递CCAA。

注：申请表格可从CCAA站http：//www.ccaa.org.cn下载后填写，同时在该网站的“注册申请“栏完成网上申请。

2.1.4 申请人应签署声明，表示同意遵守CCAA－OHSMS审核员注册准则的各项要求，特别是审核员行为规范的要求。

2.1.5 申请人提交完整的注册申请资料和注册费用后，CCAA方可受理申请，开始评价注册程序。注册费用见《认证人员注册收费规则》（详见CCAA网站）。”

请根据以上内容回答问题（考生不必在本题中考虑以上未提及的其他任何要求）：

1）有些人认为，申请资料提交后，即意味着CCAA开始受理。请解释这种观点是否正确。

答：不对，还需要交费。

2）根据要求，申请资料中的某些项目不能采用打印的形式，而必须有相应的签字或盖章。请指出在申请资料中，哪些地方必须具备签字或盖章？由谁签字或盖章？

答：申请表应填写完整，由申请人亲笔签字，注册担保人、推荐机构负责人签字、盖认证机构章。

六、案例分析及阐述题（每题10分，共20分）

55. 举例说明组织在建立与评审职业健康安全目标时应考虑的因素。

答：组织在建立与评审职业健康安全目标时应考虑：1）法律、法规及其他要求；2）职业健康安全危险源和风险；3）可选技术方案；4）财务、运行和经营要求；5）相关方的意见。

举例略。

56. 请阐述GB/T 28001—2001中4.5.2条款对组织所采取的纠正措施和预防措施的要求。

答：1）对于所有拟定的纠正和预防措施，在其实施前应先通过风险评价过程进行评审。2）为消除实际和潜在不符合原因而采取的任何纠正或预防措施，应与问题的严重性和面临的职业健康安全风险相适应。3）应实施并记录因纠正和预防措施而引起的对形成文件的程序的任何更改。

2009年9月职业健康安全管理体系基础知识考试题及答案

一、单项选择题（从下面各题选项中选出一个最恰当的答案，并将相应字母填入括号内。每题1分，共15分）

1. 组织在确定风险的可接受性时，应考虑（ C ）。
（A）所辨识出的危险源的数量　（B）组织所采用的风险评价方法
（C）相关法律义务与职业安全卫生方针要求（D）是否能够通过认证

2. 组织建立并保持应急准备和响应的计划和程序的目的是（ D ）。
（A）对危险源进行全面的辨识和评价
（B）彻底消除各种事故
（C）对所识别出风险实施有效的控制
（D）为了预防和减少潜在的事件或紧急情况可能引发的疾病和伤害

3. 依据GB/T 28001—2001标准4.3.4条款，组织制定职业健康安全管理方案的目的是（ B ）。
（A）实现职业健康安全方针
（B）实现组织的职业健康安全目标
（C）提高组织的职业健康安全绩效
（D）为实现职业健康安全方针和目标提供具体措施

4. 职业中毒一般可分为三类，分别是（ A ）。
（A）急性中毒、慢性中毒、亚急性中毒　（B）苯中毒、铅中毒、锰中毒
（C）短期中毒、中期中毒、长期中毒　（D）以上都不对

5. 在安全生产活动中，风险程度是由（ B ）决定的。
（A）发生事故的可能性　（B）事故发生的可能性和严重性
（C）事故发生的广度和严重性　（D）事故发生的广度和危害程度

6. 许多上了年纪的老北京都对小时候庙会上看到的各种绝活念念不忘。如今，这些绝活有了更为正式的称呼——民间艺术。然而，随着社会现代化进程加快，中国民俗文化面临前所谓未有的生存危机。城市环境不断变化，人们兴趣及爱好快速分流和转移，加上民间艺术人才逐渐流失，这一切都使民间艺术发展面临困境。这段文字的含义是（ B ）。
（A）市场化是民间艺术的出路
（B）民俗文化需要抢救性保护
（C）城市建设应突出文化特色
（D）应提高民间艺术人才的社会地位

7. 下列哪些措施不可用于防止直接电击伤害事故？（ C ）
（A）保护接地　（B）绝缘　（C）使用50伏的低压电　（D）安全漏电保护器

8. 根据规律选择适当的数字填入空缺处（ B ）。
12，13，15，18，22，（　　）。

（A）12　　（B）27　　（C）30　　（D）34

9. 内审的审核准则包括（　D　）。

（A）GB/T 28001—2001 标准要求　　（B）适用的法律法规要求

（C）形成文件的程序要求　　（D）以上全部

10. 某剧院有 25 排座位，后一排均比前一排多 2 个座位，最后一排有 70 个座位。则该剧院一共有多少个座位？（　B　）

（A）1125　　（B）1150　　（C）1170　　（D）1280

11. 进行危险源识别时需要考虑（　D　）。

（A）组织常规和非常规的活动　　（B）所有进入作业现场所人员的活动

（C）作业场所内的一切设施　　（D）以上全部

12. 甲车每小时行 100 公里，乙车每小时行 120 公里，但乙车每行驶 1 小时需休息 10 分钟。两车一起出发、同向行驶，3.5 小时后两车相距（　B　）公里。

（A）5　　（B）10　　（C）60　　（D）70

13. 国际旅游人员，是指进入我国国境在我国旅行、访问。考察、探亲，以及从事贸易、体育、学术技术交流活动的人员（包括外国人、华侨、港澳台同胞）（　D　）。

（A）驻华使领馆人员及其家属　　（B）国际轮船临时上岸的海员

（C）来到我国定居的外国侨民　　（D）来我国进行文艺表演的国外艺术团

14. 根据 GB/T 28001—2001 标准，组织员工可以不参与的活动是（　C　）。

（A）风险管理方针和程序的制定和评审

（B）商讨影响工作场所职业健康安全的任何变化

（C）生产调度及质量考核会议

（D）职业健康安全事物

15. “检查和纠正措施”活动不包括（　C　）。

（A）绩效测量和监视　　（B）记录和记录管理

（C）应急准备和响应　　（D）事故、事件、不符合、纠正和预防措施

二、判断题（判断下列各题，正确的写 T，错误的写 F，填入题后括号内。每题 1 分，共 15 分）

16. 组织在建立和评审职业健康安全目标时，应考虑相关方的意见。（　T　）

17. 组织应对其工作可能影响工作场所内职业健康安全的所有人员都进行安全与健康的培训。（　T　）

18. 组织确定与所认定的风险有关的需要采取控制措施的运行活动，都要确保在文件化的程序规定条件下进行。（　F　）

19. 组织的职业健康安全管理者代表应是最高管理者中的一员。（　T　）

20. 无论在任何条件下，组织都必须定期测试应急准备和响应的计划和程序。（　F　）

21 针对不可接受的风险，组织应考虑制订相应的控制措施，以降低风险。（　T　）

22. 在设有车间或仓库的建筑物内，不得设置员工集体宿舍。（　T　）

23. 应根据受审核活动的状况和重要性以及以往审核的结果策划内部审核。（　T　）

24. 职业健康安全管理体系强调通过对危险源的控制实现事故控制。（　T　）

25. 事故树分析是一种演绎的系统安全分析方法，它是从要分析的特定事故或故障开始，层层分析其发生原因，直到找出事故的基本原因，即底事件为止。（　F　）

26. 生产性噪声按其声音的来源可分为三种，机械性噪声，空气动力性噪声、电磁性噪声。（ T ）

27. 纠正措施在实施前应进行评审。（ T ）

28. 未经上岗前职业健康检查的职工可以先从事接触职业病危害的作业，但应在3日内进行职业健康检查。（ F ）

29. 国家对矿山企业、建筑施工企业和危险化学品、烟花爆竹、民用爆破器材生产企业实行安全生产许可制度，安全生产许可制度，安全生产许可证有效期为3年。（ T ）

30. 管理评审必须形成文件。（ T ）

三、多项选择题（从下面各题选项中选出两个或两个以上最恰当的答案，并将相应的字母填入题后括号内。选错选项时不得分；全选对得2分；少选时，每个选项得0.5分。共20分）

31. 组织的职业健康安全方针从内容上应（ BCD ）。

（A）包括组织对提供的产品和服务安全的整体目标和改进的承诺

（B）包括对持续改进的承诺

（C）包括对遵守现行职业健康安全法律、法规和组织接受的其他要求的承诺

（D）适合组织的职业健康安全风险的性质和规模

32. 职业健康安全管理体系规范4.4.1条款提到的资源包括以下哪几方面的资源？（ ACD ）

（A）人力资源　（B）管理制度　（C）技术　（D）财力资源

33. 生产、储存危险物品的建设项目，应分别按照国家有关规定进行（ BCD ）

（A）安全条件论证　（B）安全评价　（C）备案　（D）审查

34. 关于沟通与协商、以下叙述中不正确的有（BC ）。

（A）组织应对内外的沟通与协商作出安排

（B）工会不可以充当员工代表的角色

（C）员工不应参加危险源的识别

（D）员工应了解工作场所产生职业病危害因素

35. 根据GB/T 28001—2001标准4.4.3条款要求组织员工应（ ABC ）。

（A）了解OHSMS管理者代表

（B）表明其对OHSMS绩效持续改进的承诺，理解组织的职业健康安全方针、目标

（C）参与OHSMS方面的事物

（D）提供资源、确保管理方案的实施

36. GB/T 28001—2001中的4.3.2强调的是（ ABC ）。

（A）组织要及时更新有关法规和其他要求的渠道

（B）组织应建立获得适用法规和其他要求

（C）组织应有获得法规和其他要求的程序

（D）组织应执行相应的法规要求

37. 被动性的绩效测量包括（ AC ）。

（A）事故统计　（B）对职业健康安全目标完成情况的检查

（C）职业病统计　（D）安全检查

38. 根据GB/T 28001—2001标准4.5.2条款，组织为消除实际和潜在不合格原因而采

取的任何纠正或预防措施应当（ AC ）。

（A）与问题的严重性相适应　　（B）与组织的经济实力相适应

（C）与面临的职业健康安全风险相适应　　（D）与作业者的能力相适应

39. GB/T 28001—2001 要求，组织的职业健康安全管理者代表应（ AB ）。

（A）负责建立、实施和保持 OHSMS

（B）向最高管理者提交 OHSMS 绩效报告

（C）作为员工代表

（D）建立组织内部的咨询服务机构

40.《职业病防治法》中明确规定用人单位所应采取的管理措施包括（ BCD ）。

（A）开展职业病诊断

（B）建立、健全职业病危害事故应急救援预案

（C）设立或者指定职业卫生管理机构或者组织、配置专职或者兼职的职业卫生专业人员

（D）发放劳保防护用品

四、填空题（请在下面空缺处填上适当的内容。每题1分，共10分）

41. GB/T 28001—2001 标准要求，员工应意识到在工作活动中实际的或潜在职业健康安全后果，以及个人工作的改进所带来的职业健康安全＿效益＿。

42. 组织应及时更新有关法规和其他的信息，并将这些信息传达给员工和其他有关的＿相关方＿。

43. 根据 GB/T 28001—2001 标准，风险是指某一特定危险情况发生的＿可能性＿和后果的组合。

44. 按风险量化处理的方式的不同，定量风险评价方法可分为相对风险评价方法和＿概率＿风险评价方法。

45. 根据 GB/T 28001—2001，职业健康安全是指影响工作场所内员工、临时工作人员、合同方人员、访问者和其他人员健康和安全的＿条件＿和＿因素＿。

46～50 请对以下场景进行分析，并在括号内写出其所最适用的 GB/T 28001—2001 标准条款的编号（最多只须写出三位章节号）或相应的标题名称。

46. 某公司的企划部统计员正将本月的“生产计划完成任务情况通报表”、“安全生产实施情况通报表”、“事故及隐患通报表”、“本月安全、生产双文明奖惩通报表”等张贴在公司的“安全、文明生产通报栏”上。（ 4.4.3 ）

47. 实验室未按规定的参数进行工具的绝缘耐压测试。（ 4.5.1 ）

48. 化工厂将职业健康安全方针报告给当地安全生产监督管理局。（ 4.2 ）

49. 某企业没有将人力资源部、财务部的职责在职业健康安全管理体系职责中予以明确。（ 4.4.1 ）

50. 在检修车间，工人未按规定戴手套作业。（ 4.4.6 ）

五、简答题（每题5分，共20分）

51. 请简述组织进行危险源辨识、风险评价及风险控制策划的步骤。

答：风险评价及风险控制策划的步骤是：1）划分作业单元；2）辨识危险源；3）确定风险；4）评价是否可允许的风险；5）制定风险控制计划。

52. 请根据《安全生产法》简述什么是重大危险源，并举例说明。

答：《安全生产法》中的重大危险源，是指长期地或者临时地生产、搬运、使用或者储存危险物品，且危险物品的数量等于或者超过临界量的单元（包括场所和设施）。如企业的燃油库。

53. 根据GB/T 28001—2001标准的要求，组织在建立职业健康安全目标时应考虑哪些方面?

答：组织在建立职业健康安全目标时应考虑：1）法律、法规及其他要求；2）职业健康安全危险源和风险；3）可选技术方案；4）财务、运行和经营要求；5）相关方的意见。

54. 阅读理解。以下内容选自CCAA《职业健康安全管理体系审核员注册准则》（第2版）：

“1.4.1 CCAA-OHSMS审核员注册资格分为实习审核员、审核员和高级审核员三个级别。(题注：级别依次递增)。

1.4.2 CCAA-OHSMS审核员注册原则上遵循逐级晋升原则。

2.2.5.2 审核员注册申请人OHSMS审核经历要求。

以实习审核员的身份，作为审核员组成员在高级审核员的指导和帮助下完成至少4次完整OHSMS审核，总的审核经历不少于20天并覆盖GB/T 28001—2001标准所有条款，其中现场审核经历于15天。

所有审核经历应当在申请前3年内获得，并完成3.3.1所规定现场见证评价。

……

2.8.1 各级别审核员应每3年进行一次再注册，以确定持续符合本准则相应注册级别的各项要求。

2.8.2 实习审核员再注册要求。

注册证书到期前3个月内，向CCAA提出再注册申请。

注册证书有效期内持续遵守行为规范。

已妥善解决任何针对其审核表现的投诉。

……

3.2.1 笔试考试

实习审核员注册申请人应在注册申请3年内通过CCAA统一组织的笔试，以证实其满足2.4.1规定的知识要求。

审核员注册申请人在申请注册时，如果距离通过3.2.1规定的笔试的时间不超过4年，无笔试要求如果超过4年，应再次通过笔试。

……

3.6.2.1 对批准注册的申请人，CCAA将予以公告并颁发注册证书，证书有效期3年，对不予注册的申请人，CCAA将通知推荐机构或本人。”

请根据以上内容回答问题。

（1）以上包括了哪些注册要求?

答：包括：1）注册审核员级别分类及晋升原则；2）审核员注册申请人OHSMS审核经历要求；3）再注册时间要求；4）实习审核员注册要求；5）笔试考核要求。

（2）如果王某于2004年8月1日注册为OHSMS实习审核员，此后未进行任何注册和再注册行为。今年他报名参加本次OHSMS审核员全国统考（基础知识和审核知识）如果王某两门考试全部通过，随后提交审核员注册申请，请问他是否能成功注册为审核员？为什么？

答：不能，因为他超过三年没有再注册。

六、案例分析及阐述题（每题10分，共20分）

55. 请阐述GB/T 28001—2001中4.5.2条款对组织所采取的纠正措施和预防措施的要求。

答：GB/T 28001—2001中4.5.2条款对组织所采取的纠正措施和预防措施的要求有：

1）纠正和预防措施要针对实际和潜在问题的原因；2）纠正措施和预防措施要与问题的严重性和风险程度相适应；3）预防措施实施前要评审其需求？4）纠正措施和预防措施实施后要评审其有效性？5）当纠正措施涉及文件修改时要按文件控制要求进行。

56. 某工厂正准备对电镀车间厂房进行维修，有两位工人正在搭建脚手架，搭建脚手架所使用的钢管最长有5米，现已搭建到第二层，离地面有4米多高，在厂房上方2米处有1千伏的架空线，没有采取防护措施；安全监管员叫下两位工人问他们是否知道如果操作不谨慎可能造成触电伤害，两位工人说他们是工厂临时找来的民工，不知道上面那条电线是高压电线，以后他们会小心的。

请按上述场景识别危险源，并提出主要控制措施。

答：危险源和风险：1）钢管可能不慎与1千伏的架空线相碰，造成触电；2）高空作业可以导致高空坠落；3）高空作业可能导致物体打击。

措施：1）用木材架设隔离网，防止触电；2）作业人员要带安全带；3）作业现场下面要安装安全网和铺设安全板。

二、审核知识部分

2007年6月职业健康安全管理体系审核知识考试题及答案

一、单项选择题（从下面各题选项中选出一个最恰当的答案，并将相应字母填入括号内。每题1分，共15分）

1. 以下不属于审核成员的是（ D ）。

（A）审核组长　（B）实习审核员　（C）技术专家　（D）观察员

2 首次会议的主要目的包括（ C ）。

（A）为审核制定计划　（B）确定实施审核所需的资源和审核员人数

（C）介绍实施审核采用的方法和程序（D）以上全部

3. 产品从设计、制造到整个产品使用的寿命周期的成本和费用方面的特征称为产品的（ D ）。

（A）性能　（B）寿命　（C）可靠性　（D）经济性

4. 监督审核的目的（ A ）。

（A）是确定体系是否持续满足要求，是否保持证书

（B）是采取纠正措施、预防措施

（C）同初审的目的一样

（D）是验证上次审核纠正措施的有效性

5. 申请人在申请CCAA注册资格时需要满足以下要求为（ D ）。

（A）培训经历　（B）教育和工作经历

（C）职业健康安全工作经历　（D）以上全部

6. 当质量管理体系、环境管理体系、职业健康安全管理体系被一起审核时称为（ D ）。

（A）整合审核　（B）一体化审核　（C）联合审核　（D）结合审核

7. “将收集到的审核证据与审核准则进行比较所得到的评价结果”是（ B ）。

（A）审核委证据　（B）审核发现　（C）审核结论　（D）观察结果

8. 下列哪一点与管理的内涵不符？（ C ）

（A）管理是任何组织集体劳动所必需的活动

（B）管理对象是组织所拥有的各种规模资源

（C）管理是一个为组织目标服务的有意识的行为过程，与机制无关

（D）管理过程是由一系列相互关联、连续进行的活动构成

9. 审核结束是指（ A ）。

（A）审核计划中的所有活动已完成，分发了经批准的审核报告

（B）纠正措施已完成并经过了有效性验证

（C）举行了末次会议

（D）审核员离开了审核现场

10. 审核范围通常包括对（ B ）描述。

（A）实际位置、产品、活动和过程以及所覆盖的时期

（B）实际位置、组织单元、活动和过程以及所覆盖的时期

（C）实际位置、产品、活动和过程

（D）实际位置、组织单元、产品、活动和过程

11. 市场营销以（　A　）为出发点和回归点。

（A）顾客需求　　（B）购买动机　　（C）企业发展战略　　（D）企业形象

12. 企业为生产产品和提供劳务而发生的各项间接费用，包括生产单位管理人员工资及福利、生产和管理用房折旧等（　B　）。

（A）制造费用　　（B）管理费用　　（C）销售费用　　（D）财务费用

13. 中国认证认可协会的英文简称是（　C　）。

（A）CNAT　　（B）CNCA　　（C）CCAA　　（D）CNAS

14. 根据 2007 年 6 月 1 日起实施的 CCAA《职业健康安全管理体系审核员注册准则》，申请人必须（　D　）。

（A）具有大学本科（含）以上高等教育学历，并具有至少 5 年技术或管理岗位的工作经历

（B）具有大学大专（含）以上高等教育学历，并具有至少 5 年技术或管理岗位的工作经历

（C）具有大学本科（含）以上高等教育学历，并具有至少 4 年技术或管理岗位的工作经历

（D）具有大学大专（含）以上高等教育学历，并具有至少 4 年技术或管理岗位的工作经历

15. 刚性较强的组织形式是（　B　）。

（A）简单式结构　　（B）职能式结构　　（C）分部式结构　　（D）矩阵结构

二、判断题（判断下列各题，正确的写 T，错误的写 F，填入题后括号内。每题 1 分，共 10 分）

16. 第三方认证审核中的初次审核、监督审核和复评都是完整体系审核。（　F　）

17. 只有四个人的企业不存在职业健康安全管理体系。（　F　）

18. 在监督审核前不必进行文件审核。（　F　）

19. 法人可分为企业法人、机关法人、事业法人和社会团体。（　T　）

20. 审核员必须到现场跟踪验证纠正措施的有效性。（　F　）

21. 一名实习审核员可在一名技术专家的指导或帮助下共同实施审核。（　F　）

22. 受审核方可以依据合理的理由申请更换审核组成员。（　T　）

23. 在第三方审核中，重要的是要收集不合格的信息。（　F　）

24. 在进行职业健康安全管理体系认证审核时，为保证审核抽样的代表性，应对受审核方的部门进行随机抽样。（　F　）

25. 审核证据包括记录、事实陈述或其他信息，这些信息可以通过文件的方式（如各种记录）获取，也可以用通过陈述的方式（如面谈）或通过现场观察的方式获取。（　T　）

三、多项选择题（从下面各题选项中选出两个或两个以上最恰当的答案，并将相应的字母填入题后括号内。多选或少选均不得分。每题 2 分，共 10 分）

26. 审核记录可以包括以下哪种形式？（ ABCD ）

（A）手写的纸质记录　　（B）复制的磁盘

（C）现场拍摄的照片　　（D）笔记本电脑记录的电子文档

27. 职业健康安全管理体系的审核准则包括（ ABC ）。

（A）GB/T 28001—2001 标准

（B）适用的法律、法规和其他要求

（C）受审核方的职业健康安全管理体系形成文件的要求

（D）受审核方的职业健康安全的相关记录

28.《CCAA 审核员行为规范》要求 CCAA 注册审核员（ ABC ）。

（A）努力提高个人的专业能力和声誉

（B）不介入冲突或利益竞争，不向任何委托方或聘用机构隐藏任何可能影响公正判断的关系

（C）不讨论或透露任何与工作任务相关的信息，除非应法律要求或得到委托方和/或聘用单位的书面授权

（D）向受审核方提供增值服务

29. 以下哪些方面是企业制定方针目标的主要依据？（ ABCD ）

（A）市场需求和顾客　　（B）竞争对手情况

（C）社会发展动向　　（D）政府管理要求

30. 当获得的审核证据表明不能达到审核目的时，审核组长可以（ BD ）。

（A）宣布停止受审核方的生产/服务

（B）与审核委托方和受审核方沟通已确定适当的措施

（C）宣布取消末次会议

（D）改变审核目的

四、简答题（每题 5 分，共 15 分）

31. 简述第一阶段审核的目的。

答：第一阶段审核的目的有：1）确定受审核方已按约定的标准建立及运作了一个职业健康安全管理体系；2）为第二阶段顺利实施做准备工作。

32. 请简述与审核有关的审核原则。

答：以下原则与审核有关，并通过独立性和系统性来明确：a）独立性：审核的公正性和审核结论的客观性的基础；b）基于证据的方法：在一个系统的审核过程中，得出可信的和可重现的审核结论的合理方法。

33. 在某施工单位的施工现场有两台从设备租赁公司租用的塔吊，该施工项目的负责人说："如果这两台出现安全问题，应由设备租赁公司负责，与本施工单位无关。"你认为这种说法正确吗？为什么？

答：不正确。因为设备租赁公司是施工单位的相关方，施工单位在使用从相关方租用来的塔吊时，根据标准 4.4.6c）的要求，施工单位不仅应识别塔吊的 OHS 风险，而应建立并保持程序，并将程序和要求通报给设备租赁公司。程序中应明确界定或通过签订协议来界定双方在塔吊安全管理上的责任。

五、阐述题（每题10分，共20分）

34. 审核员在审核某公司的一个化学品仓库时，发现该仓库储存的化学品有油漆稀释料、双氧水、丙酮、黄磷、硝酸等，审核员查看了有关化学品的管理制度，了解了火灾应急演练的有关情况，审核员很满意他们的工作，道谢后就离开了。这样的审核是否符合要求？如果您是现场审核的审核员，您应该怎么做？

答：这样的审核不充分，没有对GB/T 28001中的4.3.1、4.5.1进行审核；对4.4.6和4.4.7的审核不充分，如果是我，我将按以下思路进行审核：

1）是否识别了油漆稀释料、双氧水、丙酮、黄磷、硝酸等的危险特性，并确定了其风险等级，并制定了控制措施？

2）是否制定了化学品仓库的目标和管理方案？方案是否进行评审并等到实施？

3）化学品管理制度中是否按其危险性规定了油漆稀释料、双氧水、丙酮、黄磷、硝酸等的入库、储存、领用、保管的要求？

4）化学品仓库管理人员是否经过相关培训？并了解相关化学品的特性和管理、应急要求？

5）是否按化学品管理制度实施管理，查阅相关记录？

6）是否制定了火灾、爆炸、泄漏的应急预案？预案的内容是否符合要求？是否可操作？

7）是否对预案进行了评审和必要的修改？

8）是否对化学品管理情况进行了检查？查阅相关记录？是否出现过不符合？是如何处理的？

35. 请编制审核某公司喷涂车间的检查表。

答：a）喷涂车间在职业健康安全管理体系中的职责是什么？

b）喷涂车间是否识别了危险源？是否包括漆雾中有害气体对人体健康的影响？是否考虑了火灾爆炸等危险源？是否确定了不可承受的风险？

c）是否制定了对不可承受风险的控制措施？

d）喷涂车间的职业健康安全目标是什么？实现情况如何？

e）是否制定了相应的管理方案？方案是否可行？是否得到实施？

f）喷涂工是否具备相应的能力要求？是否接受过必要的培训？通过沟通了解其是否具备相应的职业健康安全意识？谁是本车间的职业健康安全代表？参与了哪些活动或事务？

g）是否就喷涂车间与不可接受的风险有关的活动进行了策划？有无相应程序文件及控制措施？措施是否得到有效执行？

h）是否针对可能的火灾爆炸制定了应急准备和响应程序？是否进行了测试或演练？是否对应急程序进行过评审？

i）是否对喷涂车间进行目标的实现情况、运行措施的实施情况、管理方案的执行情况进行检查？是否对事件进行统计？喷涂工是否定期进行职业病体检？

j）是否进行了与喷涂有关的法律法规和其他要的合规性评价？

k）是否针对不符合采取了有效的纠正行动？是否分析原因？针对原因采取了纠正措施？

l）各种相关文件和记录的控制情况如何？

六、案例分析题（每题 6 分，共 30 分）

请对以下场景进行分析，并依据 GB/T 28001—2001 标准判断有无不符合。如有请写出不符合标准条款的编号及内容，并写出不符合事实。

36. 审核组在某企业库房审核时发现，角落里摆放着数瓶密封液体。审核员问："这是什么物质?" 库房管理人员回答说："这是实验室做实验用的丙酮，现在实验室已经不做这类试验了。这些丙酮也没有什么用，量又不大，就暂时存放在这里。" 但是，审核员在该企业库房的危险源清单上并没有看到这批丙酮。

答：有不符合，不符合标准条款 4. 3. 1 中"组织应建立并保持程序，以持续进行危险源辨识、风险评价和实施必要的控制措施。"的规定。

不符合事实：在仓库审核时发现：企业未将以前实验用的现还存放在仓库的数瓶丙酮识别为危险源。

37. 审核员在品质部查 2005 年 4 月至 2005 年 7 月的工伤事故记录，发现近三个月内连续发生三次机修工伤手的事故，事故分析写明是由于违规操作引起的。审核员问："针对这样连续发生事故，公司是否采取了相应的纠正措施和预防措施?" 生产部负责人说："这是他们自己违规操作造成的，事故发生后，我们就及时地将他们送到医院进行治疗，好在没有造成严重后果，其他也不需要再采取什么措施了吧"。

答：有不符合，不符合 GB/T 28001—2001 标准 4. 5. 2 中"组织应建立并保持程序，确定有关的职责和权限，以便：……c）采取纠正和预防措施，并予以完成;" 的规定。

不符合事实：没有针对近三个月内连续发生三次机修工伤手的事故采取了相应的纠正措施和预防措施。

38. 公司程序文件规定：安全保卫部每星期对公司的安全情况进行一次巡查。审核员要求查看上个月的安全检查记录，负责人说："我们都检查了，但没有进行记录，发现问题马上让责任部门整改。"

答：有不符合，不符合 GB/T 28001—2001 标准 4. 5. 1 中"组织应建立并保持程序，对职业健康安全绩效进行常规监视和测量。程序应规定：……记录充足的监视和测量数据和结果，以便于后面的纠正和预防措施分析。"的规定。

不符合事实：安全保卫部没有提供每星期对公司的安全情况进行一次巡查的记录，不利于后面的纠正和预防措施分析。

39. 某厂准备新建一个锅炉房，审核员在安技科查看锅炉房的设计图纸时发现锅炉房用的纯水装置设计在污水处理站二楼。审核员问："这样的设计会不会造成对纯水装置的污染呢?" 科长说："这也有可能，但工厂面积有限只能这样设计。"

答：有不符合，不符合 GB/T 28001—2001 标准 4. 4. 6d）中"建立并保持程序，用于工作场所、过程、装置、机械、运行程序和工作组织的设计，包括考虑与人的能力相适应，以便从根本上消除或降低职业健康安全风险。"的规定。

不符合事实：在安技科审核锅炉房的设计图纸时发现：锅炉房用的纯水装置设计在污水处理站二楼，这样的设计会造成对纯水装置的污染。

40. 现车间外有一个大氯气罐，审核员询问有关人员："氯气泄漏怎么办?" 回答说："我们有应急预案。" 审核员查看应急预案，预案中写道："氯气泄漏时，操作人员应佩戴防毒面具，将氯气导入石灰池。" 审核员询问操作人员："防毒面具放在哪里？" 操作人员回答："在柜子里。" 审核员发现柜子已上锁。审核员要求操作人员打开柜子，操作人员说："钥匙存在办公室，办公室在行政办公区五楼，离车间有500米。"

答：有不符合，不符合GB/T 28001—2001标准4.4.7中"组织应建立并保持计划和程序，以识别潜在的事件或紧急情况，并作出响应，以便预防和减少可能随之引发的疾病和伤害。"的规定。

不符合事实：用于处理氯气泄漏意外事故的防毒面具放在上锁的柜子里，而柜子锁的钥匙存放在离车间有500米远办公室。不便于在事故出现后及时取出投入使用。

2007年9月职业健康安全管理体系审核知识考试题及答案

一、单项选择题（从下面各题选项中选出一个最恰当的答案，并将相应字母填入括号内。每题1分，共15分）

1.（　A　）是对一次审核活动和安排的描述。

（A）审核计划　（B）审核方案　（C）审核范围　（D）审核准则

2. 关于审核组的组成，以下说法错误的是（　A　）。

（A）一、二阶段审核组的构成应是相同的

（B）受审核方可以对审核组的组成提出异议

（C）审核组中可以包括技术专家

（D）审核组长由认证机构指定

3. 审核范围最终是由（　D　）确定。

（A）审核组长　（B）审核委托方　（C）顾客　（D）认证机构

4. 检查表应（　B　）。

（A）对现场审核的人员分工及时间进行安排　（B）策划对审核对象的审核思路

（C）使用时严格按检查表提问　（D）提交委托方确认

5. 现场审核中的技术专家（　C　）。

（A）不是审核组成员　（B）应当在审核员的指导下进行工作

（C）不能单独成组实施审核　（D）应当指导审核员工作

6. 关于审核中的沟通，以下说法正确的是（　A　）。

（A）审核组应当定期讨论以交换信息

（B）审核组长必须定期向受审核方通报审核进展及相关情况

（C）审核组长必须定期向审核委托方通报审核进展及相关情况

（D）当审核证据显示有紧急的和重大的风险（如安全、环境或质量方面）时，应当及向审核委托方报告，但不需报告受审核方

7. 第三方认证审核的审核报告应提交给（　A　）。

（A）审核委托方　（B）受审核方

（C）受审核方的上级主管部门　（D）认可机构

8. 第三方认证审核时，审核的委托方是（　B　）。

（A）认证委托机构　（B）认证机构　（C）受审核方　（D）CNAS

9. 组织应在认证证书有效期满前（　C　）个月向认证机构提出复评申请。

（A）1　（B）2　（C）3　（D）4

10. 申请注册人员有权对 CCAA 的决定提出申诉，申诉应在（D　）天内以书面形式向 CCAA 提交。

（A）10　（B）15　（C）20　（D）30

11. 根据中国认证认可协会《职业健康安全管理体系审核员注册准则》（第 2 版），申请人应具有至少（　C　）年与职业健康安全管理相关的工作经验。

（A）1　（B）2　（C）3　（D）4

12. 在股份制企业中，下列哪一级具有最高的决策权利？（　B　）

（A）股东大会　（B）董事会　（C）总经理　（D）职工代表大会

13. 在组织中，最有潜力、最为重要的资源是（　A　）。

（A）人力　（B）物力　（C）财力　（D）信息

14. 企业营业执照的颁发部门是（　B　）。

（A）人民法院　（B）工商行政管理部门

（C）街道办事处　（D）税务部门

15. 下面对企业文化的理解，正确的是（　C　）。

（A）企业文化只是企业的发展过程中的一个副产品，对企业的发展无重大影响

（B）企业文化是整个企业的灵魂，无法改变

（C）企业文化在一段时间内是稳定的，它影响着企业中每个人

（D）企业文化无需通过管理者刻意营造

二、判断题（判断下列各题，正确的写 T，错误的写 F，填入题后括号内。每题 1 分，共 10 分）

16. 审核组中的技术专家，如果技术能力具备要求可以单独进行审核。（　F　）

17. 审核组长必须由高级审核员担任。（　F　）

18. 企业组织结构的本质是分工合作关系。（　T　）

19. 因为在初评时已经实施了文件评审工作，所以在监督审核及复评时无需再开展文件评审工作。（　F　）

20. 审核员在审核中为了找到更多的不符合项可以加大抽样量。（　F　）

21. 对于审核中开具的严重不符合项，审核组通常选择现场验证的方式验证其纠正措施实施的有效性。（　T　）

22. 根据不符合项的性质或程度，可采用不同的纠正措施跟踪验证方式。（　T　）

23. 组织的管理活动包括计划、组织、领导和控制。（　T　）

24. 第一阶段审核发现的不符合，可以在第二阶段审核后与二阶段不符合一并纠正。（　F　）

25. 经 CCAA 批准注册的审核员拥有所获得的注册证书和证卡的所有权。（　F　）

三、多项选择题（从下面各题选项中选出两个或两个以上最恰当的答案，并将相应的字母填入题后括号内。多选或少选均不得分。每题 2 分，共 10 分）

26. 年度监督审核实施时，至少应包含（　ABCD　）。

（A）对负责职业健康安全管理体系的运行和维护的管理层和主管部门的审核

（B）针对上次审核中确定的不符合所采取的纠正措施

（C）对投诉所采取的措施

（D）认证证书和标志的使用

27. 审核发现可以是（　AC　）。

（A）开具的不符合报告

（B）现场取得的证据

（C）将现场取得的证据与审核准则对照得到的结果

（D）审核中观察到的事实

28. 申请CCAA职业健康安全管理体系实习审核员的申请人，应满足以下（　ABC　）要求。

（A）教育经历　　（B）工作经历

（C）审核经历　　（D）职业健康安全管理工作经历

29. 对于企业来说，下列各项属于创新活动的是（　ABD　）。

（A）生产新产品　　（B）使用新技术

（C）开辟新市场　　（D）采用新的组织形式

30. 一般来说，企业是指具有以下（　ABCD　）特点的基本经济单位。

（A）从事生产、流通或服务等活动　　（B）自主经营、自负盈亏

（C）实行独立核算　　（D）具有法人资格

四、简答题（每题5分，共15分）

31. 略

32. 在某冶炼厂审核，审核计划中的审核范围是“铅、锌、银的冶炼。”但你在现场发现，该厂还有大量的副产品：硫酸、硫酸锌、锗、铟等，你作为审核员应如何处理？

答：1）向委托审核的认证机构报告，经认证机构同意调整审核计划和时间，继续审核；2）与受审核方进行沟通，将副产品相关的活动和过程纳入审核范围；3）重新确定新的审核范围。

33. 审核员在进入车间审核前，陪同人员告诉审核员，由于今天外来人员较多，车间没有准备那么多个人防护用品，希望审核员能调整对该车间的审核计划。作为第三方审核员遇到这种情况，应如何处理？

答：1）立即向审核组长报告。

2）与企业商量，调整审核计划。确定新的审核时间。

3）按调整的计划实施下面的审核。

五、阐述题（每题10分，共20分）

34. 请编制审核某一公司的空压机房的检查表。

答：按以下条款和内容审核：

1）4.4.1　（空压机房负责人及操作人员为标准规定的“对于组织的活动、设施和过程的职业健康安全风险有影响的从事管理、执行工作的人员”，因此按照标准的要求“应确定其作用、职责和权限，形成文件，并予以沟通。”）

与空压机房负责人及操作人员交谈，询问人员分工及是否清楚其各自的职业健康安全职责，应提供“确定其作用、职责和权限，形成文件，并予以沟通”的证据。

2）4.3.1　（空压机房根据不同的危险源，存在泄漏、火灾、中毒、爆炸，人员伤害等不同风险。）

向空压机房负责人及操作人员了解危险源辨识和风险评价情况。分别查空压机房的危险源和重要风险清单，现场确认意外的火灾及爆炸等风险是否识别评价，现场确认重要风

险有无遗漏。空压机房是否根据设备的增设计更新持续地进行了危险源辨识及风险评价，应提供持续地进行危险源辨识及风险评价的证据。

3）4.3.2 向空压机房负责人及操作人员了解法律法规和其他要求的识别和获得情况。分别查空压机房适用的法律法规和其他要求清单，更新有关法规和其他要求的信息，是否将这些信息传达给员工；现场与空压机房负责人及操作人员交谈，确认与其岗位相关的法规和其他要求的了解情况。

4）4.3.3/4.3.4 如可行，查空压机房的目标、指标文件及管理方案，了解其职责是否明确，方案是否合理、有效？查有关方案实施记录及现场验证，了解方案进展情况及实施效果。

5）4.4.2 （空压机房负责人及操作人员均为“其工作可能影响工作场所内职业健康安全的人员”，空压机房负责人及操作人员为特种作业人员。）

向空压机房负责人及操作人员了解职业健康安全关键岗位的培训情况。

询问空压机房负责人及操作人员是否意识到了标准所规定的4条，是否经过了相关的培训，查空压机房、锅炉房负责人及操作人员特种作业资格证；对照空压机房相关的运行准则，提问空压机房负责人及操作人员是否了解主要内容，提问若发生紧急情况是否会处理？

6）4.4.3 查协商与沟通情况，询问空压机房负责人及操作人员是否了解员工参与与沟通的安排规定，对其是否进行过沟通，是否了解谁是员工代表和管理者代表？

7）4.4.5 查阅空压机房现场相关作业指导书是否齐全，是否为受控的现行有效版本，文件保管是否良好？

8）4.4.6 抽查空压机房近3个月的检查或运行记录，确认作业指导书规定已被执行，现场观察空压机房设备运行情况是否正常？抽查空压机房近一年的设备维护保养记录，了解设备维修状态，是否保持状态良好？

9）4.4.7 提问空压机房负责人及操作人员是否清楚本场所有可能出现哪些异常和紧急情况？对意外的火灾和爆炸等是否制定了相应的应急程序，检查应急内容是否充分、适宜？现场查看防火防爆设施（灭火器材、避雷器等）的有效性。

10）4.5.1 提问空压机房负责人及操作人员是否定期对运行状况定期检查监督（压力容器的年度安全检测报告等），查阅近三个月的主动性测量和被动性测量的相关监视和测量记录，现场查看监视和测量设备的校准和维护情况，并对照法规要求评价符合性。

11）4.5.2 对上述监测结果及检查出现不符合时，是否认真分析原因，迅速采取了相应的纠正措施，整改效果是否良好？

35. 依据GB/T 28001—2000标准中4.4.7条款和《机关团体企业事业单位消防安全管理规定》，请针对企业的火灾应急准备和响应阐述审核思路和审核证据。

答：在消防管理部门：

1）与消防管理负责人交谈，是否确定了消防责任，明确了企业主要领导在消防管理方面的责任？

2）是否制定了应急准备和响应程序，程序是否明确了组织的异常和紧急情况，包括火灾；规定了职责、流程和要求，包括对应急计划（或预案）的内容要求、演练（测试）要求，对预案和程序的评审要求？

3）查阅《火灾应急预案》内容是否包括火灾的类型、可能的风险、应急组织、应急消防设施和器具、应急流程和措施、应急相关的联络信息等?

4）询问消防管理部门（如保卫科）负责人是否进行了消防演习？查阅演习记录。

5）询问消防管理部门（如保卫科）负责人是否定期对火灾应急预案进行了评审？机电部评审记录。是否按评审需要了对预案进行了修订（必要时）?

在相关现场检查：

1）消防器材（消防栓、消防水袋、消防沙、消防工具、灭火器）、报警装置的有效性及日常检查记录。

2）访问相关人员应急职责及对应急预案的理解情况。

六、案例分析题（每题 6 分，共 30 分）

请对以下场景进行分析，并依据 GB/T 28001—2001 标准判断有无不符合。如有请写出不符合标准条款的编号及内容，并写出不符合事实。

36. 略

37. 审核组在某船厂锻造车间审核，当查阅其车间噪声时发现，噪声测量值为：11 月 25 日，75dB；12 月 27 日，72dB；12 月 28 日，73dB；12 月 29 日，73dB。再查阅其声级计的校验记录，发现该声级计是三年前校准的，而按照国家有关要求，用于测量用的声级计应每年校验一次。

答：1）有不符合。

2）不符合 GB/T 28001—2001 标准 4. 5. 1 中“如果绩效测量和监视需要设备，组织应建立并保持程序，对此类设备进行校准和维护，并保存校准和维护活动及结果的记录。”的要求。

3）不符合事实：用于噪声测量的声级计是三年前校准的，与国家规定“用于测量用的声级计应每年校验一次”不符合。

38. 在某建筑公司进行审核时，审核员来到公司的安全部，安全部李部长向审核员介绍了该公司的情况。“三年来事故发生率为零，特别是自去年底实施职业健康安全管理体系以来，所有事故隐患控制得相当好，连一点小问题都没有，为此，我这个安全部长还受到公司领导的通报表扬。”审核员要求出示最新的危险源辨识报告，李部长拿出厚厚的一叠。审核员仔细查看，发现对施工过程的危险源辨识都是针对天气情况较好时，未考虑雨天和大风天气。李部长解释到：“目前这个项目工期不是很紧，一般雨天或大风天气就让施工工人休息，现场不施工，所以在进行危险源辨识时没有考虑天气不好的情况。”审核员翻阅了施工日志，其中有一天上面记录，“6 月 16 日，小雨，8 号楼 3 层施工一切正常。”审核员又要求出示最近的安全情况统计报表，正如李部长所介绍的，无任何异常情况。

答：1）有不符合。

2）不符合 GB/T 28001—2001 标准 4. 3. 1 中“组织应建立和保持程序，以持续进行危险源辨识、风险评价和实施必要控制措施。这些程序应包含：——常规和非常规的活动；”的要求。

3）不符合事实：在建筑公司安全部审核发现：没有识别雨天和大风天气施工的危险源。

39. 在喷涂车间的调漆室，审核员问陪同审核的车间主任，工作环境如何？车间主任回答说：“工人反映有机溶剂气味较大，夏天环境温度较高。”“这种情况你们有没有给厂领导反映？工人对喷漆室进行过环境温度和有害物质浓度检测吗？”审核员又问。“以前经常给厂领导反映，领导也几次说要安装排送风装置，但由于资金方面的原因，一直没有解决；至于检测，自从运行职业健康安全管理体系以来，4月份防疫站有人来做过一次检测，从提供的报告看，温度还可以，但有机物质浓度超过了国家标准。”

答：1）有不符合。

2）不符合GB/T 28001—2001标准4.5.2中“组织应建立并保持程序，确定有关的职责和权限，以便：……c）采取纠正和预防措施，并予以完成；”的要求。

3）不符合事实：在喷涂车间的调漆室审核发现：喷漆室有机物质浓度超过了国家标准，但工厂没有及时采取有效的纠正措施。

40. 审核员A在对危险品仓库检查时，发现气瓶都是直立存放，库房门口有防火标识，氧气和乙炔气瓶存放在一个库房内，在氧气瓶的瓶嘴和瓶身有明显的油污。审核员问仓库管理员，此项危险源有无识别，仓管员说已在《危险源识别一览表》中有识别。

答：1）有不符合。

2）不符合GB/T 28001—2008标准4.4.6中“组织应识别与所认定的、需要采取控制措施的风险有关的运行程序和活动。组织应针对这些活动（包括维护工作）进行策划，通过以下方式确保他们在规定的条件下执行”的要求。

3）不符合事实：危险品仓库内氧气和乙炔气瓶存放在一个库房内且氧气瓶的瓶嘴和瓶身上有明显的油污。

2007年12月职业健康安全管理体系审核知识考试题及答案

一、单项选择题（从下面各题选项中选出一个最恰当的答案，并将相应字母填入括号内。每题1分，共15分）

1. 下列哪一项不是首次会议必须包括的内容？（　C　）

（A）确定审核目的、范围、准则　　（B）确定有关保密事项

（C）对不符合项采取纠正措施的要求　　（D）确定向导的安排、作用和身份

2. 确定审核范围时应考虑（　D　）。

（A）组织的管理权限　　（B）组织的产品范围

（C）组织的活动范围和现场区域　　（D）以上都应考虑

3. 向导的作用及职责不包括（　D　）。

（A）确保审核组成员了解和遵守有关场所的安全规则和安全程序

（B）安排对场所的或组织的特定部分的访问

（C）代表受审核方对审核进行见证

（D）收集审核证据

4. 管理体系审核所关注的组织结构为（　B　）。

（A）部门结构　　（B）管理结构　　（C）治理结构　　（D）产权结构

5. 在监督审核中，缩小认证范围的条件不包括（　C　）。

（A）获证组织的认证范围内部分产品范围、现场、区域、生产线、主要过程等不再继续符合认证标准和其他附加要求

（B）获证组织的认证范围内部分产品范围、现场、区域、生产线、主要过程等不再继续符合认证资格，但不能将不可分开的职业健康安全风险较大部分去掉

（C）获证组织将某污染较重的工序承包给本组织员工

（D）获证组织不再生产某类产品或不再提供某种服务

6. 由行业协会组织进行的审核是（ C ）。

（A）第一方审核 （B）第二方审核 （C）第三方审核 （D）联合审核

7. 认证结论最终由（ D ）正式发布。

（A）审核组长 （B）审核组经充分讨论后

（C）认证机构技术委员会 （D）认证机构

8. 实习审核（ C ）。

（A）如具有专业能力，可以独立实施审核

（B）工作量不能计入审核人日

（C）必须在审核员或高级审核员指导和帮助下实施审核

（D）可以在高级审核员的指导和帮助下，作为实习审核组长领导审核组完成审核任务

9. 在审核中发现了正在使用的某个文件，这是（ C ）。

（A）审核准则 （B）审核发现 （C）审核证据 （D）审核结论

10. 根据中国认证认可协会《职业健康安全管理体系审核员注册准则》（第2版）申请人应具有至少（ C ）年技术或管理岗位的工作经验。

（A）2 （B）3 （C）4 （D）5

11. 审核报告的所有权归（ A ）所有。

（A）审核委托方 （B）审核组长

（C）受审核方 （D）受审核方的上级主管机构

12. 末次会议应由谁主持？（ B ）

（A）审核委托方负责人 （B）审核组长

（C）受审核方负责人 （D）双方协商确定或共同主持

13. 以下哪些活动不是审核组长的职责？（ D ）

（A）编制审核计划 （B）文件评审

（C）审核组工作分配 （D）审核方案评审

14. 现场审核准备阶段的工作内容主要是（ B ）。

（A）组建审核组，任命审核组长 （B）编制审核计划和检查表

（C）确定审核的可行性 （D）与受审核方建立初步联系

15. 下列对于审核计划的表述不正确的是（ A ）。

（A）审核计划应当在现场审核活动开始前，经审核委托方评审和接受，并在现场审核活动开始后及时提交给受审核方

（B）受审核方审核计划的任何异议，应当在审核组长、受审核方和审核委托方之间予以解决

（C）任何修改的审核计划，应当在继续审核前征得各方的同意

（D）可以包括审核工作和审核报告所用的语言、审核后续活动等内容

二、判断题（判断下列各题，正确的写 T，错误的写 F，填入题后括号内。每题 1 分，共 10 分）

16. 对任一组织，第一阶段和第二阶段的现场审核都是必备的程序。（ F ）

17. 受审核方未签字确认的不符合报告不能生效。（ F ）

18. 一个组织有多个现场，审核组可以对多个现场随机抽样。（ F ）

19. 一阶段现场审核时，受审核方应进行了内审和管理评审。（ T ）

20. 组织在动态变化的环境中，为了确保实现既定的组织目标而进行的检查、监督、纠正偏差等管理活动，就是控制。（ T ）

21. 根据 CCAA《职业健康安全管理体系审核员注册准则》（第二版）的规定，申请人在申请注册资格扩展时，无需参加所申请扩展之注册领域的笔试。（ F ）

22. CCAA 对所有注册申请人都将进行技能方面的考核。（ T ）

23. 正确处理组织内外各种关系，为组织正常运转创造良好的条件和环境，以促进组织目标的实现。（ T ）

24. 审核结论是将收集的审核证据对照审核准则进行评价的结果。（ F ）

25. 审核组中必须配备熟悉受审核方专业的人员。（ T ）

三、多项选择题（从下面各题选项中选出两个或两个以上最恰当的答案，并将相应的字母填入题后括号内。多选或少选均不得分。每题 2 分，共 10 分）

26. 以下哪种情况已构成不符合？（ CD ）

（A）宾馆餐厅没有处理泔水的形成文件的作业指导书

（B）两位管理者之间提供不出内部交流的记录

（C）生产现场某过程没有按该过程的安全规程操作

（D）两位管理者没有按规定作内部交流的记录

27. 第一阶段审核的目的有（ ABD ）。

（A）确定第二阶段审核的可行性

（B）确定第二阶段的审核重点

（C）确定职业健康安全管理体系是否可推荐认证通过

（D）确定审核范围

28. 涉及审核范围的文件可包括（ AD ）。

（A）审核计划　（B）专业审核作业指导书　（C）检查表　（D）审核报告

29. 对违反行为规则、不满足注册要求的审核员，经调查核实后可能受到的处罚包括（ ABCD ）。

（A）警告　（B）暂停注册资格　（C）降低注册资格　（D）撤销注册资格

30. 审核计划的内容应包括（ ABC ）。

（A）审核目的　（B）审核准则　（C）审核范围　（D）审核检查表

四、简答题（每题 5 分，共 15 分）

31. 请简要说明 OHSMS 第一阶段现场审核的重点。

答：OHSMS 第一阶段现场审核的重点是：

1）审核客户的管理体系文件；

2）评价客户的运作场所和现场的具体情况，确定第二阶段的审核准备情况；

3）审核客户理解和实施标准要求的情况，特别是对管理体系关键绩效、目标的确定情况；危险源辨识和风险评价情况、管理方案的制定情况；

4）收集客户的管理体系范围、过程和场所的必要信息，以及相关法律法规的获取和遵守情况（如职业卫生安全评价、三同时落实情况、职业健康安全相关的监视和测量实施情况）；

5）审核第二阶段所需资源的配备情况；

6）评价客户是否策划和实施了内部审核和管理评审，以及管理体系的实施程度能否证明客户已为第二阶段审核做好了准备。

32. 对 GB/T 28001—2001 标准中 4. 3. 2 条款进行现场审核时，应获得哪些审核证据？

答：获得的审核证据有：1）法律法规和其他要求识别、获取控制程序；2）适用的法律法规和其他要求清单；3）清单中所列法律法规文本是否为有效文本；4）有关法律法规和其他要求的更新信息；5）将适用的法律法规和其他要求和更新的信息传达到了员工和相关方的证据。

33. 一般来说，企业的组织结构及职责划分是相似的。请针对一个上千人的大型生产型企业，说出一般设有哪些关键的中层部门以及这些部门的职责（至少说出六个）。职责请用 GB/T 28001—2001 标准中的条款编号表示（例如：部门：生产部；职责：4. 4. 6）。

答：企管部：4. 3. 2/4. 3. 3/4. 4. 1/4. 4. 3/4. 4. 5/4. 5. 4/4. 5. 4/4. 6；

安全部：4. 3. 1/4. 3. 2/4. 3. 3/4. 3. 4/4. 4. 6/4. 4. 7/4. 5. 1/4. 5. 2；

设备部：4. 3. 1/4. 3. 3/4. 4. 6/4. 5. 2；

行政部：4. 3. 1/4. 4. 2/4. 4. 3/4. 4. 6/4. 4. 7；

生产部：4. 3. 1/4. 3. 3/4. 4. 6/4. 4. 7/4. 5. 2；

采购供应部：4. 3. 1/4. 3. 3/4. 4. 6/4. 4. 7。

五、阐述题（每题 10 分，共 20 分）

34. 某化学品经营企业从化工厂购进一批（10 吨）氢氧化钠（固碱），存放在一座年久失修的库房中。一天晚上，大雨倾盆而下，库房进水，氢氧化钠泡在水中，部分泡在水中的氢氧化钠开始渗入水中并顺水流入地沟。仓库保管员发现后，及时报告了单位主管领导。作为审核员，当检查到这一现场，你要重点检查什么？

答：报告领导后领导采取了哪些措施，是否及时对水沟内含有氢氧化钠的水体采取了及时的处理？针对这一问题是否分析了原因（如厂房漏水），并对库房进行了维修。是否对这一危险源进行了识别，并制订了控制措施。

35. 某一公司的化学品仓库放置有香蕉水、双氧水、丙酮，请编制对该仓库进行 OHSMS 审核的检查表。

答：1）化学品库的职责有哪些？

2）化学品库的工作人员有几名？对其能力有何要求？是否了解相关化学品管理知识？是否接受过相关培训？

3）化学品库识别和评价的危险源和风险是什么？是否充分和准确？

4）是否有化学品管理程序或相关的作业文件？文件是否符合要求并可操作？

5）是否获取了香蕉水、双氧水、丙酮的化学性能数据表？

6）有无日常检查、保管、领用的记录？

7）是否有应急设施和有关化学品泄漏应急程序？是否进行了定期评审和必要的演练？

8）现场检查化学品存放和管理情况。

六、案例分析题（每题 6 分，共 30 分）

请对以下场景进行分析，并依据 GB/T 28001—2001 标准判断有无不符合。如有请写出不符合标准条款的编号及内容，并写出不符合事实。

36. 在车间改扩建现场，施工人员正在比划设备安装位置，审核员要求出示车间设备安装布置图，厂长说：这不是什么复杂的项目工程用不着画图，让他们大致比划安上就行。审核员发现有的设备基础已打好，预留过道有些窄。

答：1）有不符合。

2）不符合 GB/T 28001—2001 的 4. 4. 6 中“d）建立并保持程序，用于工作场所、过程、装置、机械、运行程序和工作组织的设计，包括考虑与人的能力相适应，以便从根本上消除或降低职业健康安全风险。”的要求。

3）不符合事实：正在进行改扩建施工的车间的设备布置没有进行必要的设计并预留符合要求宽度的安全通道。

37. 某厂有一地下生活蓄水池供员工饮用水水池口无盖板，周围一面有厂区的道路，另三面均为绿化草地。行政部主任对审核员说，我们的绿化做得很好，也注意卫生，每周给草地打一次农药。审核员问水源的安全防护，主任说没想到。

答：1）有不符合。

2）不符合 GB/T 28001—2001 的 4. 3. 1 中“组织应建立和保持程序，以持续进行危险源辨识、风险评价和实施必要的控制措施。这些程序应包含：……——工作场所内的设施。”的要求。

3）不符合事实：工厂供员工饮用水的地下生活蓄水池池口无盖板，且池口周围一面厂区的道路，另三面是每周打一次农药的草地。但行政部没有识别相关的危险源。

38. 某企业内部审核程序规定，每年 4 月进行一次内审，每次内审应覆盖职业健康安全管理体系涉及的所有部门、场所、区域和要素。该企业按程序规定于 2004 年 4 月 15 日至 17 日进行一次内审，此次内审没有对销售中心、污水处理和动力车间进行审核。

答：1）有不符合。

2）不符合 GB/T 28001—2001 的 4. 5. 4 中“组织应建立并保持审核方案和程序，定期开展职业健康安全管理体系审核”的要求。

3）不符合事实：2004 年 4 月 15 日至 17 日进行的内审没有按《内部审核程序》规定对销售中心、污水处理和动力车间进行审核。

39. 审核员在纺丝车间闻到一种刺鼻的气味，问车间主任：“这种气味是否对工人的健康有影响？”车间主任支支吾吾地说：“时间长了可能会引起病变，公司给每个员工都发了口罩，这些年来也没有谁出现过病变。”审核员看见车间里的工人都没有带口罩，问工人；“是否知道这种气味会引起病变？为什么不戴口罩？”工人说：“我们不知道会引起什么病变，在车间已工作了三年，也没有出现什么反应，没必要戴口罩。”

答：1）有不符合。

2）不符合 GB/T 28001—2001 的 4. 4. 2 中“组织应建立并保持程序，确保处于各有关职能和层次的员工都意识到：……在工作活动中实际的或潜在的职业健康安全后果，以及个人工作的改进所带来的职业健康安全效益；”的要求。

3）不符合事实：纺丝车间有刺鼻的气味，工人不知道会引起什么病变，也没有戴公司发的防护口罩。

40. 在一个氮气仓库中，审核员看到一个氧气侦测装置电源被关掉。仓库主管说：这个设备从安装以来由于经常误报，很闹，就把他关掉了，大家长期在这里工作也没有什么不适感觉。

答：1）有不符合。

2）不符合GB/T 28001—2001的4.5.1中“如果绩效测量和监视需要设备，组织应建立并保持程序，对此类设备进行校准和维护，并保存校准和维护活动及其结果的记录。”的要求。

3）不符合事实：氮气仓库的一个氧气监测装置由于经常误报电源被关掉，不能起到报警作用。

2008年3月职业健康安全管理体系审核知识考试题及答案

一、单项选择题（从下面各题选项中选出一个最恰当的答案，并将相应字母填入括号内。每题1分，共15分）

1. 企业在进行内审时，所选择的内部审核员应该是（ D ）。

（A）企业内部专职人员 （B）企业内部兼职人员
（C）允许聘请外部人员 （D）只要是有能力实施审核的人员，以上均可

2. 审核的启动可涉及到以下哪一方面的工作？（ A ）

（A）确定审核目的、范围和准则 （B）评审文件的适宜性和充分性
（C）编制审核检查表 （D）制定审核计划

3. 审核员在现场发现有两名车床工人戴着手套操作，违反了安全操作规程，就开了一张不符合报告这是一种（ A ）。

（A）审核发现 （B）审核证据 （C）审核结论 （D）严重不符合

4. 某公司的职业健康安全管理体系认证证书有效期是2007年12月18日，公司重新向原来认证机构提出申请，该认证机构受理了申请，对该公司进行的再次审核称为（ B ）。

（A）复审 （B）复评（再认证）（C）监督审核 （D）预审核

5. 事业部式的组织结构主要优点（ B ）。

（A）灵活性和适应性强 （B）对外界环境变化反应快
（C）适应性和稳定性强 （D）结构简单、权力集中

6. 管理的主体是（ D ）。

（A）最高管理者 （B）高层管理者 （C）全体员工 （D）管理者

7. “将收集到的审核证据与审核准则进行比较所得到的评价结果”是（ B ）。

（A）审核证据 （B）审核发现 （C）审核结论 （D）观察结果

8. 审核组成员中不应包括（ B ）。

（A）技术专家 （B）咨询师 （C）实习审核员 （D）高级审核员

9. 职业健康安全管理体系第一阶段审核的目的包括（ A ）。

（A）确定第二阶段审核的可能性
（B）确定受审核方是否具备认证注册的条件
（C）审核组给出推荐性认证结论

（D）以上都正确

10. 顾客委托认证机构对其供方的管理体系进行的审核是（　C　）。

（A）认证审核　　（B）第一方审核

（C）第二方审核　　（D）第三方审核

11. 以下行为中，未违反审核员行为规范要求的是（　C　）。

（A）未获取审核证据，雇他人窃取受审核方文件资料

（B）在现场审核时，指出受审核方管理体系存在的不符合并促使其在审核结束前改正

（C）审核完成后，接受受审核方给予的表彰锦旗

（D）审核完成后，与未参加本次审核的审核员讨论受审核方的产品工艺配方

12. CCAA 现行 OHSMS 审核员注册准则的实施日期为（　D　）。

（A）2006 年 1 月 1 日　　（B）2007 年 1 月 1 日

（C）2007 年 5 月 1 日　　（D）2007 年 6 月 1 日

13. 一般来说，检查表由（　B　）编制。

（A）受审核方　（B）审核员　（C）审核方案管理人员　（D）技术专家

14. 下列关于内审的要求不准确的是（　A　）。

（A）应每年进行一次

（B）可以制定一个或多个审核方案

（C）向管理者报告审核结果

（D）审核员的选择须确保审核过程的客观、公正性

15. 依据 GB/T 19011—2003，以下关于审核报告的描述错误的是（　D　）。

（A）审核报告如果不能在商定的时间提交，应该向审核委托方通报延误的理由

（B）审核报告属于审核委托方所有

（C）审核报告应该经过批准后分发

（D）对于第三方审核，审核报告应该提交认可机构

二、判断题（判断下列各题，正确的写 T，错误的写 F，填入题后括号内。每题 1 分，共 10 分）

16. 根据 CCAA 现行审核员注册准则，职业健康安全管理体系实习审核员申请人应具有至少 3 年技术或管理岗位的工作经历。（　F　）

17. 不同社会制度的国家中，管理也具有共性。（　T　）

18. 技术专家作为审核组的成员，为审核组提供专业技术支持。（　T　）

19. 对已通过认证的组织进行监督审核时不需要进行文审。（　F　）

20. 认证审核的审核计划宜得到受审核方的确认。（　T　）

21. 组织的职业健康安全管理体系覆盖范围应与认证机构协商确定。（　F　）

22. 审核组评价审核证据得出审核发现，综合评价审核发现得出审核结论。（　T　）

23. 第一阶段已审核过的要素，在第二阶段审核计划中可不作安排。（　F　）

24. 职业健康安全管理体系审核规范中所说的持续改进过程，不必同时发生于所有的活动领域。（　T　）

25. 获证组织的复评（再认证）周期为四年。（　F　）

三、多项选择题（从下面各题选项中选出两个或两个以上最恰当的答案，并将相应的字母填入题后括号内。多选或少选均不得分。每题 2 分，共 10 分）

26. 一个组织的状况应当包括（　ACD　）。

（A）组织的文化和社会习俗

（B）组织采用新技术、开辟新市场的能力

（C）组织的规模、结构、职能和关系

（D）组织的运营过程和相关术语

27. 根据 GB/T 19011—2003 标准，审核员应具备的个人素质包括（　ABC　）。

（A）有道德　　（B）善于观察

（C）适应性强　　（D）了解受审核方所在地语言

28. 职业健康安全管理体系的审核准则可以是（　ABC　）。

（A）GB/T 28001—2001 标准

（B）适用的法律法规

（C）受审核方的职业健康安全管理体系文件

（D）组织上级管理部门的安全工作指标

29. 确定不符合原则是（　AC　）。

（A）必须以客观事实为基础　　（B）必须不能引起对涉及不符合员工的处罚

（C）必须以审核准则为依据　　（D）必须经受审核方同意

30. 关于 GB/T 28001—2001 标准 4.3.1 条款，以下叙述中正确的有（　BCD　）。

（A）必须编制危险源辨识、风险评价和控制措施的程序文件并实施

（B）必须建立并保持危险源辨识、风险评价和确定控制措施的程序

（C）危险源辨识、风险评价和确定控制措施的信息应形成文件

（D）及时更新危险源辨识、风险评价和确定控制措施的信息

四、简答题（每题 5 分，共 15 分）

31. 组织对供应商进行初次评价时，应对哪些方面加以考虑？

答：1）如何供应商是国家规定需要安全生产许可证的行业，则要求其提供安全生产许可证复印件；以评价供方组织的合法性；

2）供应商提供的产品如果涉及员工的安全和健康时则要求其提供产品的出厂检验合格证明、型式检验报告、生产许可证（必要时）；如果涉及化学危险品则要提供其化学性能数据表（MSDS）；以便识别其危险源并策划相应的措施；

3）要了解供方的职业健康安全业绩，如果其通过了 OHSMS 认证则要求其提供认证证书复印件；

4）如果是向组织提供劳动防护用品，则要对其进行试用、送样复检等以确保其安全性和防护功能；

5）供方的产品、设备要有利于从根本上消除职业健康安全风险。

32. 简述现场审核的实施包括哪些活动。

答：现场审核的实施包括：1）举行首次会议；2）进行审核中的沟通；3）信息的收集和验证；4）审核过程的控制；5）形成审核发现 ；6）准备审核结论；7）举行末次会议。

33. 简述认证过程的主要步骤。

答：认证过程的主要步骤有：1）提出申请；2）受理申请；3）认证前的准备；4）实施审核；5）纠正措施的跟踪；6）审批发证；7）监督审核和证后管理。

五、阐述题（每题10分，共20分）

34. 请阐述GB/T 28001—2000标准中“4.4.2”条款的审核思路。

答：在人力资源部门：

1）问负责人是否建立和保持了有关能力、培训和意识控制的程序文件？查阅文件并评价是否满足标准的要求？

2）问负责人了解组织的员工整体情况、工种、特殊工种、高风险岗位情况。

3）针对与职业健康安全有关的岗位特别是特殊工种和高风险岗位是否规定了相应的能力（包括教育、技能、经历方面）和意识要求？抽查3～5个特殊工种或高风险岗位的相应的文件。

4）问负责人组织是如何确保员工的能力和意识符合相应规定要求的？

5）是否针对不同岗位的风险和员工的实际能力和意识情况采取了相应的有针对性的培训？查阅年度培训计划，抽取至少三项培训计划实施的记录，包括效果考核和评价记录。

在作业现场：

抽取3～5个不同岗位人员，向其了解其相应职业健康安全知识和意识。

35. 请编制对油库进行审核的思路（请务必注明危险源信息）。

答：1）危险源主要是油库的泄漏、火灾、爆炸，包括雷电引起的火灾、爆炸。

2）审核思路从4.4.1/4.3.1/4.3.3/4.3.4/4.4.6/4.4.7/4.5.1/4.5.2几个条款入手。

六、案例分析题（每题6分，共30分）

请对以下场景进行分析，并依据GB/T 28001—2001标准判断有无不符合。如有请写出不符合标准条款的编号及内容，并写出不符合事实。

36. 某工厂有一座液化石油气（LPG）储槽，并设有泄漏检测器，也定期作检测器校验。但负责人并不清楚检测器设定的报警浓度是多少，也不知道校验的标准气体浓度是多少。

答：1）有不符合。

2）不符合GB/T 28001—2001标准4.4.2中“对于其工作可能影响工作场所内职业安全健康的人员，应有相应的工作能力”的要求。

3）不符合事实：液化石油气（LPG）储槽负责人不清楚泄漏检测器设定的报警浓度校验的标准气体浓度是多少。

37. 公司共有2000名员工，每天下午17：30班，分两批从一个宽约5米的厂门出厂，两批时间间隔为15分钟，其中大约40%的员工乘摩托车上下班。出厂时，隶属于保卫部的两名门卫要对员工是否夹带公司物品出厂进行检查。审核组第一阶段审核时向门卫询问是否考虑了对高峰时段的员工安全。门卫回答说，每天大量员工上下班的确是个问题。为了防止过分拥挤，公司已准备再聘两名门卫。但在建立职业健康安全管理体系时，保卫部主要考虑了消防等方面的危险，未将上下班的人员纳入管理。

答：1）有不符合。

2）不符合GB/T 28001—2001标准4.3.1中“组织应建立并保持程序，以持续进行危险源辨识、风险评价和实施必要的控制措施。这些程序应包含——常规和非常规的活动”

的要求。

3）不符合事实：保卫部没有识别员工上下班进出厂门这一过程的危险源。

38. 审核员在某公司的安全科发现，公司在一季度内就出现了4次设备安全事故，科长说“均未伤到人，公司领导非常重视，采取的措施是对当事人进行罚款处理”。

答：1）有不符合。

2）不符合GB/T 28001—2001标准4.5.2中“为消除实施和潜在不符合原因而采取的纠正和预防措施，应与问题的严重性和面临的职业健康安全风险相适应。”的要求。

3）不符合事实：公司没有对一季度内就出现了4次设备安全事故采取有效的纠正措施。

39. 审核员A来到危险品仓库，里面堆放着甲苯、丙酮等有机溶剂，仓库内有消防设施，墙上贴着危险品仓库管理制度，均有授权人员审批，审核员A在《紧急报警管理制度》中看到厂内火灾报警联系电话为999，问：能不能试打一下？仓库管理员说：“可以”。审核员A当即拨打了该电话，先后拨打了三次，均无人接听。

答：1）有不符合。

2）不符合GB/T 28001—2001标准4.4.7中“组织应建立并保持计划和程序，以识别潜在的事故或紧急情况，并作出响应，以便预防或减少随之引发的疾病和伤害……如果可行，组织还应定期测试这些程序。”的要求。

3）不符合事实：堆放着甲苯、丙酮等有机溶剂的危险品仓库内的墙上贴的《紧急报警管理制度》所明示的火灾报警联系电话为999无人及时接听的号码。

40. D公司铸造车间为防止或减轻生产粉尘造成的职业伤害，运行程序规定：生产工人应佩戴口罩，同时在生产现场应通风和防尘，应定期检查并作环境监测和管理。审核员要求提供检查和监测记录时，公司提供了一份有关操作人员的健康监测记录，其监测记录车间主任认为没有必要保存。

答：1）有不符合。

2）不符合GB/T 28001—2001标准4.5.1中“记录充分的监视和测量的数据和结果，以便于后面的纠正和预防措施的分析。”的要求。

3）不符合事实：铸造车间不能提供依据公司程序文件规定的对车间粉尘浓度进行了监测的记录。

2008年9月职业健康安全管理体系审核知识考试题及答案

一、单项选择题（从下面各题选项中选出一个最恰当的答案，并将相应字母填入括号内。每题1分，共15分）

1. “收集到的审核证据与审核准则进行比较所得到的评价结果”是（ B ）。

（A）审核证据 （B）审核发现 （C）审核结论 （D）观察结果

2. 管理体系审核是一个（ C ）的过程。

（A）发现不合格项 （B）对不合格品进行处置

（C）评价管理体系 （D）检验生产进度和产品质量

3. 审核结束是指（ A ）。

（A）审核计划中所有活动已完成，分发了经过批准的审核报告

（B）纠正措施已完成并经过了有效性验证

（C）举行了末次会议

（D）审核员离开了审核现场

4. 根据 GB/T 19011—2003 标准审核工作文件可以包括（　D　）。

（A）检查表和审核抽样计划　　（B）记录信息的表格

（C）程序文件和审核作业指导书　　（D）（A）＋（B）

5. 检查表应（　B　）。

（A）对现场审核的人员分工及时间进行安排　（B）策划对审核对象的审核思路

（C）使用时严格按检查表提问　　（D）提交委托方确认

6. 审核计划的编制应当由（　D　）。

（A）管理审核方案的人员完成　　（B）审核组全体成员完成

（C）高级审核员完成　　（D）审核组长完成

7. 审核员在现场发现有两名车床工人戴着手套操作，违反了安全操作规程，就开了一张不符合报告这是一种（　A　）。

（A）审核发现　（B）审核证据　（C）审核结论　（D）严重不符合

8. 对公司的职业健康安全管理体系审核可以不包括（　A　）。

（A）公司产品的安全特性　　（B）公司外出业务员的工作活动

（C）公司食堂　　（D）公司借用的设备

9. 依据 GB/T 19011—2003，以下关于审核报告的描述，错误的是（　D　）。

（A）审核报告如果不能在商定的时间提交，应该向审核委托方通报延误的理由

（B）审核报告属于审核委托方所有

（C）审核报告应该经过批准后分发

（D）对于第三方审核，审核报告应该提交认可机构

10. 顾客委托认证机构对其供方的管理体系进行的审核是（　C　）。

（A）认证审核　（B）第一方审核　（C）第二方审核　（D）第三方审核

11. 文件审核的实施时间为（　B　）。

（A）合同审核时　　（B）现场审核活动之前

（C）一阶段审核完成后　　（D）二阶段审核时

12. 领导和管理是管理学中的两个概念，它们的关系？（　B　）

（A）领导是更大的概念，管理是其中的一个职能

（B）管理是更大的概念，领导是其中的一个职能

（C）领导和管理同是一层次的概念。可以交互使用

（D）领导是高层次活动的概念，管理是具体活动的概念，两者在实际工作中是互相促进的

13. 某企业有四大车间，它们依次是：预处理车间、腌制车间、熟制车间、包装车间。可以认为，该企业是采取了（　A　）原则进行了空间布置。

（A）工艺专业化　（B）对象专业化　（C）设备专业化　（D）以上都错

14. “对某类岗位的工作性质、任务、责任、权限以及本岗位人员的资格条件所作的书面文件”称为（　C　）。

（A）操作规程　（B）作业指导书　（C）岗位说明书　（D）质量方针

15. 单件小批生产类型的特点是（　A　）。

（A）产品品种很少　（B）生产条件稳定

（C）产品品种很多　（D）专业化程度很高

二、判断题（判断下列各题，正确的写 T，错误的写 F，填入题后括号内。每题 1 分，共 10 分）

16. 审核组长负责组织审核组讨论形成审核发现和审核结论。（　T　）

17. 由于 GB/T 19011—2003 是质量和（或）环境管理体系审核指南，所以不适用于职业健康安全管理体系的审核。（　F　）

18. 技术专家作为审核组的成员，为审核组提供专业技术支持。（　T　）

19. 对已通过认证的组织进行监督审核时，不需要进行文件审核。（　F　）

20. 末次会议上，审核组长应宣布审核发现和审核结论。（　T　）

21. 审核证据是与审核准则有关的记录、事实陈述或其他信息。（　T　）

22. 在进行职业健康安全管理体系认证审核时，为保证审核抽样的代表性，应对审核方的部门进行随机抽样。（　F　）

23. 认证委托方可以选择认证机构，并对审核组长及审核组的组成提出建议。（　T　）

24. 目标管理就是上级制定一系列目标，然后强制下级按上级的要求去达成目标。（　F　）

25. 从顾客满意的过程看，顾客忠诚是顾客满意的直接结果；而顾客的抱怨得到出色的解决，也有可能达到顾客满意甚至顾客忠诚。（　T　）

三、多项选择题（从下面各题选项中选出两个或两个以上最恰当的答案，并将相应的字母填入题后括号内。多选或少选均不得分。每题 2 分，共 10 分）

26. 申请方申请认证的条件为（　ABD　）。

（A）持有法律地位证明文件

（B）已按标准建立了相应的文化化管理体系

（C）组织具有一定的规模

（D）申请人应持有必要的生产许可证、资质证书等

27. 在第三方认证审核时，审核员的职责应包括（　ABD　）。

（A）实施审核

（B）确定不符合项

（C）对发现的不合格项制定纠正措施

（D）验证受审核方所采取的纠正措施的有效性

28. 现场审核时间应包括（　BC　）。

（A）编制审核报告的时间　（B）首、末次会议的时间

（C）与受审核方进行沟通的时间　（D）采取纠正措施的时间

29. 组织结构设计的成果包括（　ACD　）。

（A）组织系统图　（B）质量目标　（C）生产流程图　（D）职位说明书

30. 从组织内部挑选适合的人员加以任用的优点（　AD　）。

（A）手续简单　（B）给组织带来新观念

（C）给组织带来新方法　（D）费用较低

四、简答题（每题5分，共15分）

31. 简述认证过程的主要步骤。

答：1）提出申请；2）受理申请；3）认证前的准备；4）实施审核；5）纠正措施的跟踪；6）审批发证；7）监督审核和证后管理。

32. 某施工单位的施工现场有两台从设备租赁公司租用的塔吊，该施工项目的负责人说："如果这两台塔吊出现了安全问题，应由设备租赁公司负责，与本施工单位无关"。你认为这种说法正确吗？为什么？

答：1）不正确；2）因为设备租赁公司是施工单位的相关方，施工单位在使用从相关方租用来的塔吊时，根据GB/T 28001—2011标准4.4.6c）的要求，施工单位不仅应识别塔吊的职业健康安全风险，而应建立并保持程序，并将程序和要求通报给设备租赁公司。程序中应明确界定或通过签订协议来界定双方在塔吊安全管理上的责任。

33. 简述CCAA审核员行为规范要求的主要内容，至少写出六条。

答：1）遵纪守法、敬业诚信、客观公正；2）努力提高个人的专业能力和声誉；

3）帮助所管理的人员拓展其专业能力；4）不承担本人不能胜任的任务；5）不介入冲突或利益竞争，不向任何委托方或聘用机构隐瞒任何可能影响公正判断的关系；6）不讨论或透露任何与工作任务相关的信息，除非应法律要求或得到委托方和/或聘用单位的书面授权；7）不接受受审核方及其员工或任何利益相关方的任何贿赂、佣金、礼物或任何其他利益，也不应在知情时允许同事接受；8）不有意传播可能损害审核工作或人员注册过程的信誉的虚假或误导性信息；9）不以任何方式损害CCAA及其人员注册过程的信誉，与针对违背本准则的行为而进行的调查进行充分的合作；10）不向受审核方提供相关咨询。

五、阐述题（每题10分，共20分）

34. 请编制对油库审核的思路（请务必注明危险源信息）。

答：1）4.4.1　（油品库管理人员为标准规定的"对于组织的活动、设施和过程的职业健康安全风险有影响的从事管理、执行工作的人员"，因此按照标准的要求"应确定其作用、职责和权限，形成文件，并予以沟通"。）

与油品库管理人员交谈，询问人员分工及是否清楚其各自的职业健康安全职责，应提供"确定其作用、职责和权限，形成文件，并予以沟通"的证据。

2）4.3.1　（油品库根据不同的危险源，存在泄漏、火灾、中毒、爆炸，人员伤害等不同风险。）向油品库管理人员及操作人员了解危险源辨识和风险评价情况。查油品库的危险源和重要风险清单，现场确认意外的火灾及爆炸等风险是否识别评价，现场确认重要风险有无遗漏。油品库是否根据库存品种的增加持续地进行了危险源辨识及风险评价，应提供持续地进行危险源辨识及风险评价的证据。

3）4.3.2　向油品库管理人员及操作人员了解法律法规和其他要求的识别和获得情况。查油品库适用的法律法规和其他要求清单，更新有关法规和其他要求的信息，是否将这些信息传达给员工；现场与油品库管理人员及操作人员交谈，确认与其岗位相关的法规和其他要求的了解情况。

4）4.3.3/4.3.4　如可行，查油品库的目标、指标文件及管理方案，了解其职责是否明确，方案是否合理、有效？查有关方案实施记录及现场验证，了解方案进展情况及实施效果。

5）4.4.2 （油品库管理人员及操作人员均为“其工作可能影响工作场所内职业健康安全的人员”，油品库管理人员为关键岗位人员。）

向油品库管理人员及操作人员了解职业健康安全关键岗位的培训情况。询问油品库管理人员及操作人员是否意识到了标准所规定的4条，是否经过了相关的培训，查油品库管理人员上岗证明；对照油品库相关的运行准则，提问油品库管理人员及操作人员是否了解主要内容，提问若发生紧急情况是否会处理？

6）4.4.3 查协商与沟通情况，询问油品库管理人员及操作人员是否了解员工参与沟通的安排规定，对其是否进行过沟通，是否了解谁是员工代表和管理者代表？

7）4.4.5 查阅油品库现场相关作业指导书是否齐全，是否为受控的现行有效版本，文件保管是否良好？

8）4.4.6 抽查油品库近3个月的检查记录，确认作业指导书规定已被执行，现场观察油品库库存情况是否正常？

抽查油品库出入库记录，了解物资保管情况，是否保持状态良好？

9）4.4.7 提问油品库管理人员及操作人员是否清楚本场所有可能出现哪些异常和紧急情况？对意外的火灾和爆炸等是否制定了相应的应急程序，检查应急内容是否充分、适宜？现场查看防火防爆设施（灭火器材、避雷器等）的有效性。是否对应急程序进行了评审和演练？

10）4.5.1 提问油品库管理人员及操作人员是否定期对运行状况定期检查监督，查阅近三个月的主动性测量和被动性测量的相关监视和测量记录，现场查看监视和测量设备的校准和维护情况，并对照法规要求评价符合性。

11）4.5.2 对上述监测结果及检查出现不符合时，是否认真分析原因，迅速采取了相应的纠正措施，整改效果是否良好？

35. 审核员在审核某公司的一个化学品仓库时，发现该仓库储存的化学品有油漆稀释料、双氧水、丙酮、黄磷、硝酸、审核员查看了有关化学品的管理制度，了解火灾应急演练有关情况，审核员很满意他们的工作，道谢后就离开了。这样的审核是否符合要求？为什么？如果您是现场审核员，您应该怎么做？

答：不符合要求，因为审核员没有对仓库实施系统的审核。

应按以下思路进行审核：

1）仓库的危险源辨识、风险评价及风险控制策划。（4.3.1）

2）仓库的管理和操作人员意识、能力和培训情况。（4.4.2）

3）仓库管理中防火、防爆措施（如电气、消防设施）仓库中各种物资的分区储存（如双氧水和丙酮、黄磷和硝酸必须隔离储存，若储存量较大应分库储存），仓库外标识和仓库内物品标识、安全数据表MSDS，出入库记录等。（4.4.6）

4）针对仓库可能发生的火灾、化学品泄漏、意外伤害、触电等事故的应急计划和措施的内容，可行性，以及应急设施和应急演练情况。（4.4.7）

5）仓库的安全检查和监测等。（4.5.1）

6）检查发现问题是如何处理的？（4.5.2）

六、案例分析题（每题6分，共30分）

请对以下场景进行分析，并依据GB/T 28001—2001标准判断有无不符合。如有请写出不符合标准条款的编号及内容，并写出不符合事实。

36. 审核员在焊接车间闻到一种刺鼻的气味，问车间主任："这种气味是否对工人的健康有影响?"车间主任说："时间长了可能会引起病变，公司给每一个员工都发了口罩，这些年来也没有谁出现过病变。"审核员看见车间里的工人都没有戴口罩，问工人；"是否知道这种气味会引起病变？为什么不戴口罩?"工人说："我们不知道会引起什么病变，在车间里已工作了三年，也没有出现什么不适反应，没有必要戴口罩。"

答：1）有不符合。

2）不符合GB/T 28001—2001的4.4.2中"组织应建立并保持程序，确保处于各有关职能和层次的员工都意识到：……在工作活动中实际的或潜在的职业健康安全后果，以及个人工作的改进所带来的职业健康安全效益"的要求。

3）不符合事实：焊接车间有刺鼻的气味，工人不知道会引起什么病变，也没有带公司发的防护口罩。

37. 公司共有2000名员工，每天下午17：30班，分两批从一个宽约5米的厂门出厂，两批时间间隔为15分钟，其中大约40%的员工乘摩托车上下班。出厂时，隶属于保卫部的两名门卫要对员工是否夹带公司物品出厂进行检查。审核组第一阶段审核时向门卫询问是否考虑了对高峰时段的员工安全。门卫回答说，每天大量员工上下班的确是个问题。为了防止过分拥挤，公司已准备再聘两名门卫。但在建立职业健康安全管理体系时，保卫部主要考虑了消防等方面的危险，未将上下班的人员纳入管理。

答：1）有不符合。

2）不符合GB/T 28001—2001标准4.3.1中"组织应建立并保持程序，以持续进行危险源辨识、风险评价和实施必要的控制措施。这些程序应包含：……所有进入工作场所的人员（包括合同方人员和访问者）的活动"的要求。

3）不符合事实：工厂上下班高峰时段，由于需要接受门卫检查，造成人车混杂、交通拥挤，容易发生冲突和危险，但在建立职业健康安全管理体系时，没有将员工上下班纳入职业健康安全管理。

38. 公司程序文件规定：安全保卫部每星期对公司的安全情况进行一次巡查。审核员要求查看上个月的安全检查记录，负责人说："我们都检查了，但没有进行记录，发现问题马上让责任部门整改。"

答：1）有不符合。

2）不符合GB/T 28001—2001标准4.5.1中"组织应建立并保持程序，对职业健康安全绩效进行常规监视和测量。程序应规定：……记录充分的监视和测量的数据和结果，以便于后面的纠正和预防措施分析。"的要求。

3）不符合事实：安全保卫部没有提供每星期对公司的安全情况进行一次巡查的记录，不利于后面的纠正和预防措施分析。

39. 审核员A来到危险品仓库，里面堆放着甲苯、丙酮等有机溶剂，仓库内有消防设施，墙上贴着危险品仓库管理制度，均有授权人员审批，审核员A在《紧急报警管理制度》中看到厂内火灾报警联系电话为999，问："能不能试打一下?"仓库管理员说："可以。"审核员A当即拨打了该电话，先后拨打了三次，均无人接听。

答：1）有不符合。

2）不符合 GB/T 28001－2001 标准 4.4.7 中“组织应建立并保持计划和程序，以识别潜在的事故或紧急情况，并作出响应，以便预防或减少可能随之引发的疾病和伤害。组织应评审其应急准备和响应的计划和程序，尤其是在事件或紧急情况发生后。如果可行，组织还应定期测试这些程序。”的要求。

3）不符合事实：危险品仓库制定的《紧急报警管理制度》中明确的厂内火灾报警联系电话 999 为无人接听电话。

40. 审核员在生产部查 2005 年 4 月至 2005 年 7 月的工伤事故记录，发现近三个月内连续发生三次机修工伤手的事故，事故分析写明是由于违规操作引起的。审核员问：“针对这样连续发生事故，公司是否采取了相应的纠正措施和预防措施?”生产部负责人说：“这是他们自己违规操作造成的，事故发生后，我们就及时地将他们送到医院进行治疗，好在没有造成严重后果，其他也不需要再采取什么措施了吧”

答：1）有不符合。

2）不符合 GB/T 28001—2001 标准 4.5.2 中“组织应建立并保持程序，确定有关的职责和权限，以便：……c）采取纠正和预防措施，并予以完成”的要求。

3）不符合事实：在品质部查 2007 年 4 月至 2007 年 7 月的工伤事故记录，发现近三个月内连续三次发生机修工伤手事故，除送他们到医院治疗外，公司未针对连续发生的事故采取纠正和预防措施。

2008 年 12 月职业健康安全管理体系审核知识考试题及答案

一、单项选择题（从下面各题选项中选出一个最恰当的答案，并将相应字母填入括号内。每题 1 分，共 15 分）

1.（ A ）是对一次审核活动和安排的描述。

（A）审核计划　（B）审核方案　（C）审核范围　（D）审核准则

2. 根据中国认证认可协会《职业健康安全管理体系审核员注册准则》（第 2 版），申请人应具备至少（ C ）年与职业健康安全管理相关的工作经验。

（A）1　（B）2　（C）3　（D）4

3. 关于审核组的组成，以下错误的是（ A ）。

（A）一、二阶段审核组的构成应是相同的

（B）受审核方可以对审核组的组成提出异议

（C）审核组中可以包括技术专家

（D）审核组长由认证机构指定

4. 关于现场审核中的技术专家，以下说法正确的是（ C ）。

（A）不是审核组成员　（B）应当在审核员的指导下进行工作

（C）不能单独成组实施审核　（D）应当指导审核工作

5. 企业营业执照的颁发部门是（ B ）。

（A）人民法院　（B）工商行政管理部门　（C）街道办事处　（D）税务部门

6. 申请注册人员有权对 CCAA 的决定提出申诉，申诉应在（ D ）天内以书面形式向 CCAA 提交。

（A）10　　（B）15　　（C）20　　（D）30

7. 审核范围的描述通常应包括（　B　）。

（A）实际位置、产品、活动和过程以及所覆盖的时期

（B）实际位置、组织单元、活动和过程以及所覆盖的时期

（C）实际位置、产品、活动和过程

（D）实际位置、组织单元、活动和过程

8. 审核目的最终是由（　B　）确定。

（A）审核组长　　（B）审核委托方　　（C）顾客　　（D）认证机构

9. 首次会议的主要目的是（　B　）。

（A）为审核制定计划

（B）介绍审核组成员以及实际审核所采用的方法和程序

（C）确定实施审核所需的资源和审核人数

（D）以上都是

10. 下列哪种文件应在现场审核前通知受审核方？（　A　）

（A）审核计划　（B）检查表　（C）审核工作文件和表式　（D）以上都通知

11. 下面对企业文化的理解正确的是（　C　）。

（A）企业文化只是企业的发展过程中的一个副产品，对企业的发展无重大影响

（B）企业文化是整个企业的灵魂，无法改变

（C）企业文化在一段时间内是稳定的，它影响着企业中的每一个人

（D）企业文化无需通过管理者刻意营造

12. 现场审核准备阶段的工作内容主要是（　B　）。

（A）组建审核组，任命审核组长　　（B）编制审核计划和检查表

（C）确定审核的可行性　　（D）与受审核方建立初步联系

13. 一次审核的结束是指（　B　）。

（A）末次会议结束　　（B）分发了经批准的审核报告之时

（C）对不符合项纠正措施进行验证后　　（D）督查之后

14. 以下哪项工作不属于审核组长的职责？（　C　）

（A）编制审核计划　　（B）指导编写审核报告

（C）作出认证结论　　（D）主持首次会议

15. 在组织中，最有潜力、最为重要的资源是（　A　）。

（A）人力　　（B）物力　　（C）财力　　（D）信息

二、判断题（判断下列各题，正确的写 T，错误的写 F，填入题后括号内。每题 1 分，共 10 分）

16. 根据不符合项性质或程度，审核员可采用不同的纠正措施跟踪验证方式。（　T　）

17. 经 CCAA 批准注册的审核员拥有所有获得的注册证书和证卡的所有权。（　F　）

18. 某企业请一个认证机构以该企业的名义对其供方进行的审核可以称为第三方审核。（　F　）

19. 企业组织结构的本质是分工合作关系。（　T　）

20. 审核组应当根据需要在审核的适当阶段共同评审审核发现。（　T　）

21. 审核组中至少有一名具有相关专业能力的成员。(　T　)

22. 现场审核中发现受审核方有违规现象，审核组长可决定终止审核。(　F　)

23. 在第二阶段审核中，对第一阶段已审核过的要素可以不再作出审核安排。(　F　)

24. 在审核过程中实习审核员同时可以担任技术专家的角色。(　T　)

25. 组织可视为一个输入资源、通过一定的运作输出满足客户需求的产品和服务的过程。(　T　)

三、多项选择题（从下面各题选项中选出两个或两个以上最恰当的答案，并将相应的字母填入题后括号内。选错选项时不得分；全选对得2分；少选时，每个选项得0.5分。共10分）

26. 申请CCAA职业健康安全管理体系实习审核员的申请人应满足以下哪些方面的要求？(　ABD　)

(A) 教育经历　　(B) 工作经历

(C) 审核经历　　(D) 职业健康安全管理工作经历

27. 下列属于完整体系审核的有(　AD　)。

(A) 初次审核　　(B) 跟踪审核

(C) 监督审核　　(D) 复评（再认证）审核

28. 以下可以作为职业健康安全管理体系审核证据的是(　BCD　)。

(A) 某电子企业未设置职工食堂

(B) 审核员看见危险品库的库管员没按规定穿工作服

(C) 审核员看见化验员在化验室里未按规定戴口罩

(D) 安环部负责人说由于时间紧，他们没有按要求监测噪声

29. 关于监督审核，以下说法正确的是(　AC　)。

(A) 其所依据的管理体系标准要求与初次审核相同

(B) 每年进行一次，并应征得受审核方同意

(C) 其现场审核程序与初次审核基本相同

(D) 可以代替复评（再认证）审核

30. 职业健康安全管理体系审核活动可包括(　ABD　)。

(A) 审核启动　　(B) 文件评审

(C) 编检查表　　(D) 纠正措施的跟踪验证

四、简答题（每题5分，共15分）

31. GB/T 28001—2001标准中4.5.2条款规定了预防措施方面的要求。请根据企业的实际情况说明预防措施过程输入的数据来源主要有哪些？

答：预防措施过程输入的数据来源主要有：1）绩效监视和测量的结果；2）内部审核发现的观察项；3）员工和相关方人员的抱怨；4）事故事件发生后；5）管理评审的要求。

32. 安全环保部查最近一次的管理评审，发现管理评审报告中针对评审情况，共提出了四项改进决策，审核员只看见其中一项由办公室完成的改进措施的实施情况及有效性的验证记录。你作为审核员应该如何处理？

答：作为审核员应该：1）其他三项改进措施是否有完成时间要求？2）如果完成了，为什么没有进行验证？3）如果没有完成，是否在进行？如果时间已到，为什么没有完成？

如果时间没有到，是否还在继续实施？

33. 简述认证过程的主要步骤。

答：认证过程的主要步骤是：1）申请受理；2）申请评审；3）审核策划；4）审核准备；5）审核实施；6）不符合纠正措施验证；7）认证决定；8）颁发证书；9）监督审核；10）再认证审核。

五、阐述题（每题10分，共20分）

34. 审核员在向导的陪同下从一座建筑物到另一处时，其注意力被一处施工现场所吸引。他们走到该施工区域，看到既没有标识也没有维护。区域内看起来有有毒的原料，并且承包方的工人正在高处干活，他们既没戴安全帽也没系安全带。审核员问这里正在干什么，向导说承包方的工人正在清理房顶并换上新的覆层。作为审核员，写出你进一步审核的思路。

答：1）是否辨识了施工现场的危险源，包括有毒原料、高处作业、安全防护用品佩戴相关的危险源，并进行了风险评价；是否制定了风险控制措施？（4.3.1）

2）如果进行了辨识和评价，是否针对风险有关的活动制定了相应控制措施？（4.4.6）

3）控制措施是否有效？是否进行了监视和测量？（4.5.1）

4）是否针对可能的异常和紧急情况制定了应急预案？如有，是否进行了评审和演练？（4.4.7）

35. 请编制审核某一公司的空压机房的检查表。

答：1）4.4.1　与空压机房负责人及操作人员交谈，询问人员分工及是否清楚其各自的职业健康安全职责，应提供“确定其作用、职责和权限，形成文件，并予以沟通”的证据。

2）4.3.1　向空压机房负责人及操作人员了解危险源辨识和风险评价情况；分别查空压机房的危险源和重要风险清单，现场确认意外的火灾及爆炸等风险是否识别评价，现场确认重要风险有无遗漏。空压机房是否根据设备的增设计更新持续地进行了危险源辨识及风险评价，应提供持续地进行危险源辨识及风险评价的证据。

3）4.3.3/4.3.4　查空压机房的目标、指标文件及管理方案，了解其职责是否明确，方案是否合理、有效？查有关方案实施记录及现场验证，了解方案进展情况及实施效果。

4）4.4.3　查协商与沟通情况，询问空压机房负责人及操作人员是否了解员工参与与沟通的安排规定，对其是否进行过沟通，是否了解谁是员工代表和管理者代表。

5）4.4.6　抽查空压机房近3个月的检查或运行记录，确认作业指导书规定已被执行，现场观察空压机房设备运行情况是否正常？

抽查空压机房近一年的设备维护保养记录，了解设备维修状态，是否保持状态良好？

6）4.4.7 提问空压机房负责人及操作人员是否清楚本场所有可能出现哪些异常和紧急情况？对意外的火灾和爆炸等是否制定了相应的应急程序，检查应急内容是否充分、适宜？现场查看防火防爆设施（灭火器材、避雷器等）的有效性。

7）4.5.1　提问空压机房负责人及操作人员是否定期对运行状况定期检查监督（压力容器的年度安全检测报告等），查阅近三个月的主动性测量和被动性测量的相关监视和测量记录，现场查看监视和测量设备的校准和维护情况，并对照法规要求评价符合性。

六、案例分析题（每题6分，共30分）

请对以下场景进行分析，并依据GB/T 28001—2001标准判断有无不符合。如有请写出不符合标准条款的编号及内容，并写出不符合事实。

36. 2008年6月15日审核员在行政管理部查阅公司2007年11月18～20日进行内审的记录时，发现此次内审中共提出不符合项15项，其中12项已采取纠正措施并经验证关闭，其余3个不符合项没有采取纠正措施的记录。部门负责人说："这3个不符合项是开给机修车间和污水处理站的，当时我们就要求他们1个月内必须采取纠正措施，但他们一直说工作忙，没有时间解决这些问题，我们也没有办法"。

答：1）有不符合。

2）不符合GB/T 28001—2001的4.5.2c）中"组织应建立并保持程序，确定有关的职责和权限，以便：……c）采取纠正和预防措施，并予以完成；"的要求。

3）不符合事实：机修车间和污水处理站没有按要求在1个月内对内审发现相关的三个不符合采取纠正措施。

37. 某企业的食堂使用煤气作为燃料，企业已将使用煤气识别为危险源。在食堂厨房旁边的一个房间内存放着数个煤气罐，里面有两张高低床，还有一些生活用品。审核员问："这里有人住吗?"食堂经理说："这个房间原来是个仓库，是用来存放煤气罐和其他一些杂物的，上个月新来了几个服务员，都是外地来打工的，没有地方住，只好将这间房作为他们的集体宿舍。好在这间房比较宽敞。"审核员问："你是否知道我国的《安全生产法》中明确规定集体宿舍不能与存放危险品的仓库设置在一起呢，这样是很危险的。"食堂经理说："我不知道，没有那么严重吧。"

答：1）有不符合。

2）不符合GB/T 28001—2001的4.3.2中："组织应及时更新有关法规和其他要求的信息，并将这些信息传达给全体员工和其他的相关方。"的要求。

3）不符合事实：食堂经理不知道《安全生产法》中明确规定集体宿舍不能与存放危险品的仓库设置在一起的要求，而将食堂厨房旁边一个内存放着数个煤气罐的房间作为新来了几个服务员的宿舍。

38. 审核员在对危险品仓库检查时，发现气瓶都是直立存放，库房门口有防火标识，氧气和乙炔气瓶存放在一个库房内，在氧气瓶的瓶嘴和瓶身有明显的油污。审核员问仓库管理员，此项危险源有无识别，仓管员说已在《危险源识别一览表》中有识别。

答：1）有不符合。

2）不符合GB/T 28001—2008标准4.4.6条中"组织应识别与所认定的、需要采取控制措施的风险有关的运行和活动。组织应针对这些活动（包括维护工作）进行策划，通过以下方式确保他们在规定条件下执行……"的要求。

3）不符合事实：危险品仓库内氧气和乙炔气瓶存放在一个库房内且氧气瓶的瓶嘴和瓶身上有明显的油污。

39. 审核组在某（船）厂锻造车间审核，当查阅其车间噪声时发现，噪声测量值为：11月25日，75dB；12月27日，72dB；12月28日，73dB；12月29日，73dB。再查阅其声级计的校验记录，发现该声级计是三年前校准的，而按照国家有关要求，用于测量用的声级计应每年校验一次。

答：1）有不符合。

2）不符合 GB/T 28001—2001 的 4. 5. 1 中“如果绩效测量和监视需要设备，组织应建立并保持程序，对此类设备进行校准和维护，并保存校准和维护活动及其结果的记录。”的要求。

3）不符合事实：用于噪声测量的声级计是三年前校准的，与国家规定“用于测量用的声级计应每年校验一次”不符合。

40. 审核组在某企业库房审核时发现，角落里摆放着数瓶密封液体，审核员问这是什么物质，库房管理人员回答说，这是实验室做实验用的甲醛，现在实验室已经不做这类实验了，这些甲醛也没有什么用，量又不大，就暂时存放这里。但审核员在该企业库房的危险源清单上并没有看到这批甲醛。

答：1）有不符合。

2）不符合 GB/T 28001—2001 的 4. 3. 1 中“ 组织应建立并保持程序，以持续进行危险源辨识、风险评价和实施必要的控制措施。”的要求。

3）不符合事实：企业没有将过去做实验用的还暂时存放在库房的甲醛识别为危险源。

2009 年 3 月职业健康安全管理体系审核知识考试题及答案

一、单项选择题（从下面各题选项中选出一个最恰当的答案，并将相应字母填入括号内。每题 1 分，共 15 分）

1. 以下四项中，最适宜实施文件审核的时间为（ B ）。

（A）合同评审时　（B）现场审核活动之前

（C）一阶段审核完成　（D）二阶段审核进行时

2. 以下哪一项属于审核有关的原则？（ C ）

（A）道德行为　（B）公正表达　（C）独立性　（D）职业素养

3. 下列哪项不是审核员的职责？（ C ）

（A）按计划要求，收集与审核区域特征的相关信息，做好准备

（B）按分工现场进行审核，收集并记录审核证据，对照准则形成审核发现

（C）确认不符合报告

（D）向审核组长报告审核发现，并在组内进行沟通

4. 文件审核的主要目的是（ A ）。

（A）评价组织的体系文件与认证标准要求的符合性

（B）评价组织文件运行有效性

（C）评价组织文件管理的合理性

（D）评价组织是否编写了职业健康管理手册

5. 审核发现是指（ B ）。

（A）审核中观察到的客观事实　（B）审核中客观事实与审核准则比较的结果

（C）审核的不符合项　（D）审核中的观察项

6. 认证结论最终由（ D ）正式发布。

（A）审核组长　（B）审核组织充分讨论后

（C）认证机构技术委员会　（D）认证机构

7. 确定审核范围时应考虑（　D　）。

（A）组织的管理权限　　（B）组织产品范围

（C）组织的活动范围和现场区域　　（D）以上都应考虑

8. 末次会议应由（　B　）主持。

（A）审核委托方负责人　　（B）审核组长

（C）受审核方负责人　　（D）双方协商确定或共同主持

9. 检查表应（　B　）。

（A）对现场审核的人员分工及时间进行安排

（B）策划对审核对象的审核思路

（C）使用时严格按检查表提问

（D）提交委托方确认

10. 监督审核中出现以下哪种情况时应考虑认证暂停（　D　）。

（A）体系进行了重要更改，并影响到认证资格

（B）证书持有者对证书和标志的使用不符合规定

（C）证书持有者未按期交纳认证费用且未予纠正

（D）以上皆可

11. 根据中国认证认可协会《职业健康安全管理体系审核员注册准则》（第2版）关于实习审核员，以下说法正确的是（　C　）。

（A）如具有专业能力，可以独立实施审核

（B）工作量不能计入审核人日，因此不作为审核组成员

（C）必须在审核员或高级审核员的指导和帮助下实施审核

（D）可以在高级审核员的指导和帮助下，作为实习审核组长领导审核组完成审核任务

12. 关于不符合，以下描述错误的是（　D　）？

（A）对于审核来说，不符合指不符合审核准则的要求

（B）不符合报告应该以书面的形式提交给受审核方

（C）应该与受审核方一起评审不符合以确认审核证据的准确性

（D）如果受审核方与审核组就审核证据或审核发现有分歧，审核组应该撤销该不符合

13. 根据中国认证认可协会《职业健康安全管理体系审核员注册准则》（第2版）申请人应具有至少（　C　）年技术或管理岗位的工作经验。

（A）2　　（B）3　　（C）4　　（D）5

14. 根据GB/T 19011—2003标准，针对特定时间段所策划，并具有特定的目的的一组（一次或多次）审核是（　B　）。

（A）审核计划　　（B）审核方案　　（C）审核安排　　（D）审核控制

15. 对公司的职业健康安全管理体系审核可以不包括（　A　）。

（A）公司产品的安全特性　　（B）公司外出业务员的工作活动

（C）公司食堂　　（D）公司借用的设备

二、判断题（判断下列各题，正确的写 T，错误的写 F，填入题后括号内。每题 1 分，共 10 分）

16. 在审核过程中实习审核员同时可以担任技术专家的角色。（ T ）

17. 一阶段现场审核时，受审核方应该完成了内审和管理评审。（ T ）

18. 收集客观证据时，最好由受审核方管理资料的人帮你选择样本，因为他们对情况了解。（ F ）

19. 实习审核员和技术专家都是审核组的正式成员。（ T ）

20. 审核组中至少有一名具有相关专业能力的级别审核员。（ T ）

21. 审核组应根据实施审核的结果作出受审核方是否能通过认证注册的审核结论。（ F ）

22. 认证证书必须包含对认证范围的描述。（ T ）

23. 纠正措施的现场验证是职业健康安全管理体系认证过程必不可少的活动。（ F ）

24. 根据 CCAA《职业健康安全管理体系审核员注册准则》（第 2 版）规定，申请人在申请注册资格扩展时，无需参加所申请扩展之注册领域的笔试。（ F ）

25. CCAA 对所有注册申请人都将进行技能方面的考核。（ T ）

三、多项选择题（从下面各题选项中选出两个或两个以上最恰当的答案，并将相应的字母填入题后括号内。选错选项时不得分；全选对得 2 分；少选时，每个选项得 0.5。共 10 分）

26. 以下属于职业健康安全管理体系审核准则的有（ BCD ）。

（A）GB/T 19011—2003 标准

（B）GB/T 28001—2001 标准

（C）适用的法律、法规和其他要求

（D）受审核方的职业健康安全管理体系的形成文件的要求

27. 以下可以作为职业健康安全管理体系审核证据的是（ BCD ）。

（A）某电子企业未设置职工食堂

（B）审核员看见危险品库的库管员没按规定穿工作服

（C）审核员看见化验员在化验室里未按规定戴口罩

（D）安环部负责人说由于时间紧，他们没有按要求监测噪声

28. 审核结论是审核组考虑了（ AC ）后得出的审核结果。

（A）审核目的　（B）不符合项　（C）审核发现　（D）审核证据

29. 审核计划应当（ ABD ）。

（A）经审核委托方批准

（B）在现场审核前提交给受审核方

（C）一经批准，在审核过程中不应变动

（D）任何修改均应当经过受审核方同意

30. 对违反审核员行为规范、不满足注册要求的审核员，经调查核实后可能受到 CCAA 的处罚包括（ BCD ）。

（A）罚款　（B）警告　（C）暂停注册资格　（D）撤销注册资格

四、简答题（每题 5 分，共 15 分）

31. 请简要说明 OHSMS 第一阶段现场审核的重点。

答：OHSMS第一阶段现场审核的重点是：1）审核客户的管理体系文件。2）评价客户的运作场所和现场的具体情况，确定第二阶段的审核准备情况。3）审核客户理解和实施标准要求的情况，特别是对管理体系关键绩效、目标的确定情况；危险源辨识和风险评价情况、管理方案的制定情况。4）收集客户的管理体系范围、过程和场所的必要信息，以及相关法律法规的获取和遵守情况（如职业卫生安全评价、三同时落实情况、职业健康安全相关的监视和测量实施情况）。5）审核第二阶段所需资源的配备情况。6）评价客户是否策划和实施了内部审核和管理评审，以及管理体系的实施程度能否证明客户已为第二阶段审核作好了准备。

32. 请简述审核某地下柴油罐的4.4.6要素的审核要点。

答：1）是否制定了相应的控制程序？对地下柴油罐在运营管理过程中的风险规定了控制要求？

2）程序中是否对储油、加油过程规定了控制要求？对避雷、防火作出了规定？

3）对加油有关的相关方是否有防火告知要求？

4）地下柴油罐的位置及设计方面是否考虑了从根本上消除风险的要求？

33. 一般来说，企业的组织结构及职责划分是相似的，都有许多职责相似的关键部门。请针对一个上千人的大型生产型企业，说出一般设有哪些关键的中层部门以及这些部门的职责（至少说出六个）职责请用GB/T 28001—2001标准中的条款编号表示（例如，部门：生产部；职责：4.4.6）。

答：

企管部：4.3.2/4.3.3/4.4.1/4.4.3/4.4.5/4.5.4/4.5.4/4.6；

安全部：4.3.1/4.3.2/4.3.3/4.3.4/4.4.6/4.4.7/4.5.1/4.5.2；

设备部：4.3.1/4.3.3/4.4.6/4.5.2；

行政部：4.3.1/4.4.2/4.4.3/4.4.6/4.4.7；

生产部：4.3.1/4.3.3/4.4.6/4.4.7/4.5.2；

采购供应部：4.3.1/4.3.3/4.4.6/4.4.7。

五、阐述题（每题10分，共20分）

34. 某一公司的化学品库放置有香蕉水、双氧水、丙酮，请编制对该仓库进行OHSMS审核的检查表。

答：该仓库进行OHSMS审核的检查表如下：

1）化学品库的职责有哪些？

2）化学品库的工作人员有几名？对其能力有何要求？是否了解相关化学品管理知识？是否接受过相关培训？

3）化学品库识别和评价的危险源和风险是什么？是否充分和准确？

4）是否有化学品管理程序或相关的作业文件？文件是否符合要求并可操作？

5）是否获取了香蕉水、双氧水、丙酮的化学性能数据表？

6）有无日常检查、保管、领用的记录？

7）是否有应急设施和有关化学品泄漏应急程序？是否进行了定期评审和必要的演练？

8）现场检查化学品存放和管理情况。

35. 某化学品经营企业从化工厂购进一批（10吨）氢氧化钠（固减）存放在一座年久失修的库房中，一天晚上，大雨倾盆而下，库房进水，氢氧化钠泡在水中，部分泡在水中的氢氧化钠开始渗入水中并顺水流入地沟。仓库保管员发现后，及时报告了单位主管领导。作为审核员，当检查到这一现场，你重点检查什么？

答：1）单位领导是如何处理这一事件的？是否启动了应急程序？应急程序是否考虑了氢氧化钠可能对人造成的伤害？

2）事件处理后是否进行了应急程序的评审和必要的修订？

3）对这一不符合，采取了什么纠正措施？

4）是否对资源——基础设施进行了维修，并考虑了维修过程中的危险源及控制措施。

六、案例分析题（每题6分，共30分）

请对以下场景进行分析，并依据GB/T 28001—2001标准判断有无不符合。如有请写出不符合标准条款的编号及内容，并写出不符合事实。

36. 在一个氮气仓库中，审核员看到一个氧气侦测装置电源被关掉。仓库主管说这个设备从安装以来由于经常误报，很闹，就把它关掉了，大家长期在这里工作也没有什么不适感觉。

答：1）有不符合。

2）不符合GB/T 28001—2001的4.5.1中“如果绩效测量和监视需要设备，组织应建立并保持程序，对此类设备进行校准和维护，并保存校准和维护活动及其结果的记录。”的要求。

3）不符合事实：氮气仓库的一个氧气侦测装置由于经常误报电源被关掉，不能起到报警作用。

37. 审核员在机械厂安全环保部查看员工的体检报告，发现有听力下降和噪声聋人员，审核员问：“对这种情况采取了哪些措施？”部长说：“按规定通知了本人，并要求这些人加强佩戴防护用品。”审核员问：“是否对这些人员造成职业伤害的原因进行了分析并采取了其他综合措施？”部长说：“这个行业就这样，也没别的办法可想。”

答：1）有不符合。

2）不符合GB/T 28001—2001标准4.5.2中“为消除实际和潜在不符合原因而采取的任何纠正或预防措施，应与问题的严重性和面临的职业健康安全风险相适应。”的要求。

3）不符合事实：在机械厂安全环保部查看员工的体检报告，发现有听力下降和噪声聋人员，部长解释说：“按规定通知了本人，并要求这些人加强佩戴防护用品。”

38. 审核员在对危险品仓库，里面堆放着甲苯、丙酮等有机溶剂，仓库内有消防设施，墙上贴着危险仓库管理制度，均有授权人审批，审核员A《紧急报警管理制度》中看到厂内火灾报警联系电话为999，问：“能不能试打一下？”仓库管理人员说：“可以。”审核员当即拨打了该电话，先后拨打了三次，均无人接听。

答：1）有不符合。

2）不符合GB/T 28001—2001标准4.4.7中“组织应建立并保持计划和程序，以识别潜在的事件或紧急情况，并作出响应，以便预防和减少可能随之引发的疾病和伤害。……如果可行，组织还应定期测试这些程序。”的要求。

3）不符合事实：堆放着甲苯、丙酮等有机溶剂的危险品仓库内的墙上贴的《紧急报警管理制度》所明示的火灾报警联系电话为999无人及时接听的号码。

39. 审核员到某电器件制造公司，向公司职业健康安全管理人员询问配电安全情况，管理人员说，公司的厂房是租赁某雇主的，配电室由雇主掌握，有关接地保护和停、送电等安全措施，由雇主负责，估计没什么问题。当问及双方是否有书面合同或其他沟通方式时，回答说没有。

答：1）有不符合。

2）不符合 GB/T 28001—2001 标准 4.4.6 中“c）对于组织所购买和（或）使用的货物、设备和服务中已识别的职业健康安全风险，建立并保持管理程序，并将有关程序和要求通报供方和合同方。”的要求。

3）不符合事实为：当询问配电安全情况时管理人员说，“公司的厂房是租赁某雇主的，配电室由雇主掌握，有关接地保护、停、送电等安全措施，由雇主负责，估计没有什么问题”，且不能提供双方是否有书面合同或其他沟通方式的证据。

40. 某厂有一地下生活蓄水池供员工饮用水，水池口无盖板，周围一面有厂区的道路，另三面均为绿化草地。行政部主任对审核员说我们的绿化做得很好，也注意卫生，每周给草地打一次农药。审核员问是否考虑到农药对水源的影响，主任说没想到。

答：1）有不符合。

2）不符合 GB/T 28001—2011 的 4.3.1 中“组织应建立、实施和保持程序，以持续进行危险源辨识、风险评价和确定必要控制措施。”的要求。

3）不符合事实：工厂供员工饮用水的地下生活蓄水池池口无盖板，且池口周围一面厂区的道路，另三面是每周打一次农药的草地。但行政部没有识别相关的危险源。

2009 年 6 月职业健康安全管理体系审核知识考试题及答案

一、单项选择题（从下面各题选项中选出一个最恰当的答案，并将相应字母填入括号内。每题 1 分，共 15 分）

1. 以下行为中，未违反审核员行为规范要求的是（　C　）。

（A）为获取审核证据，雇他人窃取受审核方文件资料

（B）在现场审核时，指出受审核方管理体系存在的不符合并促使其在审核结束前改正

（C）审核完成后，接受受审核方给予的表彰锦旗

（D）审核完成后，与未参加本次审核的审核员讨论受审核方的产品工艺配方

2. 以下哪种说法是正确的？（　B　）

（A）再认证时可以不进行文件审核

（B）认证机构根据再认证的结果，作出受审核方是否能够再次认证注册并换发认证证书的决定

（C）再认证和监督审核都不是完整体系审核

（D）再认证和初次审核的审核内容和方法是相同的

3. 以下关于实习审核员的描述正确的是（　C　）。

（A）必要时可以单独成组，但不能独立开具不符合报告

（B）不能单独成组，也不能单独提供涉及审核现场的专业技术支持

（C）不能单独成组，但有可能单独提供涉及审核现场的专业技术支持

（D）以上都不对

4. 下列关于内审的要求不准确的是（ A ）。

（A）应每年进行一次

（B）可以制定一个或多个方案

（C）向管理者报告审核结果

（D）审核员的选择需确保审核过程的客观、公正性

5. 首次会议的主要目的中包括（ C ）。

（A）为审核制定计划

（B）确定实施审核所需的资源和审核员人数

（C）介绍实施审核采取的方法和程序

（D）以上全部

6. 市场营销以（ A ）为出发点和回归点。

（A）顾客需求　（B）购买动机　（C）企业发展战略　（D）企业形象

7. 企业为生产产品和提供劳务而发生的各项间接费用，包括生产单位管理人员工资及福利、生产和管理用房折旧等（ B ）。

（A）制造费用　（B）管理费用　（C）销售费用　（D）财务费用

8. 某公司的职业健康安全管理体系认证证书有效期是2007年12月18日，公司重新向原来的认证机构提出申请，该认证机构受理了申请，对该公司进行的审核称为(B)。

（A）复审　（B）再认证　（C）监督审核　（D）预审核

9. 根据中国认证认可协会现行的注册准则，实习审核员再注册要求在注册证书到期（ B ）内向中国认证认可协会提出申请。

（A）当月　（B）前3个月　（C）前1个月　（D）当年

10. 刚性较强的组织形式是（ B ）。

（A）简单式结构　（B）职能式结构　（C）分布式结构　（D）矩阵结构

11. 当质量管理体系、环境管理体系、职业健康安全管理体系被一起审核时称为(D)。

（A）整合审核　（B）一体化审核　（C）联合审核　（D）结合审核

12. 当要进行注册资格的扩展时，应以实习审核员的身份，作为审核组成员在该体系高级审核员的指导和帮助下，完成至少（ C ）次完整的体系审核。

（A）2　（B）3　（C）4　（D）5

13. 产品从设计、制造到整个产品使用的寿命周期的成本和费用方面的特征称为产品的（ D ）。

（A）性能　（B）寿命　（C）可靠性　（D）经济性

14. 层次划分主要解决组织的（ A ）。

（A）纵向结构问题　（B）横向结构问题

（C）纵向协调问题　（D）横向协调问题

15. ERP是目前企业管理中较为常见的概念，其含义是（ C ）。

（A）物料需求计划　（B）材料需求计划

（C）企业资源计划　（D）制造资源计划

二、判断题（判断下列各题，正确的写 T，错误的写 F，填入题后括号内。每题 1 分，共 10 分）

16. 制造业生产类型按生产稳定性和重复性可分为大量生产、成批生产与单件小批生产。（　T　）

17. 在监督审核前不必进行文件审核。（　F　）

18. 在第三方审核中，重要的是要收集不合格的信息。（　F　）

19. 依据 GB/T 28001—2001 标准，组织的持续改进过程不必同时发生于所有活动领域。（　T　）

20. 审核组评价审核证据得出审核发现，综合评价审核发现得出审核结论。（　T　）

21. 审核证据包括记录、事实陈述或其他信息，这些信息可以通过文件的方式（如各种记录）获取，也可以用通过陈述的方式（如面谈）或通过现场观察得方式获取。（　T　）

22. 审核员必须到现场跟踪验证纠正措施的有效性。（　F　）

23. 根据中国认证认可协会现行审核员注册准则，职业健康安全管理体系实习审核员申请人应具有至少 3 年技术或管理岗位的工作经历。（　F　）

24. 分公司是总公司下属的直接从事业务经营活动的分支机构或附属机构。分公司可以有企业法人资格、独立的法律地位，可以独立承担民事责任。（　T　）

25. 第三方认证审核中的初次审核、监督审核和再认证都是完整体系审核。（　F　）

三、多项选择题（从下面各题选项中选出两个或两个以上最恰当的答案，并将相应的字母填入题后括号内。选错选项时不得分；全选对得 2 分；少选时，每个选项得 0.5 分。共 10 分）

26. 审核过程中每天举行的审核组沟通会议的目的包括（　AB　）。

（A）回顾一天中的审核发现和审核进展情况

（B）就下一步审核组需要关注的重点问题进行沟通

（C）与被审核方就纠正行动达成协议

（D）编制审核报告

27. 确定不符合的原则是（　AC　）。

（A）必须以客观事实为基础

（B）必须不能引起对涉及不符合员工的处罚

（C）必须以审核准则为依据

（D）必须经受审核方同意

28. 企业价值观的形成是由多方面因素造成的，包括（　ABCD　）。

（A）时代特征　　（B）经济性　　（C）社会责任感　　（D）主观性

29. 监督审核方案必须包括的内容有（　ACD　）。

（A）组织的内部审核和管理评审实施情况

（B）组织所有职能层次的活动

（C）组织对投诉的处理

（D）组织对认证证书的使用情况

30. 关于不符合报告，以下描述正确的有（　AB　）。

（A）不符合事实必须是可确认的客观事实

（B）违反法律法规的事项也应形成不符合报告

（C）如工厂的墙壁上有人书写：“工作环境极其恶劣”，则对此可以直接出具不符合报告

（D）不能遵守法规即是违背了标准4.2.3条款

四、简答题（每题5分，共15分）

31. 请简要评价下述三种现场审核提问方式是否适宜？为什么？

（A）请介绍一下本部门工作情况和人员职责。

（B）我认为锅炉应列为危险源，你认为呢？

（C）“假如化学品储罐突然发生泄漏了，你将怎么办？

答：A的提问基本合适，是一个封闭式提问，是对组织任何一个部门审核的开头；B的提问主观，且具有引导性，不合适。C的提问是一个开放式提问，合适。

32. 简述第一阶段审核的目的。

答：一阶段审核的目的：1）确定受审核方已按约定的标准建立及运作了一个职业健康安全管理体系；2）为第二阶段顺利实施做准备工作。

33. 简述现场审核的实施包括哪些活动。

答：现场审核的实施包括：1）召开首次会议；2）审核中的沟通；3）信息的收集的验证；4）末次会议。

五、阐述题（每题10分，共20分）

34. 请阐述GB/T 28001—2001标准中“4.4.2”条款的审核思路。

答：（这是对一个条款的审核，针对条款内容编写查什么，如何查？）

人力资源部门：

1）是否制定了相半的程序文件？查阅文件并评价其符合性。

2）组织与不可接受的风险的岗位和人员有哪些？查阅相关文件。

3）组织是如何确定不同岗位人员与职业健康安全有关的人员的能力要求的？查阅相关文件，抽查3~5个岗位人员的能力要求确定是否适宜？

4）组织采取了哪些措施来满足人员的能力要求？如招聘、人员调动、培训等？

5）查阅相关的招聘记录，是否依据相关的能力要求实施？

6）查阅相关的培训计划、培训记录及培训效果评价材料？抽查3~5个培训项目的培训材料。

7）对人员的意识方面有哪些教育？

8）对于特殊工种人员的管理有哪些要求？有哪些岗位是特殊岗位？抽查人员的持证上岗情况。

其他部门或现场：

抽查3~5人的能力，通过对话了解相关人员的能力情况。

35. 请编制审核某公司喷涂车间的检查表。

答：与喷涂车间负责人及操作人员交谈，询问人员分工及是否清楚其各自的职业健康安全职责，应提供“确定其作用、职责和权限，形成文件，并予以沟通”的证据。

1）4.3.1　（喷涂车间存在火灾、苯系物职业性中毒、爆炸等不可接受的风险。）

向喷涂车间负责人及操作人员了解危险源辨识和风险评价情况。分别查喷涂车间的《危险源清单》和《不可接受的风险清单》，现场确认意外的火灾及爆炸、量毒等风险是否识别评价，现场确认不可接受的风险有无遗漏。喷涂车间是否根据设备的增设备、原料

的更新变化，持续地进行了危险源辨识及风险评价，应提供持续地进行危险源辨识及风险评价的证据。

2）4.3.2　向喷涂车间负责人及操作人员了解法律法规和其他要求的识别和获得情况。分别查喷涂车间《适用的法律法规和其他要求清单》，更新有关法规和其他要求的信息，是否将这些信息传达给员工；现场与喷涂车间负责人及操作人员交谈，确认与其岗位相关的法规和其他要求的了解情况。

3）4.3.3/4.3.4　查喷涂车间的目标、指标文件及管理方案，了解其职责是否明确，方案是否合理、有效？目标是否与不可接受的风险相对应？目标是否合理？目标的实现情况如何？查有关方案实施记录及现场验证，了解方案进展情况及实施效果。

4）4.4.2　（喷涂车间负责人及操作人员均为“其工作可能影响工作场所内职业健康安全的人员”，喷涂车间负责人及操作人员为特种作业人员。）

向喷涂车间负责人及操作人员了解职业健康安全关键岗位的培训情况。询问喷涂车间负责人及操作人员2~3人，是否意识到了标准所规定的4条要求，是否经过了相关的培训，查喷涂车间负责人及操作人员特种作业资格证；对照喷涂车间相关的运行准则，提问喷涂车间负责人及操作人员是否了解主要内容，提问若发生紧急情况是否会处理？

5）4.4.3　查协商与沟通情况，询问喷涂车间负责人及操作人员是否了解员工参与与沟通的安排规定，对其是否进行过沟通，是否了解谁是员工代表和管理者代表。

6）4.4.5　查阅喷涂车间现场相关作业指导书是否齐全，是否为受控的现行有效版本，文件保管是否良好？

7）4.4.6　抽查喷涂车间近3个月的运行和检查记录，确认作业指导书规定已被执行，现场观察喷涂车间设备运行情况是否正常？抽查喷涂车间近一年的设备维护保养记录，了解设备维修状态，是否保持状态良好？现场观察工人的操作情况，是否按作业文件的要求实施作业？是否佩戴防护用品？

8）4.4.7　提问喷涂车间负责人及操作人员是否清楚本场所有可能出现哪些异常和紧急情况？对意外的火灾和爆炸、中毒等是否制定了相应的应急程序，检查应急内容是否充分、适宜？现场查看防火防爆设施（灭火器材、防毒面具、呼吸器）的有效性。

9）4.5.1　提问喷涂车间负责人及操作人员是否定期对运行状况定期检查监督，查阅近三个月的主动性测量（如作业场所有害物质限量）和被动性测量（如事故、职业病发生）的相关监视和测量记录，现场查看监视和测量设备的校准和维护情况，并对照法规要求评价符合性。

10）4.5.2　对上述监测结果及检查出现不符合时，是否认真分析原因，迅速采取了相应的纠正措施，整改效果是否良好？

六、案例分析题（每题6分，共30分）

请对以下场景进行分析，并依据GB/T 28001—2001标准判断有无不符合。如有请写出不符合标准条款的编号及内容，并写出不符合事实。

36. 审核员在锅炉房审核，工作人员对本职工作的职责、要求和操作规程都很清楚，锅炉运行状况良好，压力表、水位表和温度计都经过了校准并在有效期内，锅炉的安全附件也都完好无损。审核员要求查看上月15号、16号、17号的锅炉运行记录和交接班记录，审核员看到这几份记录沾满污迹，看不清写的是什么，而且有两份已破损。

答：有不符合，不符合GB/T 28001—2001标准“4.5.3 记录和记录管理”中“职业健康安全记录应字迹清楚、标识明确，并可追溯相关的活动。职业健康安全记录的保存和管理应便于查询，避免损坏、变质或遗失。应规定并记录其保存期限。”的要求。

不符合事实：上月 15 号、16 号、17 号的锅炉运行记录和交接班记录沾满污迹，看不清写的是什么，而且有两份已破损。

37. 某工厂有一座液化石油气（LPG）储罐，并设有泄漏检测器，也定期作检测器校准。但使用人员并不清楚检测器设定的报警浓度是多少，也不知道校验的标准气体浓度是多少。

答：有不符合，不符合 GB/T 28001—2001“4. 4. 2 培训、意识和能力”中“对于其工作可能影响工作场所内职业健康安全的人员，应有相应的工作能力。”的要求。

不符合事实：液化石油气（LPG）储罐的使用人员不清楚检测器设定的报警浓度是多少，也不知道校验的标准气体浓度是多少。

38. 车间外有一个大氯气罐，审核员询问有关人员：“氯气泄漏怎么办?”回答说：“我们有应急预案。”审核员查看应急预案，预案中写道：“氯气泄漏时，操作人员应佩戴防毒面具，将氯气导入石灰池。”审核员询问操作人员：“防毒面具放在哪里？”操作人员回答：“在柜子里。”审核员发现柜子已上锁。审核员要求操作人员打开柜子，操作人员说：“钥匙存在办公室，办公室在行政办公区五楼，离车间有 500 米。

答：有不符合，不符合 GB/T 28001—2001 标准“4. 4. 7 应急准备和响应”中“组织应建立并保持计划和程序，以识别潜在的事故或紧急情况，并作出响应，以便预防和减少可能随之引发的疾病和伤害。”的要求。

不符合事实：针对氯气泄漏的应急预案中规定：“氯气泄漏时，操作人员应佩戴防毒面具，将氯气导入石灰池。”而防毒面具放在柜子里，柜子已上锁，钥匙存放在离车间有 500 米政办公区五楼的办公室。

39. 审核员到某电器制造公司，向公司职业健康安全管理人员询问配电安全情况，管理人员说，公司的厂房是租赁某雇主的，配电室由雇主掌握，有关接地保护、停、送电等安全措施，由雇主负责，估计没有什么问题，当问及双方是否有书面合同或其他沟通方式时，回答说没有。

答：有不符合，不符合 GB/T 28001—2001 标准“4. 4. 6 运行控制”中“c）对于组织所购买和（或）使用的货物、设备和服务中已识别的职业健康安全风险，建立并保持程序，并将有关程序和要求通报供方和合同方。”的要求。

不符合事实：当询问配电安全情况时管理人员说，“公司的厂房是租赁某雇主的，配电室由雇主掌握，有关接地保护、停、送电等安全措施，由雇主负责，估计没有什么问题”，且不能提供双方是否有书面合同或其他沟通方式的证据。

40. D 公司铸造车间为防止生产粉尘造成的职业伤害，运行程序规定：生产工人应配戴口罩，同时在生产现场应通风和防尘，应该定期对作业环境的粉尘浓度进行监测。审核员要求提供监测记录时，车间主任说，每次监测都是合格的，所以没有必要做记录。

答：有不符合，不符合 GB/T 28001—2001 标准“4. 5. 1 绩效测量和监视”中“记录充分的监视和测量的数据和结果，以便于后面的纠正和预防措施的分析。”的要求。

不符合事实：为防止生产粉尘造成的职业伤害，运行程序规定：生产工人应配戴口罩，同时在生产现场应通风和防尘，应该定期对作业环境的粉尘浓度进行监测。但车间主任不能提供实施了定期监测的记录。

2009年9月职业健康安全管理体系审核知识考试题及答案

一、单项选择题（从下面各题选项中选出一个最恰当的答案，并将相应字母填入括号内。每题1分，共15分）

1. 职业健康安全管理体系第一阶段审核的目的包括（　A　）。
（A）确定第二阶段审核的可行性
（B）确定受审核方是否具备认证注册条件
（C）审核组给出推荐性认证结论
（D）以上都正确

2. 在审核中发现了组织正在使用的某个文件，这是（　C　）。
（A）审核准则　（B）审核发现　（C）审核证据　（D）审核结论

3. 审核员在现场发现有两名车床工人戴着手套操作违反了安全操作规程，就开了一张不符合报告，这是一种（　A　）。
（A）审核发现　（B）审核证据　（C）审核结论　（D）严重不符合

4. 审核的启动可涉及到以下哪一方面的工作？（　A　）
（A）确定审核目的　（B）评审文件的适宜性和充分性
（C）编写审核检查表　（D）制定审核计划

5. 监督审核的目的是（　A　）。
（A）确定管理体系是否持续满足要求，是否能保持认证注册资格
（B）确定管理体系是否存在不合格
（C）验证上次审核时发现的不合格项的纠正措施的有效性
（D）复评管理体系，以确定能否换发认证证书

6. 检查表应（　B　）。
（A）对现场审核的人员分工及时间进行安排
（B）策划对审核对象的审核思路
（C）使用时严格按检查表提问
（D）提交委托方确认

7. 监督审核中出现下列哪几种情况时应考虑认证暂停？（　D　）
（A）相应管理体系进行了重要更改，并影响到认证资格
（B）证书持有者对证书和标志的使用不符合规定
（C）证书持有者未按期交纳认证费用且未予纠正
（D）以上情况都应考虑认证暂停

8. 认证证书的认证范围最终由（　A　）。
（A）申请人决定　（B）认证机构决定
（C）受审核方决定　（D）认证机构和申请人协商决定

9. 管理的主体是（　D　）。
（A）最高管理者　（B）高层管理者　（C）全体员工　（D）管理者

10. 依据GB/T 19011—2003标准，关于审核中的沟通，以下说法正确的是（　A　）。

（A）审核组应当定期讨论以交换信息

（B）审核组长必须定期向受审核方通报审核进展及相关情况

（C）审核组长必须定期向审核委托方通报审核进展及相关情况

（D）当审核证据显示有紧急的和重大的风险（如安全、环境或质量方面）时，应当及时向审核委托方报告，但不需报告受审核方

11. 关于不符合，以下描述错误的是（ D ）。

（A）对于审核来说，不符合指不符合审核准则的要求

（B）不符合报告应该以书面的形式提交给受审核方

（C）应该与受审核方一起评审不符合以确定审核证据的准确性

（D）如果受审核方与审核组就审核证据或审核发现有分歧，审核组应该撤销该不符合

12. 根据中国认证认可协会《职业健康安全管理体系审核员注册准则》（第 2 版），申请人应具有至少（ C ）年与职业健康安全管理相关的工作经验。

（A）1　　（B）2　　（C）3　　（D）4

13. 根据 GB/T 19011—2003 标准针对特定时间段所策划，并具有特定目的的一组（一次或多次）审核是（ B ）。

（A）审核计划　　（B）审核方案　　（C）审核安排　　（D）审核控制

14. 第三方认证审核时，审核的委托方是（ B ）。

（A）认证委托机构　（B）认证机构　（C）审核员注册机构　（D）认可机构

15. CCAA 现行 OHSMS 审核员注册准则的实施日期为（ D ）。

（A）2006 年 1 月 1 日　　（B）2007 年 1 月 1 日

（C）2007 年 5 月 1 日　　（D）2007 年 6 月 1 日

二、判断题（判断下列各题，正确的写 T，错误的写 F，填入题后括号内。每题 1 分，共 10 分）

16. 组织的管理活动包括计划、组织、领导和控制。（ T ）

17. 组织的职业健康安全管理体系覆盖范围应与认证机构协商确定。（ F ）

18. 审核组应根据实施审核的结果作为受审核方是否能通过认证注册的审核结论。（ F ）

19. 审核员在审核中为了找到更多的不符合项可以加大抽样量。（ F ）

20. 企业组织结构的本质是分工合作关系。（ T ）

21. 获证组织的再认证周期为 4 年。（ F ）

22. 根据 CCAA 现行审核员注册准则，职业健康安全管理体系实习审核员申请人应具备至少 3 年技术或管理岗位的工作经历。（ F ）

23. 当获证方发生影响相应管理体系运行与活动的重大事故时，认证机构应提前进行监督审核。（ T ）

24. 初次认证后的第一次监督审核应在第一阶段审核最后一天起 12 个月内进行。（ F ）

25. 不同社会制度的国家中，管理也具有共性。（ T ）

三、多项选择题（从下面各题选项中选出两个或两个以上最恰当的答案，并将相应的字母填入题后括号内。选错选项时不得分；全选对得2分；少选时，每个选项得0.5分。共10分）

26. 再认证审核应包括关注下列（　ABC　）方面的。

（A）整个管理体系的有效性

（B）经证实的对保持管理体系有效性并改进管理体系，以提高整体绩效的承诺

（C）获证管理体系的运行是否促进了组织方针和目标实现

（D）获证企业是否重新向上一个认证周期内对其颁发认证证书的认证机构提出申请

27. 一个组织的状况应当包括（　ACD　）。

（A）组织的文化和社会习俗

（B）组织采用的新技术、开辟新市场的能力

（C）组织的规模、结构、职能和关系

（D）组织的运营过程和相关术语

28. 一般来说，“企业”这一基本经济单位具有以下哪些特点？（　ABCD　）

（A）从事生产、流通或服务等活动　（B）有稳定的经济收入

（C）实行独立核算　（D）具有法人资格

29. 对违反审核员行为规范、不满足注册要求的审核员，经调查核实后可能受到CCAA的处罚包括（　BCD　）。

（A）罚款　（B）警告

（C）暂停注册资格　（D）撤销注册资格

30. 企业对采购产品的验证方法一般包括（　AB　）。

（A）检验或试验　（B）查验供方提供的合格证明

（C）供方口述　（D）组织管理层的认可

四、简答题（每题5分，共15分）

31. 在某冶炼厂审核，审核计划中的审核范围是“铅、锌、银的冶炼。”但你在现场发现，该厂还有大量的副产品：硫酸、硫酸锌、锗、铟等，你作为审核员应如何处理？

答：我作为审核员的处理是：

1）如果是在一阶段审核过程中发现这些问题，则要对与这些副产品有关的风险控制的策划进行审核，并在报告中提出，要求认证机构在安排第二阶段审核时，在确定审核范围时要考虑这些副产品。

2）如在第二阶段审核发现这样的问题，表明一阶段审核不到位，审核组可在现场与受审核方当面沟通和认证机构电话沟通并同意后直接扩大审核范围，将这些副产品相关的内容纳入审核内容。如了解该厂的危险源辨识和风险评价是否充分考虑了与硫酸、硫酸锌、锗、铟等有关的活动中的危险源，如硫酸产品在厂内运输、储存过程中可能发生的泄漏；是否收集和获取了相关的法律法规，如《化学危险品管理条例》；要了解对这些副产品的控制目标、相关部门和人员的职责、能力；要了解对这些副产品控制过程，如在生产和运输、储存过程中如何防止硫酸对人体的伤害；要了解当异常和紧急情况出现时是否制定了应急预案，如《硫酸泄漏应急预案》、《火灾应急预案》；并配备有应急设施，如应急池、洗眼器等。

32. 审核员在进入车间审核前，陪同人员告诉审核员，由于今天外来人员较多，车间没有准备那么多个人防护用品，希望审核员能调整对该车间的审核计划。作为第三方审核员遇到这种情况，应如何处理？

答：1）立即向审核组长报告；2）与企业商量，调整审核计划，确定新的审核时间；3）按调整的计划实施下面的审核。

33. 末次会上审核组长在宣布“审核结论”时说：“本次审核共开出5个一般不符合项，没有严重不合格项，审核组的一致意见是：在不合格报告的纠正措施及其有效性验证合格后，予以推荐通过（认证注册）。”你认为这样的审核结论表述方法是否合适？为什么？

答：这样的审核结论表述不合适，因为给出现场审核结论是认证审核阶段的一项内容，审核组现场需要给受审核方一个确切的推荐结论。一般情况下，如果审核组没有发现严重不符合，应在末次会上给出“推荐认证注册”的结论，并且要告知受审核方：只有在规定的时间内，组织对不符合制定和实施了纠正措施，审核组对其有效性进行验证后，审核组将全部审核材料提交认证机构，最终由认证机构做出认证是否通过认证的决定。

五、阐述题（每题10分，共20分）

34. 某一公司液化气站有50立方米液化气罐4个，25立方米残液罐一个，压缩机一台，烃泵两台，液化气的运输由供应商提供。液化气运输进站后与管道联接，通过烃泵将液化气卸入储罐内。通过充装台灌装15公斤的液化气钢瓶。需要处理用户钢瓶内残液时通过压缩机将残液打入残液罐中。请结合安全技术知识说明如何审核GB/T 28001—2001的4.4.6与4.5.1条款。

答：1）公司是否制定了相关的运行控制程序？程序中规定了与相关风险控制有关的准则？

2）作为重大危险源，其设施和运行是否按《安全生产法》和《危险化学品管理条例》进行了安全影响评价和定期的再评价、备案、审核？

3）对于50立方米液化气罐4个，25立方米残液罐一个是否按照《特种设备安全监察条例》进行了年度检测？有无相关的有效监测报告？

4）是否将相关危险源、风险及公司的控制要求告知负责运输的供应商？合同或协议中是否有明确的规定？

5）卸气、充装过程是否按程序文件规定要求进行？有无相关记录？

6）现场是否有消防及气体泄漏监控感应设施？是否有效？有无相关的检查记录？

7）是否制定了监视和测量控制程序？日常运行检查是否有记录？并按规定进行检查？

35. 依据GB/T 28001—2001标准中4.4.7条款，请针对火灾应急准备和响应阐述审核思路和审核证据。

答：1）是否制定了《火灾应急预案》；应急预案的内容是否符合相关要求，明确了职责、应急设施要求、应急措施、联络信息等内容？是否可操作？

2）是否对应急预案进行了定期的评审？有无评审记录？是否根据评审的结果对预案进行了修订？

3）是否进行过消防演习？有无记录？

六、案例分析题（每题 6 分，共 30 分）

请对以下场景进行分析，并依据 GB/T 28001—2001 标准判断有无不符合。如有请写出不符合标准条款的编号及内容，并写出不符合事实。

36. 审核员看见几个工人正在离地面大约十多米的半空中清洗宾馆的玻璃幕墙，但宾馆的危险源和风险评价汇总清单上没有包括清洗玻璃幕墙工作的危险源，保洁部负责人说："我们专门派这几个人参加专门培训，也配备了相应的保险防护用具，应该不会有什么危险。"

答：有不符合，不符合 GB/T 28001—2001 标准 4.3.1 中"组织应建立并保持程序，以持续进行危险源辨识、风险评价和实施必要的控制措施。"的要求。

不符合事实：几个工人正在离地面大约十多米的半空中清洗宾馆的玻璃幕墙，而宾馆的危险源和风险评价汇总清单上没有包括清洗玻璃幕墙工作的危险源。

37. 审核员在某化工企业重油储槽区审核时，发现重油储槽的防溢堤正在进行改善工程的施工。由于工程施工的需要，暂时先打掉了靠东侧的部分围堤，并且未针对此采取任何其他措施。

答：有不符合，不符合 GB/T 28001—2001 标准 4.4.7 中"组织应建立并保持计划和程序，以识别潜在的事故或紧急情况，并作出响应，以便预防和减少可能随之引发的疾病和伤害。"的要求。

不符合事实：重油储槽的防溢堤正在进行改善工程的施工。由于工程施工的需要暂时先打掉了靠东侧的部分围堤，但未针对此采取任何其他措施。

38. 审核员在机修车间查看机修车间的设备台账，上面列有三类共 7 台电焊机，审核员问车间主任："有没有电焊机安全使用规程?"张主任从抽屉拿出了编号为 OHS－03－004 的《电焊机安全使用指导书》，审核员看见指导书上规定：所有电焊机每月进行一次维护保养。审核员从设备台账中抽点了编号为 2X－12 和 2X－13 的两台电焊机，"这两台电焊机是去年才买的，质量很好，非常安全，我们没有进行过维护保养，现在已使用快一年了，也没出现过任何问题。"

答：有不符合，不符合 GB/T 28001—2001 标准 4.4.6 中"组织应识别与所认定的、需要采取控制措施的风险有关的运行和活动，组织应针对这些活动（包括维护工作）进行策划，通过以下方式确保他们在规定条件下进行：（a）对于因缺乏形成文件的程序而可能导致偏离职业健康安全方针、目标的运行情况，建立并保持形式文件的程序；"的要求。

不符合事实：编号为 OHS－03－004 的《电焊机安全使用指导书》规定：所有电焊机每月进行一次维护保养。抽查编号为 2X－12 和 2X－13 的两台电焊机没有相关保养记录。车间主任解释说："这两台电焊机是去年才买的，质量很好，非常安全，我们没有进行过维护保养，现在已使用快一年了，也没出现过任何问题。"

39. 第一阶段审核时，审核员发现工厂内审已经完成，在查看不符合报告时，发现其中有一项是关于加工车间拉用临时线的，记录表明工厂对此已采取了纠正措施，但第二阶段审核时，审核员发现该车间仍在使用临时线照明。

答：有不符合，不符合 GB/T 28001—2001 标准 4.5.2 中"组织应建立并保持程序，确定有关的职责和权限，以便：……d）确认所采取的纠正和预防措施的有效性。"的要求。

不符合事实：一阶段审核查工厂内审的不符合报告时，发现其中有一项是关于加工车间拉用临时线的，记录表明工厂对此已采取了纠正措施，但第二阶段审核时发现该车间仍在使用临时线照明。

40. 编制将生产设备使用过程中产生的噪声导致听力损伤评价为不可容许风险。该车间针对车间的噪声危害，制定了目标和管理方案（编号：G005）。审核员 A 看见其中目标是将噪声降至 75 分贝以下，相应的管理方案上明确规定了 4 项具体措施方法、责任部门和时间进度安排，要求在 2008 年 7 月 20 日前全部完成。审核员 A 查看管理方案的实施证据，发现管理方案中规定“加装隔音罩”的措施没有实施，现场查看生产设备确未安装隔音罩。车间主任解释说：“公司上半年投入大量的资金从日本引进了一套纺丝工艺流水线，资金比较紧张，就将‘加装隔音罩’的事情暂停了。”审核员 A 问：“针对这种情况，有没有管理方案进行调整？打算什么时候安装隔音罩呢？”车间主任说：“没有调整管理方案，现在还不知道什么时候安装隔音罩。”

答：有不符合，不符合 GB/T 28001—2001 标准 4.3.4 中“组织应制定并保持职业健康安全管理方案，以实现其目标。”的要求。

不符合事实：地毯车间针对声音控制目标制定了编号为 G005《管理方案》，但没有计划的时间完成安装隔音罩工作，也没有调整管理方案。